U0315495

人力资源和社会保障部职业能力建设司推荐

有色金属行业职业教育培训规划教材

电解铝供电

黄贵平 等编著

北 京

冶 金 工 业 出 版 社

2015

内 容 简 介

本书是有色金属行业职业教育培训规划教材之一，是根据有色金属企业生产实际、岗位技能要求以及职业学校教学需要编写的。

本书分上篇和下篇，上篇主要介绍了电解铝供电整流运行的基础知识、元器件及系统的运行、管理和故障处理等；下篇主要介绍了电解铝供电整流检修，包括铝电解供电整流系统、继电保护原理、铝电解供电整流设备的检修、高电压技术电气试验、供电整流设备安装工程交接试验、整流装置元件均流系数测试、分析及处理等。本书的特点是简明扼要，通俗易懂，理论联系实际，切合生产实际需要，突出实际操作。

本书适合电解铝供电企业工程技术人员阅读，可作为企业岗位操作人员的培训教材及职业学校（院）相关专业教材，也可供有关工程技术人员和大学师生参考。

图书在版编目（CIP）数据

电解铝供电/黄贵平等编著 . —北京：冶金工业出版社，2015.9
有色金属行业职业教育培训规划教材
ISBN 978-7-5024-6924-5

Ⅰ.①电…　Ⅱ.①黄…　Ⅲ.①炼铝—电解冶金—供电系统—
技术培训—教材　Ⅳ.①TF821

中国版本图书馆 CIP 数据核字（2015）第 201751 号

出 版 人　谭学余
地　　址　北京市东城区嵩祝院北巷 39 号　邮编　100009　电话　（010）64027926
网　　址　www.cnmip.com.cn　电子信箱　yjcbs@cnmip.com.cn
责任编辑　张登科　美术编辑　彭子赫　版式设计　孙跃红
责任校对　王永欣　责任印制　牛晓波
ISBN 978-7-5024-6924-5
冶金工业出版社出版发行；各地新华书店经销；三河市双峰印刷装订有限公司印刷
2015 年 9 月第 1 版，2015 年 9 月第 1 次印刷
787mm×1092mm　1/16；25.75 印张；624 千字；390 页
60.00 元

冶金工业出版社　**投稿电话**　**（010）64027932**　**投稿信箱**　**tougao@cnmip.com.cn**
冶金工业出版社营销中心　**电话**　**（010）64044283**　**传真**　**（010）64027893**
冶金书店　**地址**　**北京市东四西大街 46 号（100010）**　**电话**　**（010）65289081（兼传真）**
冶金工业出版社天猫旗舰店　**yjgycbs.tmall.com**
（本书如有印装质量问题，本社营销中心负责退换）

王化琳　中电投宁夏青铜峡能源铝业集团有限公司

段鲜鸽　洛阳有色金属工业学校

李巧云　洛阳有色金属工业学校

李　贵　河南豫光金铅股份有限公司

闫保强　洛阳有色金属加工设计研究院

刘静安　中铝西南铝业（集团）有限责任公司

张鸿烈　白银有色金属公司西北铅锌厂

但渭林　江西理工大学南昌分院

武红林　中铝东北轻合金有限责任公司

郭天立　中冶葫芦岛有色金属集团公司

董运华　洛阳有色金属加工设计研究院

序

　　有色金属工业是国民经济重要的基础原材料产业和技术进步的先导产业。改革开放以来，我国有色金属工业取得了快速发展，十种常用有色金属产销量已经连续多年位居世界第一，产品品种不断增加，产业结构趋于合理，装备水平不断提高，技术进步步伐加快，时至今日，我国已经成为名符其实的有色金属大国。

　　"十二五"期间，是我国由有色金属大国向强国转变的重要时期，要成为有色金属强国，根本靠科技，基础在教育，关键在人才，有色金属行业必须建立一支规模宏大、结构合理、素质优良、业务精湛的人才队伍，尤其是要建立一支高水平的技能型人才队伍。

　　建立技能型人才队伍既是有色金属工业科学发展的迫切需要，也是建设国家现代职业教育体系的重要任务。首先，技能型人才和经营管理人才、专业技术人才一样，同是企业人才队伍中不可或缺的重要组成部分，在企业生产过程中，装备要靠技能型人才去掌握，工艺要靠技能型人才去实现，产品要靠技能型人才去完成，技能型人才是企业生产力的实现者。其次，我国有色金属行业与世界先进水平相比还有一定差距，要弥补差距，赶超世界先进水平靠的是人才，而现在最缺乏的就是高技能型人才。再次，随着对实体经济重要性认识的不断深化，有色金属工业对技能型人才的重视程度和需求也在不断提高。

　　人才要靠培养，培养需要教材。有色金属工业人才中心和洛阳有色金属工业学校为了落实中国有色金属工业协会和教育部颁发的《关于提高职业教育支撑有色金属工业发展能力的指导意见》精神，为了适应行业技能型人才培养的需要，与冶金工业出版社合作，组织编写了这套面向企业和职业技术院校的培训教材。这套教材的显著特点就是体现了基本理论知识和基本技能训练的"双基"培养目标，侧重于联系企业生产实际，解决现实生产问题，是一套面向中级技术工人和职业技术院校学生实用的中级教材。

该教材的推广和应用，将对发展行业职业教育，建设行业技能人才队伍，推动有色金属工业的科学发展起到积极的作用。

中国有色金属工业协会会长 陈全训

2013 年 2 月

前 言

随着铝工业的不断壮大和发展，电解铝生产从业人员逐年增加，同时对操作人员的技术素质和水平也提出了更高的要求。电解铝供电整流系统是电解铝生产的心脏，其安全、稳定的运行，对企业的稳定发展意义重大。一旦电解铝供电系统发生故障，将会破坏电解铝的正常生产秩序，甚至造成灾难性的后果。因此，必须及时消除供电系统故障，同时企业要加强对电解铝供电系统人员的基本技能培训，提高供电整流人员操作及维修水平，使供电整流系统在事故情况下，准确地向调度部门汇报事故信息，正确地进行事故分析和处理，保证企业生产安全、稳定运行。为此洛阳有色金属工业学校和中电投宁夏能源铝业共同组织编写了本书。

本书是在参考有关电力专业书籍，结合铝电解供电整流特点，并在总结多年来对供电整流人员培训经验的基础上编写的。本书参照了行业职业技能鉴定规范，并根据企业生产实际和岗位技能要求，依照系统从高压到低压、一次到二次、交流到直流、运行到检修这一主线，由浅入深，系统地介绍了设备的基本原理、基本操作、维修及运行的相关规定，对电气基础知识也进行了简单描述，对事故处理及案例分析进行了重点介绍，以便加深理解和掌握。本书兼顾了中级工和技师、高级工和高级技师需要重点掌握的相关知识。

本书由黄贵平主持编写，由河南省有色金属协会教授级高工吕森宝主持审稿，上篇编写人员：黄贵平、付红琴（第4~6、9、10、13、15章）；张立英（第1、7、12、14章）；刘兴华（第2、3、11章）；付红琴、侯壮（第8章）。下篇编写人员：侯壮、蒲芳（第16章）；段志强（第17~20章）；徐明磊（第21章）；张立英（第22章）。

本书在编写过程中，得到了洛阳有色金属工业学校校长杨伟宏、副教授李巧云等同志的大力支持，在此表示衷心感谢。另外，本书参考了一些相关著作或文献资料，对其作者致以诚挚的谢意。

电气自动化技术发展较快，由于水平所限，书中有不妥之处，敬请广大读者批评指正。

作　者
2015 年 7 月 20 日

目　录

上篇　电解铝供电整流运行

下篇　电解铝供电整流检修

上篇 电解铝供电整流运行

1 基础知识

1.1 直流电路

1.1.1 直流电路的基本概念和简单直流电路

直流电路是指电流的方向不变的电路，直流电路的电流大小是可以改变的。电流的大小、方向都不变的电流称为恒定电流。

直流电流只会在电路闭合时流通，而在电路断开时完全停止流动。在电源外，正电荷经电阻从高电势处流向低电势处，在电源内，靠电源的非静电力的作用，克服静电力，再把正电荷从低电势处"搬运"到高电势处，如此循环，构成闭合的电流线。所以，在直流电路中，电源的作用是提供不随时间变化的恒定电动势，为在电阻上消耗的焦耳热补充能量。比如说手电筒（用干电池的），就构成一个直流电路，一般来说，把干电池、蓄电池当作电源的电路就可以看作直流电路。如果把交流电经过整流桥，变压之后，作为电源而构成的电路，也是直流电路，普遍的低电压电器都是利用直流电的，特别是电池供电的电器。大部分的电路都要求直流电源。但是电视机、电灯等家用电器所用的电都是交流电，它们就是交流电路。图 1-1 所示就是一个最简单的直流电路。

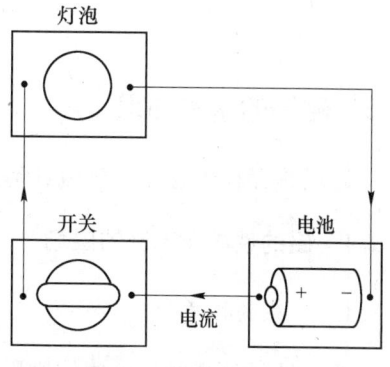

图 1-1 简单直流电路

1.1.2 电路计算

在同一电路中，导体中的电流与导体两端的电压成正比，与导体的电阻成反比，这就是欧姆定律，基本公式是 $I = U/R$。在直流情况下，一闭合电路中的电流与电动势成正比，或当一电路元件中没有电动势时，其中的电流与两端的电位差成正比。

1.1.2.1　串联电路中电流、电压、电阻的关系

A　串联电路中各处的电流相等

$$I = I_1 = I_2 \qquad\qquad (1\text{-}1)$$

B　串联电路两端的总电压等于各部分导体两端的电压之和

$$U = U_1 + U_2 \qquad\qquad (1\text{-}2)$$

C　总电阻等于各电阻之和

$$R = R_1 + R_2 \qquad\qquad (1\text{-}3)$$

1.1.2.2　并联电路中电流、电压、电阻的关系

A　并联电路中干路电流等于各支路的电流之和

$$I = I_1 + I_2 \qquad\qquad (1\text{-}4)$$

B　并联电路各支路上的电压相等

$$U = U_1 = U_2 \qquad\qquad (1\text{-}5)$$

C　总电阻的倒数等于各并联电阻的倒数之和

$$\frac{1}{R} = \frac{1}{R_1} + \frac{1}{R_2} \quad 或 \quad R = \frac{R_1 R_2}{R_1 + R_2} \qquad\qquad (1\text{-}6)$$

1.2　磁场的基本知识

磁场是存在于磁体、电流和运动电荷周围空间的一种特殊形态的物质。

1.2.1　磁的性质和电流的磁场

1.2.1.1　磁的性质

磁的性质是指对放入磁体磁极、电流、运动电荷有磁场力作用。

1.2.1.2　电流的磁场

奥斯特实验表明，通电直导线周围存在磁场。直线电流、环形电流以及通电螺线管周围的磁场方向都可以用右手螺旋定则来判断。右手螺旋定则又叫安培定则。

A　直线电流的磁场

奥斯特实验表明，通电直导线周围存在着磁场，这个磁场是由电流产生的。直线电流的磁感线分布如图 1-2a 所示。电流方向和磁感线的方向之间的关系可以用安培定则（右

手螺旋定则）来判断。如图 1-2b 所示，用右手握住导线，让伸直的大拇指所指的方向与电流方向一致，弯曲的四指所指的方向就是磁感线的环绕方向。

　　B　环形电流和通电螺线管产生的磁场

　　环形电流的磁感线分布如图 1-3a 所示，其方向也可以用右手螺旋定则来判断。具体方法如图 1-3b 所示，用右手握住单匝线圈，让四指指向电流的环绕方向，拇指则指向单匝线圈内部磁感线的方向。

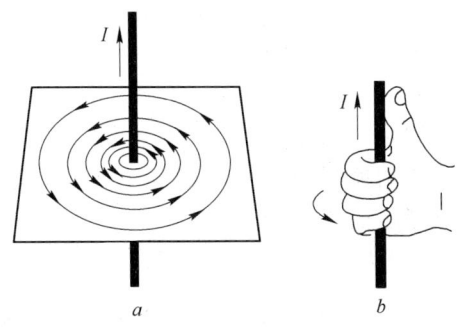

图 1-2　直流电流磁感线分布及右手螺旋定则　　　　图 1-3　环形电流磁感线分布及右手螺旋定则

　　由于通电螺线管可以看成由多个单匝线圈组成，并且这些单匝线圈中电流的环绕方向相同，那么它产生的磁场磁感应线的方向也可以用右手螺旋定则来判断，判断方法和单匝线圈磁感线的判断方法完全相同，如图 1-4 所示。

　　较长的通电螺线管内部磁场近似匀强磁场，外部磁感线的分布与条形磁铁的磁感线分布相似。

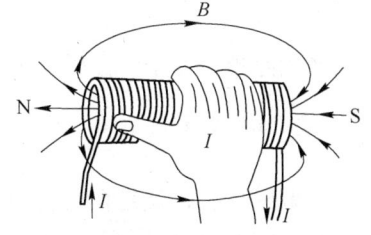

1.2.2　感应电势和载流导体受力

图 1-4　通电螺线管磁感线方向

　　要使闭合电路中有电流，这个电路中必须有电源，因为电流是由电源的电动势引起的。在电磁感应现象中，既然闭合电路里有感应电流，那么这个电路中也必定有电动势，在电磁感应现象中产生的电动势叫作感应电动势。

　　感应电动势分为感生电动势和动生电动势。感生电动势的大小与穿过闭合电路的磁通量改变的快慢有关，$E = n\Delta\Phi/\Delta t$。

　　产生动生电动势的那部分做切割磁力线运动的导体就相当于电源。

　　理论和实践表明，长度为 L 的导体，以速度 v 在磁感应强度为 B 的匀强磁场中做切割磁感应线运动时，在 B、L、v 互相垂直的情况下导体中产生的感应电动势的大小为：

$$\varepsilon = BLv$$

式中的单位均应采用国际单位制。

　　电磁感应现象中产生的电动势。常用符号 E 表示。当穿过某一不闭合线圈的磁通量发生变化时，线圈中虽无感应电流，但感应电动势依旧存在。当一段导体在匀强磁场中做匀速切割磁感线运动时，不论电路是否闭合，感应电动势的大小只与磁感应强度 B、导体长度 L、切割速度 v 及 v 和 B 方向间夹角 θ 的正弦值成正比，即 $E = BLv\sin\theta$（θ 为 B、L、v 三者间通过互相转化两两垂直所得的角）。

在导体棒不切割磁感线，但闭合回路中有磁通量变化时，同样能产生感应电流。感应电流大小、方向可以用楞次定律来判断。

在磁场中垂直于磁场方向的通电导线，所受的安培力 F 与电流 I 和导线长度 L 的乘积 IL 的比值叫作磁感应强度。磁场和电场一样，描述磁场强弱和方向的物理量是磁感应强度，磁感应强度 B 是一个矢量。B 的大小表示磁场的强弱，B 的方向表示磁场的方向。

物理学中规定，在磁场中的任意一点，小磁针北极的受力方向，亦即小磁针静止时北极所指的方向为该点的磁场方向。

磁场的方向可以形象地用磁感线来表示，在磁场中画一些有方向的曲线，在这些曲线上，每一点的切线方向都在该点的磁场方向上，磁感线的疏密表示磁场的强弱，磁感线不会相交，也不会相切，磁感线永远是闭合曲线，在条形磁铁产生的磁场中，处于磁铁纵向对称轴上的磁感线从 N 极出来指向无穷远，S 极一侧的磁感线则由无穷远指向 S 极，可认为无穷远处是一点。

（1）磁感应强度的定义。在磁场中垂直于磁场方向的通电导线，所受的安培力 F 与电流 I 和导线长度的乘积 IL 的比值叫作磁感应强度，即：

$$B = F/(IL) \tag{1-7}$$

在国际单位制中，磁感应强度单位是特斯拉，符号用"T"表示。由定义式可知：

$$1T = 1N/(A \cdot m) \tag{1-8}$$

所谓磁感线，就是在磁场中画出的一些有方向的曲线，在这些曲线上，每一点的切线方向都在该点的磁场方向上。

（2）磁场对通电直导线的作用——安培力及左手定则。在匀强磁场中，在通电直导线与磁场方向垂直的情况下，电流所受的安培力 F 等于磁感应强度 B、电流 I 和导线长度 L 三者的乘积。

左手定则：伸开左手，使大拇指与其余四个手指垂直，并且都与手掌在一个平面内，把手放入磁场中，让磁感线垂直穿入手心，并使伸开的四指指向电流的方向，那么，大拇指所指的方向就是通电导线在磁场中所受安培力的方向。磁场对通电直导线的作用力就是安培力。

（3）安培力的大小。安培力的大小可用公式来计算：

$$F = BIL \tag{1-9}$$

这个公式的适用条件是：磁场必须是匀强磁场，通电直导线必须和磁场方向垂直。在非匀强磁场中，此公式适用于很短的一段通电导线。如果在匀强磁场中，通电直导线和磁场不垂直，则要将磁场 B 分解为和 IL 平行分量和垂直分量。式中 B 的垂直分量和 IL 之间的作用力仍可用此公式计算（当然将 L 分解为和 B 平行及垂直的两个分量亦可）。

（4）安培力的方向。安培力的方向既与磁场方向垂直，又与电流方向垂直，或者说安培力的方向总是垂直于磁感线和通电导线所在的平面，这一结果同样适用于导线和磁场不垂直的情况。

通电直导线所受的安培力的方向和磁场方向、电流方向之间的关系可以用左手定则来判断。具体方法是：伸开左手，使大拇指与其余四指垂直，并且都与手掌在一个平面内，把手放入磁场中，让磁感线垂直穿入手心，并使伸开的四指指向电流的方向，那么，大拇指所指的方向就是通电直导线在磁场中所受安培力的方向。

判断安培力方向以及物体在安培力作用下的运动方向有以下几种常用方法。

a 模型法

模型有同向平行电流相互吸引模型、反向平行电流相互排斥模型、垂直电流转动至同向平行模型。以上三种模型的受力图分别如图 1-5a、b、c 所示。各种比较复杂的直线电流受力情况都可以利用这三个模型来分析、研究，使得问题简化。

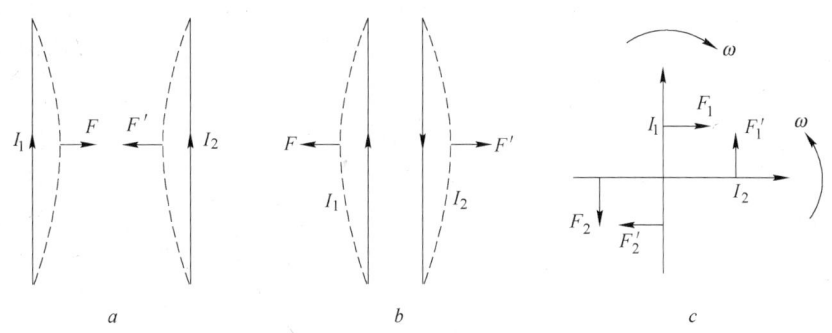

图 1-5　模型法

b 电流元受力分析法

如果所研究的电流并非直线电流，这时可以把整段电流"分割"成很多段电流元，这样的电流元是可以看作直线电流的。先用左手定则判断出每小段电流元受到的安培力方向，并结合受力的对称性，从而判断出整段电流所受合力的方向，最后确定运动方向。

如图 1-6 所示，一直线电流固定，电流方向竖直向下，在它右方有一悬挂于天花板上的环形电流，电流方向右视顺时针方向。那么环形电流如何运动呢？首先用右手螺旋定则判断出电流 I_1 在它的右侧空间产生向外的磁场，再将环形电流以悬线方轴分割成里外两段，并把这两段看成是"直线电流"，根据同向平行电流吸引与反向平行电流排斥模型得到环形电流外侧受引力作用，内侧受斥力作用，因而俯视观察环形电流应该顺时针旋转。在旋转一个小角度后，由于磁感应强度 B 越往右越小，因而引力大于斥力，所以环形电流在旋转的同时还要被吸引左移。

c 等效分析法

等效观点是物理学常见的分析问题的出发点，环形电流可以等效为条形磁铁，磁铁也可以等效为环形电流。然后利用同名磁极互相排斥，异名磁极互相吸引以及同向平行电流相互吸引、反向平行电流相互排斥等结论就可以使问题大大简化。

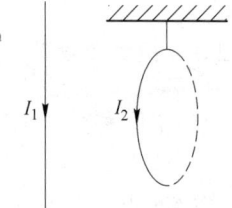

图 1-6　电流元受力分析法

1.3　单相交流电

在电路中只具有单一的交流电压，在电路中产生的电流、电压都以一定的频率随时间变化。这样的交流电便是单相交流电。其公式为：

$$e = E_m \sin\omega t$$

式中，e 为瞬时电动势；E_m 为最大电动势；$\sin\omega t$ 为随时间变化的角频率。

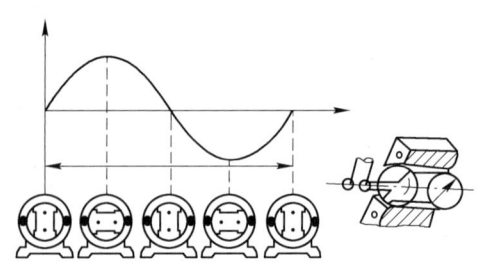

图1-7 所示为一台最简单的发电机。它有一对磁极 N、S，有一组 N 匝线圈，两个滑环和两个电刷，线圈两端分别接到两个滑环上，滑环固定在转轴上与转轴绝缘。每一个滑环放着一个静止的电刷，利用滑环与电刷的滑动接触，将线圈和负载连接。图 1-7 所示为线圈固定、磁极旋转的发电机。当原动机带动磁极旋转时，线圈不断地切割磁力线产生感应电动势，由于外接负载形成闭合回路，就有电流流通。电流

图1-7　线圈固定、磁极旋转的发电机

的大小和线圈在磁场中的位置有关，当线圈和磁极平行时，不切割磁力线，因此不产生电流。如果线圈与磁场垂直，则线圈切割磁力线最多，电流就最大，再由最大到零。再旋转则切割磁力线方向开始改变，电流方向也开始转变。由此不断地循环旋转，就产生了大小和方向不断变化的交流电。因为只有一组线圈，所以只产生一相交流电，故称为单向交流电。

1.3.1　交流电路的基本概念

交流电路是由周期性交变电源激励的、处于稳态下的线性时变电路。随时间变动的电流称为时变电流；随时间周期性变动的电流称为周期性电流。交流电是指大小和方向随时间做周期性变化的电压或电流。随时间按正弦规律变化的交流电称为正弦交流电。随时间不按正弦规律变化的交流电称为非正弦交流电。

1.3.2　单相交流电路参数

单相交流电路中的电源只有两个输出端，输出一个正弦电压或电流，单相交流电源接上负载，就构成单相交流电路，最简单的单相交流电路只接入一种类型负载，分为纯电阻电路、纯电感电路、纯电容电路。

1.3.2.1　纯电阻电路

只由电阻和交流电源构成的电路，叫纯电阻电路。如图1-8所示。

A　电压 u 和电流 i 之间的关系

实验证明：任意时刻流过电阻 R 的电流 i 与它两端的电压 u 符合欧姆定律，即 $u = iR$，设加在电阻 R 两端的电压为 $u = U_m \sin\omega t$，则 $i = U_m/R \cdot \sin\omega t = I_m \sin\omega t$，可见，电压电流最

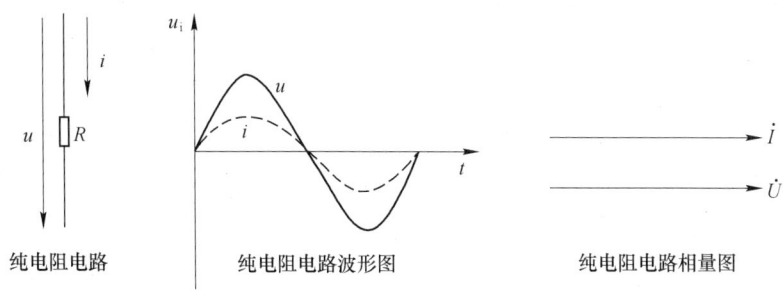

纯电阻电路　　　　　纯电阻电路波形图　　　　　纯电阻电路相量图

图 1-8　纯电阻电路

大值满足欧姆定律，$U_m = I_m R$ 两边同除以 $\sqrt{2}$，得 $U = IR$，即电压电流有效值也满足欧姆定律。

　　用示波器观察发现，电压 i 和电流 u 同时达到最大值和最小值，即电压和电流同相位。电压和电流同相位也可以用图像法和相量法描述。

　　B　纯电阻电路的功率

　　瞬时功率 $p = iu = I_m \sin\omega t \, U_m \sin\omega t = I_m U_m \sin^2 \omega t$，由图 1-9 可见，瞬时功率也随时间变化，但不是正弦函数，在任一瞬间数值都为正值或 0，说明纯电阻电路始终在消耗电能，并转换为热能。因此，电阻元件 R 是一种耗能元件，瞬时功率在一个周期内的平均值叫作平均功率。它是电阻实际消耗的功率，又叫作有功功率，用字母 P 表示，单位为瓦（W），用数学方法可推导计算出电阻消耗的平均功率为 $P = UI = U_m I_m / 2$。

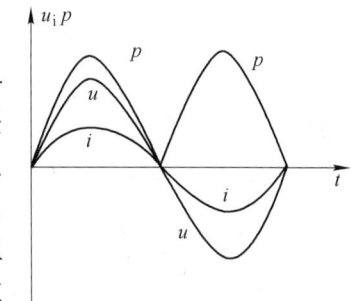

图 1-9　纯电阻电路的功率

1.3.2.2　纯电感电路

　　由电感线圈和交流电源构成的电路（线圈的电阻忽略不计），叫纯电感电路。如图 1-10 所示。

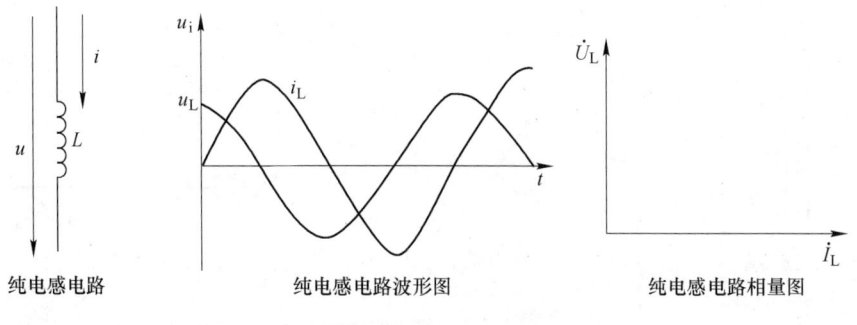

纯电感电路　　　　　纯电感电路波形图　　　　　纯电感电路相量图

图 1-10　纯电感电路

　　A　电压电流之间的关系

　　设加在电感两端的电压为 u 时，流过的电流 i 为 $\sqrt{2}I_m \sin\omega t$，经数学推导计算，得 $u =$

$I_m\omega L\sin(\omega t+90°)=U_m\sin(\omega t+90°)$，则 $U_m=\omega L\cdot I_m$，这一公式也叫欧姆定律，ωL 叫感抗，用符号 X_L 表示，$X_L=\omega L=2\pi fL$，它表示线圈自感电动势对交变电流的阻碍作用，由公式可知，感抗 X_L 与 ω 和 L 成正比，因此，电感具有通直流、阻交流，通低频、阻高频的特性，比较 u 和 i，可见，电流和电压瞬时值不符合欧姆定律，电压超前电流 $90°$，这一现象也可从示波器上观察到。电压和电流的相位关系也可用波形图和相量图描述。

B　电路的功率

瞬时功率 $p=iu=I_m\sin\omega t U_m\sin(\omega t+90°)=I_m\sin\omega t U_m\cos\omega t=2U_mI_m\sin2\omega t=2UI\sin2\omega t$，

可见，瞬时功率也是正弦量，其频率是电源频率的 2 倍，波形图如图 1-11 所示。从功率公式和功率波形图都可看出，在第一个和第三个 1/4 周期，$p>0$，说明电感线圈从电源获取电能，并将它转换为磁场能储存起来，此时线圈起着一个负载的作用；在第二个和第四个 1/4 周期，$p<0$，说明电感线圈把储存的磁场能转换成电能送回电源，此时线圈起着一个电源的作用。在一个周期之内，线圈并不消耗电能，因而 $p=0$。只是与电源之间存在着能量交换，

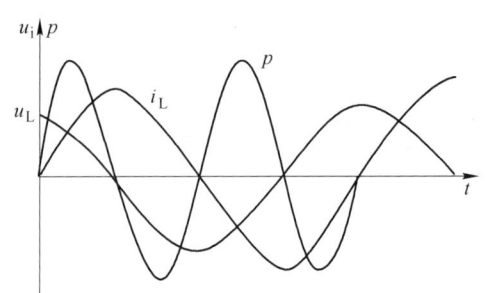

图 1-11　纯电感电路的功率

所以电感线圈也叫储能元件。瞬时功率的最大值叫无功功率 Q，$Q=U_mI_m=2UI$，它反映了电感元件与电源之间能量交换的规模。在生产实践中，无功功率并不是无用功率，而是占有很重要的地位，变压器电动机等都是靠电磁能转换进行工作的，没有无功功率，这些设备是无法工作的。

1.3.2.3　纯电容电路

由电容器和交流电源构成的电路，忽略介质损耗时，叫纯电容电路，如图 1-12 所示。

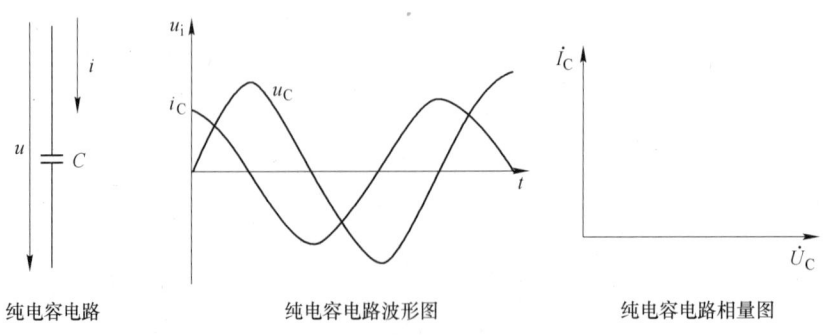

纯电容电路　　　　　　纯电容电路波形图　　　　　　纯电容电路相量图

图 1-12　纯电容电路

A　电压电流之间的关系

设加在电容器 C 两端的电压为 $u=U_m\sin\omega t$ 时，流过的电流为 i，经数学推导计算，得

$i = \omega CU_\mathrm{m}\sin(\omega t + 90°) = I_\mathrm{m}\sin(\omega t + 90°)$，可见 $I_\mathrm{m} = \omega CU_\mathrm{m}$，$U_\mathrm{m} = I_\mathrm{m}/\omega C$，这一公式也叫欧姆定律，$1/\omega C$ 叫容抗 X_c，它表示电容器 C 对交变电流的阻碍作用，由公式 $X_\mathrm{c} = 1/\omega C$ 可知，容抗 X_c 与电容量 C 和角频率成反比，因此，电容器具有通交流、阻直流，通高频、阻低频的特性，比较 i 和 u，可见，电流和电压瞬时值不符合欧姆定律，电流 i 超前电压 u 90°，这一现象也可从示波器上观察到。电压和电流的相位关系也可用波形图和相量图描述。

B 电路的功率

瞬时功率 $p = ui = U_\mathrm{m}\sin\omega t I_\mathrm{m}\sin(\omega t + 90°) = U_\mathrm{m}\sin\omega t I_\mathrm{m}\cos\omega t = 2U_\mathrm{m}I_\mathrm{m}\sin2\omega t = 2UI\sin2\omega t$ 也是正弦量，其频率是电源频率的 2 倍，从功率公式和图 1-13 都可看出，在第一个和第三个 1/4 周期，$p > 0$，电容器从电源获取电能，此

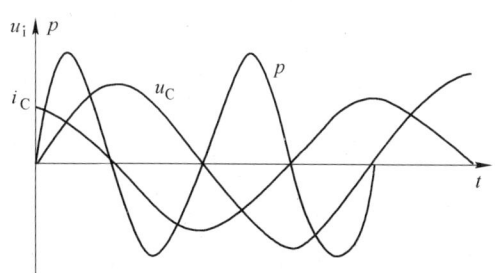

图 1-13　纯电容电路的功率

时容器起着一个负载的作用；在第二个和第四个 1/4 周期，$p < 0$，电容器把储存的电场能送回电源，此时电容器起着一个电源的作用。在一个周期之内，电容器并不消耗电能，因而有功功率 $p = 0$。只是与电源之间存在着能量交换，所以电容器也是储能元件。瞬时功率的最大值叫无功功率 Q，$Q = U_\mathrm{m}I_\mathrm{m} = 2UI$，它反映了电容器元件与电源之间能量交换的规模。

1.4　三相交流电路

三相交流电是由三个频率相同、电势振幅相等、相位互差 120° 角的交流电路组成的电力系统。目前，我国生产、配送的都是三相交流电。仔细观察，可以发现马路旁电线杆上的电线共有 4 根，而进入居民家庭的进户线只有两根。这是因为电线杆上架设的是三相交流电的输电线，进入居民家庭的是单相交流电的输电线。自从 19 世纪末世界上首次出现三相制以来，它几乎占据了电力系统的全部领域。目前世界上电力系统所采用的供电方式，绝大多数是属于三相制电路。三相交流电比单相交流电有很多优越性，在用电方面，三相电动机比单相电动机结构简单，价格便宜，性能好；在送电方面，采用三相制，在相同条件下比单相输电节约输电线用铜量。实际上单相电源就是取三相电源的一相，因此，三相交流电得到了广泛的应用。

使一个线圈在磁场里转动，电路中只产生一个交变电动势，这时发出的交流电叫单相交流电。如果在磁场里有三个互呈角度的线圈同时转动，电路中就发生三个交变电动势，这时发出的交流电叫三相交流电。交流电机中，在铁心上固定着三个相同的线圈 AX、BY、CZ，始端是 A、B、C，末端是 X、Y、Z。三个线圈的平面互呈 120° 角。匀速地转动铁心，三个线圈就在磁场中匀速转动。三个线圈是相同的，它们发出的三个电动势，最大值和频率都相同。这三个电动势的最大值和频率虽然相同，但是它们的相位并不相同。由于三个线圈平面互呈 120° 角，所以三个电动势的相位互差 120°。

1.4.1　三相电势的产生和三相电路的连接

1.4.1.1　三相电路的组成

（1）产生磁场的磁极（定子）；（2）产生感生电动势的线圈 abcd（转子）。

若电枢表面的磁感应强度按正弦规律分布：

$$B = B\sin\alpha$$

式中，α 为线圈平面与中性面的夹角。

当电枢按逆时针方向以速度 u 等速旋转时，线圈中的 ab 边和 cd 边分别切割磁力线，产生感生电动势，其大小为：

$$e = B_m L_u \sin\alpha \tag{1-10}$$

感生电动势的最大值为：

$$E_m = B_m L_u \tag{1-11}$$

若线圈从中性面以角速度 ω 开始做等速运动则

$$e = B_m L_u \sin\omega t \tag{1-12}$$

线圈平面与中性面呈一夹角 ϕ 开始计时：

$$e = B_m L_u \sin(\omega t + \phi) \tag{1-13}$$

因此，交流发电机产生的电动势是按正弦规律变化的，可以向外电路输送正弦交流电。

1.4.1.2　三相交流电动势的表示方法

三相绕组在空间位置上彼此相隔 120°，分别用 U、V、W 表示，则三相各自产生的电动势为：

$$e_U = E_m \sin\omega t$$

$$e_V = E_m \sin(\omega t + 120°)$$

$$e_W = E_m \sin(\omega t - 120°)$$

1.4.1.3　相序

三相交流电出现正幅值的顺序称为相序。一般称 $U \to V \to W \to U$ 为正序或顺序，$V \to U \to W \to V$ 为负序或逆序。

1.4.1.4　三相电路的连接

三相电源连接方式常用的有星形（即 Y 形）连接和三角形（即 △ 形）连接。从电源的三个始端引出的三条线称为端线（俗称火线）。任意两根端线之间的电压称为线电压。星形连接时，线电压为相电压的 1.732 倍；三个线电压间的相位差仍为120°，它们比三个相电压各超前30°。星形连接有一个公共点，称为中性点。三角形连接时，线电压与相电压相等，且三个电源形成一个回路，只有三相电源对称且连接正确时，电源内部才没有环流。

1.4.2 不对称三相电路的概念和三相电路的功率

三相负载按三相阻抗是否相等分为对称三相负载和不对称三相负载。三相电动机、三相电炉等属前者；一些由单相电工设备接成的三相负载（如生活用电及照明用电负载），通常是取一条端线和由中性点引出的中线（俗称地线）供给一相用户，取另一端线和中线供给另一相用户。这类接法三条端线上负载不可能完全相等，属不对称三相负载。

三相交流电路的功率与单相电路一样，分为有功功率、无功功率和视在功率。

三相功率计算公式为：

视在功率：
$$S = \sqrt{3}UI = S = \sqrt{(P^2 + Q^2)}$$

有功功率：
$$P = \sqrt{3}UI\cos\phi$$

无功功率：
$$Q = \sqrt{3}UI\sin\phi$$

式中，ϕ 为相电压与相电流之间的相位差；$\cos\phi$ 为功率因数；纯电阻可以看作1；电容、电抗可以看作0。

1.4.3 三相电路的计算

对称三相电路可以用正弦电流电路的一般分析方法求解。由于这种电路的对称性，对称三相电路的计算，可以首先任取一相（如 A 相）作为参考相，绘出其单相计算电路图，按照单相电路的分析方法计算参考相，然后再按对称关系推算出其余两相的解。

1.5 供电整流电路

1.5.1 整流电路的概念

整流电路是指把交流电能转换为直流电能的电路。大多数整流电路由变压器、整流主电路和滤波器等组成。它在直流电动机的调速、发电机的励磁调节、电解、电镀等领域得到广泛应用。20 世纪 70 年代后，主电路多由硅整流二极管和晶闸管组成。滤波器接在主电路与负载之间，用于滤除脉动直流电压中的交流成分。变压器设置与否视具体情况而定。变压器的作用是实现交流输入电压与直流输出电压间的匹配以及交流电网与整流电路之间的电隔离。整流电路的作用是将交流降压电路输出的电压较低的交流电转换成单向脉动性直流电，这就是交流电的整流过程，整流电路主要由整流二极管组成。经过整流电路之后的电压已经不是交流电压，而是一种含有直流电压和交流电压的混合电压，习惯上称单向脉动性直流电压。图1-14所示为典型整流电路。

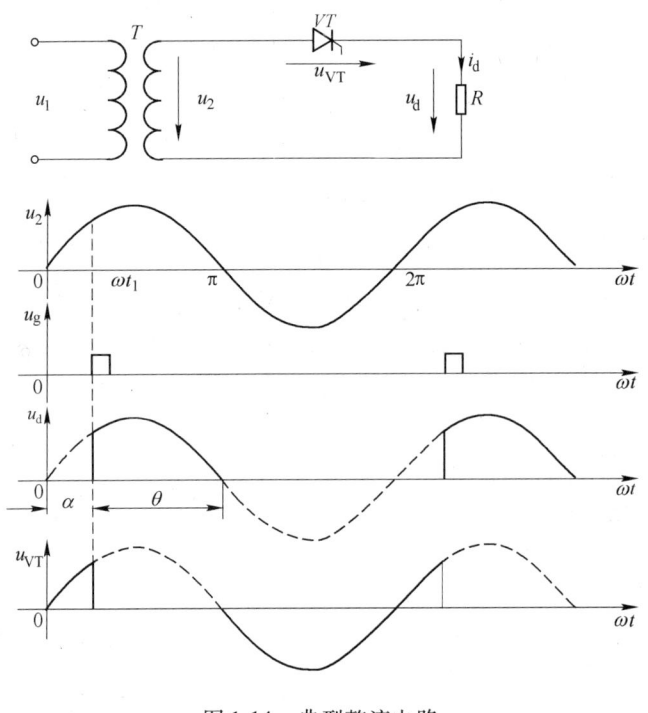

图1-14　典型整流电路

（1）电源电路中的整流电路主要有半波整流电路、全波整流电路和桥式整流三种，倍压整流电路用于其他交流信号的整流，例如用于发光二极管电平指示器电路中，对音频信号进行整流。

（2）前三种整流电路输出的单向脉动性直流电特性有所不同，半波整流电路输出的电压只有半周，所以这种单向脉动性直流电主要成分仍然是50Hz的，因为输入交流市电的频率是50Hz，半波整流电路去掉了交流电的半周，没有改变单向脉动性直流电中交流成分的频率；全波和桥式整流电路相同，用到了输入交流电压的正、负半周，使频率扩大一倍为100Hz，所以这种单向脉动性直流电的交流成分主要成分是100Hz的，这是因为整流电路将输入交流电压的一个半周转换了极性，使输出的直流脉动性电压的频率比输入交流电压提高了一倍，这一频率的提高有利于滤波电路的滤波。

（3）在电源电路的三种整流电路中，只有全波整流电路要求电源变压器的次级线圈设有中心抽头，其他两种电路对电源变压器没有抽头要求。另外，半波整流电路中只用一只二极管，全波整流电路中要用两只二极管，而桥式整流电路中则要用四只二极管。根据上述两个特点，可以方便地分辨出三种整流电路的类型，但要注意以电源变压器有无抽头来分辨三种整流电路比较准确。

（4）在半波整流电路中，当整流二极管截止时，交流电压峰值全部加到二极管两端。对于全波整流电路而言也是这样，当一只二极管导通时，另一只二极管截止，承受全部交流峰值电压。所以对这两种整流电路，要求电路的整流二极管其承受反向峰值电压的能力较高；对于桥式整流电路而言，两只二极管导通，另两只二极管截止，它们串联起来承受反向峰值电压，在每只二极管两端只有反向峰值电压的一半，所以对这一电路中整流二极管承受反向峰值电压的能力要求较低。

（5）在要求直流电压相同的情况下，对全波整流电路而言，电源变压器次级线圈抽头到上、下端交流电压相等，且等于桥式整流电路中电源变压器次级线圈的输出电压，这样在全波整流电路中的电源变压器相当于绕了两组次级线圈。

（6）在全波和桥式整流电路中，都将输入交流电压的负半周转到正半周或将正半周转到负半周，这一点与半波整流电路不同，在半波整流电路中，将输入交流电压一个半周切除。

（7）在整流电路中，输入交流电压的幅值远大于二极管导通的管压降，所以可将整流二极管的管压降忽略不计。

（8）对于倍压整流电路，它能够输出比输入交流电压更高的直流电压，但这种电路输出电流的能力较差，所以具有高电压，小电流的输出特性。

（9）分析上述整流电路时，主要用二极管的单向导电特性，整流二极管的导通电压由输入交流电压提供。

1.5.2 常见整流电路及应用

1.5.2.1 整流电路的分类

（1）按组成器件可分为不可控电路、半控电路、全控电路三种。

1）不可控整流电路完全由不可控二极管组成，电路结构一定之后其直流整流电压和交流电源电压值的比是固定不变的。

2）半控整流电路由可控元件和二极管混合组成，在这种电路中，负载电源极性不能改变，但平均值可以调节。

3）在全控整流电路中，所有的整流元件都是可控的（SCR、GTR、GTO 等），其输出直流电压的平均值及极性可以通过控制元件的导通状况而得到调节，在这种电路中，功率既可以由电源向负载传送，也可以由负载反馈给电源，即所谓的有源逆变。

（2）按电路结构可分为零式电路和桥式电路。

零式电路指带零点或中性点的电路，又称半波电路。它的特点是所有整流元件的阴极（或阳极）都接到一个公共接点，向直流负载供电，负载的另一根线接到交流电源的零点。

桥式电路实际上是由两个半波电路串联而成，故又称全波电路。

（3）按电网交流输入相数分为单相电路、三相电路和多相电路。

1）对于小功率整流器常采用单相供电。单相整流电路分为半波整流、全波整流、桥式整流及倍压整流电路等。

2）三相整流电路是交流侧由三相电源供电，负载容量较大，或要求直流电压脉动较小，容易滤波。三相可控整流电路有三相半波可控整流电路、三相半控桥式整流电路、三相全控桥式整流电路。因为三相整流装置三相是平衡的，输出的直流电压和电流脉动小，对电网影响小，且控制滞后时间短，采用三相全控桥式整流电路时，输出电压交变分量的最低频率是电网频率的 6 倍，交流分量与直流分量之比也较小，因此滤波器的电感量比同容量的单相或三相半波电路小得多。另外，晶闸管的额定电压值也较低。因此，这种电路适用于大功率变流装置。

3）多相整流电路。随着整流电路的功率进一步增大（如轧钢电动机的功率达数兆瓦），为了减轻对电网的干扰，特别是减轻整流电路高次谐波对电网的影响，可采用十二相、十八相、二十四相乃至三十六相的多相整流电路。采用多相整流电路能改善功率因数，提高脉动频率，使变压器初级电流的波形更接近正弦波，从而显著减少谐波的影响。理论上，随着相数的增加，可进一步削弱谐波的影响。多相整流常用在大功率整流领域，最常用的有双反星中性点带平衡电抗器接法和三相桥式接法。

（4）按变压器二次侧电流的方向分为单、双向。

单向或双向，又可分为单拍电路和双拍电路。其中所有半波整流电路都是单拍电路，所有全波整流电路都是双拍电路。

（5）按控制方式分为相控式电路和斩波式电路（斩波器）。

1）通过控制触发脉冲的相位来控制直流输出电压大小的方式，称为相位控制方式，简称相控方式。

2）斩波器是利用晶闸管和自关断器件来实现通断控制，将直流电源电压断续加到负载上，通过通、断的时间变化来改变负载电压平均值，亦称直流-直流变换器。它具有效率高、体积小、质量轻、成本低等优点，广泛应用于直流牵引的变速拖动中，如城市电车、地铁等。斩波器一般分降压斩波器、升压斩波器和复合斩波器三种。

（6）按引出方式的不同分为中点引出整流电路、桥式整流电路、带平衡电抗器整流电路、环形整流电路、十二相整流电路。

1）中点引出整流电路分为单脉波（单相半波）、两脉波（单相全波）、三脉波（三相半波）、六脉波（六相半波）。

2）桥式整流电路分为两脉波（单相）桥式，六脉波（三相）桥式。

3）带平衡电抗器整流电路分为一次星形联结的六脉波带平衡电抗器电路（即双反星带平衡电抗器电路）、一次角形联结的六脉波带平衡电抗器电路。

4）十二相整流电路分为二次星、三角联结，桥式并联（带 6f 平衡电抗器）单机组十二脉波整流电路；二次星、三角联结，桥式串联十二脉波整流电路；桥式并联等值十二脉波整流电路；双反星形带平衡电抗器等值十二脉波整流电路。半波电路：每根电源进线流过单向电流，又称零式电路或单拍电路全波电路：每根电源进线流过双向电流，又称桥式电路或双拍电路。

1.5.2.2　整流电路作用原理

电力网供给用户的是交流电，而各种无线电装置需要用直流电。整流就是把交流电变为直流电的过程。利用具有单向导电特性的器件，可以把方向和大小改变的交流电变换为直流电。下面介绍利用晶体二极管组成的各种整流电路。

A　半波整流电路

半波整流电路是一种最简单的整流电路。它由电源变压器 B、整流二极管 D 和负载电阻 R_{fz} 组成。变压器把市电电压（多为220V）变换为所需要的交变电压 E_2，D 再把交流电变换为脉动直流电。变压器二级电压 E_2，是一个方向和大小都随时间变化的正弦波电压，它的波形如图 1-15a 所示。在 $0 \sim \pi$ 时间内，E_2 为正半周即变压器上端为正，下端为负。此时二极管承受正向电压面导通，E_2 通过它加在负载电阻 R_{fz} 上，在 $\pi \sim 2\pi$ 时间内，E_2 为负半周，变压器次级下端为正，上端为负。这时 D 承受反向电压，不导通，R_{fz}，上无电压。在 $2\pi \sim 3\pi$ 时间内，重复 $0 \sim \pi$ 时间的过程，而在 $3\pi \sim 4\pi$ 时间内，又重复 $\pi \sim 2\pi$ 时间的过程……这样反复下去，交流电的负半周就被"削"掉了，只有正半周通过 R_{fz}，在 R_{fz} 上获得了一个单一右向（上正下负）的电压，如图 1-15b 所示，达到了整流的目的，但是，负载电压 U_{sc} 以及负载电流的大小仍随时间变化，因此，通常称它为脉动直流。

这种除去半周的整流方法，叫半波整流。不难看出，半波整流是以"牺牲"一半交流为代价而换取整流效果的，电流利用率很低（计算表明，整流得出的半波电压在整个周期内的平均值，即负载上的直流电压 $U_{sc} = 0.45E_2$），因此常用在高电压、小电流的场合，而在一般无线电装置中很少采用。

B 全波整流电路

如果把整流电路的结构作一些调整，可以得到一种能充分利用电能的全波整流电路。图 1-16 为全波整流电路的原理图。

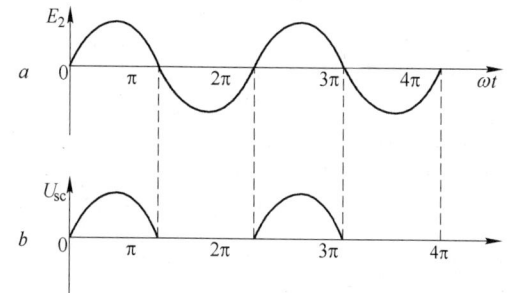

图 1-15 半波整流电路波形

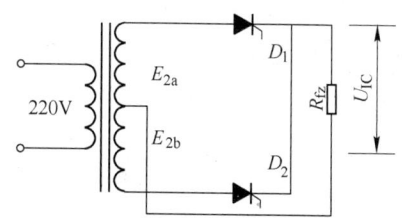

图 1-16 全波整流电路原理图

全波整流电路，可以看成由两个半波整流电路组合而成。变压器次级线圈中间需要引出一个抽头，把次组线圈分成两个对称的绕组，从而引出大小相等但极性相反的两个电压 E_{2a}、E_{2b}，构成 E_{2a}、D_1、R_{fz} 与 E_{2b}、D_2、R_{fz}，两个通电回路。

全波整流电路的工作原理如图 1-16 所示。在 $0 \sim \pi$ 时间内，E_{2a} 对 D_1 为正向电压，D_1 导通，在 R_{fz} 上得到上正下负的电压；E_{2b} 对 D_2 为反向电压，D_2 不导通。在 $\pi \sim 2\pi$ 时间内，E_{2b} 对 D_2 为正向电压，D_2 导通，在 R_{fz} 上得到的仍然是上正下负的电压；E_{2a} 对 D_1 为反向电压，D_1 不导通。

C 带平衡电抗器的双反星形可控整流电路

带平衡电抗器的双反星形可控整流电路是将整流变压器的两组二次绕组都接成星形，但两组接到晶闸管的同名端相反；两组二次绕组的中性点通过平衡电控器 LB 连接在一起，见图 1-17。

D 桥式整流电路

桥式整流电路是使用最多的一种整流电路。这种电路，只要增加两只二极管口连接成

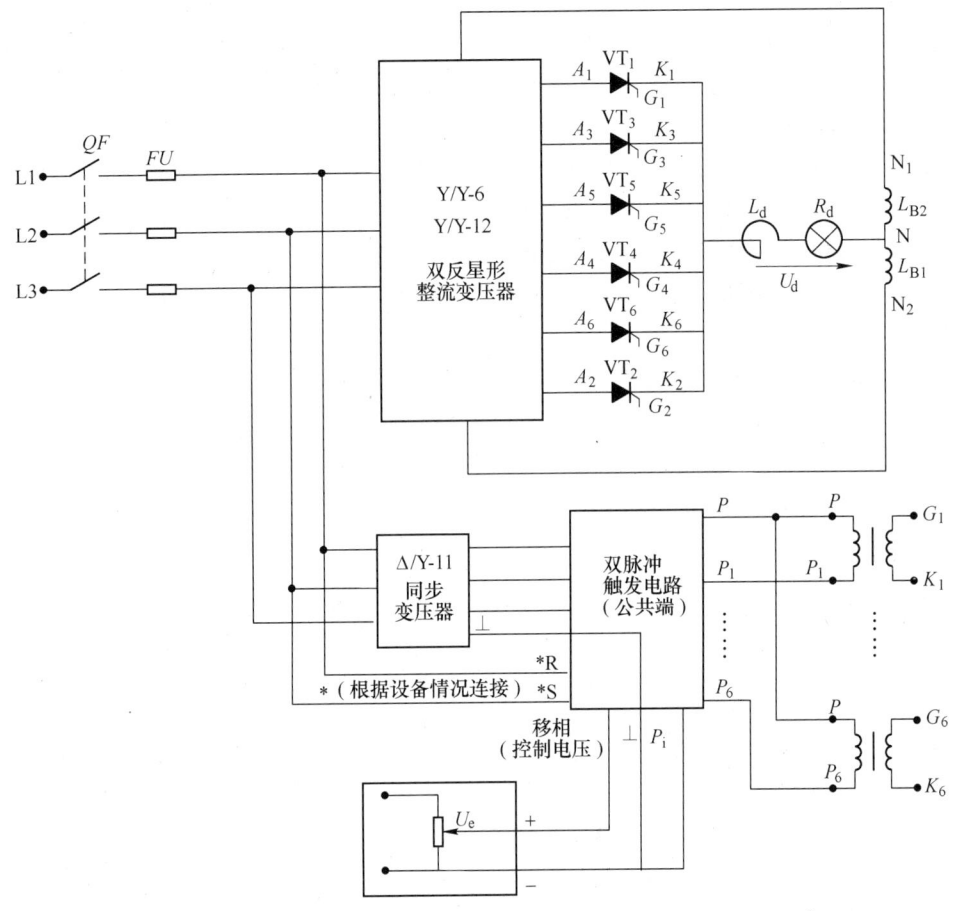

图 1-17　带平衡电抗器的双反星形可控整流电路

"桥"式结构，便具有全波整流电路的优点，而同时在一定程度上克服了它的缺点。见图 1-18。

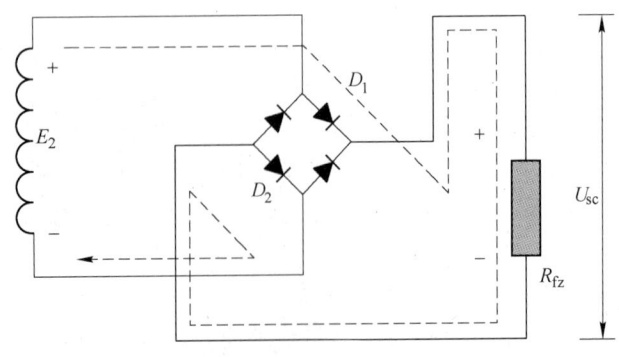

图 1-18　桥式整流电路

桥式整流电路的工作原理如下：E_2 为正半周时，对 D_1、D_3 加正向电压，D_1、D_3 导通；对 D_2、D_4 加反向电压，D_2、D_4 截止。电路中构成 E_2、D_1、R_{fz}、D_3 通电回路，在 R_{fz}

上，形成上正下负的半波整流电压，E_2 为负半周时，对 D_2、D_4 加正向电压，D_2、D_4 导通；对 D_1、D_3 加反向电压，D_1、D_3 截止。电路中构成 E_2、D_2、R_{fz}、D_4 通电回路，同样在 R_{fz} 上形成上正下负的另外半波的整流电压。

如此重复下去，结果在 R_{fz} 上，便得到全波整流电压。其波形图和全波整流波形图是一样的。从图 1-18 中还不难看出，桥式电路中每只二极管承受的反向电压等于变压器次级电压的最大值，比全波整流电路小一半。

E　三相桥式全控电路

TR 为三相整流变压器，其接线组别采用 Y/Y-12。$VT_1 \sim VT_6$ 为晶闸管元件，$FU_1 \sim FU_6$ 为快速熔断器。TS 为三相同步变压器，其接线组别采用 △/Y-11。P 端为集成化六脉冲触发电路 +24V 电源输出端，接脉冲变压器一次绕组连接公共端。$P_1 \sim P_6$ 端为集成化六脉冲触发电路功放管 V1 ～ V6 集电极输出端，分别接脉冲变压器一次绕组的另一端。UC 端为移相控制电压输入端。见图 1-19。

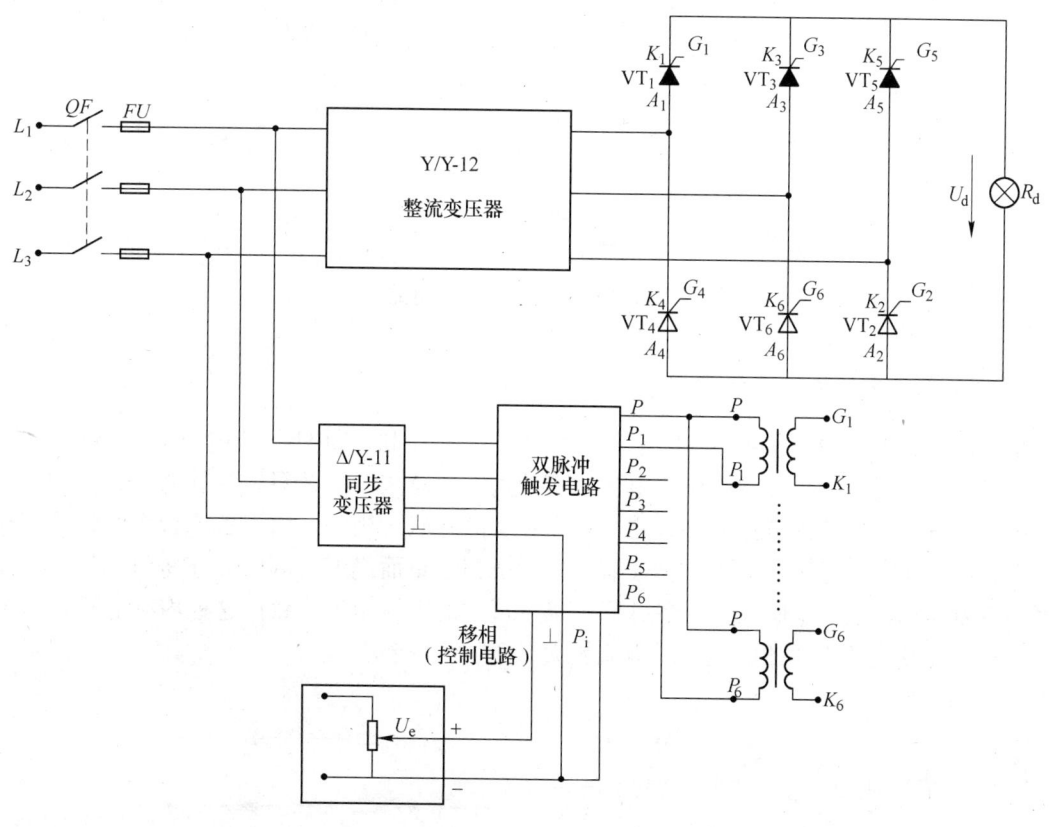

图 1-19　三相桥式全控电路

F　三相桥式半控电路

三相桥式半控整流电路与三相桥式全控整流电路基本相同，仅将共阳极组 VT_4、VT_6、VT_2 的晶闸管元件换成了 VD_4、VD_6、VD_2 整流二极管，以构成三相桥式半控整流电路。见图 1-20。

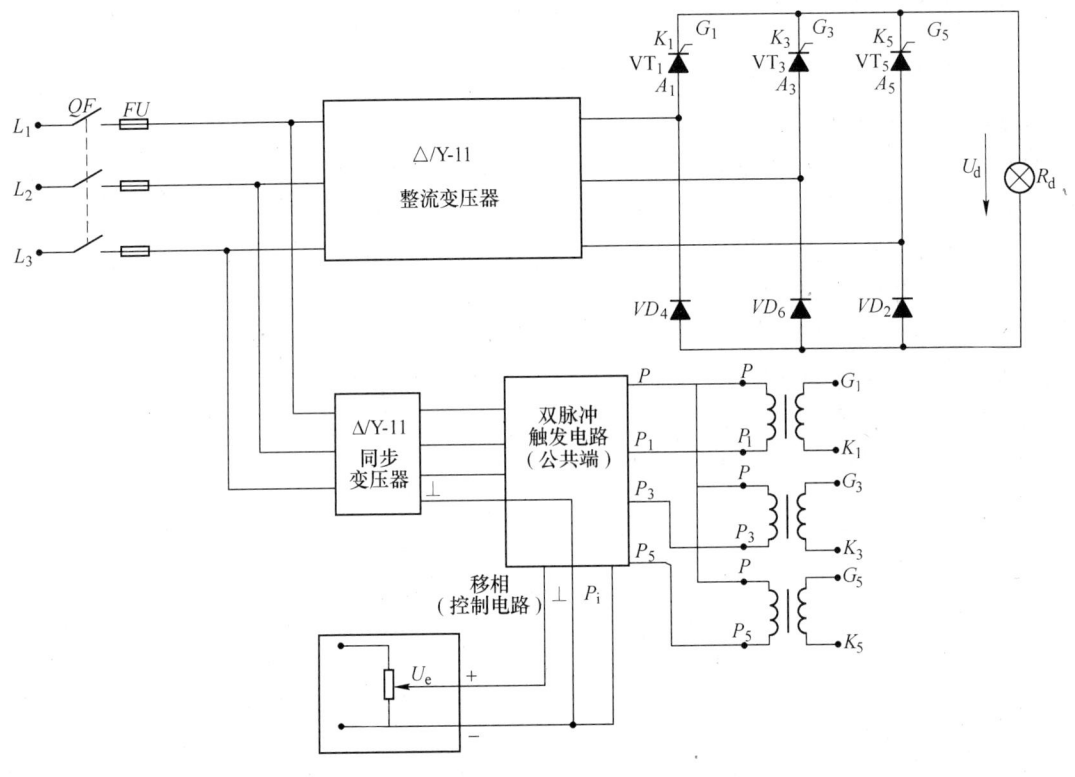

图 1-20　三相桥式半控电路

1.5.2.3　整流电路的元件选择

　　二极管并联的情况如图 1-21 所示：两只二极管并联、每只分担电路总电流的一半，三只二极管并联，每只分担电路总电流的三分之一。总之，有几只二极管并联，流经每只二极管的电流就等于总电流的几分之一。但在实际并联运用时，由于各二极管特性不完全一致，不能均分所通过的电流，会使有的管因负担过重而烧毁。因此需在每只二极管上串联一只阻值相同的小电阻器，使各并联二极管流过的电流接近一致。这种均流电阻 R 一般选用零点几欧至几十欧的电阻器。电流越大，R 应选得越小。

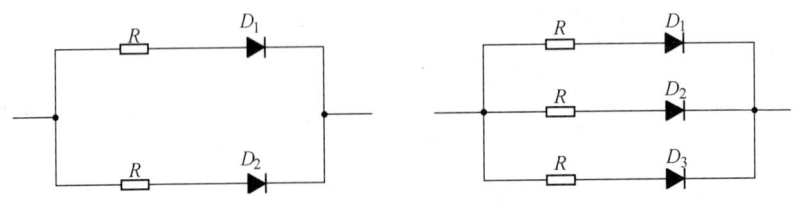

图 1-21　二极管并联

　　二极管串联的情况如图 1-22 所示。显然，在理想条件下，有几只管子串联，每只管子承受的反向电压就应等于总电压的几分之一。但因为每只二极管的反向电阻不尽相同，会造成电压分配不均，内阻大的二极管，有可能由于电压过高而被击穿，并由此引起连锁反应，逐个把二极管击穿。在二极管上并联的电阻 R，可以使电压分配均匀。均压电阻要取阻值比二极管反向电阻值小的电阻器，各个电阻器的阻值要相等。

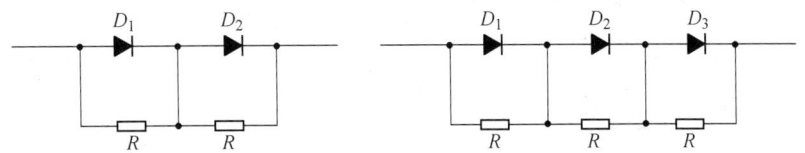

图 1-22　二极管串联

1.5.3　铝电解供电整流电路

1.5.3.1　整流主电路连接

按照一般要求，整流变压器二次出线为三相桥式同相逆并联连接，而整流器的主电路结构，则是将两个三相整流桥的正、负极，按上下（或前后）分开布置，以构成非同相逆并联连接。对整流主电路而言，如图 1-23 所示，同相逆并联和非同相逆并联整流主电路的电气连接没有本质的区别，仅仅只是空间结构布置的区别。

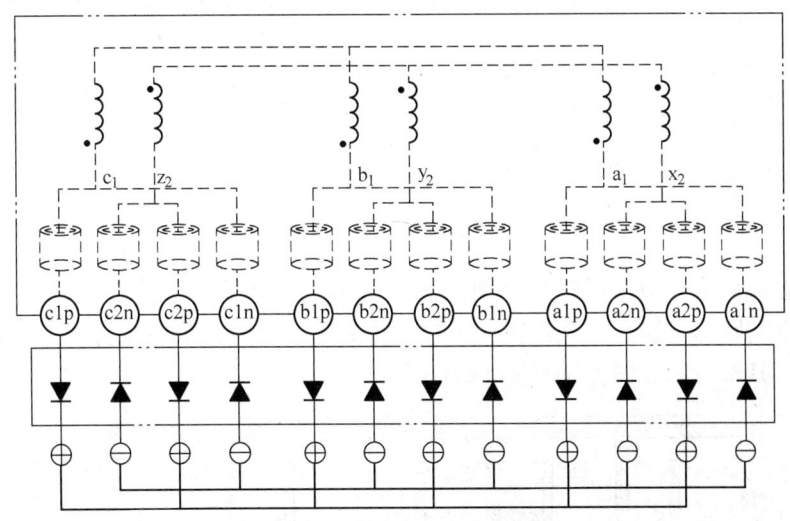

图 1-23　整流柜主电路的电气连接

同相逆并联结构，要求直流侧正、负极两个整流臂必须背靠背布置；非同相逆并联结构，则要求直流侧正、负极两个整流臂远距离分开布置。

按照空间布置要求，非同相逆并联结构的整流器又可分为：正负极上下布置和正负极前后布置两种，分别见图 1-24 和图 1-25。

完全同相逆并联结构形式的主要优点在于：能从根本上解决大电流交变电磁场导致的钢构件局部发热、电流分配不均衡和母线感抗压降增大（功率因数低）的问题。

非同相逆并联结构形式的主要优点在于：整流器的正、负极能被远距离拉开，可防止直流母排之间直接短路。整流器内部全部构件须采用隔磁材料制作，以防止交变磁场引起

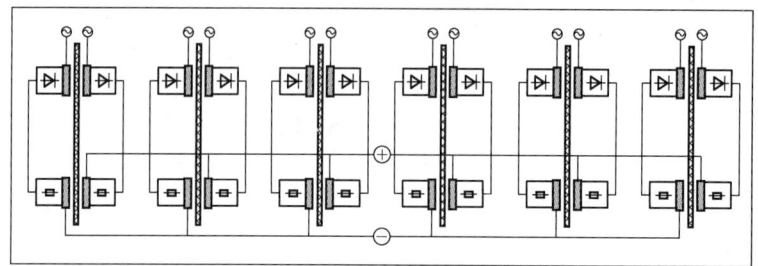

完全同相逆并联结构形式

图 1-24　整流主电路结构形式之一

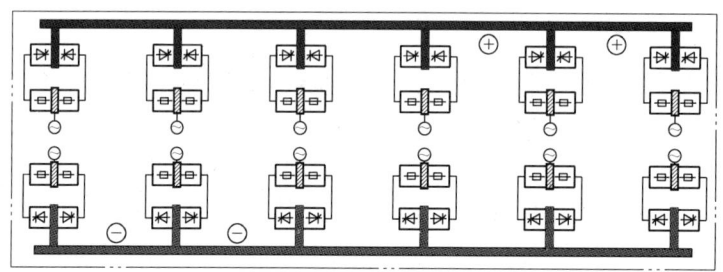

三相桥式非同相逆并联结构形式

图 1-25　整流主电路结构形式之二

局部过热。

1.5.3.2　直流正负极"上下布置"的整流器

　　整流器直流侧正、负极母排，分别按照上下两层，被远距离分开布置，通过加大正、负极之间的空间距离，防止直流侧正、负极母排之间，因电弧或其他异物等引起短路而导致直流短路。其布置示意图分别见图 1-26 ~ 图 1-29。

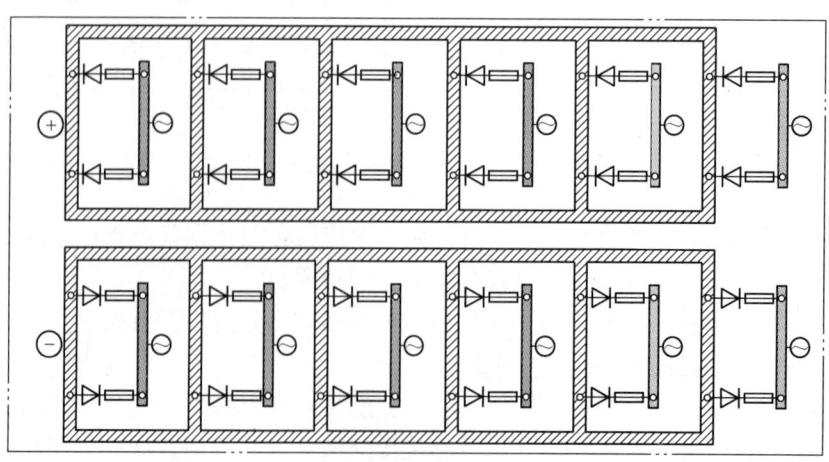

整流器正负板按上下两层布置

图 1-26　整流器结构布置图

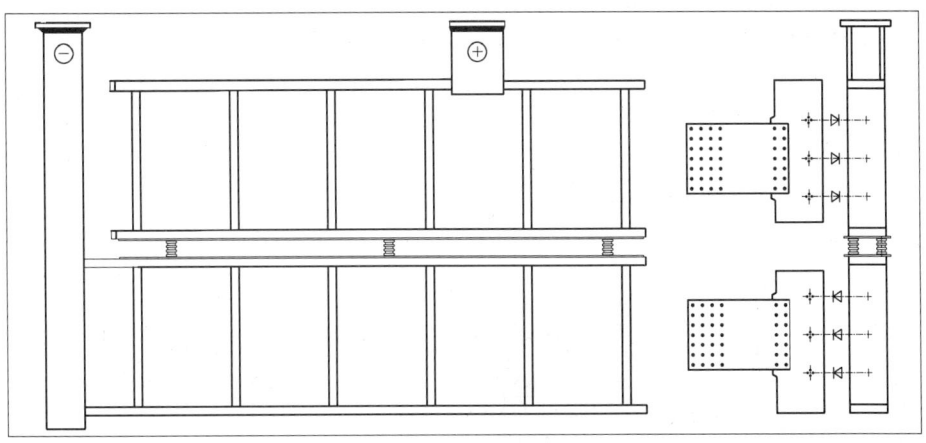

图 1-27　正负极上下分开结构图

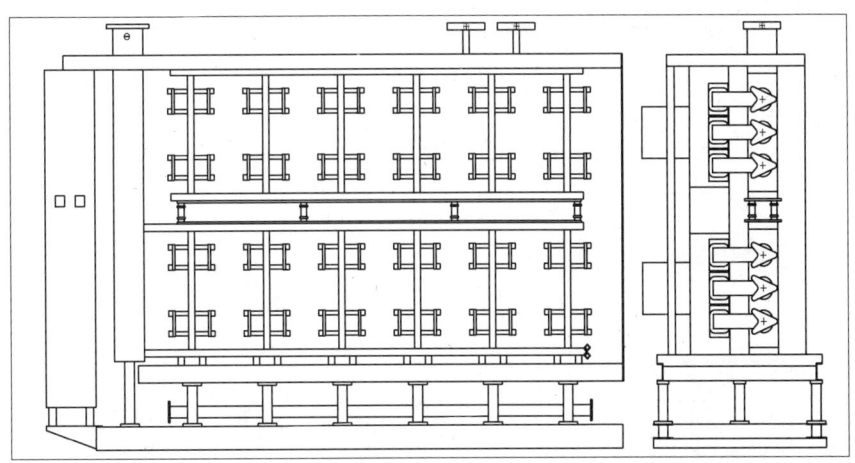

图 1-28　整流柜外形结构图

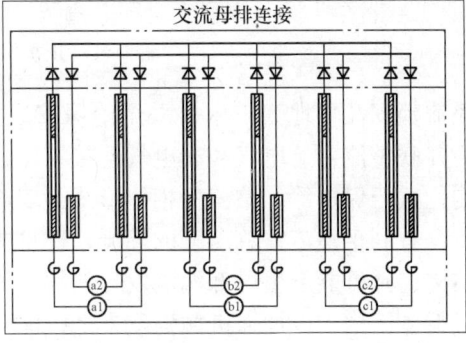

图 1-29　直流母排框架和交流进线方式

1.5.3.3 直流正负极"前后布置"的整流器

整流器直流侧正、负极母排，分别按照"一前一后"，被远距离分开布置，通过加大正、负极之间的空间距离，防止直流侧正、负极母排之间，因电弧或其他异物等引起短路而导致直流短路。其布置示意图分别见图 1-30 ~ 图 1-33。

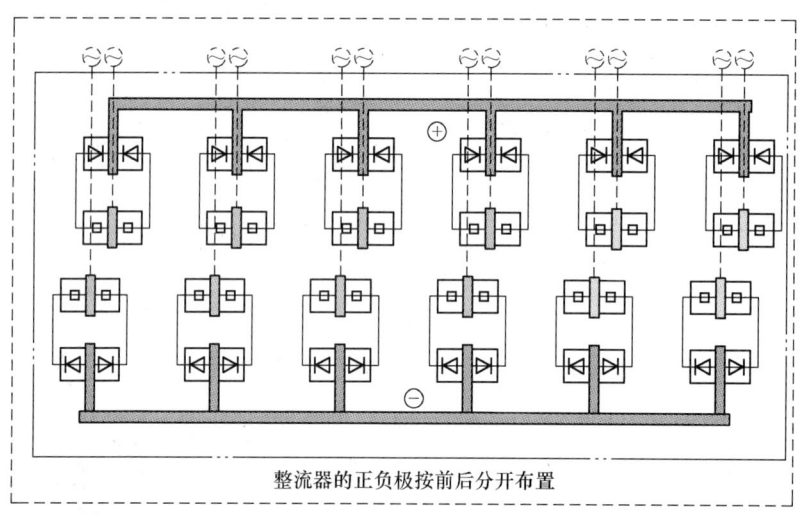

整流器的正负极按前后分开布置

图 1-30　整流器结构布置概念图

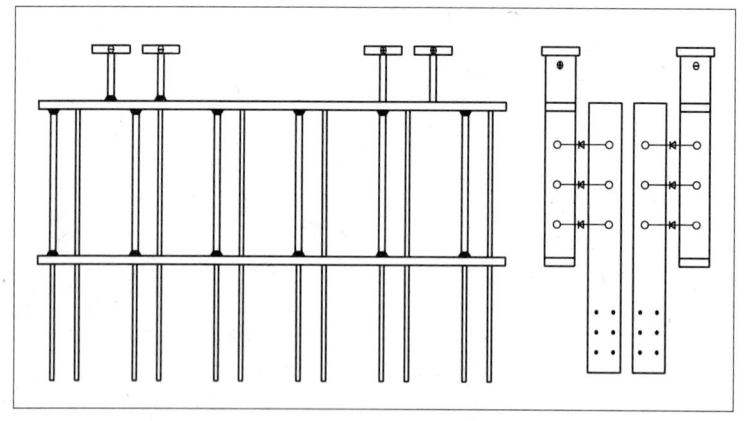

图 1-31　正负极前后分开布置图

整流柜安装场地为户内，采用绝缘安装方式。主电路采用水-水冷却。每柜包括六组同相逆并联整流臂、电气和非电气连接结构、绝缘结构、冷却水管道和散热器、整流管压紧结构、过压保护等。整流柜柜体形式为双面双列结构，相对于单面单列的柜体，设备比较紧凑，有利于整流室总高度的降低，还可减小整流管母排和快熔母排的损耗。柜壳为防磁型结构，凡可能产生局部涡流发热的部位均采用防磁材料隔断磁路。柜壳用弯板和型材焊接成整体结构，以加强机械强度，抵抗电动力的冲击振动和噪声。柜壳表面采用静电喷塑处理，以加强柜壳的防腐能力。柜壳防护等级按 IP20 设计，提高防护等级。为降低损

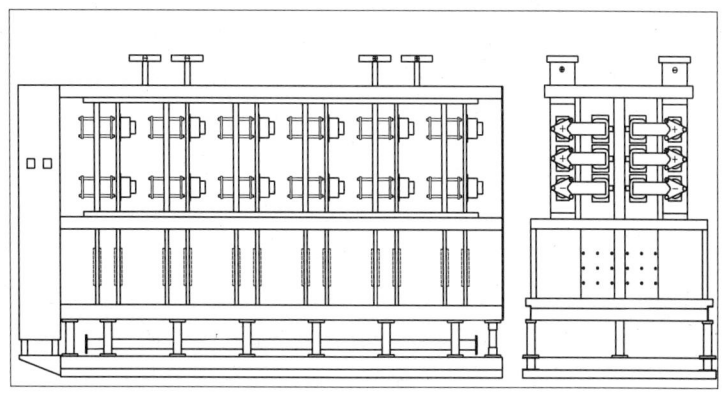

图 1-32　整流器外形结构图

图 1-33　正负极前后布置现场安装图

耗、提高整流效率，主电路电气连接采取了下述措施：所有导电母排，散热器和连接线的材质均为紫铜材料。散热器和整流管表面镀镍，母排表面全部镀锡。安装整流管和快熔的母排为挤压成型的异形双孔母线，孔为内齿轮形，增大了母排与冷却水热交换面积、有利于降低母排热阻及整流管和快熔的温升。采用一次铸造成型的 A-003 铜质散热器，能防止渗水和散热器受压时产生局部变形的问题，保证与整流管接触良好、压力均匀。散热器进出水嘴孔径大（ϕ14mm）、水阻小，在水流为紊流状态下，使流量达到 16L/min。双面冷却，保证热阻不超过 0.01℃/W，有利于提高整流管的通流能力。直流汇流母排也采用挤压成型带内孔的铜母线，不再沿用焊接散热水管的汇流母线。汇流母线与快熔双孔母线之间的连接板直接焊在汇流母线上，既减小接触损耗又提高结构强度。

1.5.4　稳流装置

稳流自动控制系统主要为铝电解供电整流装置大电流稳流控制而设计，适用于采用有载开关粗调，饱和电抗器细调的直流大电流供电场合，同时也适用于相关电冶金、电化学用整流电源设备的自动稳流控制系统。

1.5.4.1　稳流控制原理

饱和电抗器是一种利用铁磁材料的饱和特性以较小的直流功率来控制较大的交流负载

的一种电器。它是两组由硅钢片叠成的"回"形铁心，外面两侧绕有匝数较少、线径较粗的交流绕组，中间两个立柱共绕一个匝数较多而线径较细的直流绕组。交流的工作半周中，在负载电流的正向强磁场作用下，铁心趋向饱和，饱和后的电压降构成整流直流电压的电压降。由于铁心中磁通的饱和现象，当直流绕组电流增加时，铁心饱和程度增加，使交流绕组的感抗下降，从而流过交流绕组的电流也增加，反之亦然。所以可通过控制一个数值很小的直流电流（0~20A）就可以控制主电路中的大电流（几十千安）。如果无级平滑地改变直流电，则交流电也可平滑地无级变化。

在大型整流机组中，采用自饱和电抗器，主要用于调整直流输出电流。通过改变偏移绕组或控制绕组的电流来改变电抗器中的磁势（电抗值），从而使整流元件自然换相角延迟，达到调整直流电流的目的。饱和电抗器的实际线性度决定稳流深度。饱和电抗器主回路电路原理见图1-34。

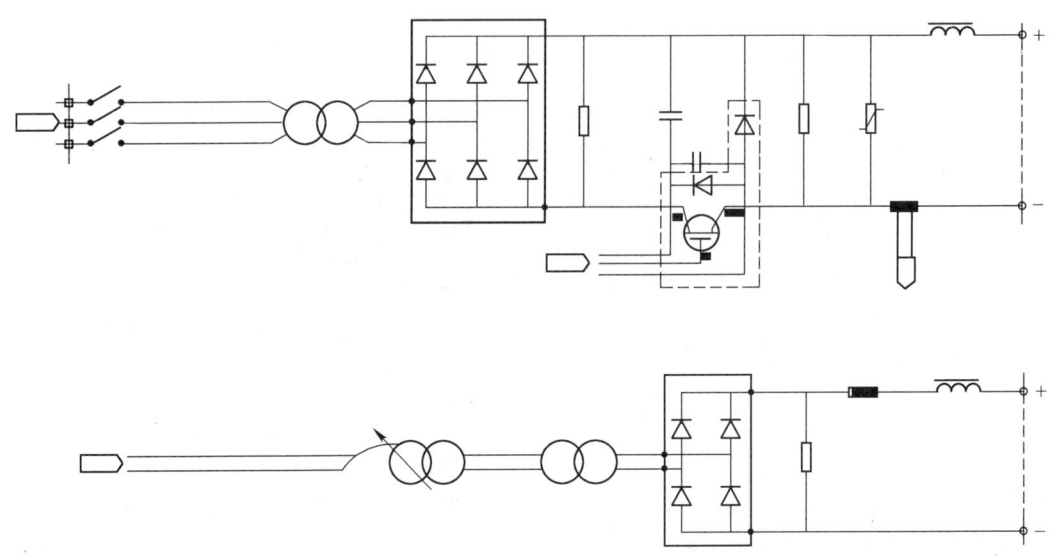

图1-34 饱和电抗器主回路电路原理图

1.5.4.2 稳流控制方式

一般稳流控制系统采用（$N+1$）结构形式，即 N 台整流机组各配置1台PLC，实现单机组的小闭环稳流控制，稳流大闭环控制由一台总调PLC实现。总调、单机组PLC通过现场总线实现数据传输和交换。控制方式的选择及系统信息的显示均由上位机实现。功率单元选用流行器件IGBT，高频PWM斩波控制，配以完善的保护，体现了系统的先进性和免维护性，同时可完成各种高级控制。

稳流控制系统适用于整流元件采用二极管整流，电流调节方式采用有载开关粗调，饱和电抗器细调的整流机组。稳流控制系统由硬件和软件两部分组成。硬件部分包括单机组稳流PLC、总调PLC、整流变压器、三相桥组件、逻辑调节模块、平波电抗器以及其他附件。软件部分包括PLC系统软件、PID控制软件、逻辑调节控制软件以及相关的自动控制应用软件。

稳流系统的反馈方式是将机组的两路单柜直流输出电流信号和两路整变交流互感器电流信号，经隔离变换后同时反馈给稳流控制系统的，交、直流反馈信号互为备用，即使一路电流反馈信号发生故障，另一路也能正常工作，这对整流机组的运行安全至关重要。稳流控制电路见图1-35。

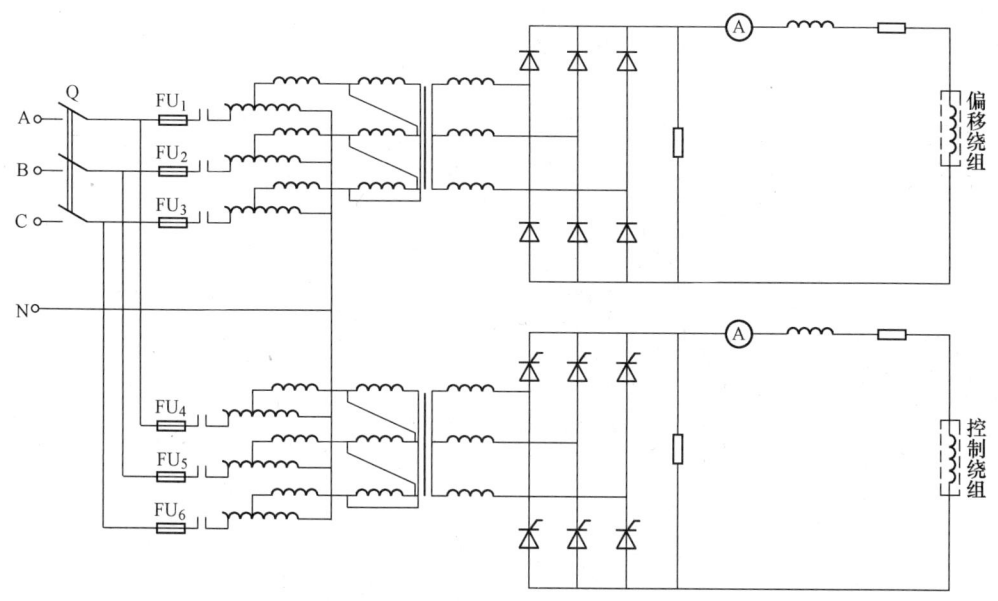

图 1-35　稳流控制电路图

A　恒流控制

恒流控制的原理是将机组的直流输出电流经变换后反馈给 PLC，与给定信号比较，PLC 进行 PID 计算，控制 IGBT 占空比，改变饱和电抗器的控制电流，从而达到机组电流稳定的目的。

B　总调控制

一般系列由 4~7 个单机组并联组成，系列电流等于 4~7 个单机组输出电流之和。单机组稳流可实现单机组输出电流稳定，为了使系列电流更加精确、稳定，特设计系列电流稳流控制，由系列电流经互感器反馈至 PLC 与系列电流设定（数字给定）进行比较、计算，输出的结果作为单机组稳流的分调给定，从而使系列电流的稳定度大大提高。一般饱和电抗器的控制深度为 70V 左右，当其饱和时，调节变压器有载开关的升降，从而使系列电流不论在多大的电压波动情况下，均能达到稳流的目的，扩大调压范围。

调节过程如下：当电解发生阳极效应时，系列电压上升，系列电流降低，因设定电流不变，所以 $I_f \downarrow \rightarrow \Delta I \uparrow \rightarrow I_g \uparrow$（其中 I_f 为系列电流反馈值；ΔI 为系列电流变化值；I_g 为机组电流给定值），使机组控制电流降低。如果效应电压大于控制电压，饱和电抗器达到饱和，总调 PLC 自动发出升级命令；当大的效应消失时，控制电流达到最大，饱和电抗器截止，总调 PLC 自动发出降级命令。上述两种情况都能使饱和电抗器回到线性区，保持系列电流始终在设定值。有载开关自动升降范围根据现场运行经验一般设定为升二级降五级。

C　单机组稳流控制

总调：电流设定由总调决定，用于与其他机组相同出力。

分调：电流设定由分调决定，该机组有单独设定。

单机组稳流装置实现的主要功能：单台整流机组的恒流控制，其原理是将机组的直流输出电流或交流反馈电流经变换隔离后反馈给 PLC，与给定信号（数字给定）比较，PLC 进行 PID 计算，控制结果转换成控制输出脉冲并经功率放大后，去触发晶闸管整流电路，通过逻辑控制改变饱和电抗器的控制电流，从而达到机组电流稳定的目的。

其调节过程如下：当由于电网扰动或电解负载变化造成单机组直流输出 I_D 降低，因给定值不变，$\Delta I\uparrow \rightarrow \alpha\downarrow \rightarrow I_K\downarrow \rightarrow I_D\uparrow$（$\Delta I$ 为偏差；α 为占空比；I_K 为控制电流；I_D 为直流电流），从而机组输出电流不变。当输出电流上升时，与上述的调节过程相反。

单机组稳流控制为 A 台、B 台的独立控制，即 A 台、B 台整流柜分别为独立的稳流控制回路，施控装置为同一台 PLC。单机组稳流反馈信号一般采用 0 ~ 5VDC 直流反馈。各机组直流反馈信号做小闭环主反馈信号进入机组 PLC，并上传给总 PLC 大闭环做比较。交流反馈信号为备用反馈信号，两个反馈信号能够转换。总直流反馈信号做大闭环反馈信号，进入总 PLC。图 1-36 为整流机组稳流控制系统框图。

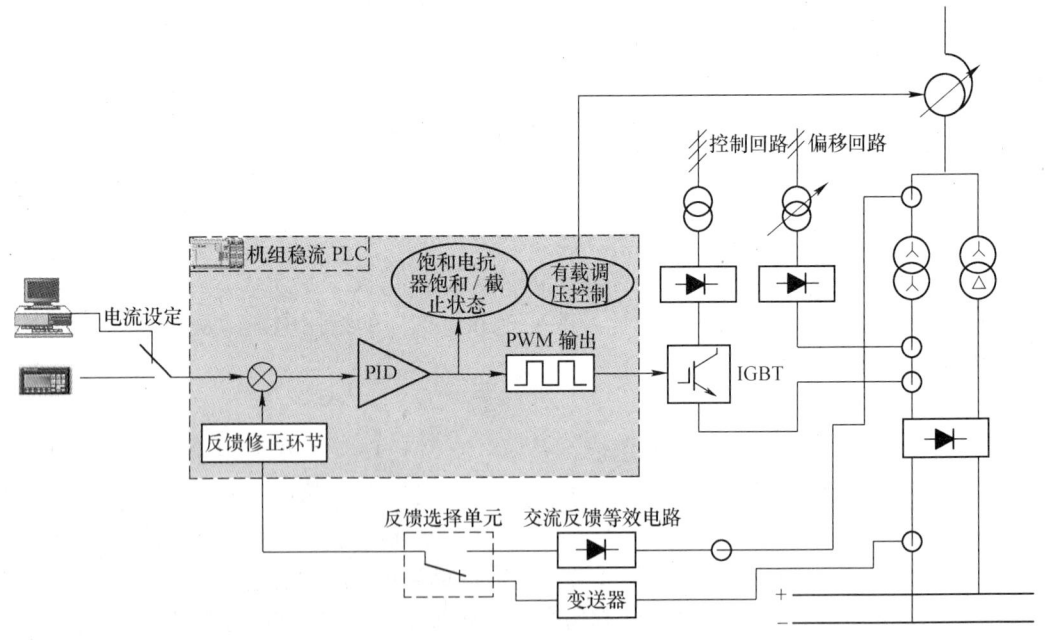

图 1-36　整流机组稳流控制系统框图

稳流系统的几种控制方式，是根据具体情况操作的：

（1）自动/总调方式。这种方式，有载开关升降挡指令均由计算机控制。有载开关升降操作是饱和电抗器控制电流来确认有载开关升与降，这个动作不影响系统单个有载开关位置。机组一个有载开关发生升或降要求，这要求将送入计算机并引起所有机组有载开关同时升或降。

（2）手动/总调方式。这种方式答应操作员进行总调，同时动作向上或向下，通过有载开关升降挡外部按钮来实现。机组总调整与自动/总调方式相同。

（3）自动/分调方式。此方式用于单机组与其他机组有不同基准情况下。此时，本机组有载开关升降不起作用。

（4）手动/分调方式。此方式用于单机组与其他机组有不同基准情况下，由本机组有载开关升降来调整本机组电流。

总之，无论是何种控制方式（见表1-1），都是调整饱和电抗器控制绕组控制电流对整个整流系统进行细调。判定是否需要调控有载开关，是检测全部机组有载开关挡位来确定应动作哪台机组有载开关。当需要升压时，动作最低级；当需要降压时，动作最高级。通常是全部机组有载开关联动。

表1-1　控制方式

稳　流		
控制对象	控制方式	描　述
总　调	自　动	大闭环闭环调节，由上位机设定系列电流，总调PLC将实际系列电流（反馈值）与设定电流比较，进行PID运算，并平均分配给各机组，最终实现系列电流恒定，各机组电流给定为动态给定
	手　动	大闭环退出调节，由操作人员从上位机设定总调电流给定，各机组给定为固定给定
分　调	自　动	电流设定由分调决定
有　载　开　关		
控制对象	控制方式	描　述
总　调	自　动	根据各饱和电抗器饱和或截止状态以及其他综合条件，由总调PLC自动控制有载开关同时进行升降操作
	手　动	操作人员根据负载电压变化进行总调手动操作，同时进行有载开关升级或降级操作
分　调	自　动	按照单机组饱和电抗器状态由单机组PLC自动控制进行有载开关升、降操作，与其他机组无关
	手　动	操作员根据负载电压和该机组饱和电抗器状态手动控制该机组进行有载开关升、降操作，与其他机组无关

1.5.4.3　逻辑调节原理

稳流控制系统是以连续系统的PID控制规律为基础，然后再将其数字化，写成离散形式的PID控制方程，根据离散方程再进行控制程序。用PLC实现PID算法时，由于PLC周期扫描机制的限制，每个扫描周期的时间不尽相同，并且在一个周期内各回路的处理时间也不是每个周期均相同，所以就不能用固定的采样周期进行运算，每次的控制输出调节量必须考虑采样时间的影响。

PID调节器可根据不同的控制要求，组成比例、积分、微分控制系统。系统的实际控制效果主要取决于比例、积分、微分三个系数的选择合适与否，哪一项选择不合适都可能影响实际控制效果。在工程上，为了控制多个参数，可以将闭环PID系统嵌套使用，组成串级控制系统。由于自饱和电抗器的动态响应速度需要选择 PI 调节，所以电解系列总电流稳流和单机组稳流结合起来，可以构成大闭环、小闭环嵌套的基于 PI 调节的串级控制系统。

图 1-37 所示是等效为串级控制系统。现以五机组总调/自动运行方式为例，它由一个主回路和五个副回路组成。每个副回路为一个 PI 闭环控制回路，它能保证单机组输出电流的恒定。五个副回路的输出量叠加形成主回路的输出量，保证了总电流的恒定。

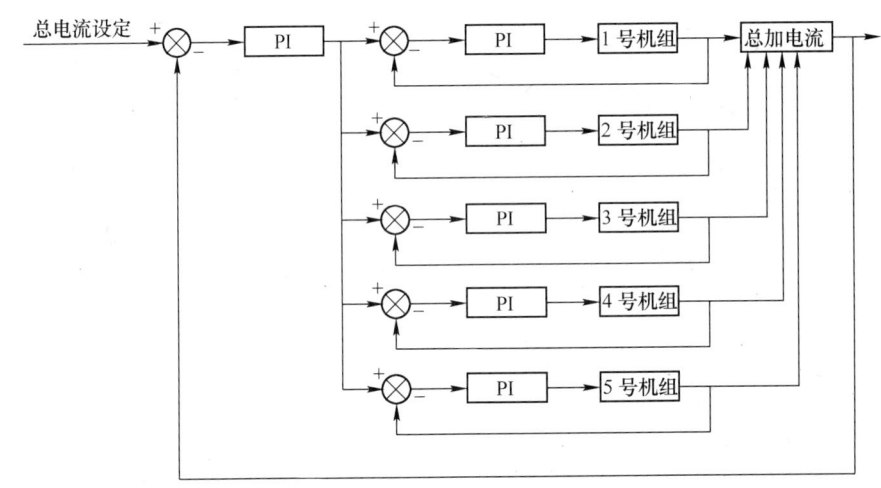

图 1-37　串级控制系统

1.5.4.4　稳流系统网络图

稳流系统网络结构采用现场总线网络，即每台整流机组配置一套可编程控制器，与总调可编程控制器总线结构，稳流系统所有调节参数都通过网络进行上传下送，见图 1-38。

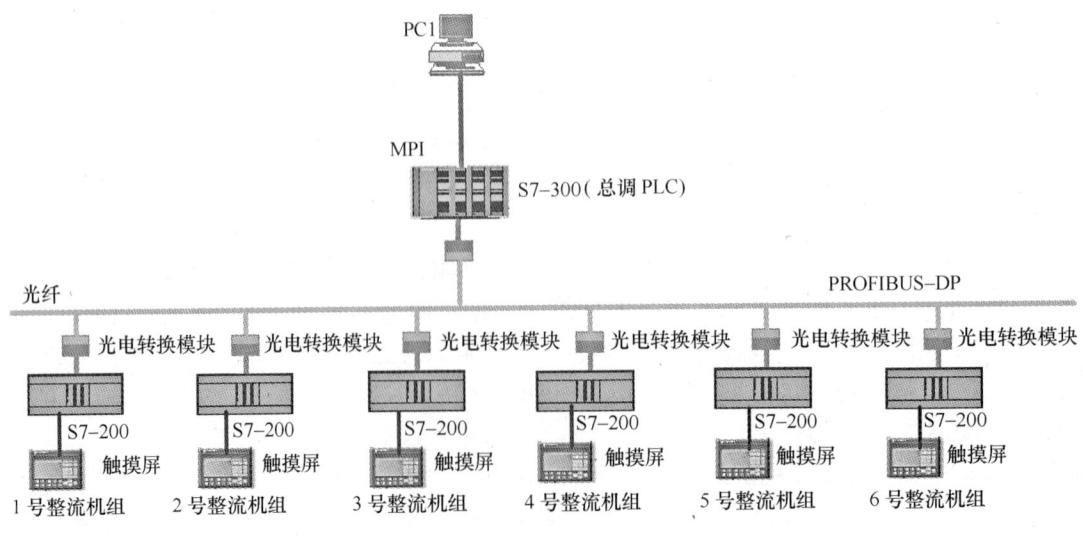

图 1-38　稳流控制系统网络图

1.5.4.5 稳流系统运行方式

投运前提：在整流机组 $N+1$ 结构配置下，稳流系统投运的前提为至少 N 机组运行，不考虑 $N-1$ 及以下机组运行的极端情况。约定系统正常运行方式为 $N+1$ 机组稳流控制在总调方式，有载开关控制方式在总调/手动方式。电网电压或电解槽负载的波动应在饱和电抗器的调节范围获得精确的闭环控制。一般控制处于饱和电抗器的线性段内，当其饱和或截止时，PLC 能自动调节变压器有载开关的升降，从而使系列电流不论在多大的电压波动情况下，稳流系统都自动调整调压范围，从而达到自动稳流的目的。

A 总调方式

将工控机稳流界面的稳流各机组稳流总/分调转换开关置于总调，此时稳流系统处于大闭环控制方式，即各机组直流电流输出按照系列电流给定进行调节。

例如：当系列总电流输出目标值为 375kA 时，先将系列电流给定值设为 375kA，再将至少 N 个机组置于总调/自动方式，则稳流系统自动按 375kA 进行系列电流调节。

B 分调方式

将工控机稳流界面的任一机组稳流总/分调转换开关置于分调，此时稳流系统处于分调控制方式，即各机组直流电流输出按照单机组分调电流给定进行调节。

例如：当需要某机组输出目标值为 60kA 时，先将该机组置于分调方式，再将机组电流给定值设为 60kA，则该单机组电流按 60kA 进行输出。

1.5.4.6 稳流系统一般故障处理

稳流系统一般故障处理如表 1-2 所示。

表 1-2 稳流系统一般故障处理

故障现象	故障原因	故障处理
控制电流恒为 0	稳流电源失电	降负荷为零，检查
	PLC 失电	降负荷为零，检查
	反馈消失	降负荷为零，检查
	上位机给定太大	转分调，降有载开关，改分调给定，重投
	稳流主回路断路	降负荷为零，检查
	三相桥断路	降负荷为零，检查
	驱动电路板坏	降负荷为零，检查
控制电流恒为最大	反馈漂移（变大）	降负荷为零，检查
	IGBT 击穿	降负荷为零，检查
	上位机给定太小	转分调，降有载开关，改分调给定，重投
控制电流与正常值明显偏小	电源缺相	降负荷为零，检查
	有载开关挡位低	升有载开关
系统振荡	接地断开	降负荷为零，检查
	反馈有干扰	降负荷为零，检查
	系统反应太快	调整 P、I 参数
	通讯给定值跳动	降负荷为零，检查

1.5.4.7 运行注意事项

运行注意事项如下：

（1）总调 PLC 电源不许断电及随意重启动。

（2）稳流系统接地特别重要，在稳流系统正常运行时，避免断开接地点。

（3）机组稳流 PLC 电源特别重要，如果其停电将造成机组整流柜过载并且失去对饱和电抗器控制作用，这时要立刻分调降级，机组负荷为零，再做处理。

（4）稳流控制投入时，注意机组输出电流要比设定电流低时通电，先合稳流 PLC 控制电源，再合稳流主回路偏移、控制电源，可避免整流柜受到冲击。

（5）机组稳流退出无需停电源柜内稳流电源（维护时除外）。

（6）一般情况下，运行方式均应在稳流总调、有载调压总调手动方式。

（7）如果稳流失控，出现过载现象，立刻降级，再做处理。

（8）正常运行保持控制电流在 3～10A 以内。

（9）若稳流在总调、有载开关在总调手动，根据稳流控制电流数值可手动升降有载开关。当控制电流小于 0.3A 时，需升有载开关；当控制电流最大时（约 15A），需降有载开关。升降级数以系列电流稳定在系列电流给定值为准。

（10）任何机组进行停电时，都禁止断开总调 PLC 通讯电源和各个机组稳流控制通讯电源，否则会造成总调 PLC 与各个机组稳流 PLC 的通讯中断，失去大闭环的控制功能。

（11）修改系列电流给定值和单机组分调给定值时，操作人员一定要确认所输入的系列电流给定值或单机组给定值的位数，然后再确认执行，严禁将给定值设置为零。

（12）$N+1$ 机组稳流都在总调方式运行时，如发生某一台机组（N 机组运行）故障跳闸，应立即将该机组稳流状态转为分调，有载开关状态转分调，其他机组将自动升负荷至需要输出的总电流值。若此时又有一机组故障报警但未跳闸时（$N-1$ 机组运行），在能满足电解所需的系列电流值的情况下，必须先将运行机组稳流控制方式转为分调运行，然后停该台机组。不能满足电解所需的系列电流值的情况下，将出现高倍过流系列跳闸。

复习思考题

1. 简述串联电路中电流、电压、电阻之间的关系。
2. 简述并联电路中电流、电压、电阻之间的关系。
3. 掌握基本的电磁场知识及分析问题的方法。
4. 掌握判断安培力方向以及物体在安培力作用下运动方向的方法。
5. 简述纯电阻电路中电流与电压之间的关系。
6. 简述纯电感电路中电流与电压之间的关系。
7. 简述纯电容电路中电流与电压之间的关系。
8. 三相交流电动势的计算。
9. 三相电路连接方式。
10. 三相功率计算。
11. 三相电路计算。
12. 整流电路、桥式电路、半波电路、全波电路。
13. 整流电路的作用。
14. 桥式整流电路的工作原理。
15. 整流柜体结构特点。
16. 稳流系统中自饱和电抗器的作用。

2 变 压 器

变压器是借助于电磁感应，以相同的频率在两个或多个相互耦合的绕组回路之间传输功率的静止电器。变压器通过变换（升高或降低）交流电压和电流，传输交流电能。

2.1 变压器的结构和工作原理

2.1.1 变压器的结构

变压器结构如图 2-1 所示。

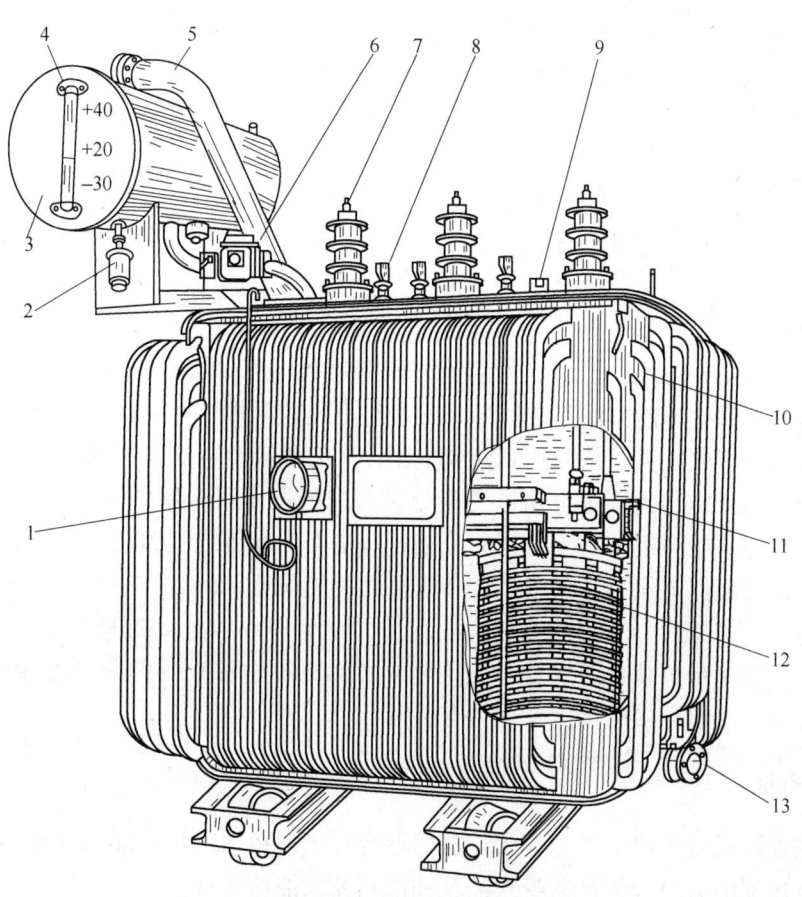

图 2-1　变压器结构

1—温度计；2—呼吸器；3—油枕；4—油标；5—安全气道（防爆管）；6—气体继电器；
7—高压套管；8—低压套管；9—分接开关；10—油箱；11—铁心；
12—绕组和绝缘；13—放油阀门

2.1.1.1　铁心

铁心在电力变压器中是重要的组成部件之一。它由高导磁的硅钢片叠积和钢夹件夹紧而成,铁心具有两个方面的功能。在原理上,铁心是构成变压器的磁路。它把一次电路的电能转化为磁能,又把该磁能转化为二次电路的电能,因此,铁心是能量传递的媒介体。在结构上,它是构成变压器的骨架。在它的铁心柱套上带有绝缘的线圈,并且牢固地予以支撑和压紧。

为了减少铁心的磁滞和涡流损耗,铁心用厚度为 0.3~0.5mm 的硅钢片冲剪成几种不同尺寸,并在表面涂厚为 0.01~0.13mm 的绝缘漆,烘干后按一定规则叠装而成。由于硅钢片比普通钢的电阻串大,因此利用硅钢片制成的铁心可以进一步减小涡流损耗。

2.1.1.2　绕组

绕组是变压器的电路部分,一般用绝缘纸包的铝线或铜线绕组绕成。接到高压电网的绕组称为高压绕组;接到低压电网的绕组称低压绕组。它们之间的相对位置有同心式和交叠式两种。所谓同心式即高、低压绕组同心地套在铁心柱上,为了便于绕组和铁心绝缘,通常低压绕组接近铁心。

2.1.1.3　绝缘

变压器内部主要绝缘材料有变压器油、绝缘纸板、电缆纸、皱纹纸等。

2.1.1.4　分接开关

为了供给稳定的电压、控制电力潮流或调节负载电流,均需对变压器进行电压调整。目前,变压器调整电压的方法是在其某一侧绕组上设置分接,以切除或增加一部分绕组的线匝,以改变绕组的匝数,从而达到改变电压比的有级调整电压的方法。这种绕组抽出分接以供调压的电路,称为调压电路;变换分接以进行调压所采用的开关,称为分接开关。一般情况下是在高压绕组上抽出适当的分接,一是因为高压绕组缠绕在外侧,引出分接抽头方便;二是高压侧电流小,分接引线和分接开关的载流部分截面小,开关接触触头也较容易制造。

变压器二次不带负载,一次也与电网断开(无电源励磁)的调压,称为无励磁调压,带负载进行变换绕组分接的调压,称为有载调压。

2.1.1.5　油箱

油箱是油浸式变压器的外壳,变压器的器身置于油箱内,箱内灌满变压器油。油箱结构,根据变压器的大小分为吊器身式油箱和吊箱壳式油箱两种。

(1)吊器身式油箱。多用于 6300kV·A 及以下的变压器,其箱沿设在顶部,箱盖是平的,由于变压器容量小,所以质量轻,检修时易将器身吊起。

(2)吊箱壳式油箱。多用于 8000kV·A 及以上的变压器,其箱沿设在下部,上节箱身做成钟罩形,故又称钟罩式油箱。检修时无须吊器身,只将上节箱身吊起即可。

2.1.1.6 冷却装置

变压器运行时，由绕组和铁心中产生的损耗转化为热量，必须及时散热，以免变压器过热造成事故。变压器的冷却装置是起散热作用的。根据变压器容量大小不同，采用不同的冷却装置。

对于小容量的变压器，绕组和铁心所产生的热量经过变压器油与油箱内壁的接触，以及油箱外壁与外界冷空气的接触而自然地散热冷却，无须任何附加的冷却装置。若变压器容量稍大些，可以在油箱外壁上焊接散热管，以增大散热面积。

对于容量更大的变压器，则应安装冷却风扇，以增强冷却效果。

当变压器容量在 50000kV·A 及以上时，则采用强迫油循环水冷却器或强迫油循环风冷却器。与前者的区别在于循环油路中增设一台潜油泵，对油加压以增强冷却效果。这两种强迫循环冷却器的主要差别为冷却介质不同，前者为水，后者为风。

2.1.1.7 储油柜（又称油枕）

储油柜位于变压器油箱上方，通过气体继电器与油箱相通。

当变压器的油温变化时，其体积会膨胀或收缩。储油柜的作用就是保证油箱内总是充满油，并减小油面与空气的接触面，从而减缓油的老化。

2.1.1.8 安全气道（又称防爆管）

它位于变压器的顶盖上，其出口用玻璃防爆膜封住。当变压器内部发生严重故障，而气体继电器失灵时，油箱内部的气体便冲破防爆膜从安全气道喷出，保护变压器不受严重损害。

2.1.1.9 吸湿器

为了使储油柜内上部的空气保持干燥，避免工业粉尘的污染，储油柜通过吸湿器与大气相通。吸湿器内装有用氯化钙或氯化钴浸渍过的硅胶，它能吸收空气中的水分。当它受潮到一定程度时，其颜色由蓝色变为粉红色。

2.1.1.10 气体继电器

它位于储油柜与箱盖的连管之间。在变压器内部发生故障（如绝缘击穿、匝间短路、铁心事故等）产生气体或油箱漏油等使油面降低时，接通信号或跳闸回路，保护变压器。

2.1.1.11 高、低压绝缘套管

变压器内部的高、低压引线是经绝缘套管引到油箱外部的，它起着固定引线和对地绝缘的作用。套管由带电部分和绝缘部分组成。带电部分包括导电杆、导电管、电缆或铜排。绝缘部分分外绝缘和内绝缘。外绝缘为瓷管，内绝缘为变压器油、附加绝缘和电容性绝缘。

2. 1. 2　变压器的工作原理

变压器是根据电磁感应原理工作的。图 2-2 为单相变压器的原理图。图中在闭合的铁心上，绕有两个互相绝缘的绕组，其中，接入电源的一侧为一次侧绕组，输出电能的一侧为二次侧绕组。当交流电源电压 U_1 加到一次侧绕组后，就有交流电流 I_1

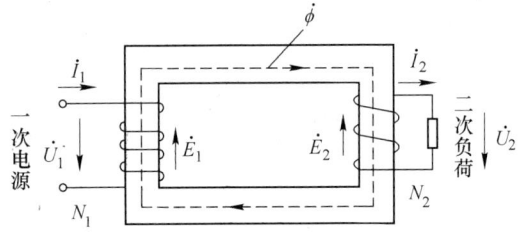

图 2-2　单相变压器原理图

通过该绕组，在铁心中产生交变磁通 ϕ，这个交变磁通不仅穿过一次侧绕组，同时也穿过二次侧绕组，两个绕组分别产生感应电势 E_1 和 E_2。这时，如果二次侧绕组与外电路的负荷接通，便有电流 I_2，流入负荷，即二次侧绕组有电能输出。

根据电磁感应定律可以导出：

一次侧绕组感应电势为：

$$E_1 = 4.44 f N_1 \phi_{\mathrm{m}} \tag{2-1}$$

二次侧绕组感应电势为：

$$E_2 = 4.44 f N_2 \phi_{\mathrm{m}} \tag{2-2}$$

式中　f——电源频率；

　　　N_1—— 一次侧绕组匝数；

　　　N_2——二次侧绕组匝数；

　　　ϕ_{m}——铁心中主磁通幅值。

由式（2-1）、式（2-2）得出：

$$\frac{E_1}{E_2} = \frac{N_1}{N_2} \tag{2-3}$$

由此可见，变压器一、二次侧感应电势之比等于一、二次侧绕组匝数之比。

由于变压器一、二次侧的漏电抗和电阻都比较小，可以忽略不计，因此可近似地认为：

一次电压有效值：$U_1 \approx E_1$，二次电压有效值：$U_2 \approx E_2$。于是

$$\frac{U_1}{U_2} = \frac{E_1}{E_2} = \frac{N_1}{N_2} = K \tag{2-4}$$

式中　K——变压器的变比。

变压器一、二次侧绕组因匝数不同将导致一、二次侧绕组的电压高低不等，匝数多的一边电压高，匝数少的一边电压低，这就是变压器能够改变电压的道理。

如果变压器的内损耗忽略不计，可认为变压器二次输出功率等于变压器一次输入功率，即：

$$U_1 I_1 = U_2 I_2 \tag{2-5}$$

式中，I_1、I_2 分别为变压器一次、二次电流的有效值。

由此可得出：

$$\frac{I_1}{I_2} = \frac{N_2}{N_1} = \frac{1}{K} \tag{2-6}$$

由此可见，变压器一、二次电流之比与一、二次绕组的匝数比成反比。即变压器匝数多的一侧电流小，匝数少的一侧电流大，也就是电压高的一侧电流小，电压低的一侧电流大。

2.1.3　电力变压器的型号及技术参数

2.1.3.1　型号

变压器的技术参数一般都标在铭牌上。按照国家标准，铭牌上除标出变压器名称、型号、产品代号、标准代号、制造厂名、出厂序号、制造年月以外，还需标出变压器的技术参数数据。需要标出的技术数据见表2-1。变压器除装设标有以上项目的主铭牌外，还应装设标有关于附件性能的铭牌，需分别按所用附件（套管、分接开关、电流互感器、冷却装置）的相应标准列出。

表 2-1　电力变压器铭牌所标出的项目

名　称	标 注 项 目	附 加 说 明
所有情况下	相数（单相、三相）	
	额定容量（kV·A 或 MV·A）	多绕组变压器应给出各绕组的额定容量
	额定频率（Hz）	
	各绕组额定电压（V 或 kV）	
	各绕组额定电流（A）	三绕组自耦变压器应注出公共线圈中长期允许电流
	联结组标号、绕组联结示意图	6300kV·A 以下的变压器可不画联结示意图
	额定电流下的阻抗电压	实测值，如果需要应给出参考容量，多绕组变压器应表示出相当于 100%额定容量时的阻抗电压
	冷却方式	有几种冷却方式时，还应以额定容量百分数表示出相应的冷却容量；强近油循环变压器还应注出满载下停油泵和风扇电动机的允许工作时限
	使用条件	户内、户外使用，超过或低于 1000m 海拔等
	总质量（kg 或 t）	
	绝缘油质量（kg 或 t）	
某些情况下	绝缘的温度等级	油浸式变压器 A 级绝缘可不注出
	温　升	当温升不是标准规定值时
	联结图	当联结组标号不能说明内部连接的全部情况时
	绝缘水平	额定电压在 3kV 及以上的绕组和分级绝缘绕组的中性端
	运输重量（kg 或 t）	8000kV·A 及以上的变压器
	器身吊重、上节油箱重（kg 或 t）	器身吊重在变压器总质量超过 5t 时标注，上节油箱重在钟罩式油箱时标出
	绝缘液体名称	在非矿物油时
	有关分接的详细说明	8000kV·A 及以上的变压器标出带有分接绕组的示意图，每一绕组的分接电压、分接电流和分接容量，极限分接和主分接的短路阻抗值，以及超过分接电压 105%时的运行能力等
	空载电流	实测值：8000kV·A 或 63kV 级及以上的变压器
	空载损耗和负载损耗（W 或 kW）	实测值：8000kV·A 或 63kV 级及以上的变压器；多绕组变压器的负载损耗应表示各对绕组工作状态的损耗值

变压器的型号表示方法如图 2-3 所示。

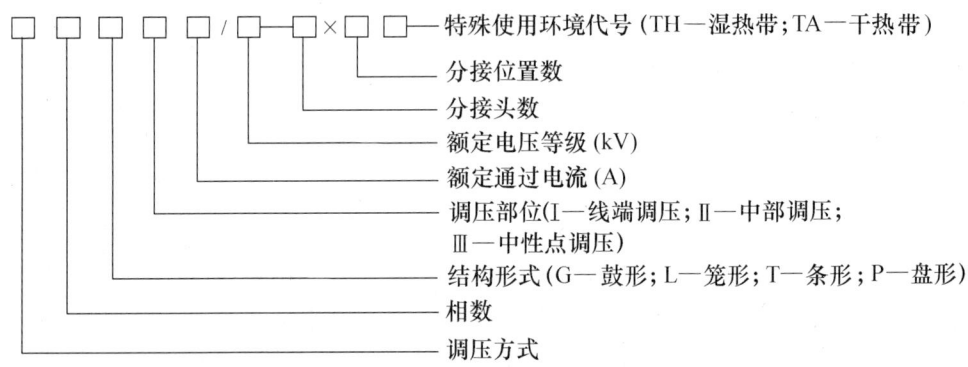

图 2-3　变压器的型号表示

例如：SFZ-10000/110 表示三相自然循环风冷有载调压，额定容量为 10000kV·A，高压绕组额定电压 110kV 电力变压器。

S9-160/10 表示三相油浸自冷式，双绕组无励磁调压，额定容量 160kV·A，高压侧绕组额定电压为 10kV 电力变压器。

SC8-315/10 表示三相干式浇注绝缘，双绕组无励磁调压，额定容量 315kV·A，高压侧绕组额定电压为 10kV 电力变压器。

S11-M(R)-100/10 表示三相油浸自冷式，双绕组无励磁调压，卷绕式铁心（圆截面），密封式，额定容量 100kV·A，高压侧绕组额定电压为 10kV 电力变压器。

SH11-M-50/10 表示三相油浸自冷式，双绕组无励磁调压，非晶态合金铁心，密封式，额定容量 50kV·A，高压侧绕组额定电压为 10kV·A 的电力变压器。

电力变压器可以按绕组耦合方式、相数、冷却方式、绕组数、绕组导线材质和调压方式分类。但是，这种分类还不足以表达变压器的全部特征，所以在变压器型号中除要把分类特征表达出来外，还需标记其额定容量和高压绕组额定电压等级。图 2-4 所示为电力变

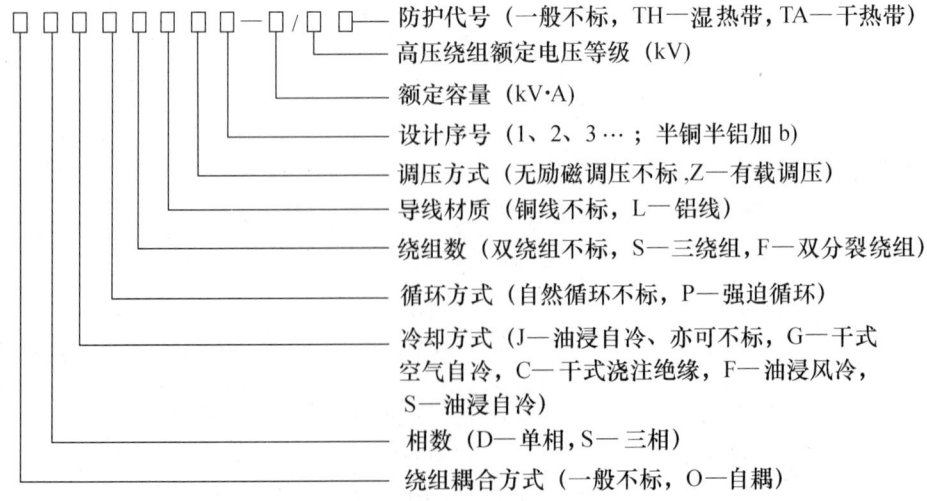

图 2-4　电力变压器型号表示方法

压器型号的表示方式。

　　一些新型的特殊结构的配电变压器，如非晶态合金铁心、卷绕式铁心和密封式变压器，在型号中分别加以 H、R 和 M 表示。

2.1.3.2　相数

　　变压器分单相和三相两种，一般均制成三相变压器以直接满足输配电的要求。小型变压器有制成单相的，特大型变压器制成单相后，组成三相变压器组，以满足运输的要求。

2.1.3.3　额定频率

　　变压器的额定频率即所设计的运行频率，在我国为 50Hz。

2.1.3.4　额定电压

　　额定电压是指变压器线电压（有效值），它应与所连接的输变电线路电压相符合。我国输变电线路的电压等级（即线路终端电压）为 0.38kV、（3kV、6kV）、10kV、35kV、（63kV）、110kV、220kV、330kV、500kV。故连接于线路终端的变压器（称为降压变压器）其一次侧额定电压与上列数值相同。

　　考虑线路的电压降，线路始端（电源端）电压将高于等级电压，35kV 以下的要高5%，35kV 及以上的高 10%，即线路始端电压为 0.4、（3.15、6.3）、10.5、38.5、（69）、121、242、363、550kV。故连接于线路始端的变压器（即升压变压器），其二次侧额定电压与上列数值相同。

　　变压器产品系列是以高压的电压等级区分的，为 10kV 及以下，20kV、35kV、（66kV）、110kV 系列和 220kV 系列等。

2.1.3.5　额定容量

　　在变压器铭牌所规定的额定状态下，变压器二次侧的输出能力（kV·A）。对于三相变压器，额定容量是三相容量之和。

　　变压器额定容量与绕组额定容量有所区别：双绕组变压器的额定容量即为绕组的额定容量；多绕组变压器应对每个绕组的额定容量加以规定，其额定容量为最大的绕组额定容量；当变压器容量因冷却方式而变更时，则额定容量是指最大的容量。

　　变压器额定容量的大小与电压等级也是密切相关的。当电压低、容量大时，电流大，损耗增大；当电压高、容量小时，绝缘比例过大，变压器尺寸相对增大。因此，电压低的容量必小，电压高的容量必大。

2.1.3.6　额定电流

　　变压器的额定电流为通过绕组线端的电流，即为线电流（有效值）。它的大小等于绕组的额定容量除以该绕组的额定电压及相应的相系数（单相为 1，三相为 3）。

　　单相变压器额定电流为：

$$I_N = \frac{S_N}{U_N}$$

式中　I_N—— 一、二次额定电流；

　　　　S_N——变压器的额定容量；

　　　　U_N—— 一、二次额定电压。

三相变压器额定电流为：

$$I_N = \frac{S_N}{\sqrt{3}\,U_N}$$

三相变压器绕组为 Y 连接时，线电流为绕组电流；为 D 连接时，线电流等于 1.732 倍绕组电流。

2.1.3.7　绕组连接组标号

变压器同侧绕组是按一定形式连接的。

三相变压器或组成三相变压器组的单相变压器，则可以连接为星形、三角形等。星形连接是各相线圈的一端接成一个公共点（中性点），其余接端子接到相应的线端上；三角形连接是三个相线圈互相串联形成闭合回路，由串联处接至相应的线端。

星形、三角形、曲折形等连接，对于高压绕组，分别用符号 Y、D、Z 表示；对于中压和低压绕组，分别用符号 y、d、z 表示。由中性点引出时，则分别用符号 YN、ZN 和 yn、zn 表示。

变压器按高压、中压和低压绕组连接的顺序组合起来就是绕组的连接组，例如：变压器按高压为 D、低压为 yn 连接，则绕组连接组为 Dyn（Dyn11）。

2.1.3.8　调压范围

变压器接在电网上运行时，变压器二次侧电压将由于种种原因发生变化，影响用电设备的正常运行。因此变压器应具备一定的调压能力。根据变压器的工作原理，当高、低压绕组的匝数比变化时，变压器二次侧电压也随之变动，采用改变变压器匝数比即可达到调压的目的。变压器调压方式通常分为无励磁调压和有载调压两种方式。二次侧不带负载，一次侧又与电网断开时的调压为无励磁调压，在二次侧带负载下的调压为有载调压。

2.1.3.9　空载电流

当变压器二次绕组开路，一次绕组施加额定频率的额定电压时，一次绕组中所流过的电流称空载电流 I_0，变压器空载合闸时有较大的冲击电流。

2.1.3.10　阻抗电压和短路损耗

当变压器二次侧短路，一次侧施加电压使其电流达到额定值时所施加的电压，称为阻抗电压 U_z，变压器从电源吸取的功率即为短路损耗。以阻抗电压 U_z 与额定电压 U_N 之比的百分数表示。即：

$$u_z = \frac{U_z}{U_N} \times 100(\%)$$

2.1.3.11 电压调整率

变压器负载运行时，由于变压器内部的阻抗压降，二次电压将随负载电流和负载功率因数的改变而改变。电压调整率即说明变压器二次电压变化的程度大小，为衡量变压器供电质量的数据，其定义为：在给定负载功率因数下（一般取0.8）二次空载电压 U_{2N} 和二次负载电压 U_2 之差与二次额定电压 U_{2N} 的比，即：

$$\Delta U\% = \frac{U_{2N} - U_2}{U_{2N}} \times 100(\%)$$

式中　U_{2N}——二次额定电压，即二次空载电压；

U_2——二次负载电压。

电压调整率是衡量变压器供电质量好坏的数据。

2.1.3.12 效率

变压器的效率 η 为输出的有功功率与输入的有功功率之比的百分数。通常中小型变压器的效率约在90%以上，大型变压器的效率在95%以上。

2.1.3.13 温升和冷却方式

变压器的温升，对于空气冷却变压器，是指测量部位的温度与冷却空气温度之差；对于水冷却变压器，是指测量部位的温度与冷却器入口处水温之差。

油浸式变压器绕组和顶层油温升限值：因为 A 级绝缘在98℃时产生的绝缘损坏为正常损坏，而保证变压器正常寿命的年平均气温为20℃，绕组最热点与其平均温度之差为13℃，所以绕组温升限值为 98 – 20 – 13 = 65K。

油正常运行的最高温度为95℃，最高气温为40℃，所以顶层油温升限值为 95 – 40 = 55K。

变压器的冷却方式，有干式自冷、油浸风冷等，各种方式适用于不同种类的变压器。

2.1.4 整流变压器

2.1.4.1 整流变压器的原理

整流变压器和普通变压器的原理相同。变压器是根据电磁感应原理制成的一种变换交流电压的设备。变压器一般有初级和次级两个互相独立绕组，这两个绕组共用一个铁心。变压器初级绕组接通交流电源，在绕组内流过交变电流产生磁势，于是在闭合铁心中就有交变磁通。初、次级绕组切割磁力线，在次级就能感应出相同频率的交流电。变压器的初、次级绕组的匝数比等于电压比。如一个变压器的初级绕组是440匝，次级是220匝。初级输入电压为220V，在变压器的次级就能得到110V的输出电压。有的变压器可以有多个次级绕组和抽头，这样就可以获得多个输出电压。

2.1.4.2 整流变压器的特点

与整流器组成整流设备以从交流电源取得直流电能的变压器，称为整流变压器。整流设备是现代工业企业最常用的直流电源，广泛用于直流输电、电力牵引、轧钢、电镀、电解等领域。

整流变压器的原边接交流电力系统，称网侧；副边接整流器，称阀侧。整流变压器的结构原理和普通变压器相同，但因其负载整流器与一般负载不同而有以下特点：

（1）整流器各臂在一个周期内轮流导通，导通时间只占一个周期一部分，所以，流经整流臂的电流波形不是正弦波，而是接近于断续的矩形波；原、副绕组中的电流波形也均为非正弦波。三相桥式 Y/Y 接法时的电流波形，用晶闸管整流时，滞后角越大，电流起伏的陡度也越大，电流中谐波成分也越多，这将使涡流损耗增大。由于副绕组的导电时间只占一个周期的一部分，故整流变压器利用率降低。与普通变压器相比，在相同条件下，整流变压器的体积和质量都较大。

（2）普通变压器原、副边功率相等（损耗忽略不计），变压器的容量就是原绕组（或副绕组）的容量。但对于整流变压器，其原、副绕组的功率有可能相等，也可能不等（当原、副边电流波形不同时，例如半波整流），故整流变压器的容量是原、副边视在功率的平均值，称为等值容量。

（3）与普通变压器相比，整流变压器的耐受短路能力必须严格符合要求。因此，如何使产品具有短路动稳定性，是设计、制造中的重要课题。

2.1.4.3　整流变压器的使用原因

应用整流变压器最多的化学行业中，大功率整流装置也是二次电压低，电流很大，因此它们在很多方面与电炉变压器是类似的，即上述的结构特征点，整流变压器也同样具备。整流变压器最大的特点是二次电流不是正弦交流了，由于后续整流元件的单向导通特征，各相线不再同时流有负载电流而是软流导电，单方向的脉动电流经滤波装置变为直流电，整流变压器的二次电压、电流与容量连接组有关，如常用的三相桥式整流线路，双反量带平衡电抗器的整流线路，对于同样的直流输出电压、电流所需的整流变压器的二次电压和电流却不相同，因此整流变压器的参数计算是以整流线路为前提的，一般参数计算都是从二次侧开始向一次侧推算的。

由于整流变绕组电流是非正弦的含有很多高次谐波，为了减小对电网的谐波污染，提高功率因数，必须提高整流设备的脉波数，这可以通过移相的方法来解决。移相的目的是使整流变压器二次绕组的同名端线电压之间有一个相位移。

2.1.4.4　整流变压器的移相方法

最简单的移相方法就是二次侧采用量、角联结的两个绕组，可以使整流后的脉波数提高一倍。

对于大功率整流设备，需要脉波数也较多，脉波数为 18、24、36 等应用的日益增多，这就必须在整流变压器一次侧设置移相绕组来进行移相。移相绕组与主绕组联结方式有三种，即曲折线、六边形和延边三角形。

用于电化学行业的整流变压器的调压范围比电炉变压器要大得多，对于化工食盐电解，调压范围通常是 55% ~ 105%，对于铝电解来说，调压范围通常是 5% ~ 105%。常用的调压方式如电炉变压器一样，有变磁通调压、串联变压器调压和自耦调压器调压。另外，由于整流元件的特性，可以在整流电炉的阀侧直接控制硅整流元件导通的相位角度，可以平滑的调整整流电压的平均值，这种调压方式称为相控调压。实现相控调压，一是采用晶闸管，二是采用自饱和电抗器，自饱和电抗器基本上是由一个铁心和两个绕组组成的，一个是工作绕组，它串联联结在整流变压器二次绕组与整流器之间，流过负载电流；另一个是直流控制绕组，是由另外的直流电源提供直流电流，其主要原理就是利用铁磁材料的非线性变化，使工作绕组电抗值有很大的变化。调节直流控制电流，即可调节相控角 α，从而调节整流电压平均值。

2.1.4.5　同相逆并联原理

在大功率整流设备中，整流变压器二次电流很大，致使二次引线电抗及电抗压降增大，功率因数降低，并可能引起端子周围产生局部过热现象。与此同时，整流元件之间的电流分配也可能出现不平衡现象。为了克服上述缺点，通常采用同相逆并联的方法。所谓同相逆并联是将同一相的整流元件分成两个电流相反的并联支路，这两个支路的引线相邻布置。这样一来，这个两支路的电流在任何瞬间都是大小相等方向相反的。这样就大大降低了引线电抗，从而使整流设备的功劳因数提高，并使整流元件的电流分配趋于平衡。

采用同相逆并联的联结方式，要求变压器的二次绕组也得分成方向相反的两部分。此外二次出线端子数目也需增加一倍。图 2-5 为三相桥式整流电路中采用同相逆并联的原理连接图。

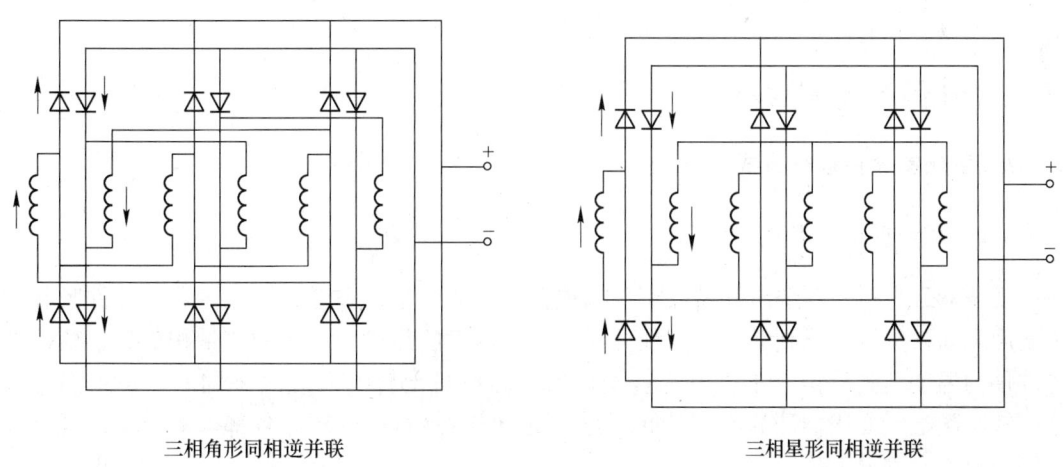

三相角形同相逆并联　　　　　　　　　　　　　三相星形同相逆并联

图 2-5　同相逆并联连接图

2.1.4.6　自饱和电抗器相控调压

图 2-6 为三相桥式整流电路中采用自饱和电抗器相控调压的原理连接图。

自饱和电抗器基本由一个铁心和二个绕组组成，其中一个绕组是工作绕组，它串联在整流变压器二次绕组与整流器之间，另一个绕组是直流控制绕组。工作绕组中流过负载电流，控制绕组是由另外的直流电源提供控制电流。通常控制绕组的直流磁势与工作绕组的直流磁势方向相反。

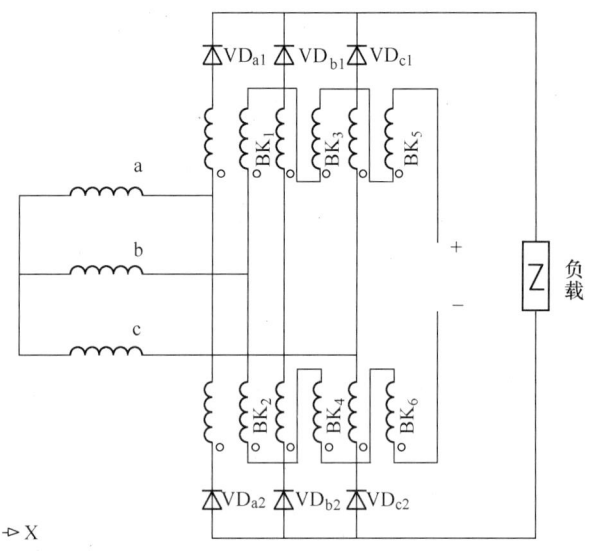

图 2-6　三相桥式整流变压器中饱和电抗器的连接图

电抗器的电抗是随铁心的饱和程度而降低的。自饱和电抗器的相控原理就是利用直流负载磁势和直流控制磁势的共同作用来改变铁心的饱和程度，从而实现整流电路的相控调压。通常直流控制磁势仅为直流负载磁势的 5%～10%。当直流控制电流为零时，自饱和电抗器的铁心在直流负载磁势的作用下始终处于饱和状态，故称为自饱和电抗器。

2.2　变压器运行标准及规定

2.2.1　变压器允许运行方式

2.2.1.1　允许温度与温升

变压器运行时，其绕组和铁心产生的损耗转变成热量，一部分被变压器各部件吸收使之温度升高，另一部分则散发到其他介质中。当散发的热量与产生的热量相等时，变压器各部件的温度达到稳定，不再升高。变压器运行时各部件的温度是不同的，绕组温度最高，铁心次之，变压器油的温度最低。为了便于监视运行中变压器各部件的温度，规定以上层油温为允许温度。

变压器的允许温度主要取决于绕组的绝缘材料。我国电力变压器大部分采用 A 级绝缘材料，即浸渍处理过的有机材料、如纸、棉纱、木材等。对于 A 级绝缘材料，其允许最高温度为 105℃，由于绕组的平均温度一般比油温高 10℃，同时为了防止油质劣化，所以规定变压器上层油温最高不超过 95℃。而在正常状态下，为了使变压器油不致过速氧化，上层油温一般不应超过 85℃。对于强迫油循环的水冷或风冷变压器，其上层油温不宜经常超过 75℃。

当变压器绝缘材料的工作温度超过允许值时，其使用寿命将缩短。

变压器的温度与周围环境温度的差称为温升。当变压器的温度达到稳定时的温升称为稳定温升。稳定温升大小与周围环境温度无关，它仅取决于变压器损耗与散热能力。所以，当变压器负载一定（即损耗不变），而周围环境温度不同时，变压器的实际温度就不同。我国规定周围环境最高温度为40℃。

2.2.1.2 变压器过负载能力

在不损害变压器绝缘和降低变压器使用寿命的前提下,变压器在较短时间内所能输出的最大容量为变压器的过负载能力。一般以过负载倍数(变压器所能输出的最大容量与额定容量之比)表示。

变压器过负载能力可分为正常情况下的过负载能力和事故情况下的过负载能力。

(1)变压器在正常情况下的过负载能力。变压器在正常运行时,允许过负载是因为变压器在一昼夜内的负载有高峰、有低谷。低谷时,变压器运行的温度较低。此外,在一年不同季节环境温度也不同。所以变压器可以在绝缘及寿命不受影响的前提下。在高峰负载及冬季时可过负载运行。

有关规程规定,对室外变压器,总的过负载不得超过30%,对室内变压器为20%。

(2)变压器在事故情况下的过负载能力。当电力系统或用户变电站发生事故时,为保证对重要设备的连续供电,允许变压器短时过负载的能力,称为事故过负载能力。

(3)变压器允许短路。当变压器发生短路故障时,由于保护动作和断路器跳闸均需一定的时间,因此难免不使变压器受到短路电流的冲击。

变压器突然短路时,其短路电流的幅值一般为额定电流的25~30倍。因而变压器的铜损将达到额定电流的几百倍,故绕组温度上升极快。目前,对绕组短时过热尚无限制的标准。一般认为,对绕组为铜线的变压器温度达到250℃是允许的,对绕组为铝线的变压器则为200℃。而达到上述温度所需时间大约为5s左右。此时继电保护早已动作,断路器跳闸。因此,一般设计允许短路电流为额定电流的25倍。

2.2.1.3 允许电压波动范围

施加于变压器一次绕组的电压因电网电压波动而波动。若电网电压小于变压器分接头电压,对变压器本身无任何损害,仅使变压器的输出功率略有降低。变压器的电源电压一般不得超过额定值的±5%。不论变压器分接头在任何位置,只要电源电压不超过额定值的±5%,变压器都可在额定负载下运行。

2.2.2 变压器并列运行

并列运行是将两台或多台变压器的一次侧和二次侧绕组分别接于公共的母线上,同时向负载供电。其接线方法见图2-7。

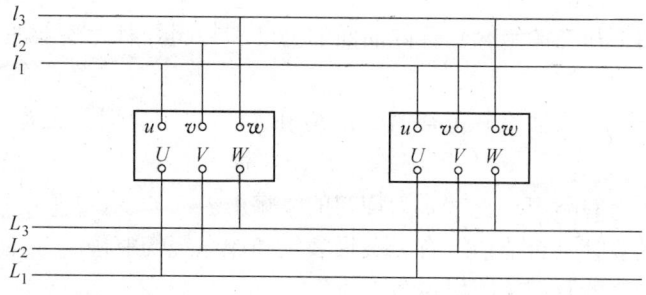

图2-7 变压器并列运行接线图

2.2.2.1　并列运行的目的

（1）提高供电可行性。并列运行时，如果其中一台变压器发生故障从电网中切除时，其余变压器仍能继续供电。

（2）提高变压器运行经济性。可根据负载的大小调整投入并列运行的台数，以提高运行效率。

（3）可以减少总备用容量，并可随着用电量的增加分批增加新的变压器。

2.2.2.2　理想并列运行的条件（需要解决环流问题和负载的分配问题）

（1）变压器的联结组标号相同。

（2）变压器的电压比相等（允许有 ±5% 的差值）。

（3）变压器的阻抗电压 u_z 相等（允许有 ±10% 的差值）。

2.2.3　变压器油运行管理

变压器油可提高变压器的绝缘强度。变压器油在运行中还可以吸收绕组和铁心产生的热量，起到散热和冷却的作用。

（1）变压器油运行管理。应经常检查充油设备的密封性，储油柜、呼吸器的工作性能，以及油色、油量是否正常。另外，应结合变压器运行维护工作，定期或不定期取油样做油的气相色谱分析，以预测变压器的潜伏性故障，防止变压器发生事故。

在高温或紫外线作用下，油会加速氧化，所以，一般不应将油置于高温下和透明容器内。

（2）变压器运行中补油时的注意事项：

1）10kV 及以下变压器可补入不同牌号的油，但应做混油的耐压试验。

2）35kV 及以上变压器应补入相同牌号的油，也应做耐压试验。

3）补油后要检查气体继电器，及时放出气体。若在 24h 后无问题，可重新将气体保护接入跳闸回路。

2.3　变压器运行巡视检查

2.3.1　变压器巡视检查

变压器运行巡视检查的内容和周期如下：

（1）检查储油柜和充油绝缘套管内油面的高度和封闭处有无渗漏油现象，以及检查油标管内的油色。

（2）检查变压器上层油温。正常时一般应在 85℃ 以下，对强油循环水冷却的变压器为 75℃。

（3）检查变压器的响声。正常时为均匀的嗡嗡声。

（4）检查绝缘套管是否清洁、有无破损裂纹和放电烧伤痕迹。

（5）清扫绝缘套管及有关附属设备。

（6）检查母线及接线端子等连接点的接触是否良好。

（7）容量在 630kV·A 及以上的变压器，且无人值班的，每周应巡视检查一次。容量在 630kV·A 以下的变压器，可适当延长巡视周期，但变压器在每次合闸前及拉闸后应检查一次。

（8）有人值班的变配电所，每班都应检查变压器的运行状态。

（9）对于强油循环水冷或风冷变压器，不论有无人员值班，都应每小时巡视一次。

（10）负载急剧变化或变压器发生短路故障后，都应增加特殊巡视。

2.3.2 整流变压器运行中的监视

（1）检查油枕的油位、油色、油温是否正常，调压整流变压器各部位应无渗、漏油现象，本体、引线上方应无异物。

（2）检查调压整流变压器运行期间有无异常噪声，吸潮器是否完好，硅胶有无变色。

（3）检查调压整流变压器外壳及散热器温度是否正常，上层油温是否超限。

（4）套管应清洁无破损和裂纹，无放电痕迹。

（5）母线和各连接点应无过热现象，各连接点无变色。

（6）压力释放阀应完好无损。

（7）瓦斯继电器内应无气体。

（8）调压整流变压器的远方测温装置，正常投入时与调压整流变压器本体温控计的温度应接近。

（9）端子箱内接线应牢固，箱门应关严。

（10）油水冷却装置应运转良好。

（11）现场消防器材应完备，调压整流变压器排油设施应保持良好状态。

2.3.3 变压器定期进行外部检查的一般项目

（1）油枕的油位、油色应正常，套管应清洁完好，无破损、无裂纹、无放电痕迹及其他异常现象。

（2）变压器各部位应无漏油、渗油现象。

（3）变压器应无异常声音，本体无渗油、漏油，吸湿器应完好，硅胶应干燥、不变色。

（4）运行中的油温应正常，风扇转动应均匀、正常。

（5）瓦斯继电器内应无气体，继电器与储油柜间连接阀门应打开，压力释放装置情况应正常。

变压器附近应无焦臭味，各载流部分（包括引线接头、电缆、母线）应无发热现象，变压器室的门、窗、锁等应完好，房屋不漏水，照明及通风系统良好。

（6）冷却器控制箱内各开关位置与实际运行状况应相符，各信号灯指示应正常。

2.3.4 变压器的特殊检查项目

（1）大雾天时，检查内部有无放电，套管有无破裂及烧伤痕迹。

（2）天气剧冷剧热时，检查油温、油位变化情况和冷却装置的运行情况，是否有冰冻或过热现象。

（3）过负荷时，应监视负载、油温和油色的变化，接头接触应良好，应无过热发红现象，风扇运转应正常。

2.3.5　变压器声音异常的原因

（1）当启动大容量动力设备时，负载电流变大，使变压器声音加大。

（2）当变压器过负载时，发出很高且沉重的嗡嗡声。

（3）当系统短路或接地时，通过很大的短路电流，变压器会产生很大的噪声。

（4）若变压器带有可控硅整流器或电弧炉等设备时，由于有高次谐波产生，变压器声音也会变大。

2.3.6　变压器油色谱在线监测系统

随着电力系统朝大电网、大机组、高容量的方向发展，对系统中关键的主设备实时把握运行状态提出越来越高的技术要求，变压器油色谱在线监测从本质上改变了传统的变压器油监测方式，不但提高了运行效率，也有效地保障了变压器运行的安全可靠性。

实施电力变压器故障诊断，对于提高整个电力系统安全运行的可靠性是非常必要的。变压器存在局部过热或局部放电时，故障部位的绝缘油或固体绝缘物将会分解出小分子烃类气体（如 CH_4、C_2H_6、C_2H_4、C_2H_2 等）和其他气体（如 H_2、CO 等）。上述每种气体在油中的浓度和油中可燃气体的总浓度（TCG）均可作为变压器设备内部故障诊断的指标。

一直以来，油中溶解气体采用气相色谱法分析，作为故障诊断的常用方法来判断油浸类设备的运行状况。其主要优点是能够提供油中溶解的各种气体浓度的定量分析。但其操作过程复杂，需要大量熟练的专业人员进行跟踪检测分析。另外，为了使气相色谱能够稳定工作，需要较长的准备时间（提前十几个小时通载气使气流稳定），从而导致较高的运行管理费用。

变压器油色谱在线监测系统在传统色谱分析技术的基础上，通过不断进行实验和完善，结合色谱分析技术开发的变压器油色谱在线监测系统，可同时检测 H_2、CO、CH_4、C_2H_6、C_2H_4、C_2H_2 等六种故障特征气体。通过对故障特性气体的分析诊断，能及时捕捉到变压器故障信息，科学指导设备运行检修。

基本原理是溶解于变压器油中的故障特性气体经脱气装置脱气后，在载气的推动下通过色谱柱，由于色谱柱对不同的气体具有不同的亲和作用，导致故障特性气体被逐一分离出来，传感器对故障气体（H_2、CO、CH_4、C_2H_6、C_2H_4、C_2H_2）按出峰顺序分别进行检测，并将气体的浓度特性转换成电信号。数据处理器对电信号进行处理转化成数字信号，并存储在数据处理器的内嵌的大容量存储器上。主控计算机模块，通过现场通讯总线获取日常监测数据，智能系统对数据进行分析处理，分别计算出故障气体各组分和总烃的含量。故障诊断系统对变压器故障进行综合分析诊断，实现变压器故障的在线监测功能。

2.4　变压器的验收

2.4.1　新设备验收的项目及要求

2.4.1.1　设备运抵现场、就位后的验收

（1）油箱及所有附件应齐全，无锈蚀及机械损伤，密封应良好。

（2）油箱箱盖或钟罩法兰及封板的连接螺栓应齐全，紧固良好，无渗漏；浸入油中运输的附件，其油箱应无渗漏。

（3）套管外表面应无损伤、裂痕，充油套管无渗漏。

（4）充气运输的设备，油箱内应为正压，其压力为 0.01~0.03MPa。

（5）设备基础的轨道应水平，轨距与轮距应配合。装有滚轮的变压器，应用能拆卸的制动装置将滚轮固定。

（6）变压器（电抗器）顶盖沿气体继电器油流方向应有 1%~1.5% 的升高坡度（制造厂家不要求的除外）。

（7）与封闭母线连接时，其套管中心应与封闭母线中心线相符。

（8）组部件、备件应齐全，规格应符合设计要求，包装及密封应良好。

（9）产品的技术文件应齐全。

（10）变压器绝缘油应符合国家标准规定。

2.4.1.2 变压器安装、试验完毕后的验收

A 变压器本体和附件

（1）变压器本体和组部件等各部位均应无渗漏。

（2）储油柜油位应合适，油位表指示应正确。

（3）套管：

1）瓷套表面应清洁，无裂缝、损伤。

2）套管固定应可靠、各螺栓受力应均匀。

3）油位指示应正常。油位表朝向应便于运行巡视。

4）电容套管末屏接地应可靠。

5）引线连接应可靠、对地和相间距离符合要求，各导电接触面应涂有电力复合脂。引线应松紧适当，无明显过紧过松现象。

（4）升高座和套管型电流互感器：

1）放气塞位置应在升高座最高处。

2）套管型电流互感器二次接线板及端子密封应完好，无渗漏，清洁，无氧化。

3）套管型电流互感器二次引线连接螺栓应紧固、接线可靠、二次引线裸露部分应不大于 5mm。

4）套管型电流互感器二次备用绕组经短接后接地，检查二次极性的正确性，电压比应与实际相符。

（5）气体继电器：

1）检查气体继电器是否已解除运输用的固定，继电器应水平安装，其顶盖上标志的箭头应指向储油柜，其与连通管的连接应密封良好，连通管应有 1%~1.5% 的升高坡度。

2）集气盒内应充满变压器油，且密封良好。

3）气体继电器应具备防潮和防进水的功能，如不具备应加装防雨罩。

4）轻、重瓦斯接点动作应正确，气体继电器应按 DL/T540 校验合格，动作值应符合整定要求。

5）气体继电器的电缆应采用耐油屏蔽电缆，电缆引线在继电器侧应有滴水弯，电缆

孔应封堵完好。

6）观察窗的挡板应处于打开位置。

（6）压力释放阀：

1）压力释放阀及导向装置的安装方向应正确；阀盖和升高座内应清洁，密封应良好。

2）压力释放阀的接点动作应可靠，信号应正确，接点和回路绝缘应良好。

3）压力释放阀的电缆引线在继电器侧应有滴水弯，电缆孔应封堵完好。

4）压力释放阀应具备防潮和防进水的功能，如不具备应加装防雨罩。

（7）无励磁分接开关：

1）挡位指示器应清晰，操作应灵活、切换应正确，内部实际挡位与外部挡位指示应正确一致。

2）机械操作闭锁装置的止钉螺丝应固定到位。

3）机械操作装置应无锈蚀并涂有润滑脂。

（8）有载分接开关：

1）传动机构应固定牢靠，连接位置应正确，且应操作灵活，无卡涩现象；传动机构的摩擦部分应涂有适合当地气候条件的润滑脂。

2）电气控制回路接线应正确、螺栓应紧固、绝缘应良好；接触器动作应正确、接触可靠。

3）远方操作、就地操作、紧急停止按钮、电气闭锁和机械闭锁应正确可靠。

4）电机保护、步进保护、连动保护、相序保护、手动操作保护应正确可靠。

5）切换装置的工作顺序应符合制造厂规定；正、反两个方向操作至分接开关动作时的圈数误差应符合制造厂规定。

6）在极限位置时，其机械闭锁与极限开关的电气联锁动作应正确。

7）操动机构挡位指示、分接开关本体分接位置指示、监控系统上分接开关分接位置指示应一致。

8）压力释放阀（防爆膜）应完好无损。如采用防爆膜，防爆膜上面应用明显的防护警示标示；如采用压力释放阀，应符合变压器本体压力释放阀的相关要求。

9）应达到油道畅通，油位指示正常，外部密封无渗油，进出油管标志明显。

10）单相有载调压变压器组进行分接变换操作时，应采用三相同步远方或就地电气操作并有失步保护。

11）带电滤油装置控制回路接线应正确可靠。

12）带电滤油装置运行时，应无异常的振动和噪声，压力应符合制造厂规定。

13）带电滤油装置各管道连接处密封应良好。

14）带电滤油装置各部位均应无残余气体（制造厂有特殊规定除外）。

（9）吸湿器：

1）吸湿器与储油柜间的连接管的密封应良好，呼吸应畅通。

2）吸湿剂应干燥；油封油位应在油面线上或满足产品的技术要求。

（10）测温装置：

1）温度计动作接点整定应正确、动作应可靠。

2）就地和远方温度计指示值应一致。

3）顶盖上的温度计座内应注满变压器油，密封良好；闲置的温度计座也应注满变压器油密封，不得进水。

4）膨胀式信号温度计的细金属软管（毛细管）不得有压扁或急剧扭曲，其弯曲半径不得小于50mm。

5）记忆最高温度的指针应与指示实际温度的指针重叠。

（11）净油器：

1）上下阀门均应在开启位置。

2）滤网材质和安装应正确。

3）硅胶规格和装载量应符合要求。

（12）本体、中性点和铁心接地：

1）变压器本体油箱应在不同位置分别有两根引向不同地点的水平接地体。每根接地线的截面应满足设计的要求。

2）变压器本体油箱接地引线螺栓应紧固，接触应良好。

3）110kV（66kV）及以上绕组的每根中性点接地引下线的截面应满足设计的要求，并有两根分别引向不同地点的水平接地体。

4）铁心接地引出线（包括铁轭有单独引出的接地引线）的规格和与油箱间的绝缘应满足设计的要求，接地引出线可靠接地。引出线的设置位置应有利于监测接地电流。

（13）控制箱（包括有载分接开关、冷却系统控制箱）：

1）控制箱及内部电器的铭牌、型号、规格应符合设计要求，外壳、漆层、手柄、瓷件、胶木电器应无损伤、裂纹或变形。

2）控制回路接线应排列整齐、清晰、美观，绝缘良好无损伤。接线应采用铜质或有电镀金属防锈层的螺栓紧固，且应有防松装置，引线裸露部分不大于5mm；连接导线截面应符合设计要求、标志清晰。

3）控制箱及内部元件外壳、框架的接零或接地应符合设计要求，连接可靠。

4）内部断路器、接触器应动作灵活、无卡涩，触头接触紧密、可靠，无异常声音。

5）保护电动机用的热继电器或断路器的整定值应是电动机额定电流的0.95～1.05倍。

6）内部元件及转换开关各位置的命名应正确无误并符合设计要求。

7）控制箱密封应良好，内外应清洁、无锈蚀，端子排清洁、无异物，驱潮装置应工作正常。

8）交直流应使用独立的电缆，回路分开。

（14）冷却装置：

1）风扇电动机及叶片应安装牢固，并应转动灵活，无卡阻；试转时应无振动、过热；叶片应无扭曲变形或与风筒碰擦等情况，转向正确；电动机保护不误动，电源线应采用具有耐油性能的绝缘导线。

2）散热片表面油漆应完好，无渗油现象。

3）管路中阀门操作应灵活、开闭位置正确；阀门及法兰连接处密封应良好，无渗油现象。

4）油泵转向应正确，转动时应无异常噪声、振动或过热现象，油泵保护不误动；密封应良好，无渗油或进气现象（负压区严禁渗漏）。油流继电器指示应正确，无抖动现象。

5）备用、辅助冷却器应按规定投入。

6）电源应按规定投入和自动切换，信号正确。

（15）其他：

1）所有导气管外表应无异常，各连接处密封应良好。

2）变压器各部位应均无残余气体。

3）二次电缆排列应整齐，绝缘良好。

4）储油柜、冷却装置、净油器等油系统上的油阀门应开闭正确，且开、关位置标色清晰，指示正确。

5）感温电缆应避开检修通道。应安装牢固（安装固定电缆夹具应具有长期户外使用的性能）、位置正确。

6）变压器整体油漆应均匀完好，相色正确。

7）进出油管标识应清晰、正确。

B　交接试验项目

（1）绕组连同套管的绝缘电阻、吸收比、极化指数。

（2）绕组连同套管的介质损耗因数。

（3）绕组连同套管的直流电阻和泄漏电流。

（4）铁心、夹件对地绝缘电阻。

（5）变压器电压比、连接组别和极性。

（6）变压器局部放电测量。

（7）外施工频交流耐压试验。

（8）套管主屏绝缘电阻、电容值、介质损耗因数、末屏绝缘电阻及介质损耗因数。

（9）本体绝缘油试验（必要时包括套管绝缘油试验）：

1）界面张力；

2）酸值；

3）水溶性酸（pH 值）；

4）机械杂质；

5）闪点；

6）绝缘油电气强度；

7）油介质损耗因数（90℃）；

8）绝缘油中微水含量；

9）绝缘油中含气量（330kV 及以上）；

10）色谱分析。

（10）套管型电流互感器试验：

1）绝缘电阻；

2）直流电阻；

3）电流比及极性；

4）伏安特性。

（11）有载分接开关试验：

1）绝缘油电气强度；

2）绝缘油中微水含量；

3）动作顺序（或动作圈数）；

4）切换试验；

5）密封试验。

（12）绕组变形试验。

C 竣工资料

变压器竣工应提供以下资料，所提供的资料应完整无缺，符合验收规范、技术合同等要求。

（1）变压器订货技术合同。

（2）变压器安装使用说明书。

（3）变压器出厂合格证。

（4）有载分接开关安装使用说明书。

（5）无励磁分接开关安装使用说明书。

（6）有载分接开关在线滤油装置安装使用说明书。

（7）本体油色谱在线监测装置安装使用说明书。

（8）本体气体继电器安装使用说明书及试验合格证；压力释放阀出厂合格证及动作试验报告。

（9）有载分接开关体气体继电器安装使用说明书。

（10）冷却器安装使用说明书。

（11）温度计安装使用说明书。

（12）吸湿器安装使用说明书。

（13）油位计安装使用说明书。

（14）变压器油产地和牌号等相关资料。

（15）出厂试验报告。

（16）安装报告。

（17）内检报告。

（18）整体密封试验报告。

（19）调试报告。

（20）变更设计的技术文件。

（21）竣工图。

（22）备品备件移交清单。

（23）专用工器具移交清单。

（24）设备开箱记录。

（25）设备监造报告。

2.4.1.3 验收和审批

A 变压器整体验收的条件

（1）变压器及附件已安装调试完毕。

（2）交接试验合格，施工图、各项调试或试验报告、监理报告等技术资料和文件已整理完毕。

（3）预验收合格，缺陷已消除；场地已清理干净。

B　变压器整体验收的要求和内容

（1）项目负责单位应在工程竣工前15天通知有关单位准备进行工程竣工验收，并组织相关单位参加，监理单位配合。

（2）验收单位应组织验收小组进行验收。对验收中检查发现的施工质量问题，应以书面形式通知相关单位并限期整改。验收合格后方可投入生产运行。

（3）在投产设备保质期内发现质量问题，应由建设单位负责处理。

C　审批

验收结束后，将验收报告交启动委员会审核批准。

2.4.2　投运前设备的验收内容

2.4.2.1　投运前设备验收的项目、内容及要求（包括检修后的验收）

（1）变压器本体、冷却装置及所有组部件均应完整无缺，不渗油，油漆应完整。

（2）变压器油箱、铁心和夹件已可靠接地。

（3）变压器顶盖上应无遗留杂物。

（4）储油柜、冷却装置、净油器等油系统上的阀门应正确"开、闭"。

（5）电容套管的末屏已可靠接地，套管密封良好，套管外部引线受力均匀，对地和相间距离符合要求，各接触面应涂有电力复合脂。引线松紧适当，无明显过紧过松现象。

（6）变压器的储油柜、充油套管和有载分接开关的油位正常，指示清晰。升高座已放气完全，充满变压器油。

（7）气体继电器内应无残余气体，重瓦斯必须投跳闸位置，相关保护按规定整定投入运行。

（8）吸湿器内的吸附剂数量充足、无变色受潮现象，油封良好，呼吸畅通。

（9）无励磁分接开关三相挡位一致，挡位处在整定挡位，定位装置已定位可靠。

（10）有载分接开关三相挡位一致，操作机构、本体上的挡位、监控系统中的挡位一致。机械连接校验正确，电气、机械限位正常。经两个循环操作已正常。

（11）温度计指示正确，整定值符合要求。

（12）冷却装置运转正常，内部断路器、转换开关投切位置已符合运行要求。所有电缆应标志清晰。

（13）经缺陷处理的设备的验收见第（6）条的相关内容。

2.4.2.2　投运前设备验收的条件

（1）变压器及组部件工作已结束，人员已退场，场地已清理干净。

（2）各项调试、试验合格。

（3）施工单位自检合格，缺陷已消除。

2.4.2.3 投运前设备验收的方法

（1）项目负责单位应在工作票结束前通知变电运行人员进行验收，并组织相关单位配合。

（2）运行单位应组织精干人员进行验收。在验收中检查发现缺陷，应要求相关单位立即处理。验收合格后方可投入生产运行。

2.4.3 检修设备验收的项目和要求

2.4.3.1 大修验收的项目和要求

项目和要求（包括更换线圈和更换内部引线等）如下。

（1）变压器绕组：

1）应清洁、无破损，绑扎紧固完整，分接引线出口处封闭良好，围屏无变形、发热和树枝状放电痕迹。

2）围屏的起头应放在绕组的垫块上，接头处搭接应错开，不堵塞油道。

3）支撑围屏的长垫块无爬电痕迹。

4）相间隔板完整，固定牢固。

5）绕组应清洁，表面无油垢、变形。

6）整个绕组无倾斜，位移，导线辐向无弹出现象。

7）各垫块排列整齐，辐向间距相等，轴向呈一垂直线，支撑牢固有适当压紧力，垫块外露出绕组的长度至少应超过绕组导线的厚度。

8）绕组油道畅通，无油垢及其他杂物积存。

9）外观整齐、清洁，绝缘及导线无破损。

10）绕组无局部过热和放电痕迹。

（2）引线及绝缘支架：

1）引线绝缘包扎完好，无变形、变脆，引线无断股卡伤。

2）接头表面应平整、清洁、光滑，无毛刺及其他杂质。

3）引线长短适宜，无扭曲。

4）绝缘支架应无破损、裂纹、弯曲、变形及烧伤。

5）绝缘支架与铁夹件的固定可用钢螺栓，绝缘件与绝缘支架的固定可用绝缘螺栓；两种固定螺栓均应有防松措施。

6）绝缘夹件固定引线处已垫附加绝缘。

7）引线固定用绝缘夹件的间距，应考虑在电动力的作用下，不致发生引线短路；线与各部位之间的绝缘距离应足够。

8）大电流引线（铜排或铝排）与箱壁间距，一般应大于100mm，铜（铝）排表面已包扎一层绝缘。

2.4.3.2 铁心

（1）铁心平整，绝缘漆膜无损伤，叠片紧密，边侧的硅钢片无翘起或呈波浪状。铁心各部表面无油垢和杂质，片间无短路、搭接现象，接缝间隙符合要求。

（2）铁心与上下夹件、方铁、压板、底脚板间绝缘良好。

（3）钢压板与铁心间有明显的均匀间隙；绝缘压板应保持完整，无破损和裂纹，并有适当紧固度。

（4）钢压板不得构成闭合回路，并一点接地。

（5）压钉螺栓紧固，夹件上的正、反压钉和锁紧螺帽无松动，与绝缘垫圈接触良好，无放电烧伤痕迹，反压钉与上夹件有足够距离。

（6）穿心螺栓紧固，绝缘良好。

（7）铁心间、铁心与夹件间的油道畅通，油道垫块无脱落和堵塞，且排列整齐。

（8）铁心只允许一点接地，接地片应用厚度0.5mm，宽度不小于30mm的紫铜片，插入3~4级铁心间，对大型变压器，插入深度不小于80mm，其外露部分已包扎白布带或绝缘。

（9）铁心段间、组间、铁心对地绝缘电阻良好。

（10）铁心的拉板和钢带应紧固并有足够的机械强度，绝缘良好，不构成环路，不与铁心相接触。

（11）铁心与电场屏蔽金属板（箔）间绝缘良好，接地可靠。

2.4.3.3　无励磁分接开关

（1）开关各部件完整无缺损，紧固件无松动。

（2）机械转动灵活，转轴密封良好，无卡滞，并已调到吊罩前记录挡位。

（3）动、静触头接触电阻不大于$500\mu\Omega$，触头表面应保持光洁，无氧化变质、过热烧痕、碰伤及镀层脱落。

（4）绝缘筒应完好，无破损、烧痕、剥裂、变形，表面清洁无油垢；操作杆绝缘良好，无弯曲变形。

2.4.3.4　有载分接开关

（1）切换开关所有紧固件无松动。

（2）储能机构的主弹簧、复位弹簧、爪卡无变形或断裂。动作部分无严重磨损、擦毛、损伤、卡滞，动作正常无卡滞。

（3）各触头编织线完整无损。

（4）切换开关连接主通触头无过热及电弧烧伤痕迹。

（5）切换开关弧触头及过渡触头烧损情况符合制造厂要求。

（6）过渡电阻无断裂，其阻值与铭牌值比较，偏差不大于±10%。

（7）转换器和选择开关触头及导线连接正确，绝缘件无损伤，紧固件紧固，并有防松螺母，分接开关无受力变形。

（8）对带正、反调的分接开关，检查连接"K"端分接引线在"＋"或"－"位置上，与转换选择器的动触头支架（绝缘杆）的间隙应不小于10mm。

（9）选择开关和转换器动静触头无烧伤痕迹与变形。

（10）切换开关油室底部放油螺栓紧固，且无渗油。

2.4.3.5 油箱

（1）油箱内部洁净，无锈蚀，漆膜完整，渗漏点已补焊。

（2）强油循环管路内部清洁，导向管连接牢固，绝缘管表面光滑，漆膜完整、无破损、无放电痕迹。

（3）钟罩和油箱法兰结合面清洁平整。

（4）磁（电）屏蔽装置固定牢固，无异常，可靠接地。

复习思考题

1. 简述自饱和电抗器的调压原理。
2. 变压器并列运行的条件有哪些？
3. 变压器运行巡视检查内容有哪些？
4. 变压器的主保护和后备保护有哪些？
5. 变压器检修完的验收项目有哪些？

3 整 流 柜

3.1 整流柜工作原理

整流柜是一种以整流为目的，利用二极管或晶闸管的单相导通作用，集二极管（晶闸管）快熔、交直流母线、绝缘材料及保护、冷却装置为一体的大型电气设备。整流柜通常在金属冶炼行业应用较为普遍。

整流柜的基本工作原理是：利用二极管的单向导电性组成整流电路，可将交流电压变为单向脉动电压。此节波形均把整流二极管当作理想元件，即认为它的正向导通电阻为零，而反向电阻为无穷大。但在实际应用中，应考虑到二极管有内阻，整流后所得波形，其输出幅度会减少 $0.6 \sim 1V$，当整流电路输入电压大时，这部分压降可以忽略不计。

整流电路中既有交流量，又有直流量。对这些量经常采用不同的表述方法：输入（交流）——用有效值或最大值；输出（直流）——用平均值；二极管正向电流——用平均值；二极管反向电压——用最大值。

3.1.1 单相整流电路

单相整流电路有单相半波整流电路、单相桥式整流电路和单相全波整流电路三种形式。下面重点介绍一下单相半波整流电路和单相全波桥式整流电路。

3.1.1.1 单相半波整流电路

单相半波整流电路如图 3-1a 所示。单相半波整流电路是利用二极管的单向导电性，在变压器副边电压 U_2 为正的半个周期内，二极管正向偏置，处于导通状态，负载 R_L 上得到半个周期的直流脉动电压和电流；而在 U_2 为负的半个周期内，二极管反向偏置，处于关断状态，电流基本上等于零。由于二极管的单向导电作用，将变压器副边的交流电压变换成为负载 R_L 两端的单向脉动电压，达到整流目的，其波形见图 3-1b。因为这种电路只在交流电压的半个周期内才有电流流过负载，所以称为单相半波整流电路。

3.1.1.2 单相全波桥式整流电路

单相全波桥式整流电路如图 3-2 所示。单相桥式整流电路与全波整流电路相比，单相全波桥式整流电路中的电源变压器只用一个副边绕组，即可实现全波整流的目的。

单相全波桥式整流电路的工作原理：

由图 3-2 可看出，电路中采用四个二极管，互相接成桥式结构。利用二极管的电流导向作用，在交流输入电压 U_2 的正半周内，二极管 D_1、D_3 导通，D_2、D_4 截止，在负载 R_L 上得到上正下负的输出电压；在负半周内，正好相反，D_1、D_3 截止，D_2、D_4 导通，流过负载 R_L 的电流方向与正半周一致。因此，利用变压器的一个副边绕组和四个二极管，使

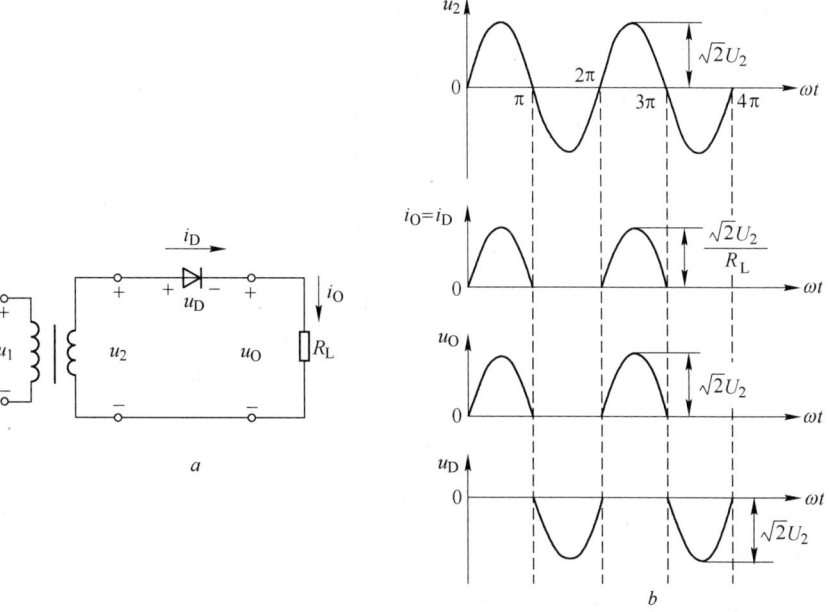

图 3-1 单相半波整流电路

a—电路图；b—波形图

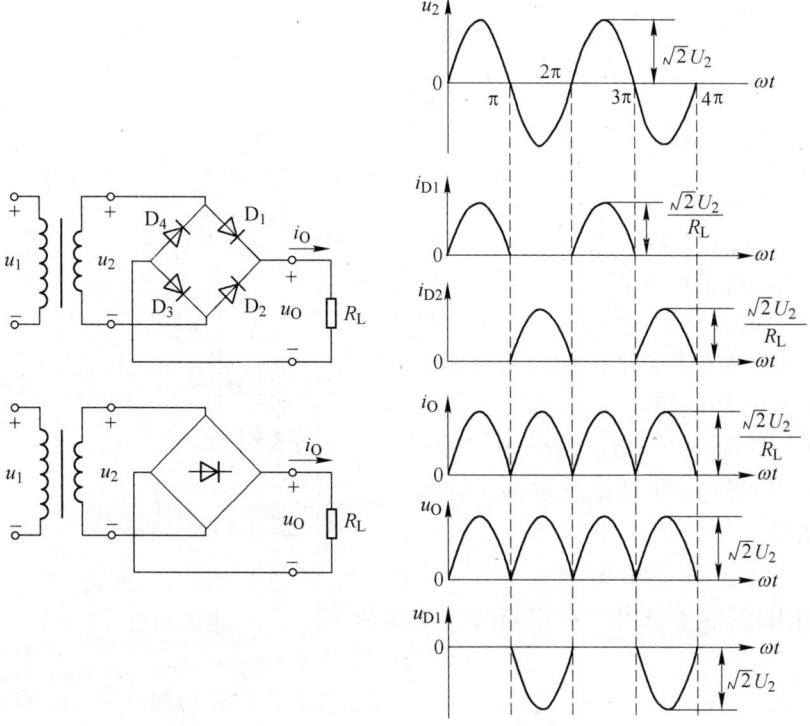

图 3-2 单相全波桥式整流电路

得在交流电源的正、负半周内，整流电路的负载上都有方向不变的脉动直流电压和电流。

3.1.2 三相桥式整流电路

对于大功率的整流电路则需要采用三相整流电路，因为大功率的交流电源是三相供电形式。图 3-3 所示为一个电阻负载三相桥式整流电路，它有六个二极管，D_1、D_3、D_5 接成共阴极形式，共阴极用 P 表示；D_2、D_4、D_6 接成共阳极形式，共阳极用 M 表示；零线用 N 表示。

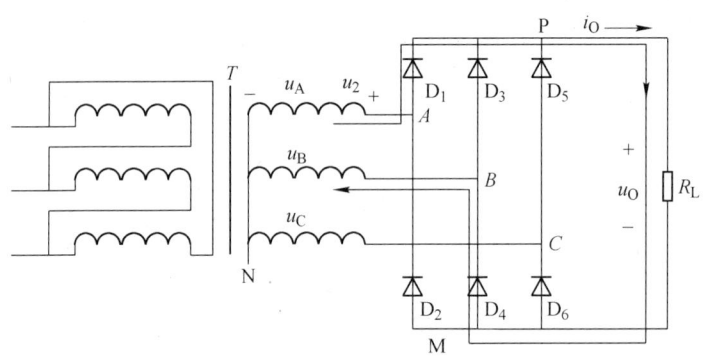

图 3-3　电阻负载三相桥式整流电路

三相桥式整流电路二极管导电的规律：基本原则仍然是二极管的阳极电位高于阴极电位时二极管导电，反之不导电。因三相电比单相电复杂，在图 3-4 中根据各相波形相交的情况，按 30°为一段进行时间段的划分，在图的最下方用 1、2、3、4、5、6、7、8、9 表示。

3.1.2.1 三相整流电路的工作原理

如图 3-4 先看时间段：

时间段 1：此时间段 A 相电位最高，B 相电位最低，因此跨接在 A 相、B 相间的二极管 D_1、D_4 导电。电流从 A 相流出，经 D_1，负载电阻，D_4，回到 B 相。此段时间内其他四个三极管均承受反向电压而截止，因 D_4 导通，B 相电压最低，且加到 D_2、D_6 的阳极，故 D_2、D_6 截止；因 D_1 导通，A 相电压最高，且加到 D_3、D_5 的阴极，故 D_3、D_5 截止。

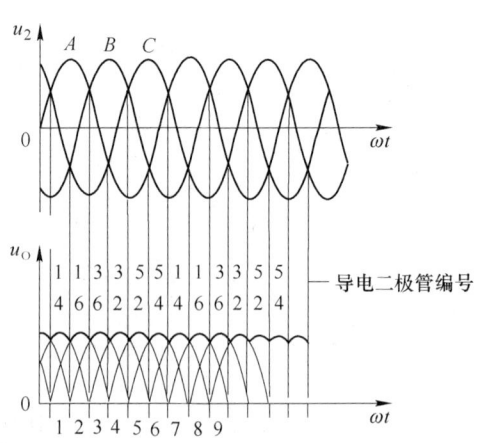

图 3-4　三相桥式电阻负载
整流电路的波形图

时间段 2：此时间段 A 相电位最高，C 相电位最低，因此跨接在 A 相、C 相间的二极管 D_1、D_6 导电。

时间段 3：此时间段 B 相电位最高，C 相电位最低，因此跨接在 A 相、C 相间的二极管 D_3、D_6 导电。

时间段 4：此时间段 B 相电位最高，A 相电位最低，因此跨接在 B 相、A 相间的二极

管 D_3、D_2 导电。

时间段 5：此时间段 C 相电位最高，A 相电位最低，因此跨接在 C 相、A 相间的二极管 D_5、D_2 导电。

时间段 6：此时间段 C 相电位最高，B 相电位最低，因此跨接在 C 相、B 相间的二极管 D_5、D_4 导电。

时间段 7：此时间段又变成 A 相电位最高，B 相电位最低，因此跨接在 A 相、B 相间的二极管 D_1、D_4 导电。从 7 以后电路状态不断重复。

3.1.2.2 三相桥式整流电路的性能参数

（1）输出电压的平均值 U_0：三相桥式电阻负载整流电路的输出电压波形见图 3-4 的下半部分，它是由相应时间段导电二极管所对应的两相电压之差得到的。由于输出电压是以共阳极线 M 为参考地电位，对于其中时间段 1，可由 A 相和 B 相电压之差得到（见图 3-5），同理可得到其他时间段的输出波形。这样在一个工频周期内，输出电压有六个波头，相当于 300Hz，这有利于提高输出电压的平均值，同时有利于滤波，减小输出的波纹。

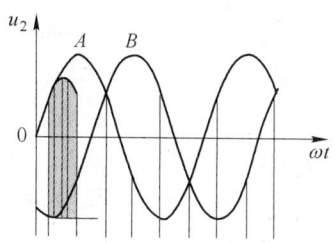

图 3-5 三相桥式整流电路
输出电压波形的合成

求输出电压一个波头的平均值再乘以 6，即可得到输出电压的平均值，积分为 30°~90°。

$$U_0 = \frac{6}{2\pi}\int_{\frac{\pi}{6}}^{\frac{\pi}{2}} U_{AB}\mathrm{d}(\omega t) = \frac{6}{2\pi}\int_{\frac{\pi}{6}}^{\frac{\pi}{2}} \sqrt{2}\sqrt{3}U_2\sin\left(\omega t + \frac{\pi}{6}\right)\mathrm{d}(\omega t)$$

$$U_0 = \frac{3\sqrt{6}U_2}{\pi} \approx 2.34U_2$$

（2）输出电压的平均值 I_0：

$$I_0 = \frac{3\sqrt{6}U_2}{\pi R_L} \approx 2.34\frac{U_2}{R_L}$$

（3）二极管的平均值 I_0：在一个周期中，二极管的导通角只有 120°，因此流过二极管的平均电流为

$$I_D = \frac{I_0}{3} \approx 0.78\frac{U_2}{R_L}$$

（4）二极管的最大反向电压 U_{RM}：

$$U_{RM} = \sqrt{3}U_{2m} = \sqrt{3}\sqrt{2}U_2 = 2.45U_2$$

3.2 整流装置运行标准及巡视检查

3.2.1 整流器

电化学用整流器，因为输出电流和冗余设计的要求，大多数需要多个整流元件并联。

每个整流元件支路需要串联一只与之匹配的快速熔断器。每台整流器至少有 6 个由整流元件、快速熔断器和母线构成的整流臂，同相逆并联连接的整流器由 12 个整流臂构成 6 个同相逆并联整流臂组件。整流器就是以 6 个整流臂（或 6 个同相逆并联整流臂组件）为主体，由电气连接、非电气连接、绝缘结构、冷却管道和散热器、整流管元件、压紧结构、快速熔断器装配、过电压吸收装置、水温和水压检测指示仪表、快熔损坏检测与指示信号等构成的功率单元。其作用就是将交流电变换成直流电，为电解槽提供强大的直流电流。

3.2.2　整流柜巡视项目及标准

3.2.2.1　运行规定

（1）硅整流元件过载能力很低，故不准过载运行。

（2）硅柜投入前先接通冷却系统电源，冷却水进口温度不高于 30℃，不低于 5℃。为防止凝露，冷却水进口温度不应低于环境温度 3～5℃。冷却水流量不小于 36m³/h，进出口冷却水（副水）温差不超过 5℃，进出口循环水温差不超过 5℃。

（3）冷却水酸碱度（pH 值）为 7～8，电阻率不小于 1500kΩ/cm，硬度（以碳酸钙计）不超过 0.03mg/L。

（4）在正常情况下，单组硅柜停、送电，应先将整流变调整至最低档，非特殊情况不准在运行电压下分、合整流变压器。

（5）元件损坏时，应测均流，并将结果记录下来。

（6）定检前，应测均流，用毫伏表测快熔两端压降，测量位置要统一。

（7）纯水进口水压力不得超过 0.25MPa，不能低于 0.08MPa，正常运行应为 0.15～0.20MPa。纯水进口压力正常时为 0.22MPa 左右，副水进口压力为 0.2MPa 左右。

3.2.2.2　巡视检查项目

（1）检查整流装置是否保持清洁，有无积尘。

（2）检查是否有异响臭味。

（3）检查主、副水温度、流量、压力是否正常。

（4）检查水冷母线、管道接头、阀门等有无渗漏水现象。

（5）停机期间，检查主回路接触部位是否良好，电器部件是否良好，元件正反特性有无变化。

（6）整流元件外壳温升（正极处）应低于 45℃，快速熔断器温升应低于 60℃，水冷母线本体温升应低于 45℃，接触面不超过 75℃，若超过此值时应查找原因并处理。

（7）检查各水冷母线温度分布是否正常，如有异常发热（温度继电器动作前），应检查支路水流是否阻塞。

（8）测量并记录冷却水及循环水进、出口温度，水压及流量。

（9）操作过电压、换相过电压及直流过电压箱内应连接良好，无放电打火现象，温度正常，无发热现象（操作过电压和换相过电压保护装置的铝壳电阻温度正常，遇有相差大的情况应及时汇报）。

3.2.3 整流柜维护标准

（1）用2500V·MΩ表测量主回路对框架的绝缘电阻应不低于10MΩ（主回路绝缘摇测时，要短封硅元件，以防击穿；交流回路中设有操作过电压阻容保护，在摇测绝缘时，短接过电压吸收电容接地）。

（2）用1000V·MΩ表测量框架对地绝缘电阻不低于2MΩ。

（3）二次回路对地绝缘电阻测量，应用500V·MΩ表，其数值不低于1MΩ，在比较潮湿的地方，应不低于0.5MΩ。

（4）一般情况下整流柜应设置元件故障、温度保护、水压低保护、水质保护、PLC失电保护、高倍过流、低倍过流保护、交直流过电压等保护功能。

3.3 整流装置保护、故障分析及处理

3.3.1 整流柜的保护

3.3.1.1 电压保护

接在主电路上的电容器及过压吸收器，能够吸收电流换相过电压、快熔分断过电压、正常操作下网侧高压开关投切时所产生的操作过电压和（正常电气条件）来自交流侧或直流侧的重复和不重复、在规定范围内的瞬态浪涌过电压，以保护整流器免受可能出现的各种浪涌过电压的危害。各过压吸收电路中都串有快速熔断器，以防止电容器或过压吸收器击穿损坏而发生事故。快速熔断器熔断后发出报警信号。

（1）采用氧化锌压敏电阻、快熔组成过压吸收回路，吸收电网过电压、操作过电压以及雷电过电压，由快熔所带的微动开关发出故障信号。

（2）硅整流元件采用阻容吸收保护，吸收换相过电压。

当整流元件一元件损坏时，将导致快熔熔断，安装在快熔上的微动开关动作，发出一元件损坏信号，当同一桥臂两元件损坏时，跳闸接点闭合，断开整流机组高压侧断路器。一元件损坏、两元件损坏往往采用PT单元进行检测，在实际使用过程中，由于振动等原因，PT单元容易误发信号，这是由于PT单元所使用电压较低，所采用接点又为常闭点，由于振动造成的接触不良往往使回路电压升高，造成误动作。应适当提高PT单元电压，采用镀金接点微动开关，并且微动开关的压力应能防止振动造成的接触不良。

3.3.1.2 超温保护

整流桥臂一般采用水冷却方式。一般情况下，水中气体积聚在桥臂内、桥臂通水孔堵塞、长期过载运行及冷却水水温过高等，均会造成母线超温，如不能及时发现，会使元件结温过高而损坏。当快熔或元件母排温度超过55℃时，贴在母线上的50℃温度继电器触点闭合，联动控制系统发出声光报警；当元件母排温度超过65℃时，贴在母线上的60℃温度继电器触点闭合，联动控制系统发出声光报警和高压开关跳闸。

3.3.1.3 PLC失电保护

由于整流柜内保护信号，冷却水泵、风机的运行和故障信号，稳流系统的控制等均通

过 PLC 实现，因此 PLC 失电或发生故障时，应跳开机组高压断路器。机组辅助电源失电时，冷却系统停止运行，此时也应跳开机组断路器。实现此种保护的一个方法是编程使 PLC 的一个输出接点上电闭合，使用此节点去启动一个中间继电器，再使用中间继电器常闭点作为跳闸信号输入。但采用中间继电器常闭点作为跳闸接点，当系统电压突然降低时，容易误动作，引起电解系列全停电事故，因此此接点要先送入 SEL 等微机保护装置，或启动时间继电器，经 2s 延时，若 2s 内故障未恢复，则跳开机组断路器。

3.3.1.4　水压失常保护

由于整流器一般采用水冷方式，水压低或断流将造成元件结温升高而损坏，因此要设置水压失常保护。水压失常保护应能检测到水管脱落故障。整流柜内水循环系统一般设置两台水泵，两台水泵一用一备，一台泵故障时，另一台泵能自动投入运行，当两台水泵均停止运行时，属于一种故障状态，需延时跳闸。

3.3.1.5　逆流保护

当整流元件发生故障，直流短路或整流柜内直流正、负母线之间短路时，其他正常机组会向故障点馈送电流，此时机组直流母线中会流过相反方向的电流，逆流保护即是检测相反方向的电流，在每个整流柜直流出线母线上安装一个逆流检测装置，当检测到有相反方向电流流过时，节点闭合，并通过快速型中间继电器跳开所有整流机组断路器，防止事故扩大。为了加快跳闸速度，也可要求逆流保护装置输出多个跳闸节点，直接接入各机组的跳闸回路，以最快的速度使各断路器跳闸，把损失降低到最小的程度。

3.3.1.6　机组控制、偏移回路故障保护

在机组控制绕组和偏移绕组的共同作用下，饱和电抗器工作于不同的工作点，从而起到调节电流的作用。当机组控制或偏移回路故障时，如控制或偏移回路快熔熔断、接触器跳开等，整流机组的稳流系统将失去作用，造成机组电流失控，因此出现故障时要报警，以便退出机组，进行有计划的检修。

3.3.1.7　机组反馈掉线保护

机组的稳流系统正常工作时，取本整流柜直流电流互感器输出电压信号经隔离变送器变换为 4~20mA 信号作为反馈信号，一旦反馈信号丢失，必然造成机组过流，因此应取两路信号作为反馈信号，第二组反馈信号可取自整流变压器一次绕组电流互感器输出电流，并经电流变送器变换为 4~20mA 信号作为反馈信号，在编 PLC 程序时，将此反馈信号适当缩小，在直流反馈信号正常时，采用直流反馈信号，当直流反馈信号消失时，交流反馈信号自动投入，防止机组过流，并发出报警信号，及时进行检修。

3.3.1.8　机组水质低保护

当整流机组水质低时，整流器水路部分的水嘴将受到严重腐蚀，缩短水嘴的使用寿命，引起水路渗漏，甚至引起水管脱落，发生事故。因此，水阻至少要达到 $200k\Omega$ 以上，对于高电压、大电流的整流器，纯水电阻应不小于 $1500k\Omega/cm$。当低于要求的水阻时，应

能发出报警信号。

3.3.1.9 弧光保护

随着近年来整流系统事故的增多,为了防止直流正、负母线之间或者交、直流母线之间短路等恶性事故的发生,越来越多的整流系统采用了弧光保护装置。所谓弧光保护,即是感光元件(光纤或探头)将接收到的光信号传导到光信号处理单元,在接收到的光信号超过设定强度后,装置即输出跳闸信号,由于采用了快速器件,从产生弧光到装置动作、跳闸节点闭合,其总时间可以做到不超过1ms,这么快的反应速度,在以电流、电压作为输入信号的继电保护装置中是不可能达到的,从这方面说弧光保护在快速性上,具有无可比拟的优势。至于跳闸方式的选择,即跳本机组或是跳系列,以是否装有逆流保护来确定,如未装逆流保护,为防止其他健全机组向故障机组供电,应跳系列;如装有逆流保护,则可考虑只跳本机组,以减少不必要的跳闸,减少电解系列不必要的全停电。由于弧光保护接收的是光信号,因此要进行光源的管理,并采取防止外界强光进入的措施。

3.3.1.10 离极保护

正常生产过程中,电解槽阳极与阴极脱开或连接母线开路,称为离极,离极将造成断口间强烈弧光,引起着火、爆炸,引发重大人身或设备事故,虽然电解槽槽控机一般均设置多重保护,防止阳极持续提升,一般不会因为槽控机失控造成离极。但在电解槽漏槽、冒槽,母线接触不良,阳极炭块全部脱落以及不正确的手动持续提升阳极等情况下,仍存在离极的可能性。因此,整流所应设置离极保护,以电流和电压变化作为判据,当电流下降至额定值的75%,电压升高到规定值时,即判断为离极,跳开所有机组断路器。

3.3.1.11 电流保护

由于整流变压器阀侧绕组为多绕组、大电流,很难对变压器内部故障实现差动保护,其电流保护一般设置瞬动过流保护、带时限过流保护或延时投入瞬动过流保护、过负荷保护。除以上交流电流保护外,还有取自直流电流互感器直流信号的直流过流保护和取自第三绕组电流互感器电流信号的过流保护。

A 瞬动过流(速断)保护

瞬动过流(速断)保护电流信号取自整流机组间隔电流互感器,其动作电流不同于一般的电力变压器电流速断保护定值计算方法,其动作值远小于额定状态下变压器二次侧短路时的短路电流,通常情况下瞬动电流的整定值按照躲开变压器的励磁涌流,取变压器额定电流的1.5~3倍整定即可。

B 带时限过流保护或延时投入瞬动过流保护

该保护的电流信号需取自调压变压器的二次侧即整流变压器的一次侧,电流互感器安装在变压器的油箱内,通常有两组,即一个整流变一组。其整定值取整流变压器额定电流的1.1~1.5倍整定。随着近年系统容量的增大和变压器容量的大幅度增加,整流柜内部短路或整流变压器阀侧短路时,巨大的短路电流往往造成爆炸、火灾、母线严重变形、变压器绕组损坏等严重故障,因此要求保护有足够的灵敏度和快速性。由于变压器采用有载调压开关调压,并且规定有载调压开关在最低挡位时才允许变压器投入,变压器投入时的整流变压器一次侧电流较小,变压器投入时一般达不到此套保护的启动值,可将延时取消,同样设置为瞬动过流保护。如果使用中发现不能躲过启动时的励磁涌流,则需设定一个 $0.3 \sim 0.5s$ 的时限,在高压断路器合闸 $0.3 \sim 0.5s$ 后,将此保护投入,仍为瞬时动作。通过以上措施,保证短路发生时能快速、可靠地切除故障。

C 过负荷保护

避免变压器长时间运行于过负荷状态下,过负荷保护延时动作于信号或机组断路器跳闸。

D 直流过流保护(高倍过流)

整流柜单柜直流电流信号送入机组 PLC,在 PLC 中设定直流电流超过 1.2 倍直流额定电流时报警,设定直流电流超过 1.5 倍直流额定电流时跳闸。

大容量整流电源的保护是保证整流机组正常运行的重要措施,需要在实际使用过程中,根据实际使用的效果,不断总结经验教训,不断完善和发展,使保护真正具有可靠性、快速性、灵敏性、选择性的基本要求,切实起到保护整流电源的作用,使安全、平稳供电得到有效保证。

3.3.2 整流柜常见故障处理

(1)纯水水质变色:水阻小于 $1500k\Omega/cm$。应更换交换树脂,严重时,应更换纯水。

(2)主柜内,支路水管温度偏高:水管内有气体或存在杂物堵塞,应做相应清理。

(3)主柜联结铜排局部发热:检查紧固螺丝是否松动,接触面有无氧化,并处理。

(4)快熔温度低于正常温度:检查快熔是否熔断,检查元件是否导通。若元件、快熔两端电压正常,则检查脉冲是否到位。

(5)元件不导通:若控制板对阴极脉冲正常,元件不导通,则更换元件。

(6)个别元件脉冲丢失:用示波器检查控制极对阴极无脉冲时,再往前检查该元件对应的脉冲分配板各电阻、电容、二极管上波形,发现不正常时,更换该器件即可(针对晶闸管整流)。

(7)一相脉冲丢失:用示波器检查该相脉冲是否已到达主柜相应端子。若有,则检查端子到该相脉变之间线路是否有松动、脱焊现象等。若无,则按下述步骤进行(针对晶闸管整流):

1)若控制柜输出端子有脉冲输出,则检查控制柜与主柜之间的脉冲连线是否有松动、断路现象,并排除。

2)若控制柜输出端子上无该脉冲,则应检查大功率放大管处有无输出,依此类推,逐级往上检查,排除虚焊、损坏元件。

3)当发现集成触发块无脉冲输出时,应首先检查同步信号是否丢失,或给定信号是否丢失。若外部情况正常,则更换集成块。

(8)直流电流下跌:当输出脉冲正常时,这种情况经常发生在多机组并联的电路结构中,此时应做如下检查:

1)若在手动给定条件下运行中发生,则首先调节手动给定电位器,若能将电流送出即可。

2)若在自动给定条件下运行,而调节电位器无法避免电流下跌时,应检查变压器

（有载或无载）调压挡位是否偏低。

（9）主柜电流下跌：当输出脉冲不正常时，则应检查给定信号失常，用示波器看其波形是否抖动不稳，用万用表测量输出信号电压是否低于设定值，并排除故障。

3.3.3　整流柜故障原因分析及处理措施

整流柜为电解系列提供直流电能。若整流柜内发生故障，造成正、负母线之间弧光短路，则所有运行着的整流机组均会向故障点注入短路电流，而巨大的短路电流会造成整流柜爆炸。究其原因可归结为以下几点。

（1）整流元件击穿，产生弧光，快熔不能及时熔断，引起弧光扩大，发展为整流柜内正、负母线短路，造成爆炸。

（2）元件或绝缘件受潮，使元件表面温度低于环境温度，当温度低至凝露点后，元件表面将结露，引起短路，进而发生爆炸。整流柜内冷却管路渗漏，也可能造成绝缘降低，引起爆炸。

（3）绝缘件表面灰尘积聚，引起绝缘破坏。

为有效防范整流柜事故及减少损失，可从以下几个方面着手：

（1）要求整流柜生产厂家在制作整流柜时全面提高绝缘性能。首先绝缘压块要有足够的爬距，其次绝缘隔板采用整块胶木板，要有足够的长度和宽度，把整流柜内各桥臂分成各个独立的空间，以有效防止弧光延伸至相邻桥臂，并防止相邻桥臂的短路弧光延伸过来与本桥臂形成短路。

（2）增大正、负母线之间的距离，减小电动力的影响，防止电动力引起母线产生严重变形，甚至引起母线接地短路，造成事故扩大，事故恢复时间延长。

（3）合理选择保护装置。快熔额定电流要能够保护整流元件，除具有有足够的灵敏度外，还要有足够的分断能力，保证元件异常时快熔可以及时、可靠地熔断，避免引起短路爆炸。设置逆流保护，在整流柜内有短路发生时，及时跳开高压断路器。国外设备也有采用弧光检测装置的，即在整流柜内有弧光产生时，跳开高压侧断路器。

（4）合理设定继电保护定值。整流变压器的电流速断保护应延伸至整流柜后侧大母线，在整流柜出线侧发生短路时，应无延时跳开高压侧断路器。

（5）保持整流柜清洁，定期清擦元件、绝缘压块等表面，防止灰尘积聚。

（6）定期测量元件表面温度，如温度有异常，应进一步测量均流系数，或进行元件特性测试，对性能参数恶化的元件及时予以更换。防止发生爆炸。

（7）加强水管等附属设施的巡视，发现水管渗水应及时停电处理，防止因渗水导致整流柜绝缘降低，引起整流柜事故。

3.4　整流装置验收

（1）检查整流柜、周围应清洁，整齐、无杂物。

（2）检查整流柜内部各元件应完好，元件间接线应牢固。

（3）整流柜的绝缘检查。

（4）检查直流传感器及表计电气的连接应良好，指示应正常。

（5）检查纯水冷却系统及二次循环水冷却系统的管道是否良好，有无破损、滴漏现象，各相关表计指示应正常，且水压、温度符合要求，主、副水水质合格且循环正常。

（6）启动纯水冷却装置。观察压力值是否为 0.2MPa。

（7）检查主柜纯水进口和出口的水温差应不超过 5℃。

（8）检查离子交换树脂是否符合纯水冷却装置规定，纯水电阻应大于 $1000k\Omega/cm$。

（9）纯水到达主柜压力应大于 0.15MPa，最高压力应整定在 0.25MPa，最低压力应整定在 0.08 MPa。

（10）打开主柜水阀门，检查各支路水流是否畅通，有无漏水现象。

（11）送各测量装置电源，检查相应仪表读数是否正常，排除异常。

（12）送控制电源，同时检查控制柜、远控屏（或操作台）相关信号。

复习思考题

1. 简述三相整流电路的工作原理。
2. 整流柜的巡视检查项目有哪些？
3. 整流柜配置了哪些保护？
4. 整流柜常见故障有哪些？
5. 整流柜送电前的检查项目有哪些？

4　高压断路器

4.1　断路器的运行操作

4.1.1　断路器的运行原则

（1）各种类型高压断路器，允许按额定电压和额定电流长期运行。

（2）断路器的负荷电流一般不应超过其额定值。在事故情况下，断路器过负荷也不得超过10%，时间不得超过4h。

（3）断路器的安装地点的系统短路容量不应大于其铭牌规定的开断容量。当有短路电流通过时，应能满足热、动稳定性能的要求。

（4）严禁将拒绝跳闸的断路器投入运行。

（5）断路器跳闸后，若发现绿灯不亮而红灯已熄灭，应立刻取下断路器的控制熔断器，以防跳闸线圈烧毁。

（6）严禁对运行中的高压断路器进行慢合慢分试验。

（7）断路器在事故跳闸后，应进行全面、详细的检查。对切除短路电流跳闸次数达到一定数值的高压断路器，应视具体情况，根据部颁《高压断路器检修工艺导则》制定的临时性检修周期要求进行临检。未能及时停电检修时，应申请停运重合闸。对于 SF_6 断路器和真空断路器应视故障程度和现场运行情况来决定是否进行临检。

（8）无论是什么类型的断路器操动机构（电磁式、弹簧式、气动式、液压式），均应保持足够的操作能源。

（9）采用电磁式操动机构的断路器禁止用手动杠杆或千斤顶的办法带电进行合闸操作。采用液压（气压）式操动机构的断路器，如因压力异常导致断路器分、合闭锁时，不准擅自解除闭锁进行操作。

（10）断路器的金属外壳及底座应有明显的接地标志并可靠接地。

（11）断路器的分、合闸指示器应易于观察，且指示正确。

（12）对采用空气操作的断路器，其气压应保持在允许的调整范围内，若超出允许范围，应及时调整，否则停止对断路器的操作。

（13）在检查断路器时，运行值班人员应注意辅助接点的状态。若发现接点在轴上扭转、接点松动或固定触片自转盘脱离，应紧急检修。

（14）检查断路器合闸的同时性。因调整不当、拉杆断开或横梁折断而造成一相未合闸，在运行中会引起"缺相"，即两相运行。运行值班人员如检查到断路器某相未合上时，应立即停止运行。

（15）少油断路器外壳均带有工作电压，故运行值班人员不得任意打开断路器室的门或网状遮拦。

（16）SF_6 气体额定气压、气压降低报警值和跳闸闭锁值根据不同厂家的规定具体执行。压力低于报警值时，应立即汇报车间、部门领导，组织停电处理。

（17）新装和投运的断路器内的 SF_6 气体严禁向大气排放，必须使用气体回收装置回收。SF_6 气体需补气时，应使用检验合格的 SF_6 气体。

（18）真空断路器应配有防止操作过电压的装置，一般采用氧化锌避雷器。

（19）运行中的真空灭弧室出现异常声音时，应立即断开控制电源，禁止操作。

（20）运行中的油断路器应定期对绝缘油进行试验，试验结果记入有关记录内，油位降低至下限以下时，应及时补充绝缘油。

4.1.2　断路器操作的基本要求

4.1.2.1　一般规定

（1）断路器投运前，应检查接地线是否全部拆除，防误闭锁装置是否正常。

（2）操作前应检查控制回路和辅助回路的电源，检查机构已储能。

（3）检查油断路器油位、油色正常；真空断路器灭弧室无异常；SF_6 断路器气体压力在规定的范围内；各种信号正确、表计指示正常。

（4）长期停运超过 6 个月的断路器，在正式执行操作前应通过远方控制方式进行 2 ~ 3 次试操作，无异常后方能按操作票拟定的方式操作。

（5）操作前，检查相应隔离开关和断路器的位置；应确认继电保护已按规定投入。

（6）操作控制把手时，不能用力过猛，以防损坏控制开关；不能返回太快，以防时间短断路器来不及合闸。操作中应同时监视有关电压、电流、功率等表计的指示及红绿灯的变化。

（7）断路器（分）合闸动作后，应到现场确认本体和机构（分）合闸指示器以及拐臂、传动杆位置，保证开关确已正确（分）合闸。同时检查开关本体有无异常。

4.1.2.2　在下列情况下，须将断路器的操作电源切断

（1）检修断路器、在二次回路或保护装置上作业时。

（2）倒母线过程中，须将断路器的操作电源切断。

（3）检查开关开闭位置及操作隔离开关前。

（4）继电保护故障。

（5）油开关无油。

（6）液压、气压操作机构储能装置压力降至允许值以下时。

4.1.3　断路器的操作

4.1.3.1　送电操作步骤

（1）根据分、合机械指示器的指示，确认断路器处于断开状态。

（2）在合断路器前，先合上电源侧隔离开关，再合上负荷侧隔离开关。

（3）装上合闸熔断器和操作熔断器。

（4）核对断路器名称和编号无误后，将操作手柄顺时针方向旋转90°至"预备合闸"位置。

（5）待绿色指示灯闪光，将操作手柄顺时针方向旋转45°至"合闸"位置，在手脱离操作手柄后，使手柄自动逆时针方向返回45°，绿灯熄灭、红灯亮，表明断路器已合闸送电。

4.1.3.2 停电操作步骤

（1）核对断路器名称和编号无误后，将操作手柄逆时针方向旋转90°至"预备分闸"位置。

（2）待红色指示灯闪光，将操作手柄逆时针方向旋转45°至"分闸"位置，在手脱离操作手柄后，使手柄自动顺时针方向返回45°，红灯熄灭、绿灯亮，表明断路器已断开。

（3）取下合闸熔断器和操作熔断器。

（4）根据分、合机械指示器的指示，确认断路器已处于断开状态。

（5）先拉开负荷侧隔离开关，后拉开电源侧隔离开关。

4.2 断路器的巡视要求及故障处理

4.2.1 断路器的正常巡视检查

4.2.1.1 巡视检查周期

投入运行和处于备用状态的高压断路器必须定期进行巡视检查，一般运行值班人员每班不少于一次。

4.2.1.2 油断路器巡视检查内容

（1）断路器的分、合闸位置指示应正确，并符合实际运行状况。

（2）主触头接触应良好、不过热，主触头外露的少油断路器示温蜡片不熔化，变色漆不变色，内部无异常声音。

（3）套管、瓷瓶应无裂痕，无放电声和电晕。

（4）引线连接部位接触应良好，无过热和异常气味。

（5）本体套管的油位应在正常范围内，油面的位置显著低于正常位置时应停电并补充油，油的颜色应透明、无炭黑悬浮物，颜色显著炭化或变色时应进行详细检查。

（6）应无渗、漏油痕迹，放油阀关闭紧密。

（7）排气装置应完好，隔栅应完整。

（8）防雨帽应无鸟窝。

（9）连接各构件的销子、开口销、挡圈等应无折断、脱落。

（10）灭弧室、触头应无裂纹、损坏。

（11）操作机构箱应无雨水侵入、尘埃附着情况，线圈发热应正常等。

4.2.1.3 SF_6 断路器巡视检查内容

（1）SF_6 气体压力应保持在额定电压，如压力下降即表明有漏气现象，应及时查出泄漏位置并进行消除，否则将危及人身及设备安全。

（2）断路器外部瓷件应无破损、裂纹和严重污秽现象，应无放电声和电晕。

（3）断路器各部分及管道应无异声及异味，管道夹头应正常。

（4）引线接触端子应无发热现象，如有应立即停电退出，进行消除后方可继续运行。

（5）断路器的分、合位置指示应正确，并与当时实际运行工况相符。

（6）接地应完好。

（7）落地罐式断路器应检查防爆膜有无异状。

4.2.1.4　真空断路器巡视检查内容

（1）断路器分、合闸指示或指示灯的指示应正确。

（2）断路器动作次数计数器上的读数应正确。

（3）应无异常声音、臭味。

（4）应无部件损伤、碎片脱落、附着异物。

（5）接线端子应无过热变色。

（6）线圈应无过热变色。

4.2.1.5　电磁操动机构的巡视检查内容

（1）机构箱门应平整、开启灵活、关闭紧密。

（2）分、合闸线圈及合闸接触器线圈应无冒烟异味。

（3）直流电源回路接线端子应无松脱、无铜绿或锈蚀。

（4）加热器应正常完好。

4.2.1.6　液压机构检查内容

（1）机构箱门应平整、开启灵活、关闭紧密。

（2）油箱油位应正常、无渗漏油。

（3）高压油的油压应在允许范围内。

（4）应每天记录油泵启动次数。

（5）机构箱内应无异味。

（6）加热器应正常完好。

4.2.1.7　弹簧机构的检查内容

（1）机构箱门应平整、开启灵活、关闭紧密。

（2）断路器应在运行状态，储能电动机的电源闸刀或熔丝应在闭合位置。

（3）储能电动机、行程开关接点应无卡住和变形，分、合闸线圈应无冒烟异味。

（4）断路器在分闸备用状态时，分闸连杆应复归，分闸弹簧应能储能。

（5）防凝露加热器应良好。

4.2.2　断路器的特殊巡视检查

（1）新设备投运的巡视检查周期应缩短。投运72h后，转入正常巡视。

（2）夜间闭灯巡视检查，应每周一次。

（3）气象突变时，应增加巡视次数。

（4）雷雨季节雷击后应进行巡视检查。

（5）高温季节高峰负荷期间应加强巡视。

（6）断路器应正常维护。

复习思考题

1. 高压断路器的运行原则。

2. 高压断路器操作基本要求。

3. 高压断路器正常巡视检查项目。

4. 高压断路器跳、合闸失灵的处理。

5 互 感 器

5.1 互感器的工作原理及结构

5.1.1 电流互感器的分类及技术参数

5.1.1.1 电流互感器分类

（1）电流互感器按用途可分为两类：一是测量电流、功率和电能用的测量用互感器；二是继电保护和自动控制用的保护控制用互感器。

（2）根据一次绕组匝数可分为单匝式和多匝式，如图 5-1 所示。单匝式又分为贯穿型和母线型两种。

（3）根据安装地点可分为户内式和户外式。

（4）根据绝缘方式可分为干式、浇注式、油浸式等。干式用绝缘胶浸渍，适用于作为低压户内的电流互感器；浇注式用环氧树脂作绝缘，浇注成型；油浸式多为户外型。

（5）根据电流互感器工作原理可分为电磁式、光电式、磁光式、无线电式电流互感器。

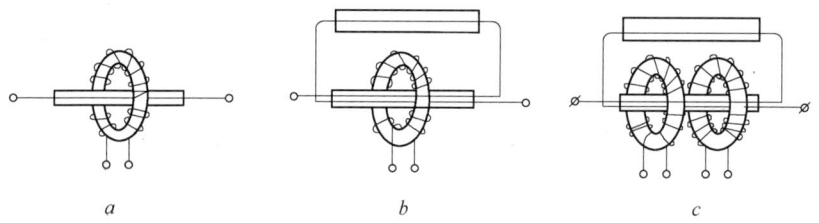

a　　　　　　　　b　　　　　　　　c

图 5-1　电流互感器的结构原理

a—单匝式；b—多匝式；c—具有两个铁心式

5.1.1.2 电流互感器的型号规定

目前，国产电流互感器型号编排方法规定如下：

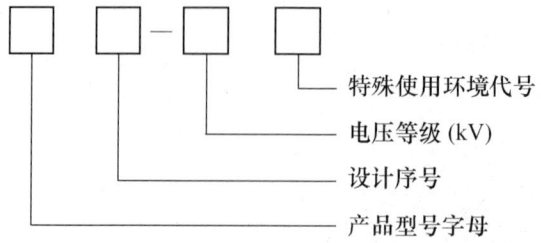

特殊使用环境代号

电压等级 (kV)

设计序号

产品型号字母

产品型号均以汉语拼音字母表示，字母含义及排列顺序见表5-1。

表 5-1 电流互感器型号字母含义

第一个字母		第二个字母		第三个字母		第四个字母		第五个字母	
字母	含义	字母	含义	字母	含义	字母	含义	字母	含义
L	电流互感器	A	穿墙式	C	瓷绝缘	B	保护级	D	差动保护
		B	支持式	G	改进的	D	差动保护		
		C	瓷箱式	J	树脂浇注	J	加大容量		
		D	单匝式	K	塑料外壳	Q	加"强"式		
		F	多匝式	L	电容式绝缘	Z	浇注绝缘		
		J	接地保护	M	母线式				
		M	母线式	P	中频				
		Q	线圈式	S	速饱和				
		R	装入式	W	户外式				
		Y	低压的	Z	浇注绝缘				
		Z	支柱式						

5.1.1.3 电流互感器的主要参数

A 额定电流变比

额定电流变比是指一次额定电流与二次额定电流之比（简称电流比）。额定电流比一般用不约分的分数形式表示，如一次额定电流 I_{1e} 和二次额定电流 I_{2e} 分别为100A、5A，则

$$K_I = I_{1e}/I_{2e} = 100/5$$

所谓额定电流，就是在这个电流下，互感器可以长期运行而不会因发热损坏。当负载电流超过额定电流时，叫作过负载。如果互感器长期过负载运行，会把它的绕组烧坏或缩短绝缘材料的寿命。

B 准确度等级

由于电流互感器存在着一定的误差，因此根据电流互感器允许误差划分互感器的准确度等级。国产电流互感器的准确度等级有0.01、0.02、0.05、0.1、0.2、0.5、1.0、3.0、5.0、0.2S级及0.5S级。

C 额定容量

电流互感器的额定容量，是指额定二次电流 I_{2e} 通过二次额定负载 Z_{2e} 时所消耗的视在功率 S_{2e}。

所以
$$S_{2e} = I_{2e}^2 Z_{2e}$$

一般情况，$I_{2e} = 5(1)$A，因此，$S_{2e} = 5^2 Z_{2e} = 25 Z_{2e}$，额定容量也可以用额定负载阻抗 Z_{2e} 表示。

电流互感器在使用中，二次连接线及仪表电流线圈的总阻抗，不能超过铭牌上规定的额定容量且不低于1/4额定容量时，才能保证它的准确度。制造厂铭牌标定的额定二次负载通常用额定容量表示，其输出标准值有2.5V·A、5V·A、10V·A、15V·A、25V·A、30V·A、

50V·A、60V·A、80V·A、100V·A 等。

　　D　额定电压

　　电流互感器的额定电压，是指一次绕组长期对地能够承受的最大电压（有效值）。它只是说明电流互感器的绝缘强度，而和电流互感器额定容量没有任何关系。它标在电流互感器型号后面。例如 LCW-35，其中"35"是指额定电压，它以 kV 为单位。

　　E　极性标志

　　为了保证测量及校验工作的接线正确，电流互感器一次和二次绕组的端子应标明极性标志。

　　（1）一次绕组首端标为 L_1，末端标为 L_2。当多量限一次绕组带有抽头时，首端标为 L_1，自第一个抽头起依次标为 L_2，L_3……。

　　（2）二次绕组首端标为 K_1，末端标为 K_2。当二次绕组带有中间抽头时，首端标为 K_1，自第一个抽头起以下依次标志为 K_2，K_3……。

　　（3）对于具有多个二次绕组的电流互感器，应分别在各个二次绕组的出线端标志"K"前加注数字，如 $1K_1$，$1K_2$，$1K_3$……；$2K_1$，$2K_2$，$2K_3$……。

　　（4）标志符号的排列应当使一次电流自 L_1 端流向 L_2 端时，二次电流自 K_1 流出，经外部回路流回到 K_2。

　　从电流互感器一次绕组和二次绕组的同极性端子来看，电流 I_1、I_2 的方向是相反的，这样的极性关系称为减极性，反之称为加极性。电流互感器一般都用减极性表示。

5.1.2　电流互感器的结构和工作原理

5.1.2.1　电流互感器的结构

　　目前，整流变电站中使用的电流互感器一般为电磁式，其基本结构与一般变压器相似，由两个绕制在闭合铁心上、彼此绝缘的绕组（一次绕组和二次绕组）所组成，其匝数分别为 N_1 和 N_2，如图 5-2 所示。一次绕组与被测电路串联，二次绕组与各种测量仪表或继电器的电流线圈相串联。

　　电流互感器的二次额定电流一般为 5A，也有 1A 和 0.5A 的。电流互感器在电气图中文字符号用 TA 表示。

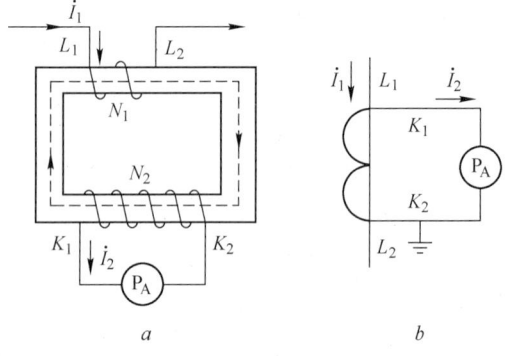

图 5-2　电流互感器原理结构图和接线图
a—原理结构图；*b*—接线图

5.1.2.2　工作原理

　　电流互感器的工作原理与一般变压器的工作原理基本相同。当一次绕组中有电流 $\dot{i}_1$ 通过时，一次绕组的磁动势 $\dot{i}_1 N_1$ 产生的磁通绝大部分通过铁心而闭合，从而在二次绕组中感应出电动势 $\dot{E}_2$。如果二次绕组接有负载，那么二次绕组中就有电流 $\dot{i}_2$ 通过，有电流就有磁动势，所以二次绕组中由磁动势 $\dot{I}_2N_2$ 产生磁通，这个磁通绝大部分也是经过铁心而闭合。因此铁心中的磁通是由一、二次绕组的磁动势共同产生的合成磁通 $\dot{\Phi}$，称为主磁通。根据磁动势平衡原理可以得到

$$\dot{I}_1N_1 + \dot{I}_2N_2 = \dot{I}_{10}N_1 \tag{5-1}$$

式中 $\dot{I}_{10}N_1$——励磁磁动势。

如果铁心中各种损耗忽略不计，可认为 $\dot{I}_{10}N \approx 0$，则

$$\dot{I}_1N_1 + \dot{I}_2N_2 = 0$$

$$\dot{I}_1N_1 = -\dot{I}_2N_2 \tag{5-2}$$

这是理想电流互感器的一个很重要的关系式，即一次磁动势安匝等于二次磁动势安匝，且相位相反。进一步化简式（5-2），得到

$$K_1 = \frac{I_{1e}}{I_{2e}} = \frac{N_2}{N_1} \tag{5-3}$$

即理想电流互感器两侧的额定电流大小和它们的绕组匝数成反比，并且等于常数 K_1，称为电流互感器的额定变比。

5.1.2.3 电流互感器的接线方式

A 两相星形（V形）连接

由两台电流互感器构成，A 相和 C 相所接电流互感器的二次绕组一端接到表计，另一端相互连接后至 B 相表计或接至 a、c 相表计出线端连接处。两台电流互感器的二次绕组电流分别为 $\dot{I}_a$ 和 $\dot{I}_c$，公共接线中流过的电流为 $\dot{I}_b = -(\dot{I}_a + \dot{I}_c)$，如图5-3所示。这种连接方式常用在三相三线电路中。

它的优点是：

（1）节省导线。

（2）能利用接线方法取得第三相电流，一般为 B 相电流。

但这种连接方法有其缺点：

（1）现场用单相方法校验时，由于实际二次

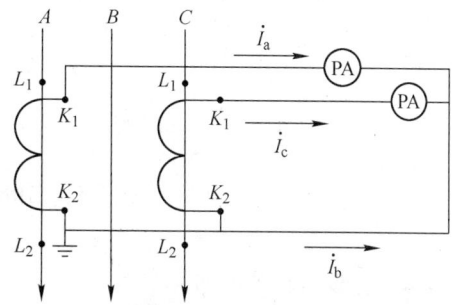

图5-3 两相星形（V形）原理接线图

负载与运行时不一致，有时必须要采用三相方法（或其他类似方法），给校验工作带来一些困难。

（2）由于有可能其中一相极性接反，公共线电流变成差电流，使错误接线概率相对多一些。为此，有的地区在电能计量回路中采用分相接法。

B 分相连接

分相连接就是各相分别连接，如图5-4所示。

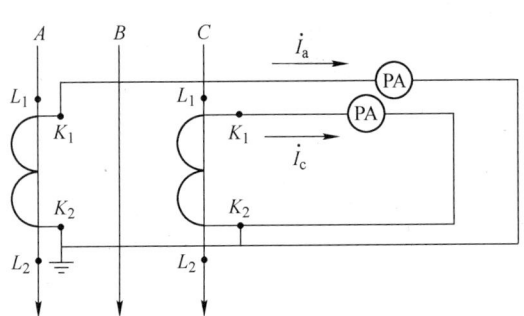

图 5-4　分相原理接线图

其优点是：

（1）现场校验与实际运行时负载相同。

（2）错误接线几率相对地少些。

缺点是增加了一根导线。

C　三相星形（Y形）连接

三相四线电路中多采用三相星形连接，如图 5-5 所示。图中，A、B、C 三相电流互感器的二次绕组分别流过电流 $\dot{I}_a$、$\dot{I}_b$、$\dot{I}_c$。当三相电流不平衡时，公共接线中的电流 $\dot{I}_N = \dot{I}_a + \dot{I}_b + \dot{I}_c$，当三相电流平衡时，$\dot{I}_N = 0$。这种接线方法不允许断开公开接线，否则影响计量精度（因为零序电流没有通路）。

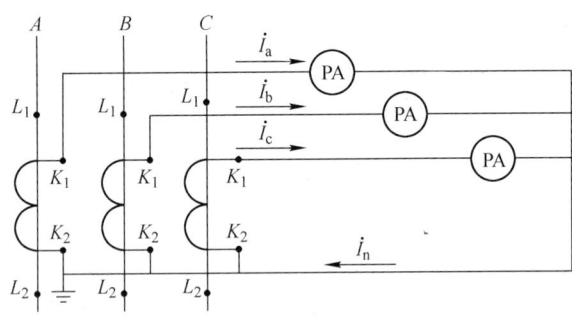

图 5-5　三相星形（Y形）原理接线图

5.1.2.4　电流互感器的正确使用

A　电流互感器的选择

（1）额定电压的选择。电流互感器的额定电压必须满足下列条件：

$$U_x \leqslant U_e$$

式中　U_x——电流互感器安装处的工作电压；

　　　U_e——电流互感器的额定电压。

（2）额定变比的选择。长期通过电流互感器的最大工作电流应小于或等于互感器一次额定电流，即 $I_x < I_{1e}$，但不宜使互感器经常工作在额定一次电流的 1/3 以下。电流互感器

一次额定电流有：5A、10A、15A、20A、30A、40A、50A、75A、100A、150A、200A、300A、400A、600A、800A、1000A、1200A、1500A、2000A、3000A、4000A、5000A、6000A、8000A、10000A。

（3）准确度等级的选择。在整流变电站运行中的电能计量装置按其所计量的电量不同和计量对象的重要程度进行选择。

（4）额定容量的选择与计算。电流互感器的额定容量 $S_{2e} = I_{2e}^2 Z_b$，Z_b 为互感器二次额定负载阻抗。接入互感器的二次负载容量 S_2 应满足 $0.25S_{2e} \leqslant S_2 \leqslant S_{2e}$。

由于电流互感器二次额定电流 I_{2e} 已标准化，一般为 5A，所以二次负载容量的计算主要决定于负载阻抗 Z_b 的计算。Z_b 包括表计阻抗 Z_m、接头的接触电阻 R_k（一般取 $0.01 \sim 0.5\Omega$）以及导线电阻。

B　使用互感器应注意的问题

（1）运行中的电流互感器二次绕组不许开路。二次绕组开路将会出现峰值达数千伏的高电压，危及人身安全，损坏仪表和破坏互感器的绝缘。

（2）电流互感器绕组应按减极性连接。

（3）电流互感器二次侧应可靠接地，防止一次侧的高压窜入二次侧，但只允许有一个接地点，在就近电流互感器端子箱内，经端子接地。

5.1.3　电压互感器的分类及技术参数

5.1.3.1　电压互感器的分类

A　按用途分类

按用途可分为测量用和保护用两种电压互感器，又可分为单相电压互感器和三相电压互感器。

B　按安装地点分类

按安装地点可分为户内型电压互感器和户外型电压互感器。

C　按电压变换原理分类

（1）电容式电压互感器，以电容分压来变换电压。

（2）光电式电压互感器，以光电元件来变换电压。

（3）电磁式电压互感器，以电磁感应来变换电压。

电磁式电压互感器是本书重点介绍的电压互感器，后面凡是未加特殊说明的电压互感器，均指电磁式电压互感器。

D　按结构不同分类

（1）单级式电压互感器，一次绕组和二次绕组均绕在同一个铁心柱上。

（2）串级式电压互感器，一次绕组分成匝数相同的几段，各段串联起来，一端子连接高压电路，另一端子接地。

5.1.3.2　电压互感器的型号

目前，国产电压互感器型号编排方法如下：

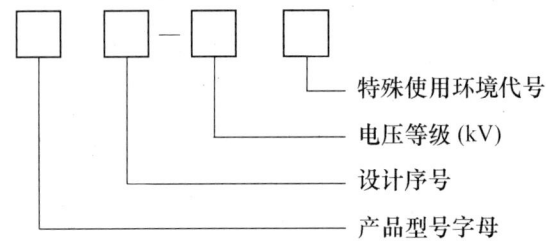

特殊使用环境代号
电压等级 (kV)
设计序号
产品型号字母

电压互感器型号中的字母，都用汉语拼音字母表示，字母排列顺序及其对应符号含义如表 5-2 所示。

电压互感器在特殊使用环境的代号，主要有以下几种：CY——船舶用；GY——高原地区用；W——污秽地区用；AT——干热带地区用；TH——湿热带地区用。

表 5-2　电压互感器型号字母的含义及排列顺序

序　号	类　别	含　义	代表字母
1	名称	电压互感器	J
2	相数	单相	D
		三相	S
3	绕组外的绝缘介质	变压器油	
		空气（干式的）	G
		浇注成固体形	Z
		气体	Q
4	结构特征	带备用电压绕组	X
		三柱芯带补偿绕组	B
		五柱芯每相三绕组	W
		串级式带备用电压绕组	C

5.1.3.3　电压互感器的主要参数

A　绕组的额定电压

额定一次电压是指可以长期加在一次绕组上的电压，并在此基准下确定其各项性能；根据其接入电路的情况，可以是线电压，也可以是相电压。其值应与我国电力系统规定的"额定电压"系列相一致。

额定二次电压，我国规定接在三相系统中相与相之间的单相电压互感器为 100V，对于接在三相系统相与地间的单相电压互感器，为 $100/\sqrt{3}$V。

B　额定电压变比

额定电压变比为额定一次电压与额定二次电压之比，一般用不约分的分数形式表示为

$$K_{\mathrm{U}} = \frac{U_{1\mathrm{e}}}{U_{2\mathrm{e}}}$$

C　额定二次负载

电压互感器的额定二次负载，为确定准确度等级所依据的二次负载导纳（或阻抗）

值。额定输出容量为在二次回路接有规定功率因数的额定负载，并在额定电压下所输出的容量，通常用视在功率（单位为 V·A）表示。

实际测试中，电压互感器的二次负载常以测出的导纳表示，负载导纳与输出容量的关系为

$$S = U_2^2 Y$$

由于 U_2 的额定值为100V，故常可用 $S = Y \times 10^4$ 来计算。

D　准确度等级

由于电压互感器存在着一定的误差，因此根据电压互感器允许误差划分互感器的准确度等级。国产电压互感器的准确度等级有0.01、0.02、0.05、0.1、0.2、0.5、1.0、3.0、5.0级。

制造厂在铭牌上标明准确度等级时，必须同时标明确定该准确度等级的二次输出容量，如0.5级、50V·A。

E　极性标志

为了保证测量及校验工作的接线正确，电压互感器一次及二次绕组的端子应标明极性标志。电压互感器一次绕组接线端子用大写字母 A、B、C、N 表示，二次绕组接线端子用小写字母 a、b、c、n 表示。

5.1.3.4　工作原理

电压互感器的工作原理、结构和接线方式与电力变压器相似，同样是由相互绝缘的一次、二次绕组绕在公共的闭合铁心上组成的，如图5-6所示。其主要区别是二者容量不同，且电压互感器是在接近空载的状态下工作的。

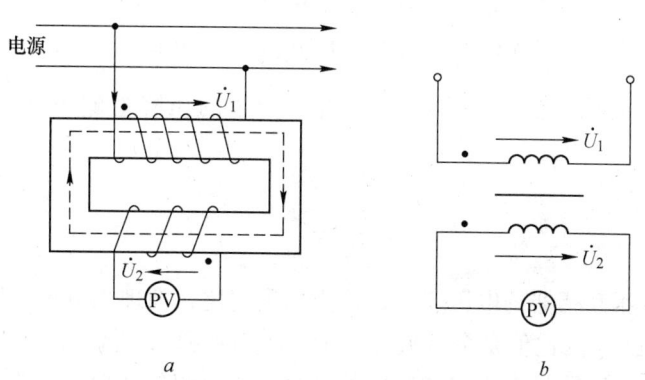

图5-6　电压互感器的原理结构图和接线图
a—原理结构图；*b*—接线图

电压互感器将高电压变为低电压供电给仪表，所以它的一次匝数 N_1 多，二次匝数 N_2 少。一次绕组与被测电压并联，二次绕组与各种测量仪表或继电器的电压线圈相并联。电压互感器的二次侧应装设熔断器，以保护自身不因二次绕组短路而损坏；在有可能的情况下，一次侧也应装设熔断器，以保护高压电网不因互感器一次绕组或引线故障危及一次系统安全。电压互感器在电气图中文字符号用 TV 表示。

当一次绕组加上电压 $\dot{U}_1$ 时，铁心内有交变主磁通 $\dot{\Phi}$ 通过，一、二次绕组分别有感应电动势 $\dot{E}_1$ 和 $\dot{E}_2$。将电压互感器二次绕组阻抗折算到一次侧后，可以得到如图 5-7 和图 5-8 所示的 T 形等值电路图和相量图。

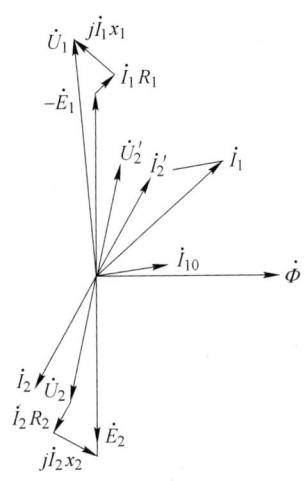

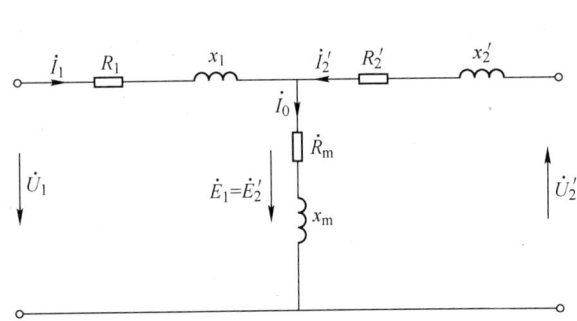

图 5-7　电压互感器 T 形等值电路图　　　　图 5-8　电压互感器相量图

从等值电路图中得到：

$$\dot{U}_1 = \dot{I}_1(R_1 + jX_1) - \dot{E}_1$$

$$\dot{U}_2' = \dot{E}_2' - \dot{I}_2'(R_2' + jX_2')$$

式中　R_1，X_1——分别为一次绕组的电阻和阻抗；

　　　R_2'，X_2'——分别为二次绕组折算到一次侧的电阻和阻抗。

若励磁电流和负载电流在一、二次绕组中产生的压降忽略不计，得到 $\dot{U}_1 = -\dot{E}_1$，$\dot{U}_2' = \dot{E}_2'$，则

$$K_U = \frac{U_1}{U_2} = \frac{E_1}{E_2} = \frac{N_1}{N_2} \tag{5-4}$$

这就是理想电压互感器的电压变比，称为额定变比，即理想电压互感器一次绕组电压 U_1 与二次绕组电压 U_2 的比值是个常数，等于一次绕组和二次绕组的匝数比。

实际上，电压互感器是有铁损和铜损的，绕组中有阻抗压降。从图 5-8 可看出，二次电压旋转 180° 以后（ $-\dot{U}_2'$ ）与一次电压 $\dot{U}_1$ 大小不等，且有相位差。也就是说，电压互感器存在着比差和角差。

比差用 f_U 表示：

$$f_U = \frac{U_2' - U_1}{U_1} \times 100\% = \frac{\frac{N_1}{N_2}U_2 - U_1}{U_1} \times 100\% = \frac{K_U - K_U'}{K_U'} \times 100\% \tag{5-5}$$

式中　U_1——实际一次电压有效值；

U_2——实际二次电压有效值；

K'_U——实际电压互感器变比，$K'_U = \dfrac{U_1}{U_2}$；

K_U——额定电压互感器变比，$K_U = \dfrac{U_{1e}}{U_{2e}} = \dfrac{N_1}{N_2}$。

相角差（简称角差）是指一次电压与旋转180°后二次电压相量间的相位差，用δ_U表示，单位为"′"（分）。当旋转后的二次电压超前于一次电压相量时，角差为正值；反之，角差为负值。

5.1.3.5 使用电压互感器应注意的问题

（1）按要求的相序进行接线，防止接错极性，否则将引起某一相电压升高$\sqrt{3}$倍。
（2）电压互感器二次侧应可靠接地，以保证人身及仪表的安全。
（3）电压互感器二次侧严禁短路。

5.2 互感器的运行操作

5.2.1 电流互感器的运行操作

5.2.1.1 允许运行方式

（1）允许运行容量。电流互感器应在铭牌规定的额定容量范围内运行。
（2）一次侧允许电流。电流互感器一次侧电流允许在不大于1.1倍额定电流下长期运行。
（3）绝缘电阻允许值。一次侧U_e在3kV及以上，绝缘电阻（2500V摇表）应不低于$1M\Omega/kV$；二次侧绝缘电阻（500~1000V摇表）应不低于$1M\Omega$，且一、二次侧绝缘电阻均不低于前次测量值的1/3。
（4）运行中电流互感器的二次侧不能开路。若工作需要断开二次回路（如拆除仪表）时，在断开前，应先将其二次侧端子用连接片可靠短接。
（5）二次绕组必须有一点接地。
（6）油浸式电流互感器的油位、油色应正常。
（7）电流互感器一二次侧都不能装设熔断器。
（8）电流互感器所带负载必须串联在二次回路中。

5.2.1.2 电流互感器的操作

A 在停电下的启停操作
（1）停用TA将纵向连接端子板取下，将标有进侧的端子横向短接。
（2）启用TA将横向短接端子板取下，用取下的端子板将TA纵向端子接通。
B 在运行中启停操作
（1）停用TA将标有进侧的端子，先用备用端子板横向短接，然后取下纵向端子板。
（2）启用TA先用备用端子板将纵向端子接通，然后取下横向端子板。

5.2.2　电压互感器的运行操作

5.2.2.1　允许运行方式

（1）允许运行容量。电压互感器运行容量不超过铭牌规定的额定容量可以长期运行。

（2）允许运行电压。电压互感器允许在不超过其 1.1 倍额定电压下长期运行。

（3）绝缘电阻允许值。TV 投入运行之前，测量其绝缘电阻应合格。一次侧 U_e 在 3kV 及以上，绝缘电阻（2500V 摇表）应不低于 $1M\Omega$ /kV；二次侧绝缘电阻（500 ~ 1000V 摇表）应不低于 $1M\Omega$，且一、二次侧绝缘电阻均不低于前次测量值的 1/3。

（4）运行中电压互感器的二次侧不能短路。

（5）二次绕组必须有一点接地。二次绕组必须有一点接地，且只能有一点接地。

（6）油位及吸湿剂应正常。油浸式 TV 正常运行油位应正常，呼吸器内的吸湿剂颜色应正常。

5.2.2.2　电压互感器的操作

A　投入运行操作

（1）TV 及其所属设备、回路上无检修等工作，工作票已收回。

（2）检查电压互感器及其附属回路、设备均正常，没有影响送电的异常情况。

（3）给上一、二次保险。

（4）合上电压互感器隔离开关。

（5）电压互感器投入运行后，应检查电压互感器及其附属回路、设备运行正常。

注意事项：若在投入运行过程中，发现异常情况，应立即停止投运操作，待查明原因并处理完毕后再投入运行。

B　退出运行

（1）先将接在 TV 回路上的退出运行后可能引起误动作的继电保护和自动装置停用。

（2）拉开 TV 高压侧隔离开关。

（3）取下高压侧保险。

（4）取下低压侧保险，防止低压侧电源反充至高压侧。

（5）根据需要采取相应的安全措施。

C　TV 二次侧切换

（1）TV 一次侧不在同一系统时，其二次侧严禁并列切换。

（2）低压侧熔丝熔断后，在没有查明原因前，即使 TV 在同一系统，也不得进行二次切换操作。

5.3　互感器的巡视检查及故障处理

5.3.1　电流互感器的巡视检查

5.3.1.1　投入运行前的检查

（1）检查绝缘电阻是否合格。

（2）检查二次回路有无开路现象。

（3）检查二次绕组接地线是否完好无损伤，接地是否牢固。

（4）检查外表是否清洁，瓷套管无破损、无裂纹，周围无杂物。

（5）检查充油式电流互感器的油位、油色是否正常，无渗、漏油现象。

（6）各连接螺栓应紧固。

5.3.1.2　运行时的巡视检查

（1）电流互感器二次应无开路现象。

（2）电流表的三相指示值应在允许范围内。

（3）检查瓷质部分应清洁，无破损、无裂纹、无放电痕迹。

（4）检查油位应正常，油色应透明、不发黑，无渗、漏油现象。

（5）检查 TA 应无异常声音和焦臭味。

（6）检查一次侧引线接头应牢固，压接螺丝应无松动、无过热现象。

（7）检查二次绕组接地线应良好，接地应牢固，无松动、无断裂现象。

（8）检查端子箱应清洁、不受潮、二次端子应接触良好，无开路、放电或打火现象。

5.3.2　电压互感器的巡视检查

5.3.2.1　投入运行前的检查

（1）送电前，工作票终结，测量其绝缘电阻是否合格。

（2）大修后的 TV（含二次回路更动）或新装 TV 投入运行前应定相。

（3）检查一次侧中性点接地和二次绕组一点接地是否良好。

（4）检查一、二次侧熔断器，二次侧快速空气开关是否完好和接触正常。

（5）检查外观是否清洁，绝缘子有无破损、裂纹，周围有无杂物；充油式电压互感器的油位、油色是否正常，有无渗、漏油现象；各接触部分连接是否良好。

5.3.2.2　运行时的巡视检查

（1）检查电压表指示是否正常。

（2）检查绝缘子、油位、呼吸器是否正常。

（3）检查内部声音是否正常，有无放电及剧烈电磁振动声，有无焦臭味。

（4）检查密封装置是否良好，各部位螺丝是否牢固、无松动。

（5）检查一次侧引线接头连接是否良好，有无松动、过热；高低压熔断器限流电阻及断线保护用电容器是否完好；二次回路的电缆及导线有无腐蚀和损伤，二次接线有无短路现象。

（6）检查 TV 一次侧中性点接地及二次绕组接地是否良好。

（7）检查端子箱是否清洁，未受潮。

复习思考题

1. 电流互感器主要作用。
2. 电流互感器的工作原理。
3. 电流互感器的接线方式。
4. 电压互感器主要作用。
5. 电压互感器的工作原理。
6. 电压互感器操作的要求。
7. 电压互感器故障处理。

6 高压隔离开关

隔离开关，又称隔离刀闸（简称刀闸），是高压开关的一种。隔离开关没有专门的灭弧装置，不能用来切断负荷电流和短路电流，但分闸后有明显的断开点。使用时应与断路器配合，只有断路器断开后才能进行操作。

6.1 高压隔离开关的用途和结构

6.1.1 高压隔离开关的用途

6.1.1.1 隔离电源

在合闸状态能可靠地通过正常工作电流和规定短时间内的异常（故障）电流，而在分闸状态时触头间有符合规定要求的绝缘距离和明显的断开点，使负荷侧电力设备与电源安全隔离，保证高压设备检修工作的安全。

6.1.1.2 分、合无阻抗的并联支路

将双母线上接于一组母线上的设备倒换到另一组母线上去；当断路器合闸位置时，分、合与其并列的旁路刀闸。

6.1.1.3 接通或断开小电流电路

分、合电压互感器和避雷器；分、合母线和直接与母线相连设备的电容电流、励磁电流不超过2A的空载变压器、电容电流不超过5A的空载线路等，因为这些情况下电流很小，触头上不会产生很大的电弧。

6.1.2 高压隔离开关的技术参数、分类和型号

6.1.2.1 主要技术参数

（1）额定电压（kV）。是指隔离开关最高工作电压是线电压，也表示其承受绝缘支撑强度。

（2）额定电流（A）。是指隔离开关在40℃时最大工作承载电流。

（3）额定短路时耐受电流（热稳定）（kA/s）。是指隔离开关触头在流过短路电流，而所在3~4s内所抗拒短路这一电流造成的热熔焊而不损坏的能力。

（4）额定峰值耐受电流（动稳定）（kA）。是指隔离开关在承受短路时，短路电流所造成的斥动力而不发生损坏的能力。

（5）回路接触电阻（μΩ）。是指隔离开关导电回路中各电接触形式下的导电性能，是检验及设计、制造工艺装配的技术能力。

6.1.2.2　按不同的分类方法分类

（1）按装设地点的不同，可分为户内式和户外式两种。

（2）按绝缘支柱数目，可分为单柱式、双柱式和三柱式三种。

（3）按动触头运动方式，可分为水平旋转式、垂直旋转式、摆动式和插入式等。

（4）按有无接地闸刀，可分为无接地闸刀、一侧有接地闸刀、两侧有接地闸刀三种。

（5）按操动机构的不同，可分为手动式、电动式、气动式和液压式等。

（6）按极数，可分为单极、双极、三极三种，以及按安装方式分为平装式和套管式等。

6.1.2.3　高压隔离开关型号

高压隔离开关型号表示如下：

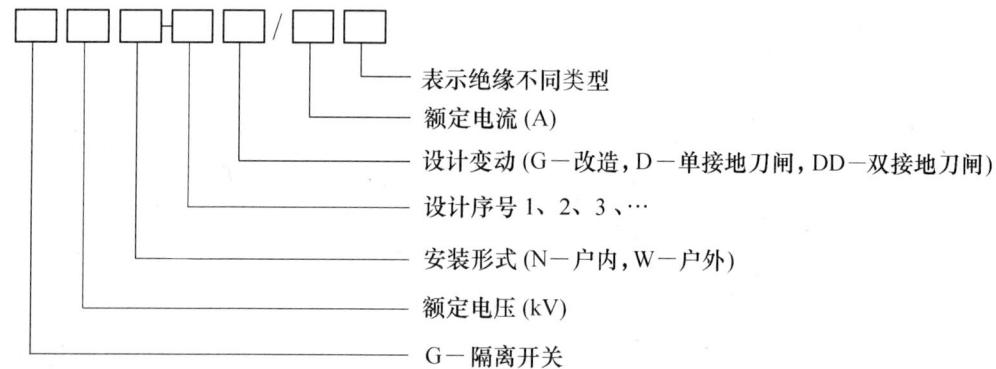

表示绝缘不同类型
额定电流（A）
设计变动（G—改造，D—单接地刀闸，DD—双接地刀闸）
设计序号 1、2、3、…
安装形式（N—户内，W—户外）
额定电压（kV）
G—隔离开关

6.1.3　高压隔离开关的结构

尽管隔离开关种类繁多，但相对于变压器、断路器等电气设备来说，其结构较简单，都是由导电元件、支撑元件、传动元件、基座及操动机构五个基本部分组成。

6.1.3.1　户内隔离开关的结构

户内隔离开关有单极、三极的，且都是闸刀式，其可动闸刀多为线接触。

A　GN6 型隔离开关

GN6-10T/600 型三极隔离开关的外形如图 6-1 所示。它的动触头是每相有两条铜制的闸刀，用弹簧紧夹在静触头两边，并形成线接触，以增加接触压力，提高动稳定性。

B　GN8 系列隔离开关

其结构如图 6-2 所示。它在结构上与 GN6 系列基本相同，只是将绝缘瓷瓶改为绝缘套管。所以安装时很方便，可以水平、垂直或倾斜安装。根据不同情况，隔离开关与手动操作机构的相对位置可分四种不同的安装方式，具体可根据需要选用。

6.1.3.2　户外隔离开关的结构

A　双柱式户外隔离开关

如图 6-3 所示，每相有两组绝缘子，操作时两组绝缘子水平移动，使刀闸合上或打

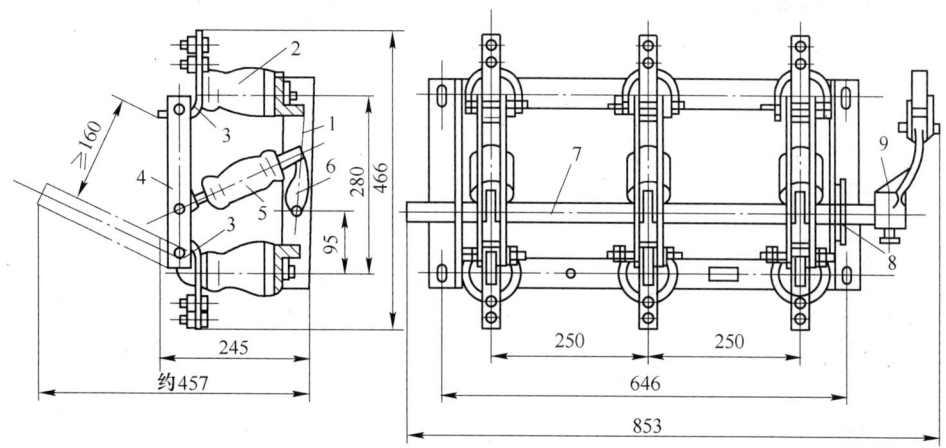

图 6-1　GN6-10T/600 型三极隔离开关的外形

1—底架；2—支持绝缘子；3—触头；4—触刀（动触头）；5—拉杆绝缘子；

6—杠杆（拐臂）；7—主轴；8—限位板；9—拐臂

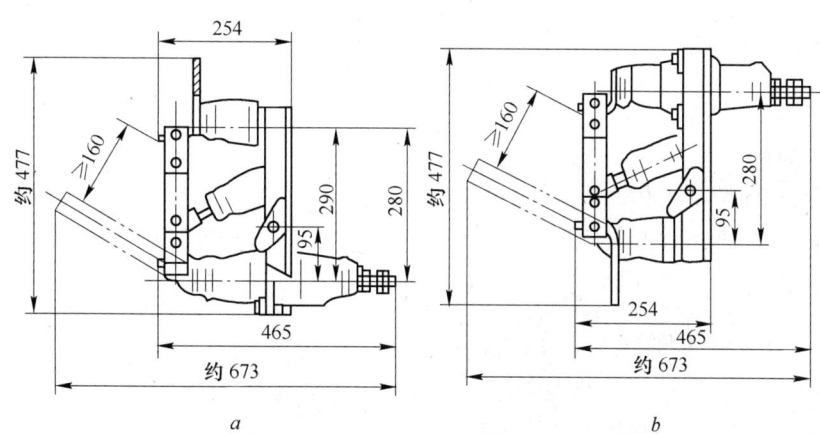

a
b

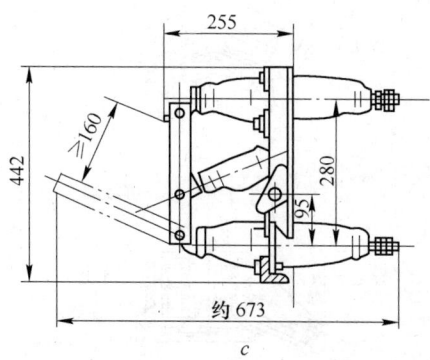

c

图 6-2　GN8 系列隔离开关结构

a—GN8-10T/100 Ⅰ型；b—GN8-10T/1000 Ⅱ型；c—GN8-10T/1000 Ⅲ型

开。其优点是结构简单、体积小。其缺点是当开关分闸时，由于刀闸移动，带电导体相间距离缩小。

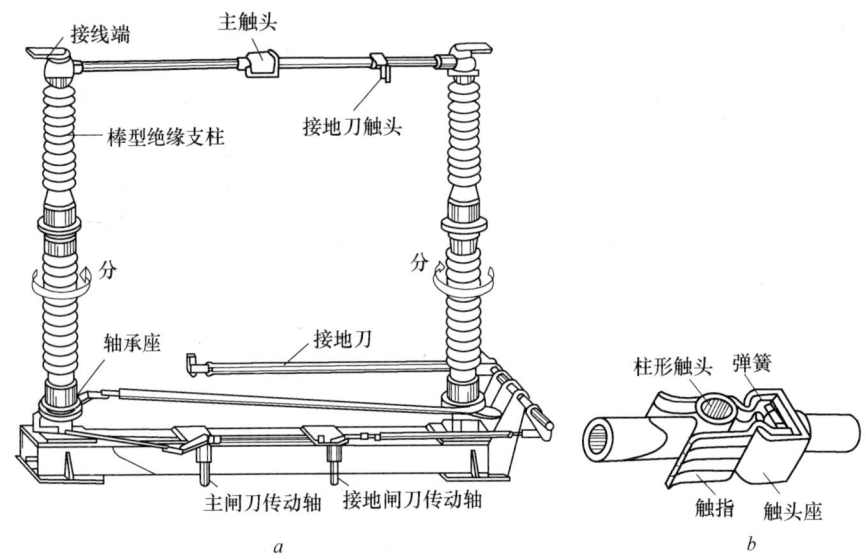

图 6-3　GW4 双柱式户外隔离开关结构

a—相本体结构；b—触头结构

B　V 形隔离开关

其结构与双柱型基本相同。GW5-110D 隔离开关见图 6-4。它与双柱式相比，其底座尺寸更小，可节约钢材，并使配电装置中的水泥支架和基础尺寸也相应缩小。

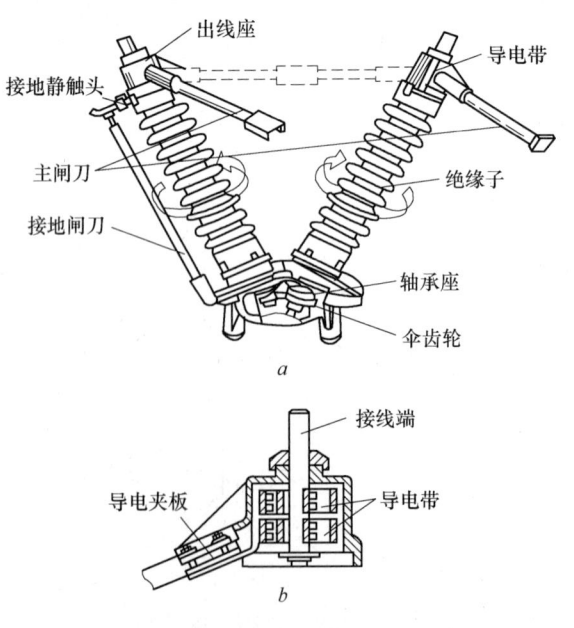

图 6-4　GW5-110D 型隔离开关外形图

a—本体结构；b—活动出线座的结构

C GW17 型隔离开关

该开关如图 6-5 所示。

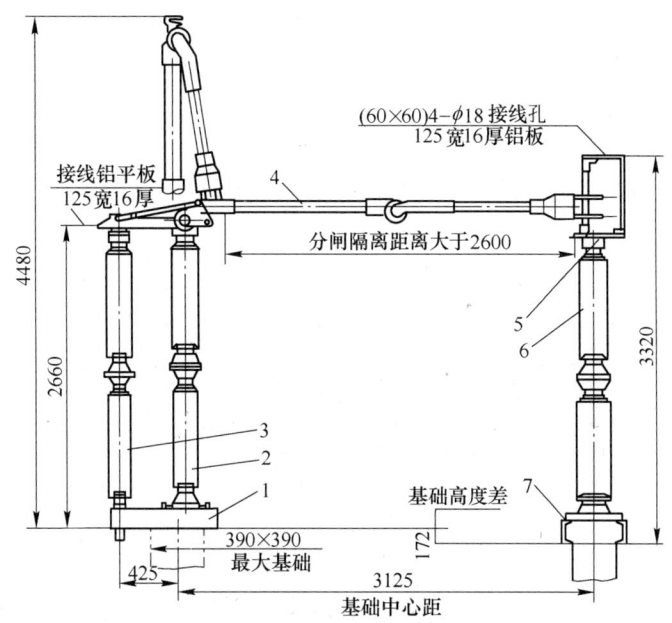

图 6-5 GW17 系列户外隔离开关外形图

1—接线端；2—主触头；3—接地刀触头；4—接地闸刀；5—接地闸刀传动轴；

6—主闸刀传动轴；7—轴承座

D GW16 型隔离开关

该开关如图 6-6 和图 6-7 所示。

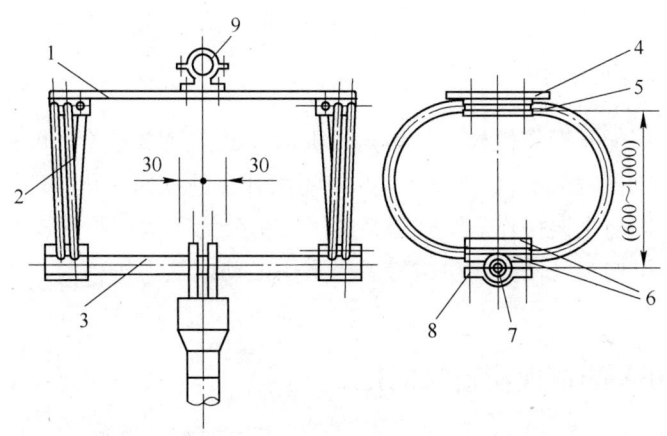

图 6-6 GW16-220 型隔离开关静触头

1—导电板；2—钢芯铝绞线；3—静触头杆；4—上夹板；5—下夹板；

6，8—夹块；7—铜铝过渡套；9—母线夹装配

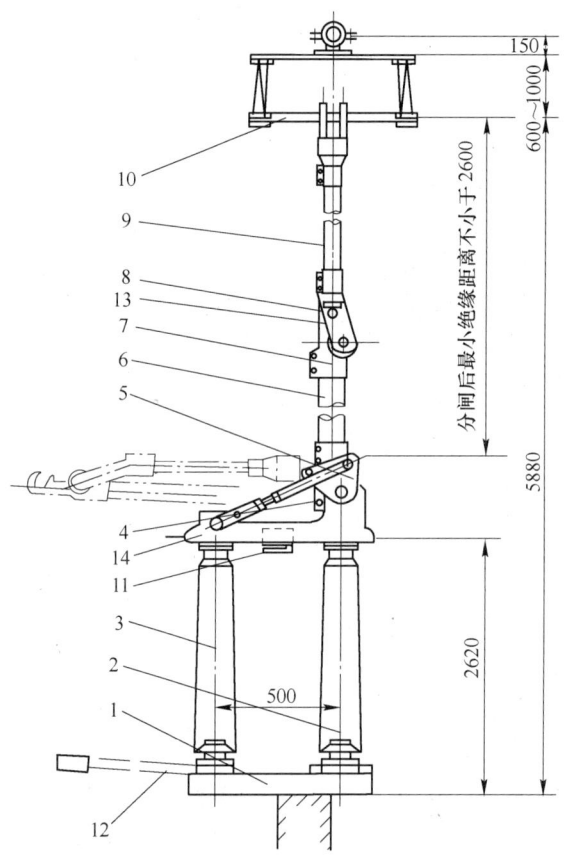

图 6-7　GW16-220 型隔离开关主闸刀

1—组合底座装配；2—支持瓷套；3—旋转瓷套；4—圆柱销；5—接线底座装配；6—下导电杆装配；
7—中间触头装配；8—滚子；9—上导电杆装配；10—静触头装配；11—接地静触头装配；
12—接地刀杆装配；13—波纹管；14—橡皮垫

6.1.4　隔离开关的操作机构

隔离开关一般都配有操作机构。采用操作机构来操作隔离开关，可提高工作的安全性（因操作手柄与隔离开关相隔一定距离），并使隔离开关的操作简化，还可实现其操作机构与断路器的闭锁，以防止误操作。隔离开关操作机构分为手动杠杆操作机构、手动蜗轮操作机构、电动操作机构和气动操作机构等。当采用电动或气动机构时，可实现远距离控制和自动控制。

6.2　高压隔离开关的巡视检查及运行

6.2.1　高压隔离开关的巡视检查

（1）触头接触应良好，无过热、变色及移位等异常现象；动触头的偏斜应不大于规定值；接点压接应良好，应无过热现象。

（2）瓷绝缘应无破损、裂纹和放电痕迹。

（3）连杆应无弯曲、连接无松动、无锈蚀，开口销应齐全；轴销应无变位脱落、无锈蚀、润滑良好；金属部件无锈蚀。

（4）高压隔离开关与断路器及接地刀闸之间的闭锁装置应完好，辅助触点位置应正确且接触良好。

（5）法兰连接应无裂痕，连接螺丝应无松动、锈蚀、变形。

（6）接地刀闸位置应正确，弹簧无断股、闭锁应良好，接地引下线应完整，可靠接地。

（7）操动机构密封应良好，无受潮。

6.2.2 高压隔离开关的运行

6.2.2.1 隔离开关运行的基本要求

（1）隔离开关应具有明显的断开点。

（2）隔离开关断开点之间应有可靠绝缘，即要求隔离开关断开点之间应有足够的距离，以保证在恶劣的气候条件下也能可靠工作，并在过电压及相间闪络的情况下，不致从断开点击穿而危及人身安全。

（3）隔离开关在运行中，会受到短路电流的热效应和电动力的作用，故它应具有足够的热稳定性和动稳定性，尤其不能因电动力的作用而自动断开，否则将引起严重事故。

（4）隔离开关的结构应尽可能简单，动作要可靠。

（5）带有接地刀闸的隔离开关必须有联锁机构，以保证先断开隔离开关后，再合上接地刀闸，先断开接地刀闸后，再合上隔离开关的操作顺序。

6.2.2.2 隔离开关操作中的注意事项

（1）操作前应检查断路器、相应接地刀闸确已拉开并分闸到位，相应的接地线已拆除。

（2）电动操作机构操作电压应为额定电压的85%～110%。

（3）手动合隔离开关应迅速、果断，但合闸终了时不可用力过猛。合闸后应检查动、静触头是否合闸到位，接触良好。

（4）手动分隔离开关，开始应慢而谨慎；当动触头刚离开静触头时，应迅速。

（5）隔离开关在操作过程中，如有卡涩、动触头不能插入静触头、合闸不到位等现象时，应停止操作，待缺陷消除后再继续进行。

（6）在操作过程中要特别注意，如瓷瓶有断裂危险时，迅速撤离现场，防止发生人身事故。

（7）对GW6、GW16型等隔离开关，合闸操作完毕后，应仔细检查操动机构上、下拐臂是否均已越过死点位置。

6.2.2.3 隔离开关的允许操作范围

（1）拉、合无故障的电压互感器和避雷器。

（2）拉、合无故障的母线和直接连接在母线上设备的电容电流。

（3）在系统无接地故障的情况下，拉、合变压器中性点的接地刀闸。

（4）断路器在合闸位置，接通或断开断路器的旁路电流。

（5）拉开或合上10km以内的35kV空载线路和10km以内空载电缆线路。

（6）拉开或合上35kV、1000kV·A及以下，10kV、320kV·A空载变压器。

（7）拉开或合上10kV及以下，70A以下的环路均衡电流。

复习思考题

1. 隔离开关的主要作用。
2. 常用隔离开关的类型。
3. 隔离开关的允许操作范围。
4. 隔离开关的常见故障有哪些？

7 SF$_6$ 全封闭组合电器配电装置 GIS 系统

7.1 GIS 结构原理

SF$_6$ 全封闭组合电器配电装置的英文全称是 Gas Iusulated Sub Station，可缩写为 GIS。现在习惯将 SF$_6$ 全封闭组合电器配电装置俗称为 GIS。与常规的装置一样，它是由断路器、隔离开关、快速或慢速接地开关、电流互感器、电压互感器、避雷器、母线及这些元件的封闭外壳、伸缩节和出线套管等组成。也就是将上述间隔的配电装置设备通过封闭式组合，加装在一个充满一定压力的 SF$_6$ 气体的仓内，其间电气绝缘可以依靠间隔内 SF$_6$ 气体保证。SF$_6$ 气体同时也起灭弧介质的作用。

GIS 设备由于具有比常规设备优越的特点，所以目前发展迅速，自 20 世纪 80 年代开始，国产大型 GIS 设备也投入电网系统运行。其主要优点是：

（1）占地面积少。设备所占用的土地只有常规设备的 15% ~ 35%，电压等级越高，这一优点就越突出。

（2）GIS 设备不受环境影响。GIS 设备是全密封式的，导电部分全部在外壳之内，并充以 SF$_6$ 气体包围着，与外界不接触，因此不受环境的影响。

（3）运行安全可靠、维护工作量少、检修周期长。GIS 设备加工精密、选材优良、工艺严格、技术先进。绝缘介质使用 SF$_6$ 气体，其绝缘性能、灭弧性能都优于空气。断路器的开断能力高，触头烧伤轻微，故此 GIS 设备的维修周期长、故障率低。又由于 GIS 设备所有元件都组合为一个整体，其抗振性能好。SF$_6$ 气体本身不燃烧，故其防火性能好。所以 GIS 设备运行安全可靠，维护运行费用少。

（4）施工工期短。GIS 设备各个元件的通用性强，采用积木式结构，尽量在制造厂组装在一个运输单元。电压较低的 GIS 可以整个间隔组成一个运输单元，运到施工现场就位固定。电压高的 GIS 设备由于运输件很大，不可能整个间隔运输，但可以分成若干个运输单元。与常规式设备相比，现场的安装工作量减少 80% 左右。因此 GIS 设备安装迅速，施工费用少。

（5）GIS 设备没有无线电干扰和噪声干扰。GIS 设备的导电部分被外壳所屏蔽，外壳接地良好，因此其导电体所产生的辐射、电场干扰等都被屏蔽了，噪声来自断路器的开断过程，它也被屏蔽了，故此 GIS 设备不会对通信、无线电有干扰。

由于 GIS 设备很贵，有些建设单位在建设变电站时，考虑三种组合方式。第一种是 500kV 配电装置和 200kV 配电装置都采用 GIS 设备；第二种是全部采用常规设备；第三种是 500kV 配电装置用 GIS 设备，220kV 配电装置采用常规设备。

7.1.1 GIS 基本结构和原理

GIS 设备由断路器、互感器等七种元件组合而成，装在一个充有 SF$_6$ 气体的密闭的金属壳里，金属外壳接地。

GIS 设备的所有带电部分都被金属外壳包围，它用铝合金、不锈钢无磁铸钢的材料做成。外壳用铜母线接地，内补充有一定压力的 SF_6 气体，母线多由铝合金管制成，母线两端插入到触头座里，母线可以做成三相共筒的，也可以做成单相的。前者多半用于 110kV 以下的 GIS 设备，后者多用于 220kV 以上的设备。母线的表面要求光洁度高，没有毛刺和凹凸不平之处，它由环氧树脂浇注的盆形绝缘子或母线绝缘子支撑着。隔离开关，切断主电路用。有手动或电动操动机构的接地隔离开关，可装于断口的一侧或两侧。快速接地隔离开关，具有闭合短路电流的能力。当母线筒里的导体对外壳短路时，要迅速将此短路引起的电弧灭掉，否则将引起 GIS 外壳发生爆炸，为此，可用快速接地隔离开关迅速直接接地，使得断路器的保护装置迅速动作，切断故障电流，使其电弧熄灭。断路器在开断时产生电弧，断路器内部的 SF_6 气体能很快熄弧。与此同时也分解一些低氟化物，对人体健康有害，但它被断路器里的吸附剂所吸收。吸附剂放在断路器的过滤箱中。测量主回路电流的电流互感器，铁心做成环形，二次绕组绕在铁心上，用环氧树脂浇灌在一起，作为 GIS 设备外壳的一部分，其一次绕组就是母线管。测量主电路电压值的电压互感器充 SF_6 气体的绝缘瓷套管，瓷套管里充有 SF_6 气体，内部用盆形绝缘子分离成两部分，与导体相连接的是高压 SF_6 气体，另一侧则是低压 SF_6 气体。环氧树脂盆形绝缘子，它有两个作用，一个是支持导电元件，另一个则是将 GIS 设备内部分隔成若干个气室，互不相通。万一发生故障，可以抽出故障气室里的 SF_6 气体，解体维修，而不影响其他气室的正常运行。因此盆形绝缘子可以做成全密封式和有孔洞的两种，后者只能支持导电体而不能隔离 SF_6 气体。此外，在 GIS 设备的每个气室里，都装有测量压力的压力表，测量气室是否漏气的密度计，防止气体压力过高的防爆膜以及进行充气和排气的气嘴。GIS 设备可以安装在钢支架上面，也可以直接装在地面。在 GIS 设备的附近装有控制柜，可以就地操作，也可以在控制室里操作。

GIS 设备有户外式和户内式两种，户外式的 GIS 设备只要在户内式的基础上加设防雨、防尘的装置就变成户外式了，其他结构都相同。

GIS 一般可分为单相单筒式和三相共筒式两种形式。220kV 电压等级通常采用单相单筒式结构，每一间隔（GIS 配电装置也是将一个具有完整的供电、送电或具有其他功能的一组元器件称为一个间隔）根据其功能由若干元件组成，同时 GIS 的金属外壳往往分隔成若干个密封隔室，称为气隔，每个气隔（Ⅰ、Ⅱ、Ⅲ、Ⅳ）内充满 SF_6 气体。

这样组合后的结构，具有三大优点：其一，如需扩大配电装置或拆换其一气隔时，整个配电装置无须排气，其他间隔可继续保持 SF_6 气压。其二，若发生 SF_6 气体泄漏，只有故障气隔受影响，而且泄漏很容易查出，因为每一气隔均装有压力表或温度补偿压力开关。其三，如每一气隔内部出现故障，不会涉及相邻气隔设备。GIS 外壳内以盘式绝缘子作为绝缘隔板与相邻气隔隔绝，在某些气隔内，盘式绝缘子装有通阀，既可沟通相邻隔室，又可隔离两个气隔，隔室的划分视其配电装置的布置和建筑物而定。图 7-1 为 220kV 的 GIS 间隔的总体组成示意图。

7.1.1.1　断路器

有单压式和双压式两种。目前广泛使用的是单压式断路器。单压式断路器结构简单，使用内部压力一般为 0.5 ~ 0.7MPa，它的行程，特别是预压缩行程较大，因而分闸时间和金属短接时间均较长。为缩短分闸时间，将尽量加快操作机构的运行速度，加大操作功。

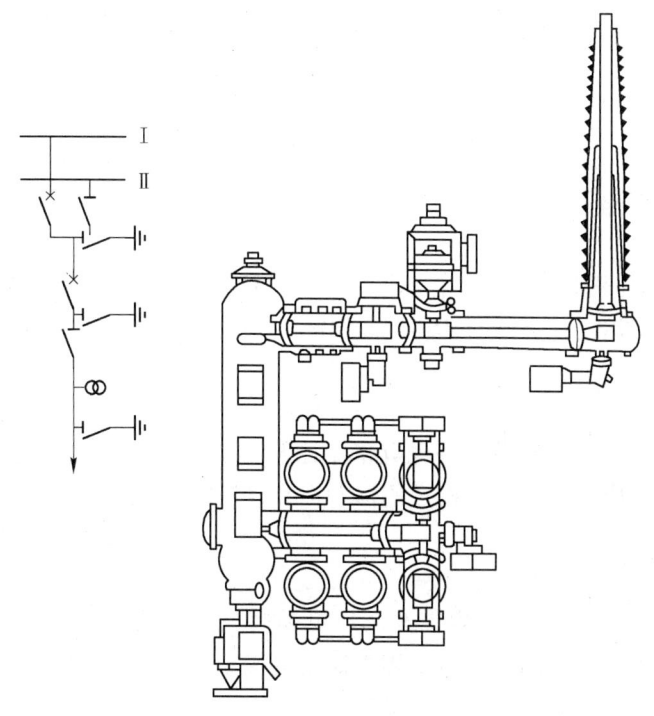

图 7-1　GIS 间隔的总体组成示意图

法国杰克·阿尔斯通公司生产的 220kV 的 GIS 断路器的额定操作油压为 350～370MPa。

单压式断路器的断口既可以垂直布置，也可以水平布置。水平布置的特点是两侧出线孔需支持在其他元件上，检修时，灭弧室由端盖方向抽出，因此没有起吊灭弧室的高度要求，但侧向则要求有一定的宽度。

断口垂直布置的断路器，出线孔布置在两侧，操动机构一般作为断路器的支座，检修时灭弧室垂直向上吊出，配电室高度要求较高，但侧面距离一般比断面水平布置的断路器为小。

7.1.1.2　隔离开关与接地（快速）开关

在一般情况下，隔离开关和接地开关组合成一个元件，接地开关很少单独组成一个元件。隔离开关在结构上可以分为直动式和转动式两种。转动式可布置在 90°转角处和直线回路中，由于动触头通过涡轮传动，结构复杂，但检修方便。直动式只能布置在 90°转角处，结构简单，检修方便，且分合速度容易达到较大值。接地开关一般为直动式结构。

7.1.1.3　电流互感器

GIS 中的电流互感器可以单独组成一个元件或套管、电缆头联合组成一个元件，单独的电流互感器放在一个直径较大的筒内（或者放在母线筒外面），电流互感器可以根据需要放置 4～6 个单独的环形铁心，并可根据需要选择不同的电压比。

7.1.1.4　电压互感器

220kV 以下电压等级一般采用环氧浇注的电磁式电压互感器，500kV 及以上电压等级普遍采用电容式电压互感器。

7.1.1.5　母线

有两种结构形式，一种是三相母线封闭于一个筒内，导电杆采用条形（盆形）支撑固定，它的优点是外壳涡流损失小，相应载流量大。但三相布置在一个筒内，不仅电动力大，而且存在三相短路的可能性。220kV 以上三相母线因直径过大难以分隔气隔，回收 SF_6 气体工作量很大。

单相母线筒是每相母线封闭于一个筒内，它的主要优点是杜绝三相短路的可能性，圆筒直径较同级电压的三相母线小，但存在着占地面积较大、加工量大和温度损耗大等缺点。

7.1.1.6　避雷器

目前，广泛采用氧化锌避雷器，也有采用磁吹避雷器的，氧化锌与磁吹避雷器相比，具有残压低，尺寸及质量小，具有稳定的保护性和良好的伏秒特性等优点。

7.1.1.7　过渡元件

SF_6 电缆头是 SF_6 全封闭组合电器和高压电缆出线的连接部分，为避免 SF_6 气体进入油中，目前采用加强过渡处的密封或采用中油压电缆。

7.1.1.8　SF_6 充气套管

它是 SF_6 全封闭组合电器和架空线连接部分，套管内充有 SF_6 气体，SF_6 气油套管是 SF_6 全封闭组合电器直接与油浸变压器连接部分，为了防止组合电器上的环流扩大到变压器上，以及防止变压器的振动传至全封闭组合电器上，在 SF_6 气油套管上有绝缘垫和收缩节。

7.1.2　GIS 配电装置的主要元件和布线方式

断路器的布置方式有两种：一种是立式的，一种是卧式的，根据 GIS 的电压而定。一般在 220kV 以下的用立式断路器，220kV 以上的用卧式断路器，两种布置虽不同，单断路器的结构是一样的。

GIS 设备的电场是不均匀的，两级要做同轴圆柱体。为此 GIS 隔离开关不能和常规式隔离开关一样，做成刀闸式，而要做成动、静触头都是圆柱体，能互相插入式的结构。

GIS 隔离开关根据用途不同分为三种形式：一种是只切断主回路，使电的主回路有一断开点；第二种使接地隔离开关，将主回路通过这种隔离开关直接接地，也就是直接接在母线管的外壳；第三种使快速接地隔离开关。前两种隔离开关不能切断主电流，只能切断电容电流和电感电流。而快速接地隔离开关能合上接地短路电流。它可以在很短的时间里将外壳烧穿，或者发生母线管爆炸。为了能及时切断电弧电源，人为地使用电路直接接地，通过继电保护装置使断路器跳闸，从而切断故障电流，保护设备不致损伤过大。快速接地隔离开关通常都是安装在进线侧。

GIS 设备由各个元件组合而成，若全部都是刚性连接，则元件将受到破坏。因为各个元件的材料不同，由于其膨胀系数不一样，各个元件的伸长和缩短不一样，当温度变化时，元件的温度应力就不相同，当应力超过某一容许值时，GIS 的元件就要受到损伤。例如母线管的法兰和胶垫之间就会发生缝隙，引起 GIS 设备漏气。应力大时，将引起支持点发生位移。因此 GIS 设备连接时要用一部分软连接，以补偿温度的变化。因此在母线管中间安装几处温度补偿装置，这种装置叫作母线膨胀补偿器。

另外，在 GIS 设备安装过程中，必然会有误差，必须用母线膨胀器进行调整，在运行期间，温度相差太大时也要用母线膨胀器来调整，因此母线膨胀器是 GIS 设备中不可缺少的元件。

GIS 设备气室的分布如图 7-2 和图 7-3 所示。

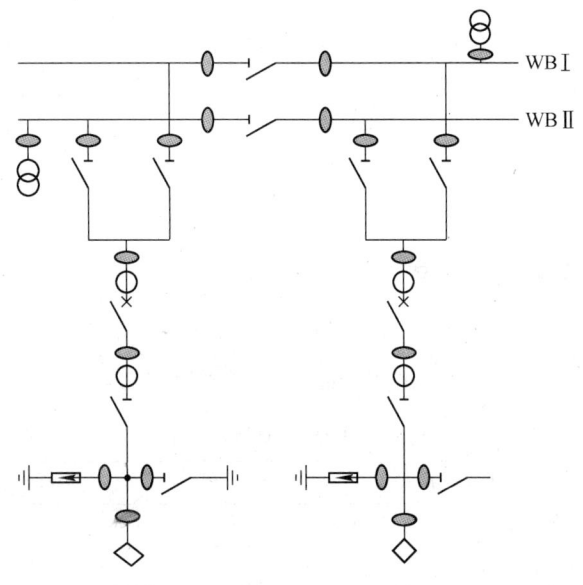

图 7-2　GIS 设备气室的分布（一）

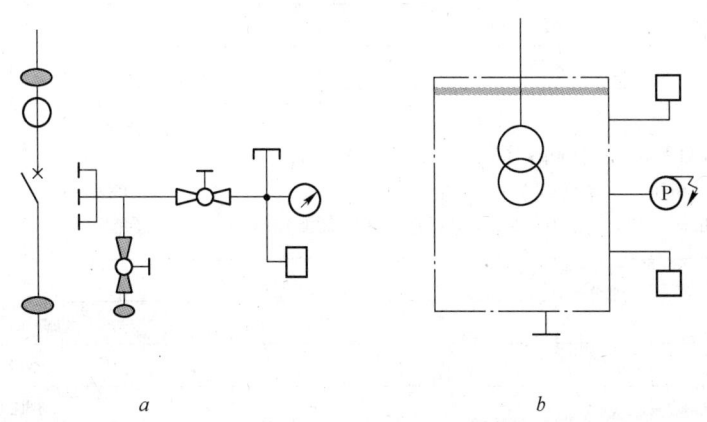

a　　　　　　　　　　　　　　　*b*

图 7-3　GIS 设备气室的分布（二）

GIS 设备应根据各个元件的作用，分成若干个气室，其原则如下：

（1）因 SF₆ 气体的压力不同，要分成若干个气室。断路器在开端电流时，要求电弧迅速熄灭，因此要求 SF₆ 气体压力要高，而如隔离开关切断的仅仅是电容电流，所以母线管里的压力要低些。例如断路器室的 SF₆ 气体压力为 700kPa，而母线管里的 SF₆ 气压只要 540kPa。故此不同的设备所需的 SF₆ 气体压力不同，要分成若干个气室。

（2）因绝缘介质不同要分成若干个气室。如 GIS 设备必须与架空线、电缆、主变压器相连接，而不同的元件所使用的绝缘介质不同，例如电缆终端的电缆头要用电缆油，与 GIS 母线连接的要用 SF_6 气体，要把电缆油和 SF_6 气体分隔开，所以要分成多个气室。变压器套管也是如此。

（3）GIS 设备检修时，要分成若干个气室。由于所有的元件都要和母线连接起来，母线管里要充以 SF_6 气体。但当某一元件发生故障时，要将该元件的 SF_6 气体抽出来才能进行检修。若母线管里不分成若干个气室，一旦某一元件发生故障，连接在母线管里的所有元件都要停电，扩大了故障范围。因此必须将母线管中不同性能的元件分成若干个气室，当某一元件发生故障时，只停下故障元件，并将其气室的 SF_6 抽出来。非故障元件继续正常运行。

GIS 设备气室的测量仪表配置，监视 SF_6 气体是否泄漏，一些厂家用压力表，另一些厂家用密度计。

7.1.3　GIS 的技术性能和运行规定

GIS 的主要技术性能（表 7-1）因生产厂家不同而各异，这里仅介绍 220kV 的 GIS 配电装置的性能（系阿尔斯通公司提供的产品）作简要说明。

表 7-1　GIS 主要技术性能

序　号	技　术　条　件	220kV GIS	
1	额定电压（有效值）/kV	220	
2	最大运行电压（有效值）/kV	252	
3	额定持续电流/A	1250	
4	额定动稳定耐受电流（峰值）/kA	80	
5	3s 热稳定耐受电流（有效值）/kA	31.5	
6	额定绝缘水平 雷电冲击耐受电压 1.2/50μs 峰值/kV 工频 1min 耐压（有效值）/kV 工频 5min 耐压 SF_6 气压为零毫帕（相对值）（环境 20℃）/kV	线对地 950 395 190	断口间 1156 530 190
7	温升 主回路 外壳	不超过 IEC 标准 <40	
8	局部放电/kV	>160.6	

GIS 设备的技术条件见表 7-2。

表 7-2　GIS 设备的技术条件

序　号	内　容	电压（220kV）
一	断路器	三相户内单相压 SF_6 吹气式每相一断口
1	形　式	三相户内单相压 SF_6 吹气式每相一断口
2	型　号	FB1T

序　号	内　容	电压（220kV）
3	额定开断电流（有效值）/kA	31.5
4	额定短路闭合电流（峰值）/kA	80
5	额定合闸时间/ms	<100
6	固有分闸时间/ms	<30
7	额定开断时间/ms	<50
8	合分时间（重合闸于金属短路再分闸）/ms	<60
9	操作循环最大不同期性	相间
	合闸循环/ms	5
	分闸循环/ms	3
10	自动重合闸无电流间隙时间/s	0.3 及以上可调
11	额定操作循环	$0 \sim 0.3 \sim co \sim 180s \sim co$
12	开断能力	按 IEC 标准，并提供形式试验报告
13	近区故障试验	按 IEC 标准，提供形式试验报告
14	反相开断能力	按 IEC 标准，提供形式试验报告
15	并联电流及发展性故障开断能力	有此能力，并提供正式计算稿
16	额定充电线路开断能力	充电电压：189kV，充电电流165A；操作循环：10 次； 过电压：$\sqrt{2}/3 \times 252 \times 2.5$
17	分合空载变压器的能力	激磁电流 0.5 ～ 30A；过电压 $2.5 \times \sqrt{2}/3 \times 252V$； 操作循环：10 次
18	单相开断能力/kA	$1.1 \times 252/1.732kV$ 下开断 35kA
19	灭弧室寿命/kA	累计开断电流 4000
20	机械稳定性操作次数/次	>3000
二	隔离开关	电压（220kV）
1	型　号	SFT105
2	形　式	分相单掷无负荷操作 SF₆ 气体绝缘型
3	3s 热稳定耐受电流（有效值）/kA	31.5
4	额定动稳定耐受电流（峰值）/kA	80
5	开断小电流能力	分合电容电流 1A，分合电感电流 0.1A
6	切环流	50V 恢复电压下，为 1250A
7	触头分合动作时间/s	15
8	机械稳定性操作/次	>3000
9	操动机构	单相电动驱动，控制回路 110V，2A，电动机电源 380V，850W

　　除上述设备外，与之配套的快（慢）速接地开关电流互感器、电压互感器、避雷器、环氧树脂绝缘子、母线封闭外壳、SF₆ 气油套管、SF₆ 空气套管及各种操动机构等设备的技术条件，可参阅产品生产厂家提供的有关技术资料。

7.2　GIS 电气设备运行与维护规定

GIS 配电装置与常规配电装置在运行和维护方面有很大不同，常规配电装置运行维护中必须经常检查监视的重点，如检查导电部分的接触、发热、放电、电晕、断股、绝缘子闪络、击穿、漏电等，GIS 都不存在或无法观察、监视。

7.2.1　GIS 中气体密度的监测

在 GIS 中，SF_6 的绝缘强度及灭弧能力均取决于 SF_6 的密度，若 SF_6 气体密度降低，则 GIS 的耐压强度降低，不能承受容许过电压，断路器的开断容量下降，达不到铭牌参数，大量的泄漏气会使水分进入 GIS 本体中，气体中的微水含量将大幅上升，从而导致耐压强度进一步下降和有害副产物的增加。目前，国内外 GIS 的年漏气率一般为小于 1%。运行中 SF_6 的密度监测至关重要，常用的监测方法有：

（1）压力表监测：GIS 各气隔一般均装有压力表，在运行中可以直接地监视气体的压力的变化，法国阿尔斯通公司的 GIS 不装压力表，可减少漏气点，运行中定期监测气隔压力、平时压力是否异常，由密度继电器发信号。

（2）密度继电器监视：当气体泄漏时，先发出补气信号，如不及时地对气隔进行补气，继续泄漏，则进一步对断路器进行分闸闭锁，并发闭锁信号。

7.2.2　GIS 的检漏

7.2.2.1　定期检漏

定期检漏只作为判断 GIS 泄漏率相对程度，而不测量其具体泄漏率。定期检漏的方法有：

（1）抽真空检漏。这种方法主要是用于 GIS 安装或解体大修后配合抽真空干燥设备时进行。先将 GIS 抽真空至 132MPa，维持 30min，然后停泵，30min 后读取真空度 A，在静置 5h 读取真空度 B，如果 $B - A < 132Pa$，初步认定密封性能良好。

（2）用肥皂泡检漏。这是一种简单的定性检漏方法，能较准确地发现漏气点。

（3）检漏仪检漏。运行中 GIS 可直接用检漏仪对怀疑漏气的部位进行检漏。

7.2.2.2　定量检漏

定量检漏就是测定 GIS 的泄漏率，一般采取相应措施。其方法有：

（1）挂瓶法检漏。用软胶管连接检漏孔和挂瓶，经一定时间后，测量瓶内气体的浓度，通过计算确定相对泄漏率。此方法只适用于法兰面有双道密封槽的现场。

（2）扣罩法检漏。用塑料罩将 GIS 封罩在内，经过一定时间后，测试罩内泄漏气体的浓度，通过计算确定相对泄漏率。扣罩前应吹净待测设备周围残留的 SF_6 气体，扣罩时间一般为 24h，然后视设备大小，测试 2~6 点，求取罩内 SF_6 气体的平均浓度，以便计算。

（3）局部包扎法检漏。设备局部用塑料薄膜包扎，经过一定时间后测量包扎腔内气体的浓度，再通过计算确定相对泄漏率，一般是在 24h 后进行包扎腔内气体浓度的测量。

7.2.2.3 微水含量检测

一般使用专用的电解湿度表（如贝克曼湿度表），使需分析的气体的一部分流过仪器来测其含水量，测得的读数以测量时环境温度下，水与空气容积比的百分之一表示。气隔内容许的含水量的限度以20℃时的数值表示，一般厂家均提供不同温度的含水曲线，当测量的数值低于曲线所容许的含水量时，则认为合格。

GIS 的含水量在设备安装之后测得的数值一般很小，运行几个月之后复测，一般都有较大升高，半年以后趋于稳定，只要半年以后的含水量不超标，则 GIS 可稳定运行相当长时间，除非 GIS 发生大的泄漏和故障。

GIS 运行维护的项目还有油压机构的压力监视、漏油或渗油监视检查、隔离开关和接地开关检查、互感器的检查、汇流柜以及操作电源和各种信号的检查。总的来说，GIS 的运行维护比常规配电装置要少得多，简单得多。

7.2.3 GIS 设备的巡视检查

用 SF$_6$ 气体绝缘的设备可免除外界环境（诸如温度、湿度及大气污染等）因素的影响，并能保持设备在良好的环境下运行。这是由于 SF$_6$ 气体具备了优良的绝缘和灭弧性能。其触头和气体零部件的使用寿命更长，结构简单，机械部分的协调性和可靠性更高。显然 SF$_6$ 气体绝缘设备较一般通用电气设备的各方面特性都优越得多。一般情况下，设备无须修理，并具有检修周期长的特点。

GIS 巡视检查的目的是保护 SF$_6$ 气体绝缘设备及其他附属设备的性能以及预防故障发生。

巡视检查内容见表7-3。

表 7-3 SF$_6$ 气体绝缘设备巡视检查项目及要求

序 号	检查项目	检查内容及技术要求	备 注
1	外观检查	（1）操作次数指示器，分合闸指示灯的指示应正常	与设备运行状态一致
		（2）有无异常响声或气味发出	
		（3）接头处是否有过热而变色	采用红外测温仪检测
		（4）瓷套管有无爆裂、损坏或沾污情况	
		（5）接地的支架外壳有无损伤或锈蚀	
2	操作装置和控制屏	（1）压力表（SF$_6$ 气体和压缩空气）的指示是否正常	通过对操作箱和对控制屏的观察检查
		（2）空气压缩机操作仪表指示是否正常	通过正面观察检查
3	空气泄漏	空气系统是否有漏气的声响	通过听、看等方面检查
4	排 水	对气罐与管道进行排水	

7.2.3.1　GIS 设备的巡视检查与异常判断

GIS 设备运行时的巡视分为正常巡视和临时巡视。正常巡视时间每班两次或两次以上。临时巡视是在某一特定的情况下进行，如设备有异常，值班人员应立即进行现场检查。

日常巡视项目包括：

（1）检查断路器、隔离开关、接地隔离开关、快速接地隔离开关的位置指示是否正常。

（2）检查断路器、隔离开关、接地隔离开关、快速接地隔离开关的闭锁位置是否正常；各种指示灯、信号灯的指示是否正常，加热器是否按规定投入或切除。

（3）检查隔离开关、接地隔离开关从窥视孔中检查其触头是否正常。

（4）检查密度计、压力表的指示值是否正常。

（5）检查断路器、避雷器的指示动作次数是否正常。

（6）检查裸露在外的母线，其温度的指示是否正常。

（7）检查二次端子有无发热现象；熔丝、熔断器的指示是否正常。

（8）检查在 GIS 设备附近有无异味、异声。

（9）检查设备有无漏气、漏油现象。

（10）检查所有阀门的开、闭位置是否正常，金属支架有无锈蚀，有无发热现象。

（11）检查可见的绝缘元件有无老化、剥落和裂纹的现象。

（12）检查所有金属支架和保护罩，外壳有无油漆剥落的情况。

（13）检查 SF_6 气体的分解物有无泄漏。

（14）检查接地端子有无发热现象，金属外壳的温度是否超过规定。

（15）检查所有设备的防护门是否关严、密封。

（16）检查所有照明、通风设备、防火器具是否完好。

（17）检查所有设备是否清洁、整齐、标志完善。

（18）检查室内是否保持清洁。

7.2.3.2　异常声音分析判断

A　放电声

SF_6 高压电器设备内部放电声类似小雨点落在金属壳上的声音，由于局部放电声音频率比较低，且音质与其噪声也有不同之处，如果是放电声微弱，分不清放电声来自 SF_6 电器内部还是外部，或者无法判断是否放电声，可通过局部放电测量、噪声分析的方法，定期对设备进行检查。

B　励磁声

在巡视 SF_6 设备高压时，如果发现励磁声不同于平时听到的变压器励磁的声音，说明存在螺栓松动等情况，应进一步检查。

7.2.4　GIS 定期检查和检修

检查和检修项目见表 7-4。

表 7-4　GIS 定期检查和检修项目及周期

序　号	定期检查项目	投入 3~6 月后	3 年 1 次	10 年 1 次
1	SF$_6$ 含水量	√		
2	SF$_6$ 气压	√	√	
3	加热系统	√	√	
4	油压机构密封情况	√	√	
5	断路器紧固情况	√		√
6	液压操作机构的油位		√	
7	汇控柜和端子箱门上的密封圈		√	
8	SF$_6$ 温度补偿压力开关		√	
9	蓄压筒预充压力	√	√	
10	油压信号传感器			√
11	断路器运行情况			√
12	隔离开关和接地开关运行检查			√
13	指示装置	√	√	
14	低压端子紧固情况			√
15	操作机构、继电器等			√
16	清洁排风系统格栅		√	
17	换油压回路的过滤芯		√	
18	换油压机构的油			√
19	润滑隔离开关接地开关的直角传动杆			√
20	清洁出线套管		√	

当 GIS 断路器累计分合 3000~4000 次或累计开断电流 4MA 以上时，检查一次其动静耐弧触头，一般需运行 20 年及以上时才会达到以上数字。

当 GIS 隔离开关和接地开关分合闸 3000 次以上时，应检查其磨损情况。而 GIS 装置的第一次解体大修一般需在运行 20 年后进行或在 GIS 事故后进行，目前通常是委托制造厂进行。对于大修项目及要求此处不作介绍。

GIS 全封闭组合电器安装及检修后的验收，可参照有关标准执行。

7.2.5　GIS 电气设备运行维护规定

（1）正常情况下，禁止对 GIS 中的断路器、隔离开关、接地开关进行现场机械操作。

（2）GIS 中的断路器、隔离开关、接地开关操作前，应检查气隔单元的 SF$_6$ 气体压力正常，且无报警信号发出，方可进行操作。

（3）由于 GIS 为封闭式结构，无法直接验电，在合上断路器两侧接地开关前，必须检查断路器两侧开关确已拉开，方可合上线路接地开关。

（4）在合上母线接地开关前，必须检查母线三相电压指示为零，母线所有间隔的母线隔离开关全部在断开位置，方可合上母线接地开关。

（5）在合上线路接地开关前，应在线路出线套管三相导线上验电确无电压后，方可合上线路接地开关。

（6）由于 GIS 系统的断路器、隔离开关无明显断开点，只能凭操作机构的分合指示器确定其位置，因此检查断路器、隔离开关的分、合位置必须认真仔细。

（7）110kV 出线送电前，检查送点范围内确无接地短路，其范围包括站内所有 110kV 设备及线路杆塔。线路停电时，应停用其重合闸连接片。

（8）线路送电后，再投入其重合闸连接片，是为了防止将遥控开关由"就地"切至"远方"时，断路器自动重合。

（9）GIS 控制柜内各电源开关停用时，先拉开道闸控制电源开关、检查位置指示正确，拉开电源开关，最后拉开刀闸电机电源开关。GIS 控制柜内各电源开关投入时，先合上刀闸电机电源开关，再合上电源开关，检查位置指示正确，最后合上刀闸控制电源开关。

7.3　GIS 装置常见故障及处理方法

7.3.1　GIS 装置的故障类型

（1）气体泄漏。
（2）水分含量高。
（3）内部放电。
（4）断路器液压操动系统漏油。

7.3.2　GIS 装置 SF$_6$ 发生漏气时的处理方法

断路器有 SF$_6$ 漏气时应采取以下措施：
（1）根据 SF$_6$ 的漏气速度，应急补充气体。
（2）查明漏气部位。
（3）安排计划停电，修理漏气部位。

巡视检查时听到的声音有电晕放电声、励磁声、辅助电动机转动声等，要像对漏气声那样，留神地辨别它们与正常状态不同的声音和音质的变化，或持续时间的变化，就可辨别有无异常声音。

（1）放电声音。如果在金属罐内出现局部放电时就会发出"淅、淅"的声音（类似小雨点落在金属罐上的声音）。由于局部放电声音的大小等于或低于基底噪声水平（40～60dB，A 特性），并且放电声音的音质与基底噪声不同，所以能够判别出来。有的情况下可能耳朵不贴在金属罐壁上，就听不出声音。

由于放电声音微弱，分不清是在内部还是在外部放电，或对是否为放电声音有怀疑时，通过检漏局部放电，或分析声音和用气相色谱仪分析气体，都可以检测判断内部的绝缘。明确断定是放电声音的情况下，应在停电后打开进行内部检查。

（2）励磁声音。SF$_6$ 全封闭组合电器的金属罐受到电磁力和静电力的作用而产生微小振动，通常能够听到励磁声音。如这一励磁声音与日常巡视检查听到的声音不同时，说明存在螺栓松动等状态变化，这就需要检查。

组合电器的励磁声音与变压器的励磁声音相似，是 2 倍工频的基波，即 100Hz、

120Hz。分相式 SF₆ 全封闭组合电器在相与相之间的空间内存在驻波，以 2m 左右的速度移动时，产生励磁声波的波峰和波谷。

励磁声音就是由电磁力、静电力所引起的金属罐面振动、外罩振动、门振动或金属罐内部的部件振动而产生的可听见的声音。在这些振动中间，变换成声音效率较高的部分是薄板结构，而传播面积大的部分是门、外罩部分。因而，发现的励磁声音不同于平常声音时，应该检查门、外罩等部分的螺栓紧固情况，同时探索低水平的声音。特别是门、外罩等薄板结构物，直径在数十厘米范围内，在 100~120Hz 共振，由于音质随着安装螺栓的紧固情况而变化，可以利用这一点来判别。

另外，如果怀疑金属罐内部的部件有变化时，应估计到前项的电气故障（放电声音）会同时发生，进行测定局部放电等以检测判断内部绝缘，这将有助于对异常情况的判断。

电压互感器、电流互感器、电磁接触器（交流继电器）的线圈，由于是利用其磁通特性工作的，也可能成为励磁声音的起因。探查励磁声音也是一个检查点，不过以正常声音为基准，而对声音变化作出判断仍然是重要的。

可以利用噪声计、加速度计定量测定这些励磁声音而不依靠听觉、触觉。另外，使用加速度传感器代替微音器也能够测定微弱加速度。

电磁力的发生。随着 SF₆ 全封闭组合器的主回路接通电流，在其周围按照比奥-萨瓦定律产生磁场。

这种磁场使金属罐、台架等的钢铁励磁，并使它们相互之间反复吸引，引起频率为工频倍数的振动（例如三相并列的导体，在相间距离 20cm，导体通过电流 1000A 时，在导体间产生 $10N/m^2$ 以下的电磁力）。

静电力的发生。SF₆ 全封闭组合电器的内部导体被加上电压，在内部导体和金属罐之间产生电场，由于二者之间的电场强度不同而产生静电力（库仑定律）。

7.3.3　GIS 发热、异常气味的处理方法

在断定金属罐本体的温度上升的情况下，巡视检查中当然能够辨别金属罐上的热气、异常气味、扶手等温度的上升，这可通过金属罐的辐射热来感觉，但是这种感觉受到通电电流和日照的影响很大，可能不易发现。发现温度上升不正常的状况，可能是在内部主回路导体的接触不良。

怀疑温度上升不正常时，应该使用温度计测定温度分布，查明发热部位，把发热部位的温度上升值同出厂试验数据比较，或者同其他相的温度上升值比较，判断有无不正常。怀疑内部导体有接触不良时，可在停电后测定主回路电阻，以判定接触状况。

至于最高温升部分的"O"形密封圈和结构物的最高温升是 50℃（最高环境温度为 40℃时）。

SF₆ 全封闭组合电器是按照通过额定电流时温升低于上述值进行设计的，因为所通过电流的值对温升的影响很大。

另外，在日照有影响时，金属罐的表面温度一般是 15℃，最高是 25℃。在法兰附近热容最大，一般比金属管表面的温度低 10℃。测定金属管表面温升时，除使用棒状温度计外，还可使用热敏电阻、红外测温仪。使用安装在被测温部位的表面温度计比较方便。巡视检查中，打开操作箱和控制箱门时，主要检查电磁阀线圈、继电器线圈、辅助电动机或

加热器的发热情况和异常气味。

7.3.4　GIS 生锈的处理方法

由于盐、腐蚀性气体、大气条件（温度、湿度、积雪）等环境条件的不同，生锈的程度也有很大差别，发现有生锈的情况时，必须采取应急措施，防止生锈发展，并查明原因。对于金属罐、台架等结构而言，检查对象是法兰部分、螺栓紧固部分、接地导体等的外连接导体。

至于操作、控制箱内零部件生锈，则应检查门密封垫的密封情况，换气口是否渗水，电线管有无渗水，防凝露的加热器是否投入使用。特别是操作箱下部控制线的引入部分，不可用油灰密封，以免潮气上升时操作箱内凝露。

复习思考题

1. GIS 设备的主要优点和基本结构。
2. GIS 系统运行维护的重点。
3. GIS 系统日常巡视项目。
4. GIS 系统定期检查和检修的内容有哪些？

8 避雷针与避雷器

8.1 避雷针、避雷器、接地装置的工作原理

雷电对电力系统的危害极大,其危害主要表现在以下几个方面:

(1)雷电的机械效应:击毁电气设备、杆塔和建筑物,伤害人、畜。

(2)雷电的热效应:烧断导线,烧毁电气设备。

(3)雷电的电磁效应:产生过电压,击穿绝缘,甚至引起火灾和爆炸,造成人员伤亡。

(4)雷电的闪络放电:烧坏绝缘子,使断路器跳闸,线路停电或引起火灾。

雷电过电压有两种基本形式:雷电直接对建筑物或其他物体放电的直击雷过电压、雷电的静电感应或电磁感应引起的感应过电压。

8.1.1 避雷针

避雷针一般用于保护变电所设备免受直接雷击。避雷针用镀锌圆钢管焊接制成,根据不同情况装设在配电构架上,或独立架设。避雷针应高于被保护物,其作用是将雷电吸引至避雷针本身上来。此外,避雷针还具有足够截面的接地引下线(接地引下线若采用圆钢,直径不得小于 8mm,若采用扁钢,厚度不得小于 4mm,截面面积不得小于 48mm^2)和良好的接地装置,以便将雷电流安全地引入大地,从而达到保护的目的。

8.1.2 避雷器的工作原理

避雷器是连接在导线和地之间的一种防止雷击的设备,通常与被保护设备并联。避雷器可以有效地保护电力设备,一旦出现不正常电压,避雷器可起到保护作用。当被保护设备在正常工作电压下运行时,避雷器不会产生作用,对地面来说视为断路。一旦出现高电压,且危及被保护设备绝缘时,避雷器立即动作,将高电压冲击电流导向大地,从而限制电压幅值,保护电气设备绝缘。在过电压消失后,避雷器迅速恢复原状,使系统能够正常供电。避雷器的主要作用是通过并联放电间隙或非线性电阻的作用,对入侵流动波进行削幅,降低被保护设备所受过电压值,从而达到保护电力设备的目的。

避雷器不仅可用来防护大气高电压,也可用来防护操作高电压。如果出现雷雨天气,电闪雷鸣就会出现高电压,电力设备可能就有危险,此时避雷器就会起作用,保护电力设备免受损害。避雷器的最大作用也是最重要的作用,就是限制过电压以保护电气设备。避雷器是使雷电流流入大地,使电气设备不产生高压的一种装置,主要类型有管型避雷器、阀型避雷器和氧化锌避雷器等。各种类型避雷器的主要工作原理都是不同的,但是它们的工作实质是相同的,都是为了保护电力设备不受损害。

下面介绍管型避雷器、阀型避雷器和氧化锌避雷器这三种避雷器的作用:

（1）管型避雷器是保护间隙型避雷器中的一种，大多用在供电线路上作避雷保护。这种避雷器可以在供电线路中发挥很好的功能，在供电线路中有效地保护各种设备。

（2）阀型避雷器由火花间隙及阀片电阻组成，阀片电阻的制作材料是特种碳化硅。利用碳化硅制作发片电阻可以有效地防止雷电和高电压，对设备进行保护。当有雷电高电压时，火花间隙被击穿，阀片电阻的电阻值下降，将雷电流引入大地，这就保护了电气设备免受雷电流的危害。在正常的情况下，火花间隙是不会被击穿的，阀片电阻的电阻值上升，阻止了正常交流电流通过。阀型避雷器是利用特种材料制成的避雷器，可以对电气设备进行保护，把电流直接导入大地。

（3）氧化锌避雷器是一种保护性能优越、质量轻、耐污秽、阀片性能稳定的避雷设备。氧化锌避雷器不仅可作雷电过电压保护，也可作内部操作过电压保护。氧化锌避雷器性能稳定，可以有效地防止雷电高电压或者对操作过电压进行保护，这是一种具有良好绝缘效果的避雷器，在危急情况下，能够有效地保护电力设备不受损害。

8.1.3　变电所的防雷保护

8.1.3.1　变电所的直击雷保护

为了防止雷击变电所，可装设避雷针，应该使变电所所有设备都处于避雷针的保护范围之内，此外还应采取措施，防止雷击避雷针时的反击事故。

对于 110kV 及以上的变电所，可将避雷针架设在 110kV 配电装置的构架上，这是由于此类等级配电装置绝缘水平较高，雷击避雷针时，在配电构架上出现的高电位不会造成反击事故。装设避雷针的配电构架应装设辅助接地装置，此接地装置与变电所的接地网的连接点离主变压器接地装置与变电所接地网的连接点之间的距离不应小于 15m，其目的是使雷击避雷针时，在避雷针接地装置上产生的高电位，在沿接地网向变压器接地点传播的过程中逐渐衰减，以便到达变压器接地点时，不会造成变压器反击事故。由于变压器的绝缘较弱，又是变电所中最重要的设备，故不应在变压器门型构架上装设避雷针。

8.1.3.2　变电所对入侵雷电波的保护

由于线路落雷频繁，所以沿线路入侵的雷电波是发电厂、变电所遭受雷害的主要原因。由于线路入侵的雷电波电压，虽受到线路绝缘的限制，但线路绝缘水平比发电厂、变电所电气设备的绝缘水平要高，若发电厂、变电所不采取防护措施，势必造成发电厂、变电所电气设备损坏。

变电所对沿线路入侵的雷电波的主要防护措施是在变电所内装设阀型避雷器，以限制入侵电波的幅值，使设备上的过电压不超过其冲击耐压值。在变电所的进线上设置进线保护段，以限制流经阀型避雷器的雷电流的峰流值和限制入侵雷电波的陡度。

为保证变压器和其他设备的安全运行，必须限制避雷器的残压，也就是说，对流过避雷器的雷电峰值必须加以限制，使之不大于 5kA。同时也必须限制入侵波的陡度。这两项任务由变电所进线保护段来完成。

8.1.3.3　变电所的进线保护段

对于 35kV 无避雷线的线路，雷直击于变电所附近线路上时，流经导线的雷电流可能超过 5kA，陡度也可能超过允许值。因此，对于 35kV 无避雷器的线路在靠近变电所的一段进线上必须架设避雷线，以保证雷电波只在此段以外出现，进线段内出现雷电波的概率将大大减小。架设避雷线的这段进线称为进线保护段，其长度一般为 1～2km。

设置进线保护段后，在进线段内雷绕击或反击而产生的入侵雷电波的机会是非常小的。在进线段以外落雷时，则由于受进线段导线上的冲击电晕的影响，将使入侵波的陡度和幅值下降。

8.1.3.4　变压器的防雷保护

A　三绕组变压器

当变压器高压侧有雷电波入侵时，通过绕组间的静电和电磁耦合，在三绕组变压器低压侧将出现过电压。三绕组变压器正常运行时，可能存在只有高、中压绕组工作，低压绕组开路的情况，此时，在高压或中压侧有雷电波作用时，由于低压绕组对地电容小，开路的电压绕组上的静电感应的过电压可能达到很高的数值，将危及绝缘。为了限制这种过电压，需在任一一相低压绕组直接出口处对地加装一个阀型避雷器。中压绕组虽然也有可能开路，但绝缘水平较高，一般不装设避雷器。

B　自耦变压器

自耦变压器一般除有高、中压绕组外，还有低压非自耦绕组，可能出现高、低绕组运行，中压开路和中、低压绕组运行，高压开路的运行方式。当自耦变压器高或中压侧断开时，由于绕组间波的直接传递，就会在断开的一侧出现对绝缘有危害的过电压。因此，在自耦变压器的两个自耦合的绕组的出线上必须装设阀型避雷器，其位置在自耦变压器和断路器之间。

C　变压器中性点

当三相来波时，变压器中性点的电位会达到绕组首端电压的两倍，因此要考虑变压器中性点的保护问题。

（1）对于中性点不接地或经消弧线圈接地系统，变压器是全绝缘的，即变压器中性点的绝缘水平与相线端是一样的。由于三相来波的概率不大，大多数来波自线路较远处袭来，其陡度很小，另外由于变电所进线不止一条，非雷击进线起了分流作用以及变压器绝缘有一定裕度等原因，其中性点一般不需要保护。

（2）对于中性点直接接地系统，由于继电保护的要求，其中一部分变压器的中性点是不接地的，而这些系统中的变压器往往是分级绝缘的，变压器中性点绝缘水平要比相线端低得多，所以需在中性点加装阀型避雷器或间隙加以保护。

8.1.4　接地装置

电气装置必须接地的部分与地进行良好的连接，称为接地，埋入地下并直接与大地接触的金属导体，称为接地体，接地部分与接地体之间连接用的金属导线，称为接地线，接地体与接地线总称接地装置。

电力系统中的各种电气设备的接地可分为工作接地、保护接地、防雷接地三种。

为保证电气设备在正常和事故情况下能可靠地工作而进行的接地，称为工作接地，如变压器中性点直接接地或经消弧线圈接地。

为保证人身安全，防止触电事故而进行的接地，称为保护接地，如电气设备正常运行时，不带电的金属外壳及构架接地。

防雷接地是针对防雷保护的需要而设置的，目的是减少雷电流通过接地装置时的地电位升高。

工程使用的接地装置主要是由扁钢、圆钢、角钢或钢管组成，采取镀锌和其他防腐措施后，埋于地下 0.5～1m 处，接地装置埋入地下部分的截面或直径应符合热稳定与均压要求，且不得小于表 8-1 列出的规格。

表 8-1　钢接地体和接地线的最小规格

种　类	规　格	地　上		地　下
		屋　内	屋　外	
圆　钢	直径/mm	5	6	8
扁　钢	截面/mm²	24	48	48
	厚度/mm	3	4	4
角　钢	厚度/mm	2	2.5	4
钢　管	管壁厚度/mm	2.5	2.5	3.5

8.2　避雷装置的运行检查与维护

8.2.1　避雷针与避雷器的巡视检查

8.2.1.1　避雷针

（1）检查避雷针避雷线以及它们的引下线有无锈蚀。按一定周期检查避雷针埋入地下 50cm 深度以上部分是否腐蚀。

（2）检查导电部分的连接处，如焊接点、螺栓接点等连接是否紧密牢固，检查过程中可用小锤轻敲检查，发现有接触不良或脱焊的接点，应立即修复。

（3）检查避雷针本体是否有裂纹、歪斜等现象。

8.2.1.2　避雷器

避雷器正常巡视检查的项目：

（1）检查瓷套表面积污程度及是否出现放电现象，瓷套、法兰是否出现裂纹、破损。

（2）检查避雷器内部是否存在异常声响。

（3）检查与避雷器、计数器连接的导线及接地引下线有无烧伤痕迹或短股现象，放电记录器是否烧坏。

（4）检查避雷器放电计数器指示是否有变化，N2DS25616CT-5T 计数器内部是否有积水，动作次数有无变化，并分析是何原因使之动作。

（5）检查避雷器引线上端引线处密封是否完好。因为如果密封不好进水受潮会引起故障。

（6）检查对带有泄漏电流在线监测装置的避雷器泄漏电流有无明显变化，泄漏电流表

（mA）指示是否在正常范围内，并与历史记录比较有无明显变化。

（7）检查避雷器均压环是否有松动、歪斜。

（8）检查带串联间隙的金属氧化物避雷器或串联间隙是否与原来位置发生偏移。

（9）检查低式布置的避雷器，遮栏内有无杂草。

（10）检查接地是否良好，有无松脱现象。

（11）避雷器必须进行特殊巡视的情况：

1）避雷器存在缺陷。

2）阴雨天气后。

3）大风沙尘天气。

4）每次雷电活动后或系统发生过电压等异常情况后。

5）运行15年以上的避雷器。

（12）避雷器特殊巡视检查项目：

1）雷雨后应检查雷电记录器动作情况，避雷器表面有无放电闪络痕迹。

2）检查避雷器引线及引下线是否松动。

3）检查避雷器本体是否摆动。

8.2.2 对运行中接地装置进行的安全检查

8.2.2.1 检查内容

（1）检查接地线各连接点的接触是否良好，有无损伤、折断和腐蚀现象。

（2）对含有重酸、碱、盐或金属矿岩等化学成分的土壤地带，定期对接地装置的地下部分挖开地面进行检查，观察接地体腐蚀情况。

（3）检查分析所测量的接地电阻变化情况，是否符合规程要求。

（4）设备每次检查后，应检查其接地是否牢固。

8.2.2.2 检查周期

（1）变电站的接地网一般每年检查一次。

（2）根据车间的接地线及零线的运行情况，每年一般应检查1次或2次。

（3）各种防雷装置的接地线每年（雨季前）检查一次。

（4）对有腐蚀性土壤的接地装置，安装后应根据运行情况一般每5年左右挖开局部地面检查一次。

（5）手动工具的接地线，在每次使用前应进行检查。

8.2.3 避雷器和避雷针在运行中应注意的事项

避雷器是用来保护变电站电气设备的绝缘免受大气过电压及操作过电压危害的保护设备。对运行中的避雷器应做下列工作：

（1）每年投运的避雷器进行一次特性试验，并对接地网的接地电阻进行一次测量，电阻值应符合接地规程的要求，一般不应超过5Ω。

（2）6~35kV的避雷器应于每年3月底投入运行，10月底退出运行；110kV以上的避雷器应常年投入运行。

（3）应保持避雷器瓷套的清洁。低式布置时，遮栏内应无杂草，以防止避雷器表面的电压分布不均或引起瓷套短接。

（4）在装拆动作计数器时，应首先用导线将避雷器直接接地，然后再拆下动作计数器。检修完毕装好后，再拆去临时接地线。

（5）6～10kV 系统为中性点不接地系统。当 6～10kV 的避雷器发生爆炸时，如引线未造成接地，则应将引线解开或加以支持，以防造成相间短路。

（6）对避雷针应注意检查有无倾斜、锈蚀的情形，以防避雷针倾斜。避雷针的接地引下线应可靠，无断落和锈蚀现象，并定期测量其接地电阻值。

复习思考题

1. 雷电对电力系统的主要危害表现在哪几个方面？
2. 简述避雷器的工作原理。
3. 变电所对入侵雷电波的保护采取哪些措施？
4. 自耦变压器的防雷保护采取什么方法？
5. 电力系统中的各种电气设备的接地可分为哪几种？
6. 避雷器和避雷针在运行中应注意的事项有哪些？

9　电气二次回路基本知识

9.1　二次回路概述

整流变电站的电气设备可分为一次设备、二次设备。

（1）一次设备：也称主设备，是构成电力系统的主体。它是直接生产、输送与分配电能的设备，包括整流变压器、断路器、隔离开关、母线、电力电缆与输电线路等。

（2）二次设备：是对一次设备及系统进行控制、调节、保护和监测的设备，包括控制设备、继电保护和安全自动装置、测量仪表、信号设备等。

（3）一次回路图：表示一次电气设备（主设备）连接顺序。

（4）二次回路图：表示二次设备之间连接顺序。

9.1.1　二次回路的范围

9.1.1.1　控制回路

它由控制开关与控制对象（如断路器、隔离开关）的传递机构、执行（或操作）机构组成。其作用是对一次设备进行"合"、"分"操作，实现电气设备的投入和退出。

9.1.1.2　调节回路

它是指调节型自动装置。如由 VQC 系统对变压器进行有载调压、对电容器进行投切的装置。它由测量机构、传送机构、调节器和执行机构组成。其作用是根据一次设备运行参数的变化，实时在线调节一次设备的工作状态，以满足运行要求。

9.1.1.3　继电保护和自动装置回路

它由测量回路、比较部分、逻辑部分和执行部分等组成。其作用是根据一次设备和系统的运行状态，判断其发生故障或异常时，自动发出跳闸命令有选择性地切除故障，并发出相应的信号，当故障或异常消失后，快速投入有关断路器（重合闸及备用电源自动投入装置），恢复系统的正常运行。

9.1.1.4　测量回路

它由各种测量仪表及其相关回路组成。其作用是指示或记录一次设备和系统的运行参数，以便运行值班人员掌握一次系统的运行情况，同时也是分析电能质量、计算经济指标、了解系统潮流和主设备运行工况的主要依据。

9.1.1.5　信号回路

它由信号发送机构和信号继电器等构成。其作用是反映一、二次设备的工作状态。

9.1.1.6　操作电源系统

它由电源设备和供电网络组成，一般包括直流电源系统和交流电源系统。其作用主要是为控制、保护、信号等设备提供工作电源与操作电源，供给变压器冷却系统、整流柜冷却系统等动力设备，确保变电所设备正常工作。

9.1.2　二次回路符号说明

二次回路中的符号有图形符号、文字标号和回路标号。其图形符号和文字标号用以表示和区别二次回路图中的电气设备；回路标号用以区别电气设备间相互连接的各种回路。

9.1.2.1　图形符号的表示方法

电气设备内部一般由多个元器件组成，例如：继电器由线圈及多对触点等组成。多个元器件由于作用不同，所以造成其（线圈与多对触点间）布置位置不同，电气设备的图形符号有下列几种表示方法：

（1）集中表示法。如图9-1a所示，把继电器的线圈及多对触点均绘制在一起，以一个整体的形式表示继电器的图形符号。

（2）分开表示法。如图9-1b所示，同一个继电器的线圈及多对触点分别布置在不同位置，并用文字符号K表示它们之间的关系。用相同的文字符号，表示它们属于同一个设备。

（3）半集中表示法。如图9-1c所示，把同一个继电器的线圈及多对触点分别布置在不同位置，并用连线表示它们之间的关系。连线涉及的元器件均属于同一个设备内部的元器件。

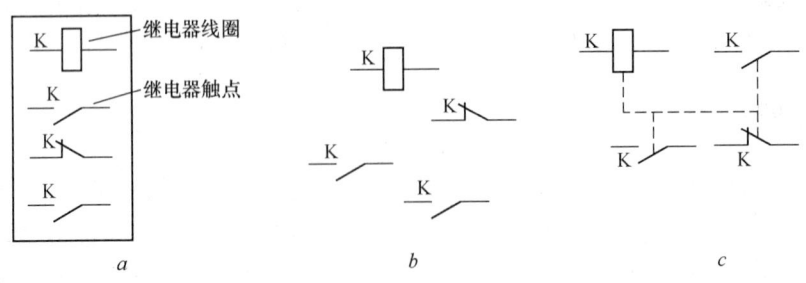

图 9-1　图形符号的表示方法
a—集中表示法；b—分开表示法；c—半集中表示法

9.1.2.2　文字符号

二次回路中，除了用图形符号表示电气设备外，还在图形符号旁标注相应文字符号，表示电气设备名称、种类、功能、状态及特征等。

新、旧图形符号及文字符号如表9-1所示。

表9-1 新、旧标准的图形符号及文字符号

名称	新标准 图形符号	新标准 文字符号	旧标准 图形符号	旧标准 文字符号	名称	新标准 图形符号	新标准 文字符号	旧标准 图形符号	旧标准 文字符号
一般三极电源开关		QS		K	接触器 线圈		KM		C
					主触头				
低压断路器		QF		UZ	常开辅助触头				
					常闭辅助触头				
位置开关 常开触头		SQ		XK	速度继电器 常开触头		KS		SDJ
常闭触头					常闭触头				
复合触头									
熔断器		FU		RD	时间继电器 线圈		KT		SJ
按钮 启动		SB		QA	常开延时闭合触头				
停止				TA	常闭延时打开触头				
复合				AN	常闭延时闭合触头				

名　称		新标准		旧标准		名　称	新标准		旧标准	
		图形符号	文字符号	图形符号	文字符号		图形符号	文字符号	图形符号	文字符号
时间继电器	常开延时打开触头		KT		SJ	桥式整流装置		VC		ZL
热继电器	热元件		FR		RJ	照明灯		EL		ZD
	常闭触头					信号灯		HL		XD
继电器	中间继电器线圈		KA		ZJ	电阻器		R		R
	欠电压继电器线圈	$U<$	KV		QYJ	接插器		X		CZ
	过电流继电器线圈	$I>$	KI		GLJ	电磁铁		YA		DT
	常开触头		相应继电器符号		相应继电器符号	电磁吸盘		YH		DX
	常闭触头					串励直流电动机				
	欠电流继电器线圈	$I<$	KI	与新标准相同	QLJ	并励直流电动机		M		ZD
万能转换开关			SA	与新标准相同	HK	他励直流电动机				
制动电磁铁			YB		DT	复励直流发电机				
电磁离合器			YC		CH	直流发电机	G	G	F	ZF
电位器			RP	与新标准相同	W	三相鼠笼式异步电动机	M 3~	M		D

9.1.3　二次回路图幅分区

对比较复杂的二次回路接线图，为了准确而迅速地了解某一回路的接线及工作原理，或在二次回路出现故障的情况下，查找引发故障的原因，一般在二次回路绘图过程中将不同的回路布置在图纸的固定位置，即固定区域。

图幅分区如图9-2所示。将图幅上、下两对应边进行横向等分，等分数为偶数，并用阿拉伯数字按从左至右顺序，对等分区进行编号；再对图幅左、右两对应边进行纵向等分，并用大写拉丁字母按从上至下顺序，对等分区进行编号；每个等分区宽度为25～75mm。图幅中分区（或固定位置）用大写拉丁字母与阿拉伯数字组合表示，例如：A6、C3等。图9-2中，时间继电器线圈KT所在区域表示为B2。

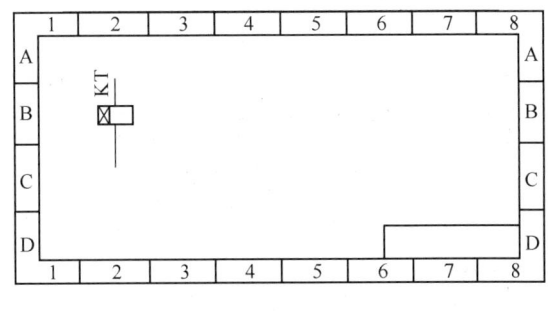

图9-2　图幅分区图例

9.2　二次回路的识图知识

9.2.1　二次回路的图纸

二次图纸通常分为原理接线图和安装接线图。原理接线图通常又分为归总式原理接线图和展开式原理接线图。

9.2.1.1　归总式原理接线图

它又简称原理图。它以整体的形式表示各二次设备之间的电气连接，一般与一次回路的有关部分画在一起，设备的接点与线圈是集中画在一起的，能综合出交流电压、电流回路和直流回路间的联系，使读图者对二次回路的构成及动作过程有一个明确的整体概念。

图9-3为60kV线路过电流保护原理接线图。其中：KA1、KA2为电流继电器，KT为时间继电器，KS为信号继电器，XB为保护用连接片，TA为保护用电流互感器，QS为60kV线路母线侧隔离开关，QF为60kV线路断路器，YT为60kV线路断路器操作机构的跳闸线圈。

其工作原理：当60kV线路内部发生相间短路故障时，电流继电器KA1、KA2动作，其动合触点闭合并启动时间继电器KT；经T秒延时KT延时动合触点闭合，启动信号继电器KS；同时启动断路器操作机构，使断路器自动跳闸切除短路故障，信号继电器KS发出保护动作信号。

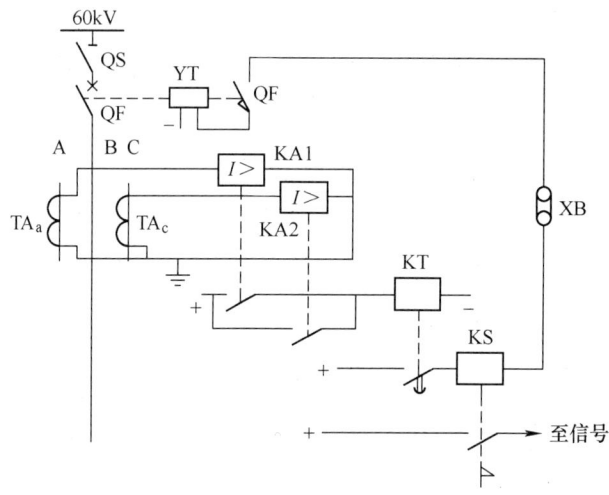

图 9-3　60kV 线路过电流保护原理接线图

9.2.1.2　展开式原理接线图

它以分散的形式表示二次设备之间的连接。展开图中二次设备的接点与线圈分散布置，交流电压、交流电流、直流回路分别绘制。这种绘制方式容易跟踪回路的动作顺序，便于二次回路的设计，也容易在读图时发现回路中的错误。

图 9-4 为 60kV 线路过电流保护展开式接线图。

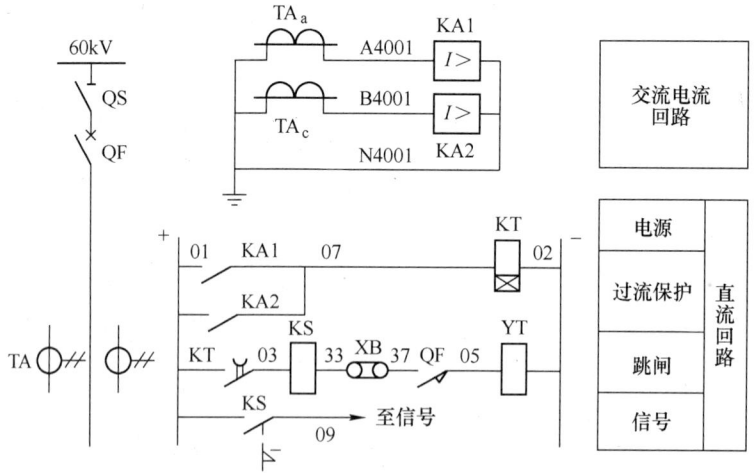

图 9-4　60kV 线路过电流保护展开式接线图

展开接线图具有以下特点：

（1）按二次电气设备的供电电源不同，展开接线图由交流电流（电压）回路、直流电压（信号）回路组成。

（2）二次电气设备不同组成部分分别画在不同回路中；同一台二次电气设备不同组成

部分用同一文字符号表示。例如：电流继电器线圈画在交流电流回路，触点画在直流电压回路，均用 KA1（KA2）表示。

（3）交流电流（电压）回路按 A、B、C 相序，直流电压（信号）回路按继电器动作顺序，组成许多不同的行；不同的行按从上到下排列，每一行右侧常有对应文字说明。

9.2.1.3　安装接线图

安装接线图是在原理接线图、展开接线图的基础上绘制而成的，表示二次电气设备型号、设备布置、设备间连接关系的施工图，也是二次回路检修、试验等主要参考图。主要包括屏正面布置图、屏背面布置图、端子排图及电缆联系图。

A　屏正面布置图

如图 9-5 所示，屏正面布置图表示屏上各个二次设备位置、设备的排列关系及相互间距离尺寸的施工图。不论是设备外形尺寸、设备相互间距离尺寸，还是屏台外形尺寸，均按同一比例尺绘制，图中尺寸单位为毫米。

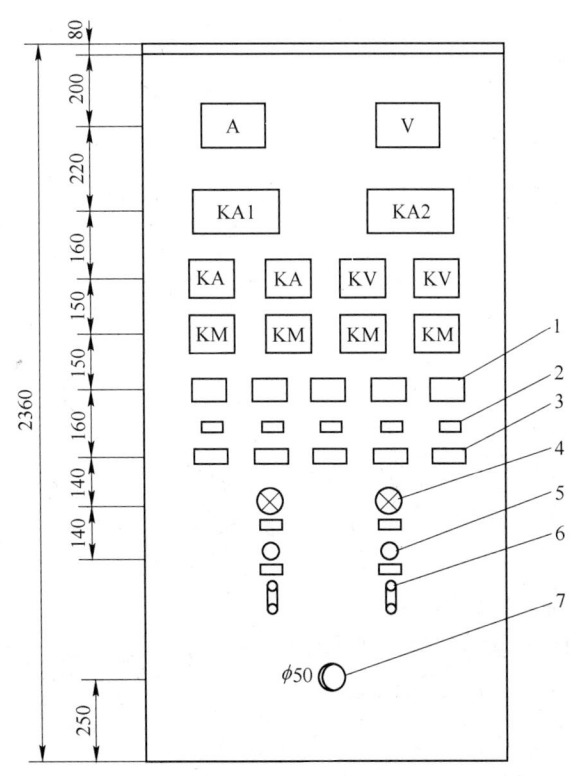

图 9-5　屏面布置图

1—信号继电器；2—标签框；3—光字牌；4—信号灯；5—按钮；6—连接片；7—穿线孔

B　屏背面接线图

图 9-6 为 60kV 线路过电流保护屏背面接线图。它是表示屏上各个二次设备在屏背面的引出端子之间的连接关系，以及屏上二次电气设备与端子排之间的连接关系的施工图。连接关系用二次设备安装单位标号和屏正面布置图上二次设备布置顺序号组成接线端子标

号表示，或者用二次回路标号、屏正面布置图上二次设备文字符号表示。并采用相对编号法表示设备间连接关系。

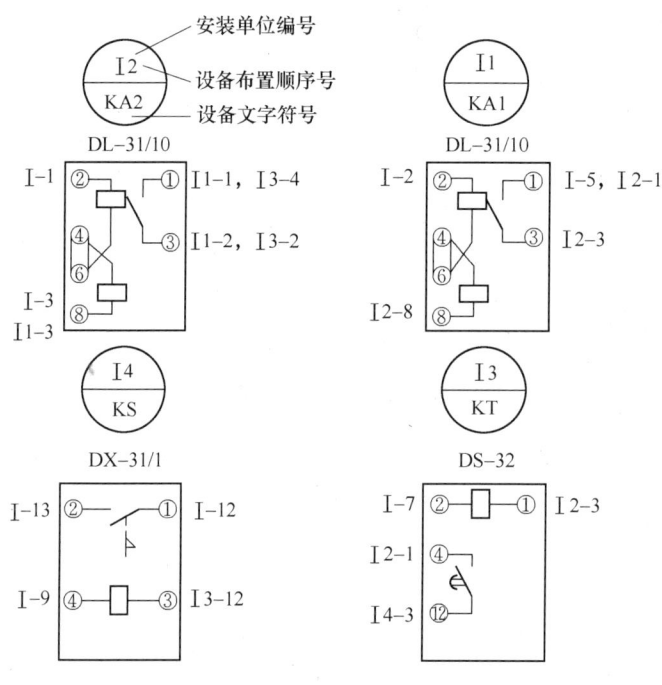

图 9-6　60kV 线路过电流保护屏背面接线图

C　端子排图

端子排是实现屏内设备与外部控制电缆连接的中间导电器件，它一般水平或垂直布置在控制屏和继电保护屏的后部。而端子排是由不同类型的接线端子组合而成的，其表示方法如图 9-7 所示；它反映屏台需要的端子类型、数量及排列顺序。

D　电缆联系图

电缆联系图是在端子排图基础上设计完成的控制电缆施工图，也是绘制电缆图册的依据；它表示某一屏、台之间的电缆接线关系。

9.2.2　二次回路的读图

二次回路图的逻辑性强，在绘制时遵循一定的规律，读图时应按一定顺序进行才容易看懂。一般读图的规律为：

（1）先交流、后直流。

（2）交流看电源、直流找线圈。

（3）先找线圈、再找接点，每个接点

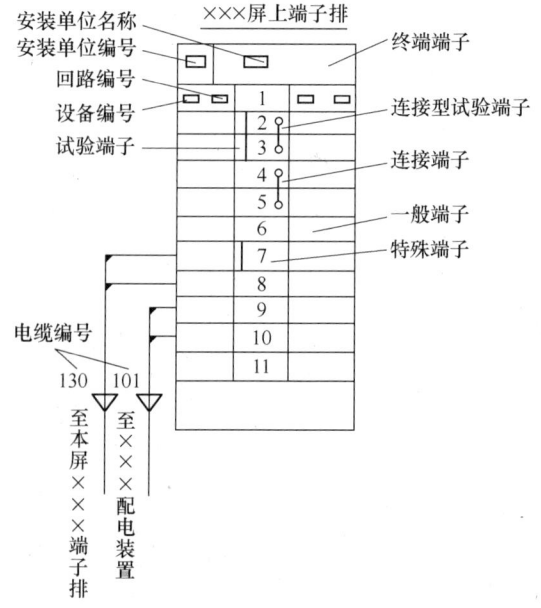

图 9-7　端子排表示方法示意图

都查清。

（4）先上后下、先左后右，屏外设备不能掉。

（5）安装图纸要结合展开图。

9.2.3 识读电气图方法

（1）仔细阅读设备说明书、操作手册，了解设备动作方式、顺序，有关设备元件在电路中的作用。

（2）对照图纸和图纸说明大体了解电气系统的结构，并结合主标题的内容对整个图纸所表述的电路类型、性质、作用有较明确认识。

（3）识读系统原理图要先看图纸说明。结合说明内容看图纸，进而了解整个电路系统的大概状况、组成元件动作顺序及控制方式，为识读详细电路原理图做好必要准备。

（4）识读集中式、展开式电路图要本着先看一次电路，再看二次电路，先交流、后直流的顺序，由上而下，由左至右逐步顺序渐进的原则，看各个回路，并对各回路设备元件的状况及对主要电路的控制，进行全面分析，从而了解整个电气系统的工作原理。

（5）识读安装接线图要对照电气原理图，按先一次回路、再二次回路顺序识读。识读安装接线图要结合电路原理图详细了解其端子标志意义、回路符号。对一次电路要从电源端顺次识读，了解线路连接和走向，直至用电设备端。对二次回路要从电源一端识读，直至电源另一端。接线图中所有相同线号的导线原则上都可以连接在一起。

复习思考题

1. 二次回路的符号有哪些？
2. 什么是二次回路的原理接线图、安装接线图？
3. 怎样识别二次回路图纸？

10　整流变电站二次回路运行及故障处理

10.1　二次回路的运行检查及维护

二次回路，又称二次接线，是指由整流变电站的测量仪表、监察装置、信号装置、控制与同期装置、机电保护与自动装置等所组成的电路。二次回路的任务是反映一次系统的工作状态，控制一次系统并在一次系统发生事故时能使事故部分迅速退出工作。二次回路的日常运行检查很重要。运行经验表明，所有二次回路在系统运行中都必须处于完好状态，应能随时对系统中发生的各种故障或异常运行状态做出正确的反应，否则会造成严重的后果。

10.1.1　二次回路综合检查

（1）检查二次设备应无灰尘，保证绝缘良好。运行值班人员应定期对二次线、端子排、控制仪表盘和继电器的外壳等进行清扫。

（2）检查表计指示应正确，无异常。

（3）检查监视灯、指示灯应正确，光示牌应完好，保护连接片应在要求的投、停位置。

（4）检查信号继电器有无掉牌（在保护动作后进行）。

（5）检查警铃、蜂鸣器应良好。

（6）检查继电器的接点、线圈外观应正常，继电器运行应无异常现象。

（7）检查保护的操作部件，如熔断器、电源小闸刀、保护方式切换开关、保护连接片、电流和电压回路的实验部件应处于正确位置，并接触良好。

（8）各类保护的工作电源应正常可靠。

（9）断路器跳闸后，应检查保护动作情况，并查明原因。

（10）送电时必须将所有保护装置的信号复归。

10.1.2　值班中检查维护

10.1.2.1　特殊巡视检查

（1）高温季节应加强对微机保护及自动装置的巡视。

（2）高峰负荷以及恶劣天气应加强对二次设备的巡视。

（3）当断路器事故跳闸时，应对保护及自动装置进行重点巡视检查，并详细记录各保护及自动装置的运行情况。

（4）对二次设备进行定点、定期巡视检查。

10.1.2.2　班中检查的主要内容

（1）检查信号继电器掉牌或动作信号灯，应在恢复位置。
（2）屏上的表计指示应正常，负荷未超过允许值。
（3）检查并核对上一班改过的整定值，操作的压板和转换开关的位置应符合要求。
（4）用直流绝缘监视装置检查直流绝缘应正常。
（5）观察各继电器触点状态应正常。
（6）当装置发出异常或过负荷信号时，要适当增加对该设备的巡视检查次数。

10.1.2.3　在值班中应做的维护工作

（1）每天应清洁控制屏和继电保护屏正面的仪表及继电器二次元件一次。
（2）每月至少做一次控制屏、继电保护屏、开关柜、端子箱、操作箱的端子排等二次元件的清洁工作，最好用毛刷（金属部分用绝缘胶布包好）或吸尘器来清扫。并定期对户外端子箱和操作箱进行烘潮。
（3）注意监视灯光显示和音响信号的动作情况。
（4）注意监视仪表的指示是否超过允许值。
（5）在夏季，装有微机型保护及自动装置的继电器室的室温应保持 $25 \sim 35$ ℃。

10.1.2.4　继电保护和安全自动装置动作、开关跳闸或合闸以后，运行值班人员应做的工作

（1）恢复音响信号。
（2）根据光示牌、红绿灯闪光等信号及表计指示判明故障原因，恢复音响及灯光信号或将控制开关扳至相应的位置。
（3）在继电保护屏上详细检查继电保护和安全自动装置及故障滤波器的动作情况，并做好记录，然后恢复动作信号；并汇报车间领导，等候处理。

10.1.2.5　电压互感器二次回路的运行

两组母线电压互感器二次侧的并联开关平时应在断开位置，在双母线运行时，两组电压互感器的二次侧应分开运行。
当停用一组电压互感器时，可采用单母线或双母线运行，但应注意：
（1）根据各整流变电站二次电压切换方式的不同，按现场运行规程进行不同的具体操作，以保证各回路的保护和测量不致失去电压。
（2）对于在切换过程中会因失压而误动的保护，应先退出；待电压切换正常后再投入。
（3）防止反充电（即一台电压互感器经过其二次侧向另一台电压互感器的高压侧或所连的空载母线送电）使二次侧自动空气开关跳闸或熔断器熔断，造成保护误动。

10.2　二次回路上的安全注意事项

10.2.1　在二次回路上工作前的安全准备工作

（1）在二次回路上工作应按《电业安全工作规程》及《继电保护和电网安全自动装

置现场工作保安规定》执行。

（2）至少有两个人参加工作，参加人员必须明确工作的目的和工作方法。参加工作的人员与工作内容必须经领导事先批准。

（3）必须按符合实际的图纸进行工作，严禁凭记忆工作。

（4）在运行设备上工作时，只有在非停用保护不用时（如工作时有引起保护误动的可能）才允许停用保护，停用时间要尽量短，并得到调度部门的同意。雷雨或恶劣天气（如大风时）不得退出保护。

（5）运行值班人员在布置工作票所列的各项安全措施后，还应在工作屏的正、背面设置"在此工作"的标志，如在同一屏上仍保留有运行设备，还应增设与工作设备分开的明显标志，在相邻运行屏后应有"正在运行"的明显标志（如遮拦等），并在运行设备的控制开关把手上挂"正在运行"的标志牌。

（6）如果要运行保护整组试验，应事先查明是否与运行断路器有关，如一组保护跳多台断路器时，应先退出其他设备的压板后才允许进行试验。

（7）用继电保护和安全自动装置做开关的传动试验时，屏上的组合开关、按钮、压板、熔断器等设备的操作只能由值班员进行，其他人员无权操作。

（8）如果要停用电源设备，如电压互感器或部分电压回路的熔断器，必须考虑停用后产生的影响，以防停用后造成保护误动或拒动。

（9）为防止可能发生绕越引起的跳闸事故，当断开直流熔断器时，应先断正极后断负极；当投入直流熔断器时，其顺序相反，即先投入负极再投入正极。

10.2.2　在二次回路上工作的安全要求

（1）在二次回路上工作时，对拆除的电缆芯和线头应用绝缘胶布包好并做好记录和标志，工作完成后应照图恢复，此项工作由工作人员操作，由工作负责人监护。

（2）测量二次回路的电压时，必须使用高内阻电压表，如万用表等。

（3）如果在运行中的交流电源回路上测量电流，须事先检查电流表及其引接线是否完好，防止电流回路开路而发生人身和设备事故。测量电流的工作应通过试验端子进行，测量仪表应使用螺丝连接，不允许用缠绕的办法，而且应站在绝缘垫上进行。

（4）工作中使用的工具应大小合适，并应使金属外露部分尽量少，以免发生短路。

（5）应站在安全及适当的位置进行工作，特别是登高工作时更应注意。

（6）利用外加电源对电流互感器通入一次电流做继电保护的整组动作时，对可能引起误动作的保护装置（如横差动、内桥接线的过流和纵差动，主变压器纵差动、母线差动保护等）应先将该保护用的电流互感器二次引线断开并将二次短路，同时防止引至保护电流回路的引线电缆短路，此项操作应由继电保护专业人员执行。

（7）如果停电进行工作时，应事先检查电源是否已断开，确证无电后才可工作。在某些没有断开电源的设备（信号回路、电压回路等）处工作时，对可能碰及的部分，应将其包扎绝缘或隔离。

（8）如果工作中需要拆动螺丝、一次线、压板等，应先核对图纸，并做好记录或在设备上标上明显的标记（如塑料管或夹子等），工作完成后应及时恢复，并进行全面复查。

（9）需要拆盖检查继电器内部情况时，不允许随意调整机械部分。当调整的部分会影响其特性时，应在调整后进行电气特性试验。

（10）不准在运行中的保护屏上钻孔或敲打，如要进行，则必须采取可靠的安全措施，以防止运行中的保护装置误动作。

（11）在清扫运行中的二次回路时，应认真仔细，并使用绝缘工具（如毛刷的金属部分要用绝缘胶布包好或使用吸尘器等），特别注意防止碰撞二次设备元件。

（12）在继电保护屏间的过道上搬运或安放试验设备时，要注意与运行屏之间保持一定距离，以防止发生误碰或误动事故。

（13）凡用隔离开关辅助触点切换保护电压回路，在检修和调隔离开关及辅助触点时应退出保护装置。当切换回路发生异常现象时，应将有关保护装置退出运行并立即处理。禁止用短路或将切换继电器"卡死"的方法来使保护装置继续运行。

（14）当仪表与保护回路共用电流互感器二次绕组时，在对运行仪表检验时，禁止将保护回路短接。

（15）新设备和线路投运前，应退出同一电压等级的母线差动保护，经继电保护专业人员测量相位六角图和差电压后才能投运。

（16）二次回路工作结束后，应将结果详细地记录在继电保护记录本上。

复习思考题

1. 二次回路巡视检查内容。
2. 断路器控制回路的故障处理。
3. 二次回路上工作有哪些安全要求？

11　整流变电站综合自动化系统

为完成用户系统内各配电室之间及用户与供电系统之间信息的实时自动传输，终端用户及电力系统广泛采用了远动装置，它是终端用户及电力系统调度综合自动化的基础。目前铝电解供电整流系统已广泛采用了远动装置，以实时将变电站各类信息上传至供电局及电力调度中心。一个供电整流所往往集成大量的数据信息，通过远动装置、通信设备、监控设备及相应的组态系统来监测到各个设备的运行状况及运行数据，并进行必要的控制调节。

11.1　整流变电站综合自动化系统概述

11.1.1　基本功能

整流变电站综合自动化系统是利用先进的计算机技术、现代电子技术、通信技术和信息处理技术等实现对站内二次设备（包括继电保护、控制、测量、信号、故障录波、自动装置及远动装置等）的功能进行重新组合、优化设计，对站内全部设备的运行情况执行监视、测量、控制和协调的一种综合性的自动化系统。通过综合自动化系统内各设备间相互交换信息、数据共享，完成站内运行监视和控制任务。整流变电站综合自动化替代了站内常规二次设备，简化了变电站二次接线。变电站综合自动化是提高变电站安全稳定运行水平、降低运行维护成本、提高经济效益、向用户提供高质量电能的一项重要技术措施。

功能的综合是其区别于常规变电站的最大特点，它以计算机技术为基础，以数据通信为手段，以信息共享为目标，可实现以下基本功能：

（1）彩色屏幕在线动态显示功能（包括主接线运行状态在线显示及有关主要运行参数的动态显示）。

（2）事故顺序记录与事故追忆功能。

（3）定时制表打印与召唤打印功能。

（4）有载调压变压器电压分接开关自动升降调节功能。

（5）事故处理方法提示功能。

（6）设备的远方操作功能。

（7）典型操作票存储与打印功能。

（8）五防顺序闭锁功能。

11.1.2　基本特征

（1）功能实现综合化。变电站综合自动化技术是在微机技术、数据通信技术、自动化技术基础上发展起来的。它综合了变电站内除一次设备和交、直流电源以外的全部二次设备。监控系统综合了站内仪表屏、操作屏、模拟屏、中央信号系统、远动监控功能。微机保护和监控系统综合了故障录波、故障测距、小电流接地选线、自动减载等自动装置功能。

（2）系统构成模块化。保护、控制、测量装置的数字化（采用微机实现，并具有数字化通信能力）有利于把各功能模块通过通信网络连接起来，便于接口功能模块的扩充及信息的共享。另外，模块化的构成，方便变电站实现综合自动化系统模块的组态，以适应工程的集中式、分部分散式和分布式结构集中式组屏等方式。

（3）结构微机化、分布分层化。综合自动化系统是一个分布式系统，其中微机保护、数据采集和控制以及其他智能设备等子系统都是按分布式结构设计的，每个子系统可能有多个 CPU 分别完成不同的功能，由庞大的 CPU 群构成了一个完整的、高度协调的有机综合系统。综合自动化系统一般分成三层，即管理层、站控层和间隔层。

（4）操作与监视屏幕化。变电站实现综合自动化后，运行人员可在中央控制室或调度室内，面对彩色屏幕显示器，对变电站的设备和输电线路进行全方位的监视和操作。

（5）通信局域网络化、光纤化。计算机局域网络技术和光纤通信技术在综合自动化系统中得到普遍应用。光纤的采用使综合自动化系统抗干扰能力大大提高，能够实现数据的高速传输，满足实时性要求，组态更灵活，易于扩展。

（6）运行管理智能化。智能化不仅表现在常规自动化功能上，还表现在能够在线自诊断，并将诊断结果送往远方中央控制室或调度室，替代了传统的人员现场检查方式。

（7）测量显示数字化。采用微机监控系统，常规的仪表测量被 CRT 显示器代替。人工抄写记录由打印机代替。

11.1.3 综合自动化技术

变电站综合自动化是多专业性的综合技术，它以微计算机为基础，实现了对变电站传统的继电保护、控制方式、测量手段、通信和管理模式的全面技术改造，实现了电网运行管理的一次变革。具体来说，变电站综合自动化系统的基本功能主要体现在微机保护、安全自动控制、远动监控、通信管理四大子系统的功能中。

11.1.3.1 微机保护子系统

微机保护包括全变电站主要设备和输电线路的全套保护：
（1）高压输电线路的主保护和后备保护；
（2）主变压器的主保护和后备保护；
（3）无功补偿电容器组的保护；
（4）母线保护；
（5）配电线路的保护。

微机保护子系统中的各保护单元，除了具有独立、完整的保护功能外，还必须满足以下要求，也即必须具备以下附加功能：

（1）满足保护装置快速性、选择性、灵敏性和可靠性的要求，它的工作不受监控系统和其他子系统的影响。为此，要求保护子系统的软、硬件结构要相对独立，而且各保护单元，例如变压器保护单元、线路保护单元、电容器保护单元等，必须由各自独立的 CPU 组成模块化结构；主保护和后备保护由不同的 CPU 实现，重要设备的保护，最好采用双

CPU 的冗余结构，保证在保护子系统中如有一个功能部件模块损坏，只影响局部保护功能而不能影响其他设备。

（2）存储多套保护定值和定值的自动校对，以及保护定值、功能的远方整定和投退。

（3）具有故障记录功能。当被保护对象发生事故时，能自动记录保护动作前后有关的故障信息，包括故障电压电流、故障发生时间和保护出口时间等，以利于分析故障。在此基础上，尽可能具备一定的故障录波功能，以及录波数据的图形显示和分析，这样更有利于事故的分析和尽快解决。

（4）具有统一时钟对时功能，以便准确记录发生故障和保护动作的时间。

（5）故障自诊断、自闭锁和自恢复功能。每个保护单元应有完善的故障自诊断功能，发现内部有故障，能自动报警，并能指明故障部位，以利于查找故障和缩短维修时间，对于关键部位故障，例如 A/D 转换器故障或存储器故障，则应自动闭锁保护出口。如果是软件受干扰，造成"飞车"软故障，应有自启动功能，以提高保护装置的可靠性。

（6）通信功能。各保护单元必须设置有通信接口，与保护管理机或通信控制器连接。保护管理机（或通信控制器）在自动化系统中起承上启下的作用。把保护子系统与监控系统联系起来，向下负责管理和监视保护子系统中各保护单元的工作状态，并下达由调度或监控系统发来的保护类型配置或整定值修改等信息；如果发现某一保护单元故障或工作异常，或有保护动作的信息，应立刻上传给监控系统或上传至远方调度端。

11.1.3.2　安全自动控制子系统

为了保障电网的安全可靠经济运行和提高电能质量，变电站综合自动化系统中根据不同情况设置有相应安全自动控制子系统，主要包括以下功能：

（1）电压无功自动综合控制；

（2）低周减载；

（3）备用电源自投；

（4）小电流接地选线；

（5）故障录波和测距；

（6）同期操作；

（7）"五防"操作和闭锁；

（8）声音图像远程监控。

"五防"操作和闭锁，即防止带负荷拉合刀闸；防止误入带电间隔、防止误分、合断路器；防止带电挂接地线；防止带地线合刀闸。由于具有较强的独立性，一般由独立厂家生产，与保护监控仅存在通信联系，所以这里不再详述。

11.1.3.3　远动监控子系统

远动监控子系统应取代常规的测量系统，取代指针式仪表；改变常规的操作机构和模拟盘，取代常规的告警、报警、中央信号、光字牌等；取代常规的远动装置等。其功能应包括以下几部分内容。

A　数据采集变电站的数据包括模拟量、开关量和电能量

（1）模拟量的采集。变电站需采集的模拟量有系统频率、各段母线电压、进线线路电

压、各断路器电流、有功功率、无功功率、功率因数等。此外，模拟量还有主变油温、直流合闸母线和控制母线电压、站用变电压等。

（2）开关量的采集。变电站需采集的开关量有断路器的状态及辅助信号、隔离开关状态、有载调压变压器分接头的位置、同期检测状态、继电保护及安全自动控制装置信号、运行告警信号等。

（3）电度量的采集。变电站综合自动化系统中，电度量采集方式包括脉冲和 RS485 接口两种，对每个断路器的电能采集一般不超过正反向有功、无功 4 个电度量，若希望得到更多电度量数据，应考虑通过独立的电量采集系统。

B　事件顺序记录 SOE

事件顺序记录 SOE（sequence of events）包括断路器跳合闸记录、保护动作顺序记录，并应记录事件发生的时间（应精确至毫秒级）。微机保护和远动监控系统必须有足够的内存，能存放足够数量或足够长时间段的事件顺序记录，确保当后台监控和远方集中控制主站设备故障或通信中断时，不丢失事件信息。详细指标见调度自动化规范。

C　操作控制功能

操作人员应可通过远方或当地显示屏幕对断路器和电动隔离开关进行分、合操作，对变压器分接开关位置进行调节控制。为防止计算机系统故障时无法操作被控设备，在设计时，应保留人工直接跳、合闸手段。对断路器的操作应有以下闭锁功能：

（1）断路器操作时，应闭锁自动重合闸。

（2）当地进行操作和远方控制操作要互相闭锁，保证只有一处操作，以免互相干扰。

（3）根据实时信息，自动实现断路器与隔离开关间的闭锁操作。

（4）无论是当地操作还是远方操作，都应有防误操作的闭锁措施，即要收到返校核信号后，才执行下一项；必须有对象校核、操作性质校核和命令执行三步，以保证操作的正确性。

D　机联系功能、数据处理与记录功能、打印功能

这几项功能与调度主站基本类似，这里不再赘述。

11.1.3.4　通信管理子系统

综合自动化系统的通信管理功能包括三方面内容：一是各子系统内部产品的信息管理；二是主通信控制器（管理机）对其他公司产品的信息管理；三是主通信控制器（管理机）与上级调度的通信。

A　与上级调度的通信

变电站综合自动化系统应具有与电力调度中心通信的功能，而且每套综合自动化系统应仅有一个主通信控制器完成此功能。对 110kV 及以下中低压变电站，厂家的通信控制器即为主通信控制器；对 220kV 及以上高压变电站，目前采用保护、远动监控独立的系统模式，且大多属于两个厂家的产品，此时一般远动监控厂家的通信控制器即作为主通信控制器。

主通信控制器与调度中心的通信通道目前主要有载波通道、微波通道、光纤通道。而且对重要变电站，为了保证对变电站的可靠监控，常使用两条通道冗余设置、互为备用。载波通道一般采用 300bps 或 600bps，也有特殊要求 1200bps 的情况；微波通道、光纤通道

可达到 9600bps。现在越来越多的地方在逐步实施光纤通信手段。

　　B　对其他公司产品的信息管理

变电站综合自动化系统技术涉及面广、各子系统间功能要求差异大，现在大多数厂家不能全部提供满足其中各种功能和不同用户需求的产品。所以根据变电站综合自动化优化资源、信息共享的目的，这就必然要求主通信控制器对其他公司的产品进行通信和管理。

主通信控制器对其他公司产品的信息管理一般包括保护和安全自动装置信息的实时上传、保护和安全自动装置定值的召唤和修改、电子式多功能电能表的数据采集、智能交直流屏的数据采集、向"五防"操作闭锁系统发送断路器刀闸信号（根据系统设计要求接收其闭锁信号）、其他智能设备的数据采集、所有设备的授时管理和通信异常管理。

　　C　子系统内部产品的信息管理

子系统内部产品的信息管理，即为综合自动化系统的现场级通信，主要解决各子系统内部各装置之间及其与通信控制器（管理机）间的数据通信和信息交换问题，它们的通信范围是变电站内部。对于集中组屏的综合自动化系统来说，实际是在主控室内部；对于分散安装的自动化系统来说，其通信范围扩大至主控室与子系统的安装地，最大的可能是开关柜间，即通信距离加长了。

11.2　综合自动化系统的结构

与变电站传统电磁式二次系统相比，在体系结构上，变电站综合自动化系统增添了变电站主计算机系统和通信控制管理两部分；在二次系统具体装置和功能实现上，计算机化的二次设备代替和简化了非计算机设备，数字化的处理和逻辑运算代替了模拟运算和继电器逻辑；在信号传递上，数字化信号传递代替了电压、电流模拟信号传递。变电站自动化系统与传统变电站二次系统相比，数字化使数据采集更精确、传递更方便、处理更灵活、运行维护更可靠、扩展更容易。

11.2.1　变电站综合自动化系统的体系结构

变电站综合自动化的体系结构如图 11-1 所示。这种结构有庞大的 CPU 群构成了一个完整的、高度协调的有机综合（集成）系统。这样的综合系统往往有几十个甚至更多的

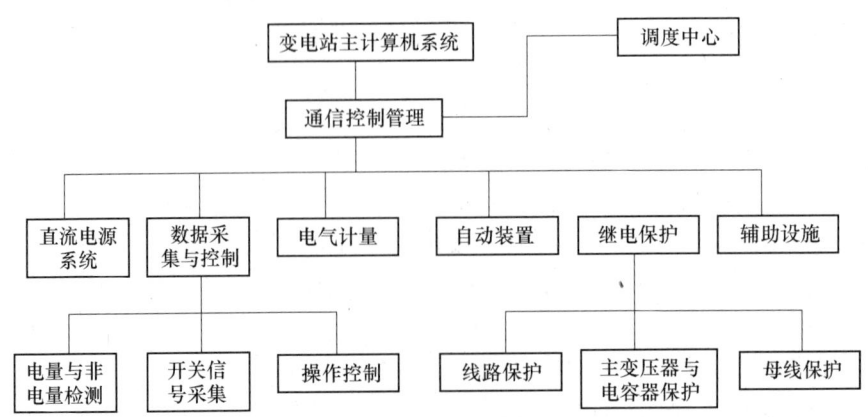

图 11-1　综合自动化系统体系结构

CPU 同时并列运行（计算机局域网），以实现变电站自动化的所有功能。

其中，数据采集和控制、继电保护、直流电源系统构成整个系统的基础。它替代变电站电磁式二次系统，对变电站运行进行自动监视、测量、控制和协调以及与远方调度控制中心通信。通信控制管理承担变电站内各子系统的信息交换和与调度中心的联系，改变了传统继电保护装置不能与外界通信的缺陷。变电站主计算机系统对整个自动化系统进行协调、管理和控制。整个系统可以收集到较齐全的数据和信息，有计算机高速计算能力和判断功能，可以方便地监视和控制变电站内各种的运行机制及操作。

11.2.2 变电站综合自动化系统的硬件结构

变电站综合自动化硬件结构有几个常见的结构模式。

11.2.2.1 集中式综合自动化系统

集中式结构的综合自动化系统，指采用不同档次的计算机，扩展其外围接口电路，集中采集变电站的模拟量、开关量和数字量等信息，集中进行计算与处理，分别完成微机监控、微机保护和一些自动控制等功能（图 11-2）。

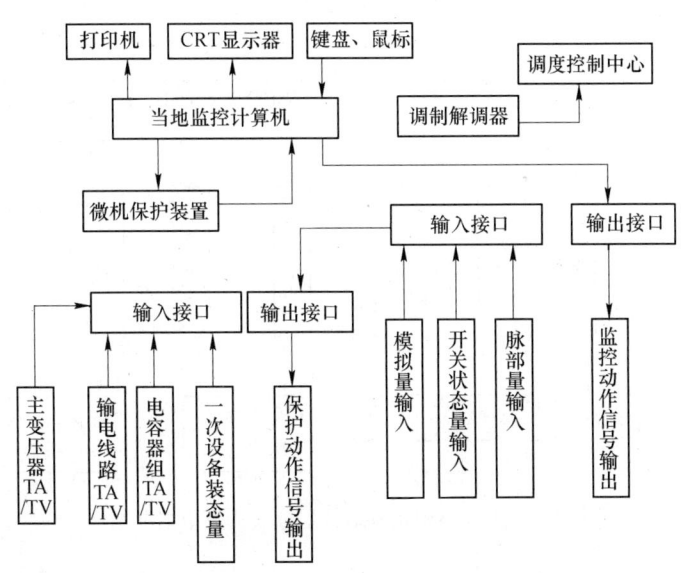

图 11-2 集中式变电站综合自动化系统结构

集中式结构主要的缺点是：

（1）每台计算机的功能较集中，如果一台计算机出故障，影响面大。

（2）软件复杂，修改工作量大，系统调试麻烦。

（3）组态不灵活，影响批量生产，不利于推广。

（4）集中式保护与长期以来采用一对一的常规保护相比，不直观，不符合运行和维护人员的习惯，调试和维护不方便，程序设计麻烦，只适合于保护算法比较简单的情况。

11.2.2.2　分层（级）分布式系统集中组屏的综合自动化系统

A　分层分布式结构的概念

所谓分层式结构，是将变电站信息的采集和控制分为管理层、站控层和间隔层三个级分层布置。

间隔层按一次设备组织，一般按断路器的间隔划分，有测量、控制和继电保护三个部分。

站控层的主要功能就是作为数据集中处理和保护管理，担负着上传下达的重要任务。

管理层由一台或多台微机组成，这种微机操作简单方便，界面汉化，使运行值班人员极易掌握。

B　中、小型变电站的分层分布式集中组屏结构

这种结构如图 11-3 所示。

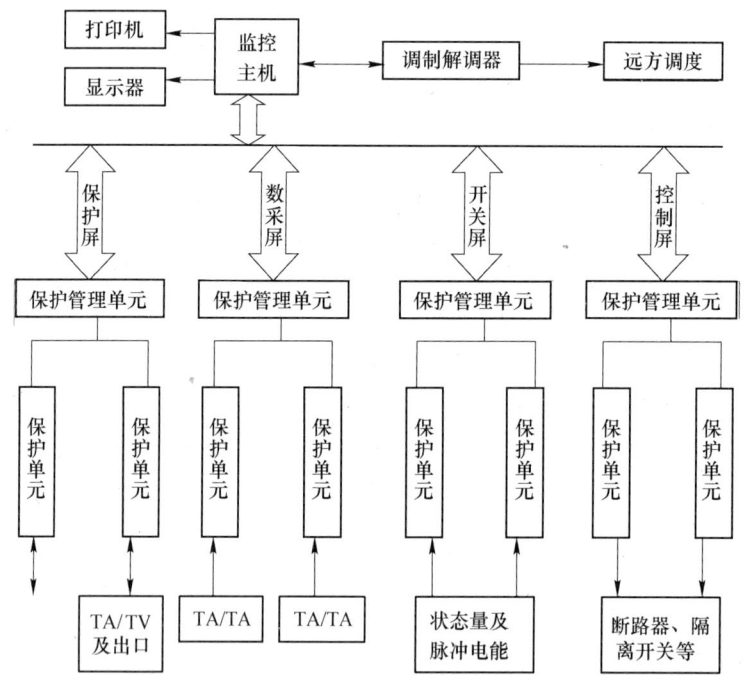

图 11-3　中、小型变电站分层分布式集中组屏结构

C　大型变电站的分层分布式集中组屏结构

这种结构如图 11-4 所示。

D　分层分布式集中组屏综合自动化系统结构特点

（1）可靠性高，可扩展性和灵活性高。

（2）二次电缆大大简化，节约投资，简化维护量。

（3）分布式系统为多 CPU 工作方式，各装置都有一定数据处理能力，从而减轻了主控制机的负担。

（4）继电保护相对独立。

（5）具有与系统控制中心通信功能。

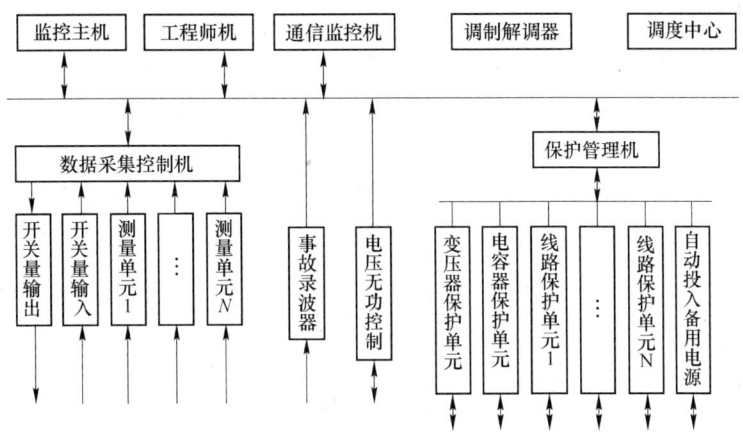

图 11-4 大型变电站分层分布式集中组屏结构

（6）适合于老站改造。

其主要缺点是安装时需要的控制电缆较多，增加了电缆投资。

11.2.2.3 完全分散式变电站综合自动化系统结构

这种结构如图 11-5 所示。

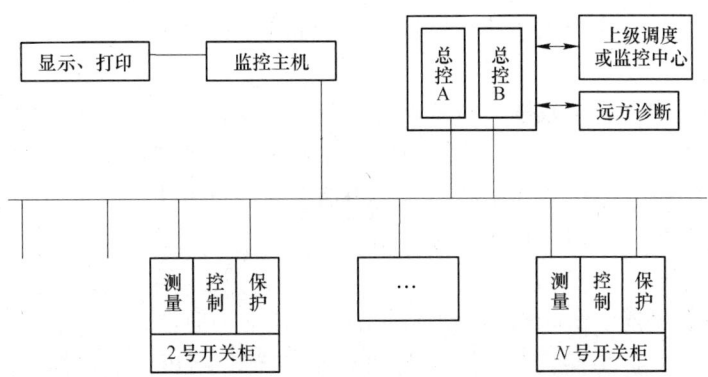

图 11-5 完全分散式变电站综合自动化系统结构

分层分散式结构的变电站综合自动化系统的主要优点：

（1）简化变电站二次部分配置，缩小控制室的面积。

（2）减少了施工和设备安装工程量。

（3）简化了变电站二次设备之间的互连线，节省了大量连接电缆。

（4）分层分散式结构可靠性高，组态灵活，检修方便。

11.2.3 某整流变电站综合自动化系统简介

11.2.3.1 系统结构

综合自动化系统贯彻集中监视、分级控制的理念，分为两层：综合监控层和设备控制层，如图11-6所示。

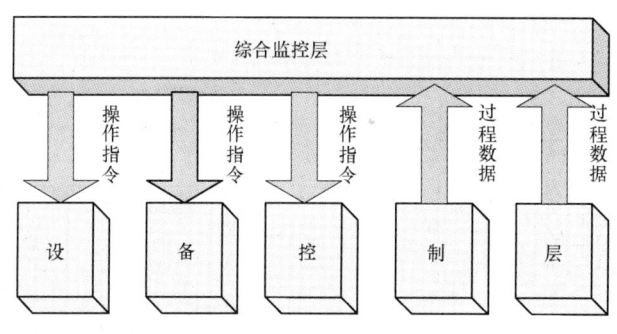

图 11-6　系统总体架构

A　综合监控层

综合自动化系统主控层采用工业级双以太网络，配置 2 台冗余实时数据服务器、2 台冗余历史数据服务器，负责现场的各类数据的采集、分析、处理、命令的发布、数据库的建立及管理；配置 2 个整流所工作站负责整流所日常运行操作及设备检修工作；配置 2 个电解槽控工作站负责电解车间日常运行生产的辅助管理工作；配置 1 个公用系统工作站负责全厂公用系统（如空压站、烟气净化等专业）的日常运行监视工作；配置 1 个工程师站负责综合自动化系统维护、诊断工作；配置 1 个视频工作站负责整流所和电解车间运行设备的视频监控；配置 2 台公用系统通信管理机负责与智能设备的通信连接等。

B　设备控制层

它包括整流所自动化子系统、电解槽控子系统、视频监控子系统、智能蓄电池维护子系统、一次设备状态监测系统等，通过对现场作业环境、生产过程的实时监测和控制，为整个系列的综合自动化系统提供生产实时过程信息。并对重要数据分析处理后，实现基于专家系统的智能告警等功能（图 11-7）。

C　整流所监控子系统

整流子系统结构层次清晰简洁，分为三层：主控层、通信管理层和现场控制层。现场控制层设备以微机保护装置、整流控制柜 PLC 及整流 6 + 1PLC 负反馈双闭环稳流调节系统为核心，通过通信线路将整流所的控制、保护、测量计算、一次设备状态监测等信息一并接入通信管理层冗余主备的两台通信管理机 NSC2200E，且单台机组及公用信息冗余主备的两台通信管理机独立运行，然后通信管理机将所有信息通过 104 通信协议转入主控层两台实时服务器，通过 HMI 界面方便直观的实现对设备及其运行状态的实时在线监测和信息共享。系统的通信方式主要采用网口通信，大大提高了通信速度和监控的实时性。

为了便于用户更好地监控系统，组态工具 PSCADA 模块配有趋势人机界面、报表生成、过程报警以及相关事故推动大屏幕展示等功能，并配给相关录波设备，实现历史数据和视频的存储，为生产状况分析，先进/优化控制以及生产事故分析提供可靠依据。

整流所系列监控系统配置 3 个整流所监控子系统工作站，其中 2 个负责监控整流所专业，1 个负责监控公用系统专业。

D　电解系列监控子系统

电解槽控子系统由 6 个监控分系统构成，每个分系统包括 48 台槽控机，以光纤方式

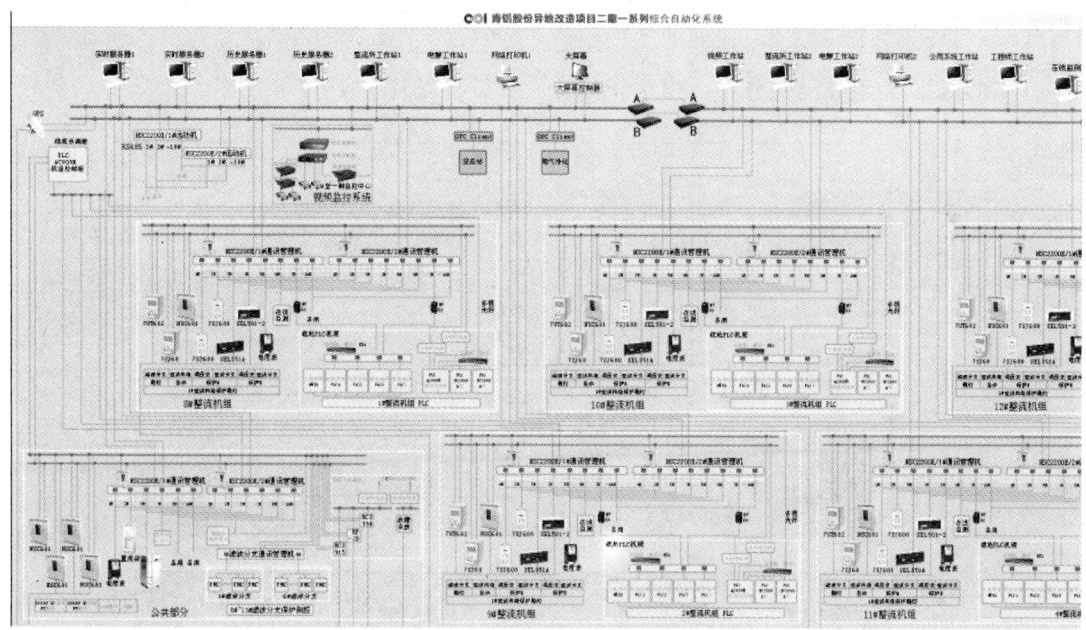

图 11-7   综合自动化系统框图示意图

接入电解系列综合监控系统，实现信息交互与共享。

每个分系统 48 台槽控机串接 CAN 网/以太网转换器，通过电解槽控通信机、以光纤方式接入系列综合监控系统，通信机同时向电解系列监控系统的实时数据库服务器上传数据。

每个工区设置一个通信屏，屏内有 Nematron 工控机、光电转换机、网络交换机、光纤熔接盒等设备。此外每个工区配置一台 52 英寸大屏幕显示器。

工控机作为工区工作站，其通过 A、B 双网与系列综合监控服务器连接、通过单独设置的 C 网显示工区视频画面。

E   视频监控子系统

在 330kV 露天变电站、整流变、整流机房、低压配电室、电解车间等关键场所安装监控高速球形摄像机或固定定焦摄像机，实现对重要设备、重要场所进行实时监控功能，管理部门可通过该系统对运行设备进行监视，对突发性异常事件的过程进行及时的监视和记忆，以提供高效及时的指挥和调度。视频监控子系统与综合监控系统无缝集成，实现信息的共享，有效提升系统的自动化程度。

F   智能蓄电池维护子系统

智能蓄电池维护子系统负责将 330kV 整流所蓄电池组的数据采集处理、状态监视和控制操作，同时通过通信的方式将整流所直流系统蓄电池组所有信息传送、汇总至综合自动化系统，供集中监视用。

智能蓄电池维护子系统包括采集模块、内阻模块、容量模块、控制模块、通讯单元、监测单元、服务器及智能蓄电池分析软件等。监测模块主要用于现场数据的显示，通信单元可以将除蓄电池数据之外的设备监测数据接入到系统中，例如直流屏数据、UPS 数据等。

11.2.3.2　软件结构

RT21-ISCS 采用分层、分布、模块化设计，其软件结构如图 11-8 所示。

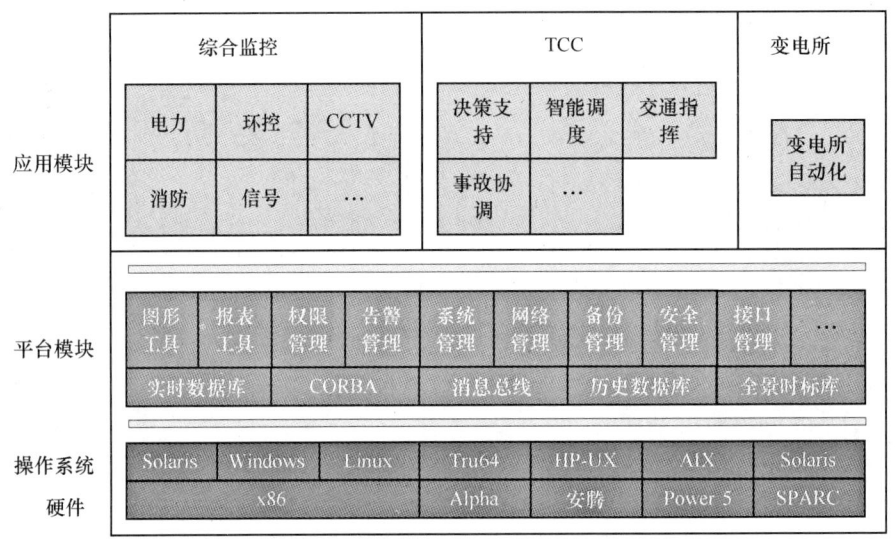

图 11-8　RT21-ISCS 软件结构

A　平台模块

将自主开发的软件模块与第三方商用软件进行整合，提供包括人机界面、实时数据库、商用数据库、网络通信、告警管理、冗余管理等通用软件功能在内的基础功能模块。平台模块为开发面向具体应用逻辑的应用模块提供统一、可靠、易用的接口，并可以通过配置及脚本语言，可以根据不同工程要求进行逻辑组成。

B　应用模块

它由多个处理具体应用逻辑的软件模块组成，不同的软件模块相互独立，提供相应子系统的数据处理及控制功能。

通过将不同的应用模块与平台模块组合，可以实现变电站自动化、综合监控及 TCC 的功能要求。

11.3　综合自动化系统通信网络

11.3.1　计算机网络

计算机网络，是指将地理位置不同的具有独立功能的多台计算机及其外部设备，通过通信线路连接起来，在网络操作系统，网络管理软件及网络通信协议的管理和协调下，实现资源共享和信息传递的计算机系统。

通俗地讲，计算机网络就是由多台计算机（或其他计算机网络设备）通过传输介质和软件物理（或逻辑）连接在一起组成的。总的来说，计算机网络的组成基本上包括计算机、网络操作系统、传输介质（可以是有形的，也可以是无形的，如无线网络的传输介质就是看不见的电磁波）以及相应的应用软件四部分。

11.3.2 计算机网络的主要功能

计算机网络的主要功能是实现计算机之间的资源共享、网络通信和对计算机的集中管理。此外还有负荷均衡、分布处理和提高系统安全与可靠性等功能。

11.3.2.1 资源共享

（1）硬件资源：包括各种类型的计算机、大容量存储设备、计算机外部设备，如彩色打印机、静电绘图仪等。

（2）软件资源：包括各种应用软件、工具软件、系统开发所用的支撑软件、语言处理程序、数据库管理系统等。

（3）数据资源：包括数据库文件、数据库、办公文档资料、企业生产报表等。

（4）信道资源：通信信道可以理解为电信号的传输介质。通信信道的共享是计算机网络中最重要的共享资源之一。

11.3.2.2 网络通信

通信通道可以传输各种类型的信息，包括数据信息和图形、图像、声音、视频流等各种多媒体信息。

11.3.2.3 分布处理

把要处理的任务分散到各个计算机上运行，而不是集中在一台大型计算机上。这样，不仅可以降低软件设计的复杂性，而且还可以大大提高工作效率和降低成本。

11.3.2.4 集中管理

计算机在没有联网的条件下，每台计算机都是一个"信息孤岛"。在管理这些计算机时，必须分别管理。而计算机联网后，可以在某个中心位置实现对整个网络的管理。如数据库情报检索系统、交通运输部门的订票系统、军事指挥系统等。

11.3.2.5 均衡负荷

当网络中某台计算机的任务负荷太重时，通过网络和应用程序的控制和管理，将作业分散到网络中的其他计算机，由多台计算机共同完成。

11.3.3 计算机网络的特点

11.3.3.1 可靠性

在一个网络系统中，当一台计算机出现故障时，可立即由系统中的另一台计算机来代替其完成所承担的任务。同样，当网络的一条链路出了故障时，可选择其他的通信链路进行连接。

11.3.3.2 高效性

计算机网络系统消除了中心计算机控制结构数据传输的局限性，并且信息传递迅速，系统实时性强。网络系统中互联的计算机能够相互传送数据信息，使相距很远的用户之间能够即时、快速、高效、直接地交换数据。

11.3.3.3　独立性

网络系统中互联的计算机是相对独立的，它们之间的关系是既相互联系，又相互独立。

11.3.3.4　扩充性

在计算机网络系统中，能够很方便、灵活地接入新的计算机，从而达到扩充网络系统功能的目的。

11.3.3.5　廉价性

计算机网络使微机用户也能够分享到大型机的功能特性，充分体现了网络系统的"群体"优势，能节省投资和降低成本。

11.3.3.6　分布性

计算机网络能将分布在不同地理位置的计算机进行互联，可将大型、复杂的综合性问题实行分布式处理。

11.3.3.7　易操作性

对计算机网络用户而言，掌握网络使用技术比掌握大型机使用技术简单，实用性也很强。

11.3.4　计算机网络的结构组成

一个完整的计算机网络系统是由网络硬件和网络软件组成的。网络硬件是计算机网络系统的物理实现，网络软件是网络系统中的技术支持。两者相互作用，共同实现网络功能。

网络硬件，一般指网络的计算机、传输介质和网络连接设备等。网络软件，一般指网络操作系统、网络通信协议等。

11.3.4.1　网络硬件的组成

计算机网络硬件系统是由计算机（主机、客户机、终端）、通信处理机（集线器、交换机、路由器）、通信线路（同轴电缆、双绞线、光纤）、信息变换设备（Modem，编码解码器）等构成。

A　主计算机

在一般的局域网中，主机通常被称为服务器，是为客户提供各种服务的计算机，因此对其有一定的技术指标要求，特别是主、辅存储容量及其处理速度要求较高。根据服务器在网络中所提供的服务不同，可将其划分为文件服务器、打印服务器、通信服务器、域名服务器、数据库服务器等。

B 网络工作站

除服务器外，网络上的其余计算机主要是通过执行应用程序来完成工作任务的，这种计算机称为网络工作站或网络客户机，它是网络数据主要的发生场所和使用场所，用户主要是通过使用工作站来利用网络资源并完成自己作业的。

C 网络终端

它是用户访问网络的界面，可以通过主机联入网内，也可以通过通信控制处理机联入网内。

D 通信处理机

一方面，它作为资源子网的主机、终端连接的接口，将主机和终端联入网内；另一方面它又作为通信子网中分组存储转发节点，实现分组的接收、校验、存储和转发等功能。

E 通信线路

通信线路（链路）是为通信处理机与通信处理机之间、通信处理机与主机之间提供通信信道。

F 信息变换设备

它对信号进行变换，包括调制解调器、无线通信接收和发送器、用于光纤通信的编码解码器等。

11.3.4.2 网络软件的组成

在计算机网络系统中，除了各种网络硬件设备外，还必须有网络软件。

A 网络操作系统

网络操作系统是网络软件中最主要的软件，用于实现不同主机之间的用户通信，以及全网硬件和软件资源的共享，并向用户提供统一的、方便的网络接口，便于用户使用网络。目前网络操作系统有三大阵营：UNIX、NetWare 和 Windows。目前，我国最广泛使用的是 Windows 网络操作系统。

B 网络协议软件

网络协议是网络通信的数据传输规范，网络协议软件是用于实现网络协议功能的软件。

目前，典型的网络协议软件有 TCP/IP 协议、IPX/SPX 协议、IEEE802 标准协议系列等。其中，TCP/IP 是当前异种网络互联应用最为广泛的网络协议软件。

C 网络管理软件

网络管理软件是用来对网络资源进行管理以及对网络进行维护的软件，如性能管理、配置管理、故障管理、计费管理、安全管理、网络运行状态监视与统计等。

D 网络通信软件

它是用于实现网络中各种设备之间进行通信的软件，使用户能够在不必详细了解通信控制规程的情况下，控制应用程序与多个站进行通信，并对大量的通信数据进行加工和管理。

E 网络应用软件

网络应用软件是为网络用户提供服务，最重要的特征是它研究的重点不是网络中各个独立的计算机本身的功能，而是如何实现网络特有的功能。

11.3.5　网络连接设备

11.3.5.1　网卡

网卡（网络适配器 NIC）是连接计算机与网络的基本硬件设备。网卡插在计算机或服务器扩展槽中，通过网络线（如双绞线、同轴电缆或光纤）与网络交换数据、共享资源。

由于网卡类型的不同，使用的网卡也有很多种。如以太网、FDDI、AIM、无线网络等，但都必须采用与之相适应的网卡才行。目前，绝大多数网络都是以太网连接形式，使用的便是与之配套的以太网网卡。

说明：网卡虽然有多种，但有一个共同点就是每块网卡都拥有唯一的 ID 号，也称 MAC 地址（48 位）。MAC 地址被烧录在网卡上的 ROM 中，就像我们每个人的遗传基因 DNA 一样，即使在世界范围内也绝不会重复。安装网卡后，还要进行协议的配置。例如，IPX/SPX 协议、TCP/IP 协议。

网卡的主要功能有两个，一是将计算机的数据进行封装，并通过网线将数据发送到网络上；二是接收网络上传过来的数据，并发到计算机中。

11.3.5.2　网络传输介质

传输介质就是通信中实际传送信息的载体，在网络中是连接收发双方的物理通路；常用的传输介质分为有线介质和无线介质两种。

有线介质，可传输模拟信号和数字信号（有双绞线、细/粗同轴电缆、光纤）；无线介质，大多传输数字信号（有微波、卫星通信、无线电波、红外、激光等）。

11.3.5.3　网络设备

A　集线器（HUB）

集线器是目前使用较广泛的网络设备之一，主要用来组建星形拓扑的网络。在网络中，集线器是一个集中点，通过众多的端口将网络中的计算机连接起来，使不同计算机能够相互通信。

B　交换机（switch）

交换机也是目前使用较广泛的网络设备之一，同样用来组建星形拓扑的网络。从外观上看，交换机与集线器几乎一样，其端口与连接方式和集线器也几乎一样，但是，由于交换机采用了交换技术，其性能优于集线器。

C　路由器（router）

路由器并不是组建局域网所必需的设备，但随着企业网规模的不断扩大和企业网接入互联网的需求，使路由器的使用率越来越高。路由器是工作在网络层的设备，主要用于不同类型的网络的互联。

D　调制解调器（modem）

调制解调器（modem，俗称"猫"）的功能就是将电脑中表示数据的数字信号在模拟电话线上传输，从而达到数据通信的目的。它主要由调制和解调两部分功能构成。调制是将数字信号转换成适合于在电话线上传输的模拟信号进行传输，解调则是将电话线上的模拟信号转换成数字信号，由电脑接收并处理。

11.3.6 网络通信协议

网络通信协议包括 IPX/SPX 协议、NETBEUI 协议、TCP/IP 协议（传输控制协议/网际协议），TCP/IP 协议。TCP/IP 协议是目前使用最广泛的协议，也是 Internet 上使用的协议。由于 TCP/IP 具有跨平台、可路由的特点，可以实现导构网络的互联，同时也可以跨网段通信。这使得许多网络操作系统将 TCP/IP 作为内置网络协议。组建局域网时，一般主要使用 TCP/IP 协议。当然，TCP/IP 协议相对于其他协议来说，配置起来也比较复杂，因为每个节点至少需要一个 IP 地址、一个子网掩码、一个默认网关、一个计算机名等。

11.3.7 网络操作系统

网络操作系统是网络用户与计算机网络之间的接口，是计算机网络中管理一台或多台主机的软硬件资源、支持网络通信、提供网络服务的程序集合。其功能有共享资源管理、网络通信、网络服务、网络管理、互操作能力。

11.4 综合自动化系统运行操作

后台监控系统是变电站自动化系统的重要组成部分，用于综合自动化变电站的计算机监视、管理、控制和操作。后台监控系统通过测控装置、保护装置以及变电站内其他微机化设备采集和处理变电站运行的各种数据，对变电站运行参数自动监视，按照运行人员的控制命令和预先设定的控制条件对变电站进行控制，为变电站运行维护人员提供变电站运行监视所需要的各种功能。

11.4.1 综合自动化运行管理

监控系统是把变电站中的中央信号、事故音响、运行数据、倒闸操作等功能综合起来，进行统一管理，将各种信息进行分析、筛选和归类，以利于进行正常的监控和操作。变电站综合自动化监控系统的运行管理可分为日常管理、交接班和倒闸操作管理、验收管理、事故异常管理。

11.4.1.1 日常管理

A 一般规定

（1）核对"四遥"即遥测、遥信、遥控、遥调的正确性。进行通信网络测试、标准时钟校对等维护，发现问题及时处理并做好记录。

（2）进行变电站例行遥控传动试验和对上级调度自动化系统信息及功能有影响的工作前，应及时通知有关的调度自动化值班人员，并获得许可。

（3）一次设备变更（比如设备的增减、主接线的变更、互感器变比改变等）后，修改相应的画面和数据等内容时，应以经过批准的书面通知为准。

（4）运行中严禁关闭监控系统报警音箱，应将音箱音量调至适中位置。

（5）未经调度或上级许可，值班人员不得擅自将监控系统退出（除故障外），如有设备故障退出，必须及时汇报调度员。

（6）"五防"解锁钥匙应统一管理，由上级主管授权使用。

（7）每隔半年将主机历史数据进行备份，该工作应由站长联系公司远动班完成，如条件允许，应采用磁盘阵列的方式进行备份。

（8）保持监督控制中心和周围环境的整齐清洁。

B　日常监控

监控系统的日常监控，是指以微机监控系统为主、人工为辅的方式，对变电站内的日常信息进行监视、控制，以掌握变电站一次主设备、站用电及直流系统、二次继电保护和自动装置等的运行状态，达到变电站正常运行的目的。日常监控是变电站最基本的一项工作，所有运行人员都必须了解微机监控系统日常监控的内容并掌握其操作方法。

监控系统的日常监视的内容：各子站一次主接线及一次设备；各子站继电保护及自动装置的投入情况和运行情况；电气运行参数（如有功功率、无功功率、电流、电压和频率等），各子站潮流流向；光字牌信号动作情况，并及时处理；主变分接开关运行位置；每小时查看日报表中各整点时段的参数（如母线电压、线路电流、有功及无功功率、主变温度，各侧电流、有功功率及无功功率等）；电压棒形图、各类运行日志；事故信号、预告信号试验检查；"五防"系统网络的运行状态；UPS 电源的运行情况；直流系统的运行情况。

C　操作监控

操作监控是指操作人员在变电站内进行倒闸操作、继电保护及自动装置的投退操作以及其他特殊操作工作时，监控人员对操作过程中监控系统的各类信息进行监视、控制，以保证各种变电设备及操作人员在操作过程中的安全。

操作监控的内容有一次设备的倒闸操作，继电保护及自动装置连接片的投退操作。

D　事故处理异常监控

事故监控是指变电站在发生事故跳闸或其他异常情况时，监控人员对发生事故或异常情况前后某一特定时间段内的信息进行监视、分析及控制，以迅速正确地判断、处理各类突发情况，使电网尽快恢复到事故或异常情况前的运行状态，保证本站设备安全可靠运行，确保整个系统的稳定。

事故监视的内容一般有主变压器、线路断路器继电保护动作跳闸处理的监视；主变压器过负荷的异常运行监视；主变压器冷却器故障的处理；主变压器油温异常的监控；各曲线图中超出上、下限值的监视及处理；音响失灵后监控；系统发生扰动后的监控；光字牌信号与事故、异常监控等。

11.4.1.2　交接班和倒闸操作管理

监控中心交接班与原常规站交接班内容基本相同，要明确设备运行方式、倒闸操作、设备检修、继电保护自动装置运行情况、设备异常事故处理、工作票执行情况等方面的内容。需要特别注意的有两项：网络的测试情况和所有工作站病毒检查情况。通信一旦中断或网络发生异常，监控中心对各变电站将会束手无策。倒闸操作一般应在就地监控微机上进行，监控值班人员在就地监控微机上进行任何倒闸操作时，仍要严格遵守《电业安全工作规程（发电厂和变电所电气部分）》（DL408—1991）的规定，一人操作，一人监护。监控值班人员必须按规定的权限进行操作，严禁执行非法命令或超出规定的权限进行操作。

11.4.1.3 验收管理

就地监控微机要求有与现场设备一致的一次主接线图，在图中可以调用和显示电压、负荷曲线、电压的棒形图或保护的状态，能对断路器进行控制，投退保护压板，调整主变分接头，查看历史数据等功能。要在日常的运行中获得可靠的信息，初期的验收主要有遥测量（YC）、遥信量（YX）、遥控量（YK）、遥调量（YT）四个方面的内容。

A 遥测量

遥测量是指信息收集和执行子系统收集到的，反映电力系统运行状态的各种运行参数（基本上是模拟量）。

正常的遥测量数据包括：主变压器各侧的有功及无功功率、电流、变压器的上层油温；线路的有功及无功功率、电流（220kV 以上线路三相电流）；母线分段开关的有功功率、电流；母线电压、零序电压（3UO）；电容器的无功功率、电流；消弧线圈的零序电流；直流系统的浮充电压、蓄电池端电压、控母电压、合母电压、充电电流；站用变的电压、系统频率。这些正常的遥测数据，测量误差应小于 1%，在验收时要逐一核对，根据现场情况尽可能在送电前完成。

B 遥信量

遥信量是指反映电力系统结构状态的各种信息，是开关量（需经隔离才能送入远动装置）。

遥信量数据包括：开关位置信息；开关远方/就地切换信号；开关异常闭锁信号、操作机构异常信号、控制回路断线信号；保护动作、预告信号、保护装置故障信号；主变压器有载分头位置、油位异常信号、冷却系统动作信号、主变压器中性点接地隔离开关与运行方式改变有关的隔离开关位置信号；自动装置投切、动作、故障信号（即 DZJZ，备用电源装置）；直流系统故障信号，现场手动操作解除闭锁系统信号；全站事故总信号、预告总信号、各段母线接地信号、重合闸动作信号、远动终端下行通道故障信号、消防及安全防范装置动作信号（火灾报警）。

遥信量的选择并不是越多越好，对重要的与不重要的应加以区分。应选择重要的保护与开关量信息，当一次系统发生事故时，会有大量的数据，如果不进行选择会影响对事故的正确判断及对事故的快速反应。也可增加相应的特殊信号或对一些遥信量进行合并，运行人员应清楚合并的信号是哪几个信号，如控制回路断线、机构异常等。

C 遥控量

遥控量是指改变设备运行状况的控制命令，包括开关分、合；变压器中性点地刀分、合；保护软压板的投、解。要求遥控量的传输可靠。验收时要核对正确性，还需采取一些必要的措施，尤其是第一次控制开关（就地微机、监控微机数据库有变化时）现场要有防误控的措施，把运行设备的远方/就地开关切换至就地。设备只要有检修时，就要对开关遥控进行分、合测试，以保证其正确性。

D 遥调量

遥调量是指连续或断续改变设备运行参数的有关信息，如变压器的分接头等。验收时分接头位置指示应与实际相符，调升命令下达后变压器分接头应该升。

11.4.1.4 事故异常管理

监控系统的故障处理或事故抢修应等同于电网一次设备的故障处理或事故抢修。变电站现场事故处理预案中要加入监控系统部分。监控系统设备出现严重故障或异常，影响到电气设备操作的安全运行时，按事故预案处理，并加强对电网一次、二次设备的监视，以避免出现电网事故或因监视不力危及设备和电网安全。同时立即汇报调度和本部门分管领导，确定抢修方案，统一安排处理。

监控机发出异常报警时，监控人员应及时检查，必要时检查相应的一、二次设备。监控系统主机故障，备用机若不能自动切换时，应及时向调度和有关部门汇报，尽快处理。在监控系统退出期间，运行人员应加强对一、二次设备的巡视，及时发现问题。在处理事故、进行重要测试或操作时，有关二次回路上的工作必须停止，运行人员不得进行运行交接班。监控系统设备永久退出运行，设备维护单位需向上级调度自动化管理部门提出书面申请，经自动化主管领导批准后方可进行。

11.4.2 系统操作

以某铝厂 RT21-ISCS 整流监控系统为例，简要说明其后台的基本操作。

11.4.2.1 登录界面

综合自动化系统用户均有相应的访问权限，各级访问权限不同，相对应的操作内容也不一样，各级操作有相对应的用户名和密码。一般访问权限分三级，即工程师、值班长、班员。工程师属于超级用户，访问权限较大，其有值班长、班员的全部权限并可以对系统参数等数据进行更改。值班长的权限相对较少，可以对一些设备操作进行监护和调取、修改部分参数；班员的权限是可以进行设备操作，但必须经班长许可。登录界面如图 11-9 所示。

系统通过用户名、密码及分配操作权限来实现安全管理。所有用户都必须经过登录过程才能访问系统。

主登录界面共有下列四个输入区域：

（1）用户名；

（2）用户组；

（3）密码；

（4）登录时间（预定义时间、自定义时间）。

操作员输入用户名后，系统将根据用户名自动显示出本用户所属的所有用户组。

每个用户对于所有用户组只用设置一个密码。密码最长支持 32 个字符。为了提高系统的安全性，可以定义一个安全策略，对密码字符的最小长度、最少包含的数字数、

图 11-9 登录界面

最少包含的字母数和账户锁定阈值分别进行约束。当用户输入密码错误超过账户锁定阈值时，该用户账户将会自动锁定。被锁定的账户将在超过锁定时长后自动解除或者由系统管理员手动解除。

登录时间用于限制用户进入 HMI 的时间，时间段可选择：预定义时间（9h、4h、16h、24h、30min、不限制）和自定义时间，选择自定义时间后，操作员可以输入任意的登录时间。登录时间默认为 9h。在距离结束时间前 5min，HMI 将自动弹出提示对话框，提醒用户的登录时间即将到达。当操作时间结束时，HMI 将自动进入锁屏状态。

登录完成后，进入图形界面，如图所示，界面下方分为三栏菜单键，分别为导航栏、工具栏、图形栏。

11.4.2.2　菜单键

A　导航栏

系统界面导航栏如图 11-10 所示。

图 11-10　导航栏

（1）系统总貌：系统总连接图；
（2）运行管理：运行总监控画面；
（3）设备管理：设备监控参数；
（4）视频：摄像头屏幕；
（5）统计管理：运行参数统计。

B　工具栏

系统界面工具栏如图 11-11 所示。

图 11-11　工具栏

（1）报警窗口：查看设备异常报警报文；
（2）事件查询：调阅历史事件报文信息；
（3）用户信息：登录用户个人信息；
（4）注销：注销计算机；
（5）大屏：将监控机图像投影到大屏幕；
（6）退出：退出综合自动化系统。

C　图形栏

系统界面工具栏如图 11-12 所示。

图 11-12　图形栏

（1）放大：![icon]；

（2）缩小：![icon]；

（3）初始大小：![icon]；

（4）打印：![icon]；

（5）报警：![icon]。

11.4.2.3　某铝业整流所整流机组停送电操作

（1）在整流工作站上，打开整流所画面索引后，进入主操作界面（图 11-13）。

图 11-13　主操作界面

（2）进入整流所二期总图后，查看一次设备运行情况，明确需操作设备的状态（图 11-14）。

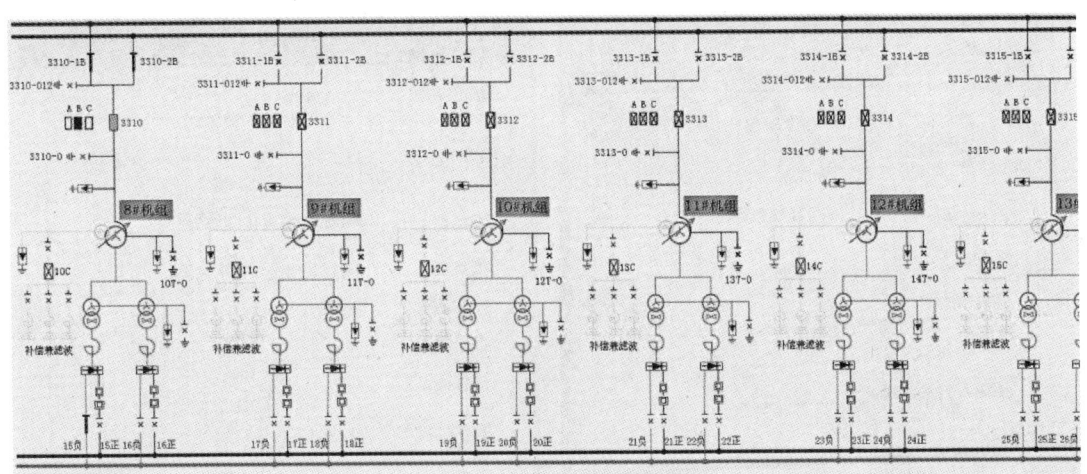

图 11-14　系列监视总图示意图

（3）进入需操作的单机组监控画面（图 11-15）。

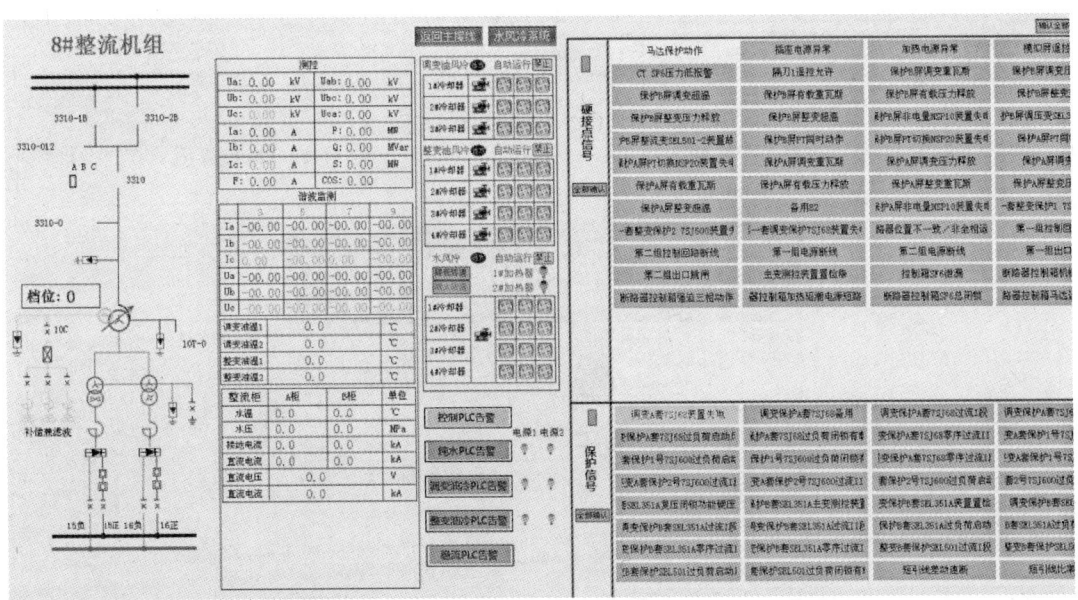

图 11-15　单机组监控画面示意图

（4）在 8 号整流机组画面上，分 8 号滤波装置 10C 断路器，检查确已断开。

（5）双击分 8 号滤波装置 10C 断路器，弹出遥控操作界面（图 11-16）。

（6）在此操作界面中输入开关编号，选择监控主机，待监控主机允许后操作，图 11-17 所示为监控界面。

（7）点击选择，待状态栏里面显示"遥控选择成功"后，点击执行后，即下发遥控命令，执行分 8 号滤波装置 10C 断路器。分 8 号滤波装置 10C 断路器，状态栏里面显示"遥控执行成功"后，即表示 8 号滤波装置 10C 断路器确已分开（图 11-18）。

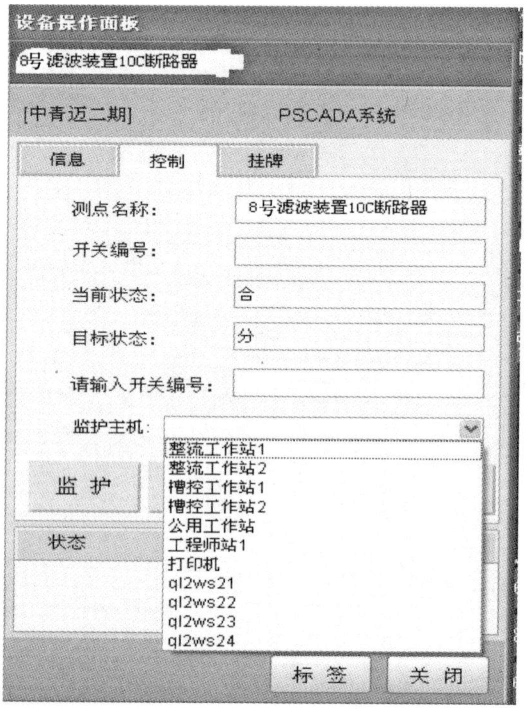

图 11-16　遥控操作界面

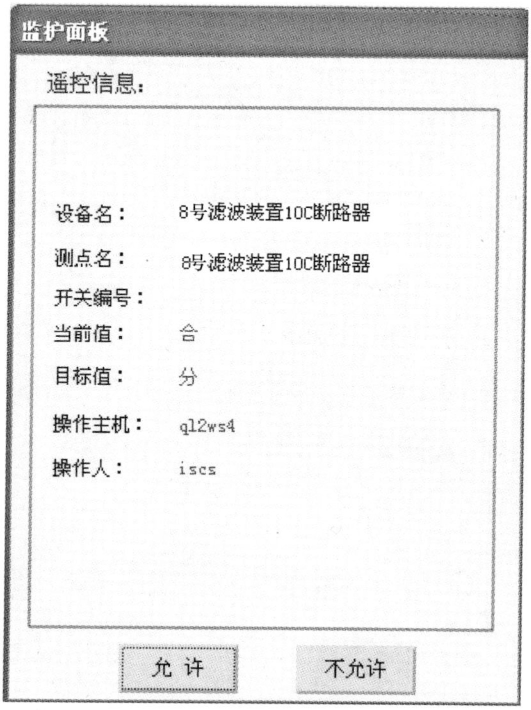

图 11-17　监控界面

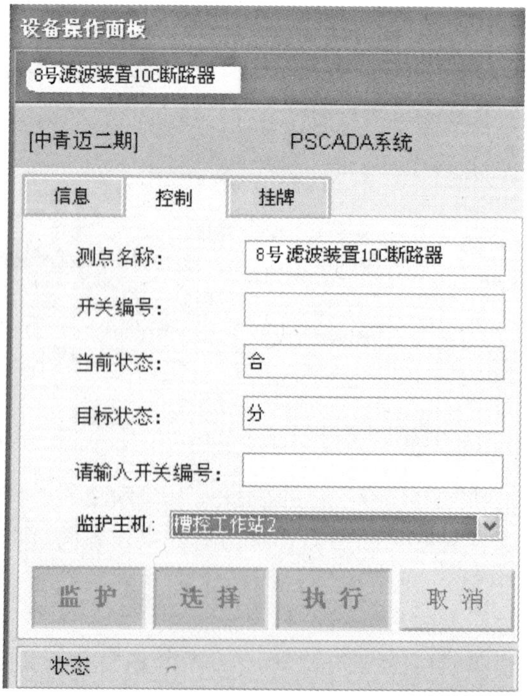

图 11-18　操作对话框

（8）再进入至330kV整流所二期稳流画面（图11-19）。

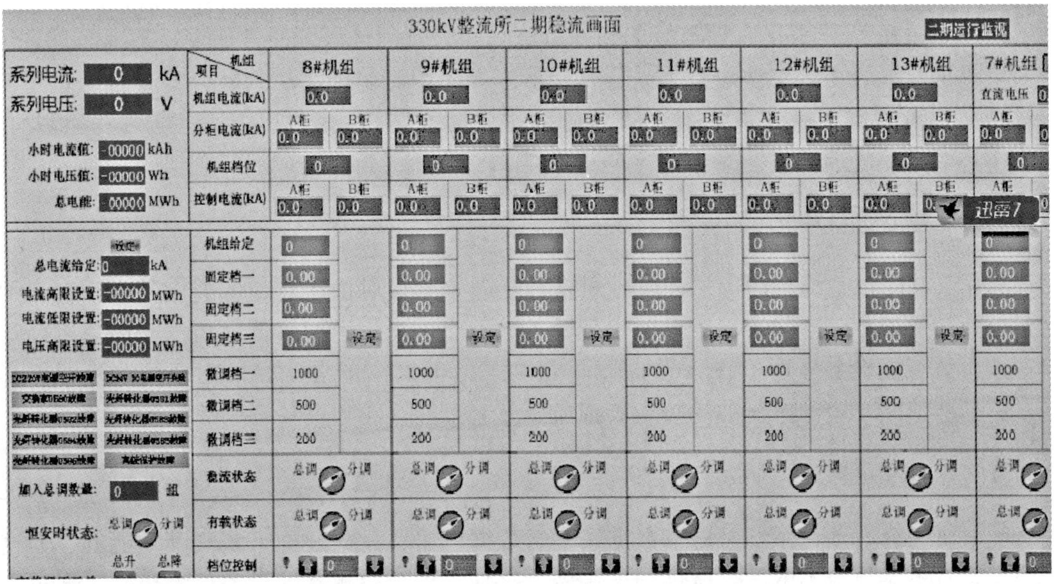

图11-19　稳流画面

（9）点击8号机组有载状态，将8号整流机组调变有载开关控制打至"分调"位。点击8号机组稳流状态，将8号整流机组稳流控制打至"分调"位。升8号整流机组调变挡位至95级。遥控操作步骤同上。

（10）按上述同样操作流程，在此画面上进行其他需操作设备的操作。待8号机组停送电操作结束后，在此画面监视确认一次设备运行情况。

11.5　综合自动化系统运行维护及故障处理

变电站综合自动化系统内的部件，尽管采用高可靠性的新型设备，但由于受设备的内部和外部因素的影响，难免会出现故障，因此，为了保证设备能稳定正常运行，必须合理、科学地做好日常维护工作。

11.5.1　变电所综合自动化系统的故障分析方法

11.5.1.1　整体分析法

变电所综合自动化系统主要有3个组成部分：站控层、间隔层、通信层。在处理系统故障时，必须要熟知系统是由哪些部分组成的，每部分的工作原理是什么，每个子部分都是由哪些主要设备所组成的，每台设备起什么作用等等。这就要求技术人员在日常工作中不断积累经验，对每一类设备的功能都要了如指掌，如果掌握了系统中每一台设备的作用，就能够判断出某一台设备失效将会给系统造成什么样的影响，反过来，也就可以判断当系统发生故障时可能是由哪一台设备发生故障引起的。整体分析法是一种逻辑推断法，它利用系统中各类设备之间的相关性与综合性原理，判断出系统所发生的故障。

11.5.1.2　简单排除法

简单排除法就是"非 A 即 B"的判断方法。因为自动化系统通常比较复杂，而且它还与变电站的一次设备、二次设备关系紧密，所以要先用简单排除法判断究竟是自动化系统中的 A 设备有故障还是 B 设备有故障，或者是 A 设备与 B 设备同时有故障，这就需要在工作中不断积累经验。

11.5.1.3　检查电源法

通常，自动化系统在运行了一段时间以后就进入了相对稳定期，各类设备由于自身原因发生故障的概率相对较小，若此时出现设备故障，应当先运用整体分析法与简单判断法确定发生故障的设备，再检查该设备的电源电压是否工作正常，如果出现线路板接触不良、熔断器熔断、电源电压波动较大等现象，就有可能会导致设备发生故障。

11.5.1.4　信号追踪法

变电所综合自动化系统是依靠数据采集、数据传输、数据处理来实现其功能的，而这些信号是看不见也摸不着的，需借助毫伏表、电脑、光纤检测器等设备检测出来，通过检测设备可以判断出信号在哪一段传输过程中出现异常，这样就可以有针对性地进行故障处理工作。

11.5.2　变电所综合自动化系统常见故障的处理

变电所综合自动化系统应该是连续工作的，如果发生故障应该及时处理使其尽快恢复正常。为此，变电所应当配有适当数量的设备备件以供应急之用。当判断出是哪一台设备出现故障，而一时又无法修复时，就应直接更换该设备，使自动化系统先恢复正常工作。

11.5.2.1　计算机死机或系统错误

因变电所微机监控程序出错、死机及其他异常情况产生的软件故障，一般的处理方法是将服务器重新启动。

11.5.2.2　通信柜电源故障

某一变电所通信中断后，首先要检查该变电所内通信柜电源指示是否正常，若无电源指示，应查看送通信柜电源的熔断器是否损坏，电源线是否松动，在确定故障后更换熔断器或压紧电源线，即可恢复正常工作。若通信柜的电源电压波动较大时，建议在通信柜中安装一台稳压器，减小电压波动。

11.5.2.3　通信设备故障

通信设备包括交换机、通信管理机以及光纤转换器，其中任何一个设备工作不正常都可能导致通信中断，在正常工作时，这些设备的信号指示灯均为有规律的闪烁状态，若指示灯保持常亮或无规律闪烁时，先将各设备的电源切断，再将主电源切断，随即恢复送电状态，将各设备重新启动，通信可恢复正常。若各设备重新启动后通信仍不正常，就采用笔记本电脑进行信号追踪，查明到底是哪个设备工作不正常，将该设备更换后通信可恢复正常工作。

11.5.2.4 通信线缆故障

光纤及 485 网线是通信系统中的传输线缆，它们出现断线或插头松动时也会造成通信中断，采用笔记本电脑或光纤测试仪进行信号追踪，可确定故障点。若由插头松动引起故障，可将 485 网线的水晶插头或光纤插头重新拔插一次，将插头扣紧。若 485 网线出现断芯问题，可重新制作网线将其更换，若光纤断芯，确定故障点后可制作光纤中间接头。

11.5.2.5 主机与备机相互切换的故障

主机与备机在同一个局域网内，原则上当主机出现问题后，备用机切换为主机。当 2 台电脑同时都为主机或主机与备机相互切换频繁时，需检查 2 台电脑间的 485 网线是否断线或水晶插头是否松动，重新制作网线将主机与备机相连接，先启动主机后启动备机，故障即可消除。

11.5.2.6 多功能表故障

整个变电所内只有某一回路的通信出现中断时，首先可排除是由于通信设备工作不正常所引起的故障，可检查该回路的通信电缆是否松动、断线，其次检查该回路多功能表的信号传输是否正常，查看多功能表内的站号设置与系统数据库内的站号是否一致，若由多功能表自身问题引起通信故障，可重新更换多功能表，设置参数后即可消除故障。

11.5.2.7 控制回路故障

对 35kV 侧和 6kV 侧供电系统出现控制回路断线故障，应考虑手车行程开关辅助接点是否变位，二次插头是否松动，TV 断线则考虑 TV 一、二次熔丝是否熔断，保险座是否松动。

11.5.3 变电所综合自动化系统的运行维护

(1) 认真做好日常巡检工作，检查各变电所通信管理柜内设备是否发热、插头是否松动，发现有设备或电路板出现问题，应仔细分析判断，不可轻易更换芯片，若确需更换时应注意不可在带电状态下插拔各类插件。

(2) 检查监控机的鼠标、键盘是否运用灵活，各连接线是否松动；各种数据量与状态量是否与实际运行情况相符；遥控执行情况是否良好；断路器动作是否正确；定期检查计算机是否有病毒侵入，系统运行是否良好。

(3) 定期对各变电所通信管理柜内设备进行清灰，以保证设备工作环境的清洁。

(4) 夏天时做好各变电所通信柜通风及降温工作，使通信设备的平均温度保持 25 ~ 35℃，如通信设备温度长期高于 40℃ 可能会造成通信紊乱。

(5) 雷雨季节应做好防雷工作，在各变电所通信管理设备的电路板上加装防雷电子设施。

(6) 变电所综合自动化系统的服务器一般都放置在主控室内，主控室内应做好防止电磁波干扰的工作，禁止人员在主控室内使用无线电话机、对讲机等。

（7）定期查看 GPS 时钟对时是否准确，使各台计算机都有统一的时间，以便准确记录发生故障和保护动作的时间。

（8）认真做好缺陷处理记录以及综合自动化系统数据库更改记录，做到系统每次发生变动都有据可查。

做好变电所综合自动化系统故障处理及日常维护工作，直接关系到电气设备的运行稳定性和电力系统的安全可靠性，所以，变电所的管理人员与值班人员应该在工作中不断积累经验，在第一时间内处理好自动化系统故障，确保电力系统的安全、稳定和可靠运行。

复习思考题

1. 什么是变电站综合自动化系统？
2. 综合自动化系统基本特征是什么？
3. 综合自动化系统基本功能有哪些？
4. 变电站综合自动化常见的硬件结构模式有哪些？
5. 计算机网络有哪些特点？
6. 变电所综合自动化系统的故障分析方法有哪些？

12 变电站直流操作电源系统

12.1 变电站直流系统设备的配置

变电站内的信号设备、继电保护及安全自动保护装置、事故照明、断路器的控制等，均采用专门的直流电源，电压一般为220V。

在变电所，广泛采用蓄电池作为直流操作电源。它是独立可靠的直流电源，在全所停电及母线短路的情况下，能保证迅速切除故障，确保安全运行。蓄电池以铅酸型为主，近几年来，多采用全密封免维护蓄电池，可减少运行维护量。

12.1.1 工作原理及配置

智能高频开关直流电源是由微机编程全智能管理与控制系统，图12-1为硬件逻辑方框图。主电路工作原理概述如下：

（1）充电模块在监控单元的智能程序监控下，对蓄电池进行智能充电、浮充电，完成符合蓄电池充电曲线特性的智能管理。也可以人工手动完成"均充/浮充"的转换。

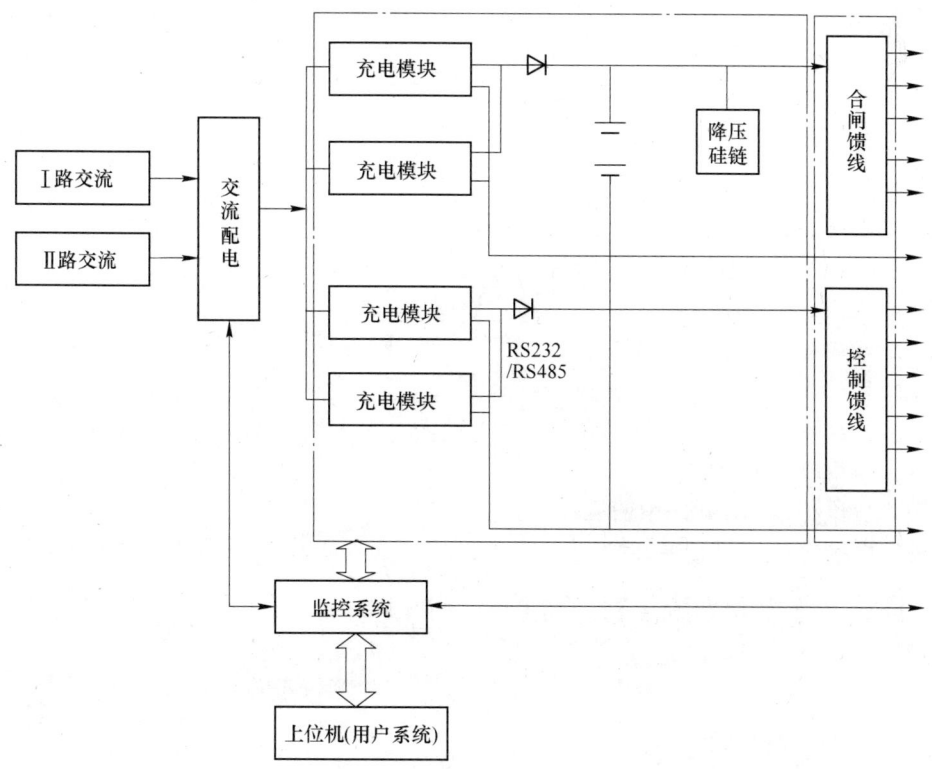

图12-1 硬件逻辑方框图

（2）蓄电池在正常工作情况下，长期运行在浮充电状态：

1）当断路器分、合闸时，由充电模块及蓄电池组并联提供瞬时分、合闸大电流；

2）当控制模块退出运行或设计中不选用控制模块时，由蓄电池及充电模块经压降硅链给控制负荷供电；

3）当交流断电时，所有用电负荷都由蓄电池供电。

（3）在下述情况下，充电装置将自动进入均充状态：

1）电池连续浮充720h以上；

2）交流电源失电时间超过10min，交流恢复供电时；

3）在均充状态下，如交流失电后恢复时，充电装置将继续工作在均充状态。

（4）正常运行时，监控系统的投入与退出不影响系统运行。当监控系统出现故障时，需将监控关电并退出，充电装置将工作在浮充状态。

（5）系统的工作电源是由控制母线提供给各功能单元的。

12.1.2　主要技术指标

（1）交流输入电压：380V±20%（三相）；

（2）交流电源频率：50Hz±10%；

（3）输入过压保护：456V±2V；

（4）输入欠压保护：304V±2V；

（5）输入电压范围：180～320V连续可调；

（6）输出限流：（30%～110%）；

（7）蓄电池容量：两组各300Ah（主控室直流屏），100Ah（10kV分配直流屏）；

（8）控制母线电压：220V±2.5%；

（9）输出模块间电流不平衡度：≤5%；

（10）稳流精度：≤±0.5%；

（11）稳压精度：±0.5%；

（12）功率因数：≥0.92；

（13）纹波系数：≤±0.1%；

（14）工作效率：≥0.94%；

（15）输出过压保护：320V±2V；

（16）输出欠压保护：180V±2V；

（17）绝缘强度：输出对地、输入对地、输入对输出施加2kV（AC），1min无闪络；

（18）整机噪声：≤55dB；

（19）通讯接口：RS485/RS232；

（20）防护等级：不低于IP20。

12.2　直流操作电源系统运行及维护

12.2.1　运行监视

12.2.1.1　绝缘状态监视

运行中的直流母线对地绝缘电阻值应不小于10MΩ。值班员每天应检查正母线和负母线对地的绝缘值。若有接地现象，应立即通知检修班寻找和处理。

12.2.1.2　电压及电流监视

对运行中的直流电源装置，运行人员主要监视交流输入电压值、充电装置输出的电压值和电流值，蓄电池组电压值、直流母线电压值、浮充电流值及绝缘电压值等是否正常。

12.2.1.3　信号报警监视

运行人员每班应对直流电源装置上的各种信号灯、声响报警装置进行检查。

12.2.1.4　自动装置监视

（1）检查自动调压装置是否工作正常，若不正常，启动手动调压装置，退出自动调压装置，通知检修人员进行检查。

（2）检查微机监控器工作状态是否正常，若不正常，应退出运行，通知检修人员检查调试。

12.2.1.5　直流断路器及熔断器监视

（1）在运行中，若直流断路器动作跳闸或者熔断器熔断，应发出报警信号。运行人员应通知检修人员尽快找出事故点，分析事故原因，立即进行处理和恢复运行。

（2）若需更换直流断路器或熔断器时，应按图纸设计的产品型号、额定电压值和额定电流值选用。

12.2.2　蓄电池组的运行方式及监视

铅酸蓄电池组在正常运行中以浮充电方式运行，浮充电压值一般控制为（2.23 ~ 2.28）$V \times N$、均衡充电电压值一般控制为（2.30 ~ 2.35）$V \times N$，在运行中主要监视蓄电池组的端电压值，浮充电流值，每只蓄电池的电压值、蓄电池组及直流母线的对地电阻值和绝缘状态。

12.2.2.1　铅酸蓄电池的充放电制度

A　恒流限压充电

采用 I_{10} 电流进行恒流充电，当蓄电池组端电压上升到（2.30 ~ 2.35）$V \times N$ 限压值时，自动或手动转为恒压充电。

B　恒压充电

在（2.30 ~ 2.35）$V \times N$ 的恒压充电下，I_{10} 充电电流逐渐减小，当充电电流减小至 $0.1I_{10}$ 电流时，充电装置的倒计时开始启动，当整定的倒计时结束时，充电装置将自动或手动地转为正常的浮充电运行，浮充电压值宜控制为（2.23 ~ 2.28）$V \times N$。

C　补充充电

为了弥补运行中因浮充电流调整不当造成的欠充，补偿不了由铅酸蓄电池自放电和爬电漏电造成蓄电池容量的亏损，根据需要设定时间（一般为 3 个月）充电装置将自动或手动进行一次恒流限压充电→恒压充电→浮充电过程，使蓄电池组随时具有满容量，确保运行安全可靠。

12.2.2.2　铅酸蓄电池的核对性放电

长期使用限压限流的浮充电运行方式或只限压不限流的运行方式，无法判断蓄电池的现有容量，内部是否失水或干裂。只有通过核对性放电，才能找出蓄电池存在的问题。

A　放电方法

有两组铅酸蓄电池，可先对其中一组蓄电池组进行全核对性放电，用 I_{10} 电流恒流放电，当蓄电池组端电压下降到 $1.8V \times N$ 时，停止放电，隔 1h 或 2h 后，再用 I_{10} 电流进行恒流限压充电→恒压充电→浮充电。反复 2 次或 3 次，蓄电池存在的问题也能查出，容量也能得到恢复。若经过 3 次全核对性放充电，蓄电池组容量均达不到额定容量的 80% 以上，可认为此组阀控蓄电池使用年限已到，应安排更换。

B　阀控蓄电池核对性放电周期

新安装或大修后的阀控蓄电池组，应进行全核对性放电试验，以后每隔 2 年或 3 年进行一次核对性试验，运行了 6 年以后的阀控蓄电池，应每年做一次核对性放电试验。

12.2.2.3　铅酸蓄电池的更换

（1）正常情况下，蓄电池（每组 6 节）的端电压应为 11～15V，低于 11V 或高于 15V 的电池不应再使用，应尽快更换；

（2）当某组蓄电池温度较高（≥45℃）时，应尽快更换。

12.2.2.4　铅酸蓄电池的维护

A　电池的外观

（1）电池表面。应定期清洁电池表面，检查电池是否有结晶现象，如果有结晶应检查结晶物质的可能来源。应清洁和检查：

1）电池。检查是否存在电解液的泄漏或痕迹，电池必须保持清洁和干燥。

2）电池架和抗振夹持系统。检查是否存在损坏部分（裂缝、断裂），是否有氧化，楔块应紧密地插入恰当的位置。

3）连接片和电缆。检查是否存在氧化或硫化痕迹，检查连接的紧密性和润滑。

（2）电池端极柱连接。检查电池端极柱表面是否有氧化、腐蚀现象，因为电池的端极柱周围的很多材料的属性不同，不同材料在一定条件的情况下，容易发生微小的电化学腐蚀。

（3）电池外形。检查是否有变形、破裂，是否有不规则的、明显的、不可逆的变形。

（4）电池的连接。检查是否牢固，电池的连接线连接是按照一定的扭力矩来连接的，扭力矩太大可能导致电池的端极柱与电池内部物质产生应力，破坏电池的密封结构，扭力矩太小可能影响电池的连接，电池间的连接阻值增大，甚至可能有电火花出现。

B　电池的外界条件

（1）电池的环境。检查电池室的温度、湿度，电池应存储在常温干燥的环境中。如果电池处在存储的状态下，应将电池充满电，同时应定期补充电，电池的环境温度直接影响其使用寿命。

（2）电池的充电。检查充电机的充电电压和电流的设置，如果电池的充电电压和电流过高，会导致电池的温度升高，电池的失水加快，电池的腐蚀和电池的寿命都受到影响。如果电池的充电电压和电流过低，会延长充电时间，电池欠充，甚至导致结晶析出，活性物失效和电池失效。

（3）电池的负载。检查电池的负载是否均匀分配，不均匀的负载可能导致部分电池长期欠充电，电池电压偏低等，电池的负载所需要的功应小于电池所能承受的能力，电池的过度放电一般不允许，在特殊情况下，应尽可能在过放电后立即将电池充满电，否则电池可能因为活性物变成不可逆物质，造成电池失效。

铅酸蓄电池在运行中电压偏差值及放电终止电压值应符合表12-1中的规定。

表 12-1　阀控蓄电池在运行中电压偏差值及放电终止电压值的规定

项　目	标称电压/V		
	2	6	12
运行中的电压偏差值	±0.05	±0.15	±0.3
开路电压最大与最小电压差值	0.03	0.04	0.06
放电终止电压值	1.80	5.40（1.80×3）	10.80（1.80×6）

12.2.2.5　铅酸蓄电池的故障及处理

（1）铅酸蓄电池壳体异常。造成异常的原因有：充电电流过大，充电电压超过了 $2.4V \times N$，内部有短路或局部放电，温升超标，阀控失灵。处理方法有减小充电电流、降低充电电压、检查安全阀体是否堵死等。

（2）运行中浮充电压正常，但一放电，电压很快就下降到终止电压值，其原因是蓄电池内部失水干涸、电解物质变质。处理方法是更换蓄电池。

12.2.3　充电装置的运行及维护

12.2.3.1　运行参数监视

运行人员每天应对充电装置进行以下检查：三相交流输入电压是否平衡或缺相，运行有无噪声异常，各保护信号是否正常，交流输入电压值、直流输出电压值、直流输出电流值等各表计显示是否正确，正对地和负对地的绝缘状态是否良好。

12.2.3.2　运行操作

若交流电源中断，蓄电池组将不间断地供出直流负荷，若无自动调压装置，应进行手动调压，确保母线电压的稳定；若交流电源恢复送电，应立即手动启动或自动启动充电装置，对蓄电池组进行恒流限压充电→恒压充电→浮充电（正常运行）。若充电装置内部故障跳闸，应及时启动备用充电装置取代故障充电装置，并及时调整好运行参数。

12.2.3.3　维护检修

维修人员每月应对充电装置做一次清洁除尘工作。大修做绝缘试验前，应将电子元件的控制板及硅整流元件断开或短接后，才能做绝缘和耐压试验。若控制板工作不正常，应停机取下，换上备用板，启动充电装置，调整好运行参数，投入正常运行。

12.3　直流操作电源系统事故和处理预案

12.3.1　阀控式密封铅酸蓄电池事故和故障处理预案

12.3.1.1　浮充电时，电池电压偏差较大（大于平均值 ±0.05V）

（1）造成的原因是蓄电池制造过期分散性大，存放时间长，没按规定补充电。

（2）处理方法：如属质量问题，应更换不合格产品。如属存放问题，应按要求进行全容量反复充放电几次，使蓄电池恢复容量，减小电压的偏差值。

12.3.1.2　蓄电池的外壳膨胀变形

（1）造成的原因：

1）充电电流大，单体充电电压超过了 2.4V。

2）内部有短路，局部放电等造成温升超标。

3）阀控失灵使电池不能实现高压排气，内部压力超标。

（2）处理方法：

1）进行核对性放电，容量达不到额定值80% 以上的蓄电池应进行更换。

2）运行中减小充电电流，降低充电电压，检查安全阀体是否堵死。

12.3.1.3　处理方法

运行中浮充电压正常，但一放电，电压很快就下降到终止电压值，原因是蓄电池内部失水干涸，电解物质变质。处理方法是更换蓄电池。

12.3.1.4　蓄电池外壳温度升高

（1）造成的原因：

1）充电电流大，充电电压高于规定值。

2）蓄电池内部有短路、局部放电现象等。

3）螺栓连接不紧固，接头发热。

4）充电机直流输出纹波系数超过2% 。

（2）处理方法：

1）降低充电电流，使充电电压保持规定值。

2）将发热接头清洁处理并紧固螺栓。

3）检查充电机，加固滤波装置，减小交流成分。

12.3.1.5　核对性放电时，蓄电池放不出额定容量

（1）造成的原因：

1）蓄电池长期欠充电，浮充电压低于 2.23 ~ 2.28V，造成极板硫酸盐化。

2）深度放电频繁（如每月一次）。

3）电池放电后没有立即充电，造成极板硫酸盐化。

（2）处理方法：

1）浮充电运行时，单体电池电压应保持 2.23~2.28V。25℃时取 2.25V。

2）避免深度放电。

3）对核对性放电达不到额定容量的蓄电池，应进行 3 次核对性放充电，若容量仍达不到额定容量的 80% 以上，则应更换蓄电池组。

12.3.2　直流系统事故和故障处理预案

12.3.2.1　直流系统接地的处理

（1）220V 直流系统两极对地绝对值差超过 40V 或绝缘降到 25kΩ 以下，48V 直流系统任一极对地电压有明显变化时，应视为直流系统接地。

（2）直流系统接地后，应立即查明原因，根据接地选线装置指示或当日工作情况、天气和直流系统绝缘情况，找出接地故障点，并尽快消除。

（3）直流系统装有微机型绝缘监察装置时，可通过微机型绝缘监察装置检查各支路的绝缘状况，判断出接地点，予以处理。

（4）当直流系统的绝缘监察装置由电磁继电器或集成电路装置构成，而又没有直流系统故障探测装置使用时，应采用传统拉路法进行查找。

（5）采用拉路法查找直流接地时，至少应有两人进行工作，断开直流时间不得超过 3s。查找直流接地故障的一般顺序为：接路检查应先查找容易接地的回路。

1）分清接地故障的极性，粗略分析发生故障的原因：

①长时阴雨天气，会使直流系统绝缘受潮，室外端子箱、机构箱、接线盒是否因密封不良进水等。

②站内二次回路上有无人员在工作，是否与工作有关。

2）若站内二次回路有人工作，或有设备检修试验工作，应立即停止。拉开工作用直流试验电源，看接地信号是否消失。

3）将直流系统分成几个不相联系的部分，即用分网法缩小查找范围。注意不能使保护失去电源，操作电源尽量由蓄电池供电。

4）对于不太重要的直流负荷及不能转移的分路，利用瞬停法检查该分路所带回路中有无接地故障。

5）对于较重要的直流负荷，用转移负荷法检查该分路所带回路有无接地故障。

6）进一步查出故障回路，用瞬停法检查故障所在回路。

7）查出故障元件：

①用分网法缩小检查范围。当直流系统有两段以上的母线，各段母线都可以有直流电源时，可以经倒闸，拉开母线分段隔离开关。用直流屏上的绝缘监察信号转换开关，检查故障在哪一段母线范围内，再在该范围内进行查找。用分网法缩小范围时应注意，应同时使双回路供电的分路（如操作、信号、合闸电源）并环的先解环。

②用瞬停法查直流母线上不太重要的分路和用转移负荷法查找较重要的负荷分路中有

无接地故障。

瞬停和转移的次序可按下述原则进行：先有明显缺陷的分路，后无明显缺陷的分路；先有疑问的、潮湿的、污秽较严重的，后一般的、不太潮湿的；先户外的，后室内的；先不重要的，后重要的；先备用设备，后运行设备；先新投运设备，后已运行多年的设备。一般顺序为：临时工作、试验电源、备用电源，事故照明电源；直流系统中绝缘微弱的电源；合闸电源及通信电源；信号电源、中央信号电源；操作电源；将直流系统解环，分段；退出重合闸，拉合重合闸电源；拉合各出线信号电源；逐一拉合配电装置操作电源；充电设备、蓄电池、直流母线。

（6）直流接地故障的检测方法：

1）瞬停法。对直流母线上的不太重要的馈电分路，可用此方法。依次短时断开（一般不应超过3s），若断开某一分路时，接地信号消失，侧正、负极对地电压恢复正常，则接地故障点在此分路范围内。

2）转移负荷法。对直流母线上较重要的馈电分路，如操作、信号电源等，若用瞬停法查找故障，会使很多线路和设备无直流电源。所以，可将故障所在母线上的这些较重要的馈电分路依次轮换转移，切换到另一段直流母线上，监视该段母线上的直流母线接地信号是否消失（故障转移到零一段母线上），查出接地点在哪一馈电支路上。

12.3.2.2　蓄电池组熔断器熔断的处理

蓄电池组熔断器熔断后，应立即检查处理，并采取相应措施，防止直流母线失电。

12.3.2.3　直流充电装置内部故障跳闸的处理

当直流充电装置内部故障跳闸时，应及时启动备用充电装置取代故障充电装置运行，并及时调整好运行参数。

12.3.2.4　直流系统设备发生短路、交流或直流失电压时的处理

直流系统设备发生短路、交流或直流失电压时，应立即查明原因，消除故障，投入备用设备或采取其他措施，尽快恢复直流系统运行。

12.3.2.5　蓄电池组发生爆炸、开路时的处理

蓄电池组发生爆炸、开路时，应迅速将蓄电池总熔断器或直流断路器断开，投入备用设备或采取其他措施，及时消除故障，恢复直流系统的正常运行方式。如无备用蓄电池组，在事故处理期间只能利用充电装置向直流系统供电，且充电装置不能满足断路器合闸时，应断开合闸回路电源，待事故处理后及时恢复其运行。

12.3.3　直流系统事故和故障处理的安全要求

（1）进入蓄电池室前必须打开通风装置。

（2）在直流电源设备和回路上的一切有关作业，应遵守《安全规定》（变电部分）的有关规定。

（3）在直流充电装置发生故障时，应严格按照制造厂的要求操作，以防造成设备

损坏。

（4）处理直流系统接地故障应注意以下几点：

1）在发生直流系统接地，用绝缘监察装置判明接地极后，应汇报当值调度员，征得调度员同意后，方可进行拉路寻找（装有接地自动检测装置的，可根据其指示判别接地回路）。确定接地点所在部位后，再逐渐缩小范围，认真查找，直到查出接地点并消除为止。

2）拉路寻找应遵循先拉不重要的电源回路，后拉重要电源回路的原则。在试拉控制、保护电源回路时，动作应迅速，拉开时间不应超过3s。对可能误动的保护应征得调度员同意，短时退出。

3）在试拉直流熔断器时，应先拉正极，后拉负极，合上时顺序相反。

4）寻找直流接地时，禁止把蓄电池未接地的一极接地，以免造成直流短路故障。

5）各变电站应根据本站情况在现场运规中制定拉路顺序。

6）值班员初步确定故障部位后，请专业人员进一步查找确定故障点并处理。

7）查找接地故障时严禁使用灯泡寻找的方法。

8）用仪表检查时，所使用的仪表的内阻不得低于$2k\Omega/V$。

9）查找和处理直流接地的工作人员应戴线手套、穿长袖工作服和绝缘鞋，使用绝缘工具。防止在查找和处理时造成新的接地。

10）一般情况下，蓄电池组不允许退出运行。在蓄电池组退出运行之前，应根据天气、运行方式等实际情况，采取必要的技术措施。

（5）检查和更换蓄电池时，必须注意核对极性，防止发生直流失压、短路、接地。工作人员工作时应戴耐酸手套、穿着必要的防护服等。

12.4　交流不间断电源简介

12.4.1　引言

UPS电源是保障供电稳定和连续性的重要设备，因其智能化程度高，储能器材采用免维护蓄电池，使得在运行中往往忽略了对该系统的维护与检修。其维护的好坏，对电源的寿命和故障率有很大影响，虽说各企业配置的UPS供电系统设备型号及系统容量有所不同，但其原理和主要功能基本相同。在UPS电源类型选择上各站都选择了在线式，这是因为在线式UPS电源系统具有对各类供电的零时间切换，自身供电时间的长短可选，并具有稳压、稳频、净化的特点。当UPS电源系统本身出现故障时，有自动旁路功能，当需要检修时，可采用手动旁路，使检修、供电互不影响。

12.4.2　UPS电源系统

UPS电源系统由四部分组成（图12-2）：整流、储能、变换和开关控制。其系统的稳压功能通常是由整流器完成的，整流器件采用可控硅或高频开关整流器，本身具有可根据外电的变化控制输出幅度的功能，从而当外电发生变化时（该变化应满足系统要求），输出幅度基本不变的整流电压。储能电池除可存储直流直能的功能外，对整流器来说就像接了一只大容器电容器，其等效电容量的大小与储能电池容量大小成正比，频率的稳定则由变换器来完成，频率稳定度取决于变换器的振荡频率的稳定程度。为方便 UPS 电源系统的日常操作与维护，设计了系统工作开关、主机自检故障后的自动旁路开关、检修旁路开关等开关控制。

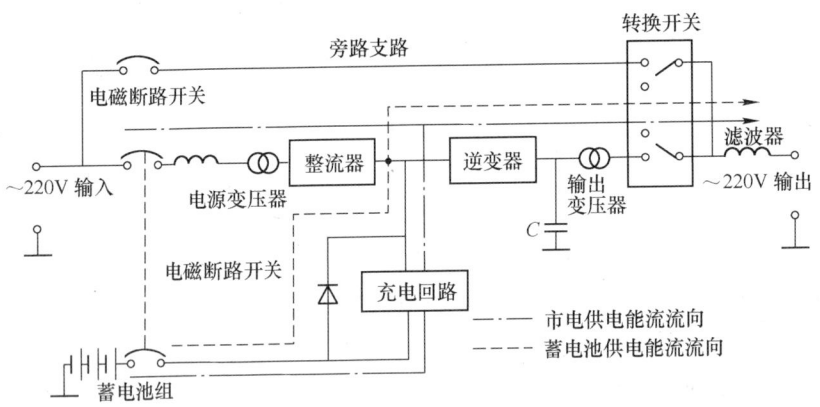

图 12-2　UPS 电能流程图

　　UPS 电源系统主要分主机和储能电池两大部分。额定输出功率的大小取决于主机部分，并与负载属性有关，因为 UPS 电源对不同性能的负载驱动能力不同，通常负载功率应满足 UPS 电源 70% 的额定功率。储能电池容量的选取，负载功率确定后，主要取决于其后备时间的长短，这个时间因各企业情况不同而异，主要由备用电源的接入时间来定，通常为几分钟或几个小时不等。UPS 电源系统在检测到电网电压中断后，可自行启动供电，且随着储能电池慢慢放电，储能电池的容量随着时间会逐渐降低，考虑到使用寿命终止时储能电池容量下降到 50% 并留有一定的余量。

12.4.2.1　电源工作原理

　　A　AC-DC 变换

将电网来的交流电经自耦变压器降压、全波整流、滤波变为直流电压，供给逆变电路。AC-DC 输入有软启动电路，可避免开机时对电网的冲击。

　　B　DC-AC 逆变电路

采用大功率 IGBT 模块全桥逆变电路，具有很大的功率富余量，在输出动态范围内输出阻抗特别小，具有快速响应特性。由于采用高频调制限流技术及快速短路保护技术，使逆变器无论是供电电压瞬变还是负载冲击或短路，均可安全可靠地工作。

　　C　控制驱动

控制驱动是完成整机功能控制的核心，它除了提供检测、保护、同步以及各种开关和显示驱动信号外，还完成 SPWM 正弦脉宽调制的控制。由于采用静态和动态双重电压反馈，极大地改善了逆变器的动态特性和稳定性。

12.4.2.2　电源工作过程

　　当市电正常，电压为 380V 时，直流主回路有直流电压，供给 DC-AC 交流逆变器，输出稳定的 220V 交流电压，同时市电对电流充电。当市电欠压或突然掉电时，则由电池组通过隔离二极管开关向直流回路馈送电能。从电网供电到电池供电没有切换时间。当电池能量即将耗尽时，不间断电源发出声光报警，并在电池放电下限点停止逆变器工作，长鸣告警。不间断电源还有过载保护功能，当发生超载（150%负载）时，跳到旁路状态，并在负载正常时自动返回。当发生严重超载（超过200%额定负载）时，不间断电源立即停止逆变器输出并跳到旁路状态，此时前面空气开关也可能跳闸。消除故障后，只要合上开关，重新开机即开始恢复工作。

12.4.3　UPS 电源系统的维护

（1）UPS 电源在正常使用情况下，主机的维护工作很少，主要是防尘和定期除尘。特别是气候干燥的地区，由于空气中的灰粒较多，机内的风机会将灰尘带入机内沉积，当遇空气潮湿时会引起主机控制紊乱，造成主机工作失常，并发生不准确告警，大量灰尘也会造成器件散热不好。一般每季度应彻底清洁一次。另外，在除尘时，应检查各连接件和插接件有无松动和接触不牢的情况。

（2）储能电池组目前都采用免维护电池，但这只是免除了以往的测比、配比、定时添加蒸馏水的工作。由于外因工作状态对电池的影响并没有改变，不正常工作状态对电池造成的影响也没有改变，所以这部分的维护检修工作仍是非常重要的，UPS 电源系统的大量维修检修工作主要在电池部分。

1）储能电池的工作全部是在浮充状态，在这种情况下至少应每年进行一次放电。放电前应先对电池组进行均衡充电，以达到全组电池的均衡。要清楚放电前电池组已存在的落后电池。放电过程中如有一只达到放电终止电压时，则应停止放电，继续放电先消除落后电池，然后再放。

2）核对性放电，不是首先追求放出容量的百分之多少，而是要关注发现和处理落后电池，经对落后电池处理后再做核对性放电实验。这样可防止事故，以免放电中落后电池恶化为反极电池。

3）日常维护中需经常检查的项目有：清洁并检测电池两端电压、温度；连接处有无松动、腐蚀现象、检测连接条压降；电池外观是否完好，有无壳变形和渗漏；极柱、安全阀周围是否有酸雾逸出；主机设备是否正常。

4）免维护电池也要维护，这应从广义维护的角度出发，做到运行、日常管理的周到、细致和规范性，保证设备（包括主机设备）保持良好的运行状况，从而延长使用年限；保证直流母线经常保持合格的电压和电池的放电容量；保证电池运行可靠和人员的安全。这就是电池维护的目的，也是电池运行规程中包括的内容和规则。

（3）当 UPS 电池系统出现故障时，应先查明原因，分清是负载还是 UPS 电源系统；是主机还是电池组。虽然 UPS 主机有故障自检功能，但它对面而不对点，对更换配件很方便，要维修故障点，仍需做大量的分析、检测工作。另外，如自检部分发生故障，显示的故障内容则可能有误。

（4）对主机出现击穿、断保险或烧毁器件的故障，一定要查明原因，并在排除故障后才能重新启动，否则会接连发生相同的故障。

（5）当电池组中发现有电压反极、压降大、压差大和酸雾泄漏现象的电池时，应及时采用相应的方法恢复和修复，对不能恢复和修复的要更换，但不能把不同容量、不同性能、不同厂家的电池联在一起，否则可能会对整组电池带来不利影响。对使用寿命已过期的电池组要及时更换，以免影响主机工作。

复习思考题

1. 变电站内直流操作电源的作用是什么？
2. 直流操作电源系统的维护内容有哪些？
3. 发生直流接地故障怎样进行查找？

13　倒 闸 操 作

13.1　倒闸操作的原则和基本操作方法

13.1.1　倒闸操作的概念

在运行中要将电气设备由一种状态转到另一种状态或改变电力系统的运行方式时，就需要进行一系列的倒闸操作。倒闸操作主要是指适应电力系统运行方式改变的需要，而必须进行的拉合断路器、隔离开关、高压熔断器等的操作。

13.1.2　电气设备运行状态

运行中的电气设备，是指全部带有电压或一部分带有电压以及一经操作即带有电压的电气设备。

电气设备有运行状态、热备用状态、冷备用状态和检修状态。

13.1.2.1　运行状态

电气设备的运行状态，是指断路器及隔离开关都在合闸位置，将电源至负载间的电路接通（包括辅助设备，如仪表、变压器、避雷器等）。

13.1.2.2　热备用状态

电气设备的热备用状态，是指断路器在断开位置，而隔离开关仍在合闸位置，其特点是断路器一经操作即可接通电源。

13.1.2.3　冷备用状态

电气设备的冷备用状态，是指设备的断路器及隔离开关均在断开位置。其显著特点是该设备（如断路器）与其他带电部分之间有明显的断开点。设备冷备用，根据工作性质分为断路器冷备用与线路冷备用等。

13.1.2.4　检修状态

电气设备的检修状态，是指设备的断路器和隔离开关均已断开，并采取了必要的安全措施。如检修设备（如断路器）两侧均装设了保护接地线（或合上了接地隔离开关），安装了临时遮拦，并悬挂了工作标示牌，该设备即处于检修状态。

13.1.3　电气设备倒闸操作任务

（1）设备的四种运行状态的互换，例如设备停送电、备用转检修等。

（2）改变一次回路运行方式，如倒母线、改变母线的运行方式、并列与解列、合环与解环、改变中性点接地状态、调整变压器分接头等。

（3）继电保护和自动装置的投入、退出和改变定值。

（4）接地线的装设和拆除、接地开关的拉合。

（5）事故或异常处理。

（6）其他操作，如冷却器启停、蓄电池充放电等。

13.1.4　电气设备倒闸操作的原则

13.1.4.1　一般原则

（1）电气设备停、送电操作的顺序：停电操作时，先停一次设备，后停控制电源、保护、自动装置；送电操作时先投保护、自动装置、控制电源，后操作一次设备。对于保护装置电源和控制电源没有分开的电气设备停电操作时，先停一次设备，后停保护、自动装置、控制电源；送电操作时先投控制电源、保护、自动装置，后操作一次设备。

（2）设备停电时，先断开该设备断路器，然后拉开断路器两侧隔离开关，送电时顺序相反。

（3）设备停电时，拉隔离开关按照负荷侧逐步向电源侧，送电时顺序相反。

（4）设备送电前必须将有关继电保护投运，没有继电保护或不能自动跳闸的断路器不准送电。

（5）高压断路器不允许带电压手动合闸，运行中的小车开关不允许打开机械闭锁手动分闸。

（6）在操作过程中，发现误合隔离开关时，不允许将误合的隔离开关再拉开。发现误拉隔离开关时，不允许将误拉的隔离开关再重新合上。

13.1.4.2　变压器倒闸操作的原则

（1）变压器停、送电要执行逐级停、送电的原则，即停电时先停低压侧负荷，后停高压侧负荷，送电时与此相反。

（2）大电流直接接地系统的中性点刀闸数目应按继电保护的要求设置。变压器倒闸操作时，必须合上其中性点刀闸，正常运行时中性点刀闸应断开。

（3）变压器投入运行时，应该选择励磁涌流较小的带有电源的一侧充电，并保证有完备的继电保护。

（4）变压器停电时，应考虑一台变压器退出后负荷的重新分配问题，保证运行变压器不过负荷。

（5）变压器停电时，要考虑停用变压器联跳压板，恢复送电时，要检查有载调压分接头位置是否正确。

13.1.4.3　电压互感器倒闸操作的原则

（1）电压互感器停电时，先拉开二次保险或空气开关，然后拉开电压互感器一次高压保险或刀闸。送电时操作与此相反。

（2）电压互感器二次并列时，必须一次先并列，二次后并列，防止电压互感器二次对一次进行反充电，造成二次保险熔断。

（3）只有一组电压互感器的母线，一般情况下电压互感器和母线同时进行停、送电。单独停用电压互感器时，应考虑保护的变动（如距离、方向、振解、低压闭锁保护等）。

（4）两组母线形式接线，两组电压互感器各接在相应的母线上，正常运行情况下二次不并列，当一组电压互感器检修时，停电的电压互感器负荷由另一组母线的电压互感器暂代。

（5）母线电压互感器检修后或新投运前要进行核相，防止相位错误引起电压互感器二次并列短路。

13.1.4.4　电容器的操作原则

（1）电容器应根据调度下达给变电所的电压曲线自行投、停。

（2）电容器停后若需再投，必须经过充分放电（5min）后才能投入运行。

（3）母线失压时，电容器若无低压保护，必须先停电容器。

（4）带有电容器组的母线停电时，应先停电容器组，后停负荷线路；送电时与此相反。

13.1.4.5　所用变倒闸操作的原则

（1）所用变倒闸操作，要执行逐级停、送电的原则，即停电时先停负荷，最后停所用变；送电时，先送所用变，后逐一送出负荷。

（2）两台所用变二次存在电压差及不同引接电源间可能形成电磁环网，因此，低压侧原则上不能并列运行，故只能采用停电倒闸的互为备用运行方式。即停电时先拉开运行的所用变二次刀闸，再投入备用所用变二次刀闸；送电时与此相反。

（3）所用变倒闸操作要迅速，尽量缩短停电时间。如果所用变负荷较大，在倒换所用变时应先行停止较大的负荷。

13.1.5　倒闸操作的基本操作方法

13.1.5.1　高压断路器的操作

（1）远方操作的断路器不允许带电手动合闸，以免合上故障回路，使断路器损坏或引起爆炸。

（2）扳动控制开关不得用力过猛或操作过快，以免操作失灵。

（3）断路器合闸送电或跳闸后试送时，其他人员应尽量远离现场，避免因带故障合闸造成断路器损坏，发生意外。

（4）拒绝跳闸的断路器不得投入运行或列为备用。

（5）断路器分、合闸后，应立即检查有关信号和测量仪表的指示，同时应到现场检查其实际分、合位置。

13.1.5.2　隔离开关的操作

（1）分、合隔离开关时，断路器必须在断开位置，并核对编号无误后方可操作。

（2）远方操作的隔离开关，一般不得在带电情况下就地手动操作，以免失去电气闭锁。

（3）手动就地操作隔离开关，合闸应迅速果断，但在合闸终了时不得用力过猛，以免损坏机械，当合入接地或短路回路或带负荷合闸时，严禁将隔离开关再次拉开。拉闸时，应慢而谨慎，特别是动、静触头分离时如发现弧光，应迅速合入，停止操作，查明原因。但切断空载变压器、空载线路、空母线或拉系统环路应迅速而果断，以促使电弧光迅速熄灭。

（4）隔离开关分、合后，应到现场检查实际位置，以免传动机构或控制回路（指远方操作）有故障，出现拒合或拒分，同时检查触头位置应正确，合闸后触头应接触良好，分闸后断口张开的角度或拉开的距离应符合要求。

（5）停电操作时，断路器断开后，应先拉负荷侧隔离开关，后拉电源侧隔离开关。送电时操作顺序相反。

13.1.5.3　高压熔断器的操作

（1）高压熔断器通常安装在隔离开关附近，采用绝缘杆单相操作高压熔断器的操作和隔离开关一样，不允许带负荷拉、合。如发生误操作，产生的电弧会威胁人身及设备的安全。

在误拉开第一相时，大多数情况与断开并联回路或环路差不多，其上仍保持有电压，因此不会发生强烈电弧，而在带负荷断开第二相时，就会发生强烈电弧，导致相邻各相发生弧光短路。所以要根据第一相断开时的弧光情况，慎重地判断是否误操作，然后再决定是操作还是停止操作。

（2）为防止发生事故，水平和三角形排列的高压熔断器的操作顺序为：先中间，后两边；有风时，先中间，再下风，后上风。

13.1.5.4　变压器并列、解列的操作

（1）符合有关规定中变压器并列运行的条件，并经过核对相序和相位后方可允许将变压器并列或合环。

（2）必须证实投入的变压器确已带负荷，方可停下（解列）运行的变压器。

（3）变压器送电时，应由电源侧充电，负荷侧并列。停电时，操作顺序相反。

13.1.5.5　继电保护及自动装置的操作

（1）继电保护及自动装置投入时，应先投交流电源（电流、电压），后投直流电源，检查装置工作正常后，再投入出口跳闸连接片。投入直流电源时，应先投负极，后投正极，停止时相反，以防止寄生回路造成装置误动作。操作连接片时，应防止连接片碰外壳，造成保护装置误动作。

（2）倒闸操作中，如无特殊要求,继电保护及自动装置的操作只操作连接片,不中断装置的电源,如需将装置电源中断,则应先断开连接片,再断开直流电源,最后断开交流电源。

13.2　倒闸操作的步骤和注意事项

13.2.1　倒闸操作的基本步骤

完成一张倒闸操作票的操作任务大致可分为以下九个基本步骤。

13.2.1.1　接受任务

在正式操作前，运行值班负责人根据工作票内容给运行监护人下达操作任务，告知运

行监护人需要操作的内容。

13.2.1.2　填写倒闸操作票

运行监护人接到操作任务后，指定操作人。倒闸操作票由操作人填写。操作人根据现场运行、操作规程以及设备实际运行状态进行操作票的填写。填写操作票应注意以下几个问题：

（1）一张操作票只能填写一个操作任务，所谓"一个操作任务"是指根据同一操作命令，且为了相同的操作目的而进行的一系列相互关联并依次进行倒闸操作的过程。因此，根据一个操作命令所进行的倒母线和倒换变压器等的操作，对几路出线依次进行停、送的操作，以及一台机组或变压器检修，有关几个用电部分的停送电的操作等，均可填用一张操作票。

（2）操作票应填写设备双重名称，即设备名称和编号。

（3）下列项目应填入倒闸操作票内：

1）操作任务。

2）应拉、合的断路器和隔离开关。

3）装、拆接地线。

4）检查断路器和隔离开关实际位置；进行停、送电操作时，在拉、合隔离开关前应检查相应断路器确在断开位置；在进行倒母线操作前，应检查母联断路器及两侧隔离开关确在合闸位置。

5）检查送电范围内的接地线是否拆除和接地刀闸是否拉开。

6）检查负荷分配和电源运行情况。

7）装上、取下控制回路、信号回路、电压互感器回路的熔断器。

8）保护装置、自动装置、稳定装置的加用和停用，以及定值的变更。

（4）操作票的填写要使用正规操作和调度规范术语。分别如表 13-1 和表 13-2 所示。

表 13-1　操作规范术语

操作术语	应用设备	规范描述
合上/断开	开　关 刀　闸	合上×××开关（刀闸） 断开×××开关（刀闸）
检　查	开　关	检查×××开关在"合"位 检查×××开关在"分"位
	刀　闸	检查×××刀闸合闸到位（确已合好） 检查×××刀闸分闸到位（确已拉开）
	指示灯 表　计 把　手 保护压板 保险等	检查×××开关"红灯"亮 检查×××开关"绿灯"亮 检查×××表计指示正常 检查×××把手在"×××"位 检查×××保护压板已投入（已退出） 检查×××保险已装好（已取下）

操 作 术 语	应 用 设 备	规 范 描 述
拉出/推入	拉出式手车开关 抽出式手车开关	拉出×××小车开关至"×××"位 推入×××小车开关至"×××"位
摇出/摇入	摇出式手车开关	摇出×××小车开关至"×××"位 摇入×××小车开关至"×××"位
取下/装上	开关二次插头	取下×××开关二次插头 装上×××开关二次插头
装上/取下	熔断器（保险）	装上×××熔断器（保险） 取下×××熔断器（保险）
装设/拆除	接地线	在×××处装设接地线（×××号） 拆除×××处接地线（×××号）
	绝缘板	在×××刀闸口处装设绝缘板 拆除×××刀闸口处绝缘板
放上/取下	绝缘垫	在×××刀闸口处放上绝缘垫 取下×××刀闸口处绝缘垫
切	切换把手	切×××把手至"×××"位
投入/退出	保护压板	投入×××保护压板 退出×××保护压板
测 量	测量设备的电气量	测量×××对地绝缘电阻为××兆欧 测量×××相间电压为××伏 测量×××电流为××安
验 电	对电气设备验电	验明×××处无电压
挂上/摘下	安全标示牌	在×××处挂上"×××"标示牌 摘下×××处"×"标示牌

表 13-2　调度规范术语

联系方式	调度术语	适 用 范 围	规 范 描 述
上级与下级	通知××	××地调、××总调给××整流所下令	通知××整流所
		××所长给××值班负责人下令	通知××值班负责人
	接××汇报	××地调、××总调接整流所汇报	接××整流所汇报
		××所长接××值班负责人汇报	接××值班负责人汇报
下级与上级	接××令	××所长、值班负责人接××地调、 ××总调令	接××地调令，接××总调令
		××值班负责人接××所长令	接××所长令
	汇报××	××整流所汇报××地调、××总调	汇报××地调，汇报××总调
		××值班负责人汇报××所长	汇报××所长
平 级	通 知	××值班负责人通知××值班负责人	通知××值班负责人
	接通知	××值班负责人接××值班负责人通知	接××值班负责人通知

（5）操作票票面应整洁。

13.2.1.3 操作票的审核

一张倒闸操作票填写好后，必须进行三次审查：

（1）自审。由操作票填写人进行。

（2）初审。由操作监护人进行。

（3）复审。由值班负责人（运行值班长）进行，特别重要的倒闸操作票应由整流变电站所长审查。

审票人要认真检查操作票的填写是否有漏项，顺序是否正确，术语使用是否正确，内容是否简单明了，有无错、漏字等。三审后的操作票经三方签字生效，正式操作待调度下令后执行。

13.2.1.4 接受命令

正式操作，必须有调度发布的操作命令。值班调度员发布命令时，监护人、操作人同时受令，并由监护人按照填写的操作票向发令人复诵，经双方核对无误后，监护人在命令票上填写发令时间、姓名并签名。

13.2.1.5 模拟操作

正式操作前，操作人、监护人应先在模拟图板上按操作票上所列内容和顺序进行模拟操作，最后一次核对检查操作票的正确性。模拟操作也要同正式操作一样，认真执行监护、唱票、复诵制度。

13.2.1.6 执行操作

执行倒闸操作必须认真执行操作监护制度，即操作时实行一人操作、另一人监护的制度。操作监护人一般由技术水平较高、经验比较丰富的值班员担任，运行值班人员的操作监护权在其岗位职责中有明确规定。重要、复杂的操作，由业务熟练者操作，值班负责人监护。

操作时必须坚持执行唱票、复诵制度。每进行一项操作，其程序是：唱票—对号—复诵—核对—下令—操作—复查—打执行符号"√"。具体地说，就是每进行一项操作，监护人就要按照操作票内容先唱票，然后操作人按照唱票内容查对设备名称、编号及自己所处位置，手指所要操作的设备，复诵操作命令。监护人听到操作人复诵的操作令后，再次核对设备编号、名称无误，最后下达"对，执行"的命令，操作人听到"对，执行"的命令后方可进行操作。监护人不说"对，执行"，操作人不准操作，即"监护人不动口，操作人不动手"。操作一项后，"复查"该项，并在操作票上该编号前做一个记号"√"。

操作时，必须按调度命令顺序执行，不得无令操作，特别是具体命令票，调度员命令下达到哪一项，就只能操作到哪一项，不得漏项、越项操作。

操作中即使发生很小疑问，也应立即停止操作，不准盲目改变操作顺序或操作方法，即使认为发令人下达的操作内容有问题，也不准擅自更改，应向发令人说明情况，由发令人重新下达正确的操作命令，再作操作。如属操作票错误，则必须重填。

在操作过程中，不得进行交接班，只有操作告一段落时，方可将操作票移交给下一个班组，交班运行值班人员要详细交代操作票执行情况和注意事项，接班值班员应重新审核，熟悉操作票。

13.2.1.7　检查

每操作一项，应检查一项，检查操作的正确性，检查表计、机械指示灯的指示是否正确。

13.2.1.8　操作汇报

操作结束后，监护人应立即将操作情况向发令人汇报。具体命令应每操作一项汇报一项，对于连续项连续操作的，可一并操作完毕后一起汇报。

13.2.1.9　复查、总结

一张倒闸操作票执行完后，操作人、监护人应全面复查一遍，并总结本次操作情况。

13.2.2　倒闸操作注意事项

（1）倒闸操作必须由两人进行，其中一人对设备较为熟悉的作为监护人，另一人进行操作票的填写和操作。

（2）遇雷电时，严禁进行倒闸操作。操作中不得进行与操作无关的交谈或工作。

（3）执行倒闸操作的过程中，严禁擅自颠倒顺序、增减步骤、更改票面及跳项操作；如确实发现操作票有问题，应停止操作，重新填写操作票。

（4）操作中应确认设备的动作、指示、声音情况正常后，方可继续操作，发现疑问应立即停止操作，弄清后方可继续。不准擅自更改操作票，不准随意解除闭锁装置。

（5）除事故处理、拉合断路器（开关）的单一操作外的倒闸操作，均应使用操作票。事故处理的善后操作应使用操作票。

（6）装有电气闭锁或机构闭锁的隔离开关，应按闭锁装置要求进行操作，不得擅自解除闭锁。

（7）正确执行唱票复诵制度。由监护人根据操作票的顺序，手指向所要操作的设备逐项高声唱票，发出操作命令；操作人在接到指令后核对设备名称、编号和位置无误后，将命令复诵一遍并做出操作的手势，监护人看到正确的操作手势后，发出执行的指令。

13.3　操作票的填写方法

13.3.1　倒闸操作票

倒闸操作票的格式如表 13-3 所示。

表 13-3 ××公司_____车间操作票 编号：

操作时间	开始	_____年_____月_____日_____时_____分	
	终了	_____年_____月_____日_____时_____分	
操作任务			
√	顺序	操 作 项 目	时分
备注			

操作人：_____ 监护人：_____ 运行值班长（所长）：_____

13.3.2 倒闸操作票填写要求

（1）操作票的填写必须严格按照操作术语、调度术语规范进行填写。

（2）一个操作项目只能填写第一步操作步骤，不得随意对操作步骤进行合并。如：第一项"断开×××开关"、第二项"检查×××开关在'分'位"，不能合并填写为："断开×××开关、查确断"。

（3）操作票中的设备名称、编号、接地线位置、日期以及人员姓名等不得改动；错、漏字修改应遵循以下方法，并做到规范清晰：填写时写错字，更改方法为在写错的字上划两道水平线，接着写正确的字即可；审查时发现错字，将正确的字写到空白处圈起来，将写错的字也圈起来，再用线连接；漏字时，将要增补的字圈起来连线至增补位置，并画"∧"符号。每页修改不得超过2处。

（4）填写错误作废的操作票以及未执行的操作票，应在操作任务后及其余每张的操作任务栏内右侧盖"作废"或"未执行"章。

（5）操作票按操作顺序依次填写完毕后，在最后一项操作的下空格中间位置加盖"以下空白"章。当操作票最后一页填写满一整页时，不需要再加盖"以下空白"章。

（6）多页操作票每页票面的备注栏中必须注明"转××页、上接××页"。

（7）操作票由操作人填写，监护人和值班负责人认真审核后分别（多页操作票，在最后一页）签名，须经所长审核签字的应由所长审核后签名。

（8）"操作开始时间"为接到所长或值班负责人下达操作命令后的时间，对于多页操作票，开始时间填在第一页。

（9）"操作终结时间"为全部操作完毕并汇报后的时间，多页操作票，终结时间填在最后一页。

（10）"操作任务"的填写：每份操作票只能填写一个操作任务，操作任务应准确、清楚、具体并使用设备的双重名称（名称和编号）。

（11）"操作项目"的填写必须与"操作任务"相符，严禁扩大或缩小操作范围。操作项目的内容顺序必须正确，符合《电业安全工作规程》和电气倒闸操作原则的规定。

13.3.3　操作票执行要求

（1）电气操作必须由两人执行，其中一人对设备比较熟悉的，作监护人。下列操作任务应由所长和专业技工到场监护。

1）进线母线倒换操作；

2）进线线路停送电操作；

3）整流机组、动力变压器停送电操作；

4）10kV 总配、分配母线停送电操作；

5）所用变、保安系统、直流电源、环路电源的倒换操作；

6）其他重要、复杂的操作。

（2）一份电气操作票应由一组人员操作，监护人手中只能持一份操作票。操作中途不得换人，不得做与操作无关的事情。监护人应自始至终认真监护，不得离开操作现场或进行其他工作。具体执行如下：

1）监护人携带操作票和开锁钥匙，操作人携带操作工具和绝缘手套等，操作人在前，监护人在后，走向操作地点。在核对设备名称、编号和位置及实际运行状态后，做好实际操作前准备工作。

2）操作人和监护人面向被操作设备，核对名称、编号。由监护人按照操作票操作顺序高声唱票，操作人必须手指被操作设备，高声复诵。监护人确认所操作设备与复诵内容相符后，下达"对，执行"命令，操作人逐项实施操作，每项操作完毕后，操作人回答"操作完毕"。

3）监护人在操作人回令后，在"执行情况栏"打"＼"，监护人检查确认后，在"＼"上加"／"，完成一个"√"。

4）在检查项目监护人唱票后，操作人应认真检查，确认无误后再复诵，监护人在"执行情况栏"打"＼"，同时也进行检查，确认无误后，在"＼"上加"／"，严禁操作项目和检查项目一并打"√"。

5）监护人在"时间"栏记录重要开关的操作时间。

（3）操作过程中因调度命令变更，终止操作时，应在已操作完项目的最后一项后盖"已执行"章，并在"备注"栏说明"调度命令变更，自××条起不执行"。对多张操作票，应从次页起在每张操作票操作任务栏内右侧盖"未执行"章。

（4）操作过程中发现操作票有问题，该操作票不能继续使用时，应在已操作完项目的最后一项后盖"已执行"章，并在"备注"栏说明"本操作票有错误，自××条起不执行"。对多张操作票，应从次页起在每张操作票操作任务栏内右侧盖"作废"章，然后重新填写操作票，再继续操作。

（5）操作中发生疑问或异常时，应立即停止操作，并向值班负责人报告，弄清问题后，再进行操作，重新操作前必须将已执行的操作项目一一核对正确后，方可继续向下执行。

（6）下列设备的倒闸操作票，应经所长审批并签字后方可执行：

1）进线母线倒换操作；

2）进线线路停送电操作；

3）整流机组、动力变压器停送电操作；

4）10kV总配、分配母线停送电操作；

5）所用变、保安系统、直流电源、环路电源的倒换操作；

6）其他重要、复杂的操作。

（7）拉合刀闸前，要做好外观检查，确认刀闸各部无明显缺陷时，再进行操作。防止瓷瓶折断事故发生，严禁两人强行拉合刀闸。

（8）小车开关操作时，一般不许打开间隔的后门，必要时应经所长批准并设专人监护，小车开关拉出间隔后不许托起间隔内的护板。

13.4　典型倒闸操作的操作要点及新设备的投用

倒闸操作是一项比较复杂的工作，如母线倒换等典型操作，操作项目繁多，操作顺序严格明确，稍有疏忽，就会造成事故。即便是针对单机组停、送电等较简单的操作，也必须严格按照规定进行。因此，对整流变电站日常工作中常见的典型操作，分析其技术要点，明确其注意事项，掌握其基本操作方法，对正确填写操作票、防止误操作事故的发生有很现实的意义。下面结合现场一般运行条件，对一些典型倒闸操作的技术要点进行分析，并指出操作过程中的关键环节及应特别注意的事项。

13.4.1　典型倒闸操作的要点

13.4.1.1　母线操作的要点

母线操作是指母线上隔离开关、断路器、母线电压互感器、避雷器以及母差保护、失灵保护二次回路等的切换操作。操作的技术要点及注意事项如下：

（1）双母线接线中当停用一组母线时，要防止另一组运行母线电压互感器二次侧倒充停用母线而引起次级熔丝熔断，或自动开关断开使继电保护失压而引起误动作。

（2）备用母线的充电，应使用母联断路器向母线充电。应该投入母联断路器的充电保护，如果备用母线存在故障，可由母联断路器切除，防止事故扩大。

（3）倒母线前，必须检查两条母线确在并列运行状态。在母线倒闸操作过程中，母联断路器的操作电源应断开，同时投入母差保护的互联压板，防止母联断路器误跳闸，造成带负荷合隔离开关的事故。

（4）母线倒闸操作，先将某一元件的隔离开关合于一母线之后，随即拉开另一母线隔离开关；另一种全合后在注意拉开即将全部元件都合于一母线之后，再将另一母线的所有隔离开关拉开。这主要根据现场的实际情况以及倒闸操作的方便性来决定。

（5）母线电压的切换问题，由于设备倒换至另一母线或母线上的电压互感器停电，继电保护及自动装置的电压回路需要转换由另一电压互感器给电时，应注意勿使继电保护及自动装置因失去电压而误动作。避免电压回路接触不良以及通过电压互感器二次向不带电母线反充电，而引起的电压回路熔断器熔断，造成继电保护误动等情况的出现。

（6）进行母线操作时应注意对母差保护的影响，要根据母差保护运行规程做相应的变更。在倒母线操作过程中无特殊情况下，母差保护应在投入使用中。母线装有自动重合闸，倒母线后如有必要，重合闸方式也应相应改变。

13.4.1.2　二次回路操作的要点

二次回路的操作包括继电保护、自动装置和直流电源的操作，如保护的投退、定值的调整、连接片的断开与投入等。大多数情况下，二次回路的操作是为了配合一次回路的操作进行的。操作的技术要点及注意事项如下：

（1）设备不允许无保护运行。设备送电前，保护及自动装置应齐全，整定值应正确，传动试验应良好，连接片在规定位置。

（2）倒闸操作中或设备停电后，如无特殊要求，一般不必操作保护或断开连接片，但在下列情况下则必须采取措施：倒闸操作将影响某些保护工作条件，可能引起误动作时，应将保护提前停用，如电压互感器停电前，低电压保护、距离保护、低周减载装置等停用。继电保护及自动装置投入时，应先投交流电源，后投直流电源，检查装置工作正常后，再投出口连接片；投入直流电源时，应先投负极，后投正极，停用时相反，以防止寄生回路造成装置误动作。操作连接片时，应防止连接片触碰外壳，造成保护装置误动作。

（3）带高频保护的微机线路保护装置如需停用直流电源，应在两侧高频保护装置停用后，才允许停直流电源。

（4）在下列情况下应停用整套微机保护：装置使用的交流电压、交流电流、开关量输入、开关量输出回路作业。

13.4.1.3　断路器操作的要点

断路器停电操作时，断路器熔断器（即保险）的操作应在断路器断开之后取下，目的是防止在停电操作中，由于某种意外原因造成误动作而合闸；如果合闸熔断器不是在断路器断开之后取下，而是在拉开隔离开关之后再取，那么万一在拉隔离开关时断路器误合闸，就可能造成带负荷拉隔离开关的事故。

同理，在断路器送电的操作中，合闸熔断器应该在合上隔离开关之后，合上断路器之前装上。

13.4.1.4　电容器操作的要点

（1）运行中投切电容器组的间隔时间应大于 15min，目的是使断开的电容器组充分放电，避免电容器组在带电荷的情况下再次合闸带来冲击涌流和过电压造成的危害。新安装的并联电容器组在做冲击合闸试验时，要格外注意冲击合闸的时间间隔。

（2）为防止过电压和当空载变压器投入时可能与电容器发生铁磁谐振产生的过电流，在投入变压器前不应投入电容器组。

13.4.2　倒闸操作实例

以整流机组停、送电操作为例（系统图见图 13-1）。

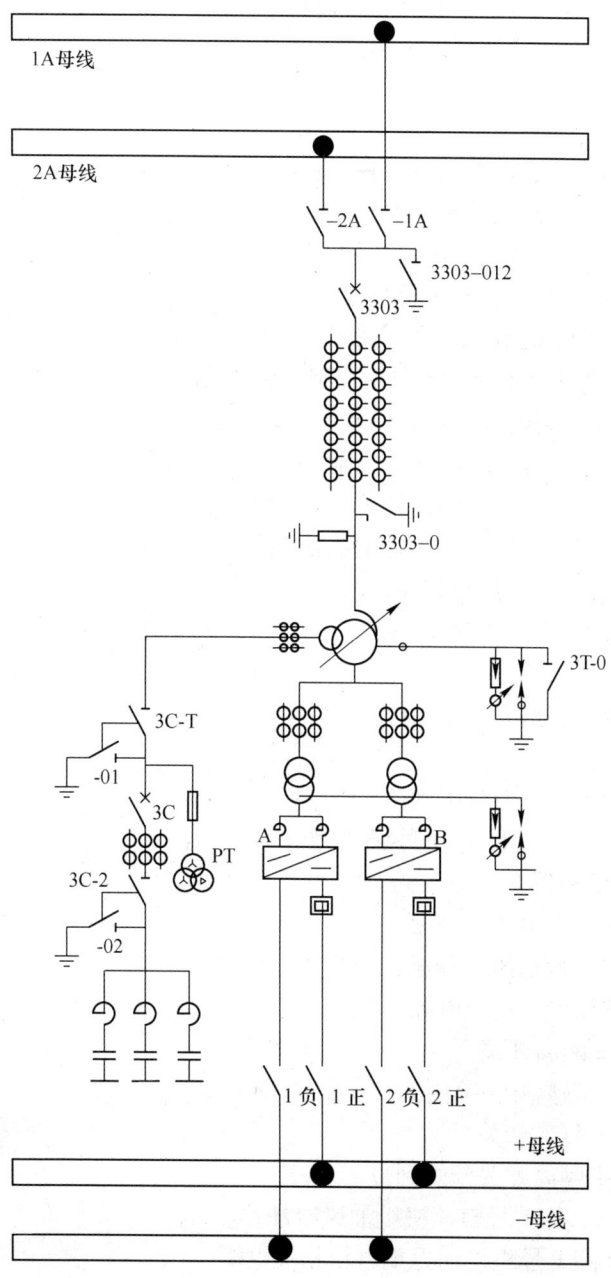

图 13-1　机组供电系统图

13.4.2.1　整流机组停电操作

（1）断开 1 号滤波装置 3C 断路器。

（2）检查 3C 断路器在"分"位。

（3）检查模拟屏 3C 断路器"绿灯"亮。

（4）将 1 号整流机组调变有载开关控制打至"分调"位。

（5）将 1 号整流机组稳流控制打至"分调"位。

（6）升 1 号整流机组调变挡位至 95 级。

（7）合入 3T-0 刀。

（8）检查 3T-0 合闸到位。

（9）将 1 号整流机组弧光保护转换开关打至"OFF"位。

（10）退出 1 号整流机组逆流保护压板。

（11）检查 1 号整流机组逆流保护压板已退出。

（12）断开 1 号整流机组 3303 断路器。

（13）检查 1 号整流机组 3303 断路器在"分"位。

（14）检查模拟屏 1 号整流机组 3303 断路器"绿灯"亮。

（15）断开 3303 控制电源 1QA。

（16）检查 1 号整流机组隔离开关控制把手打"远控"位。

（17）拉开 3303-1A（2A）隔离开关。

（18）3303-1A（2A）隔离开关检查分闸到位。

（19）合上 1 台正、负刀控制电源。

（20）合上 2 台正、负刀控制电源。

（21）拉开 1 台正、负刀。

（22）检查 1 台正、负刀分闸到位。

（23）拉开 2 台正、负刀。

（24）检查 2 台正、负刀分闸到位。

（25）断开 1 台与 2 台正、负刀控制电源。

（26）检查 3C 断路器在"分"位。

（27）退出滤波"低电压"压板。

（28）检查滤波"低电压"压板已退出。

（29）断开滤波保护控制柜电源。

（30）拉开 3C-2 隔离开关。

（31）检查 3C-2 隔离开关分闸到位。

（32）拉开 3C-T 隔离开关。

（33）检查 3C-T 隔离开关分闸到位。

（34）10 分钟后，停 1 号整流机组油风冷却器。

（35）根据需要停 1 号机组动力配电箱相关电源。

（36）根据需要停 1 号整流机组交、直流控制电源。

（37）在滤波开关一次侧挂接地线。

（38）根据需要采取安全措施。

（39）相关设备锁死。

（40）向公司调度中心汇报 1 号整流机组停电完毕。

13.4.2.2　整流机组送电操作（以1组为例）

（1）解除安全措施。

（2）拆除滤波开关一次侧接地线。

（3）合上3303断路器控制电源。

（4）合上1号整流机组交、直流控制电源。

（5）合上1号机组动力配电箱电源。

（6）检查变压器有载开关挡位在95挡。

（7）检查1组纯水冷却器系统运行正常。

（8）启动1号整流机组油风冷却器。

（9）检查3303断路器在"分"位。

（10）将3303-1A（2A）隔离开关控制断路器打"远控"位。

（11）合上3303-1A（2A）隔离开关。

（12）检查3303-1A（2A）隔离开关合闸到位。

（13）合上1组正、负刀操作电源。

（14）合上1台正、负刀。

（15）检查1台正、负刀合闸到位。

（16）合上2台正、负刀。

（17）检查2台正、负刀合闸到位。

（18）断开1组正、负刀操作电源。

（19）检查3C分闸到位，控制电源分闸到位。

（20）合上3C-T隔离开关。

（21）检查3C-T隔离开关合闸到位。

（22）合上3C-2隔离开关。

（23）检查3C-2隔离开关合闸到位。

（24）检查1组滤波补偿装置无送电障碍，合控制电源。

（25）合入3T-0接地刀闸。

（26）检查3T-0接地刀闸合闸到位。

（27）将3303断路器控制选择断路器打"遥控"位。

（28）合上3303断路器。

（29）检查3303断路器在"合"位。

（30）检查模拟屏3303断路器"红灯"亮。

（31）断开3T-0接地刀闸。

（32）检查3T-0接地刀闸分闸到位。

（33）降调变挡位至合适挡位。

（34）将调变有载开关挡位打至"总调"位。

（35）将稳流方式打至"总调"位。

（36）投入逆流保护压板。

（37）检查逆流保护压板已投入。

（38）将弧光保护转换开关打至"ON"位。

（39）向公司调度中心汇报 1 号整流机组已送电。

13.4.3　新设备的投运

13.4.3.1　新设备的送电

新设备送电操作与正常设备送电操作的不同之处在于：新设备的初充电操作，送电设备的一次和二次回路的核相操作，新送电设备带负荷测量保护极性接线和方向性的检查操作，操作中需及时对新送电设备的电流、电压回路正确性检查以及对新设备的带电调试工作（如有载调压调挡试验）。

A　新设备的充电操作

（1）新设备的充电操作必须由有保护的断路器进行，禁止用刀闸直接向新设备进行充电，新投变压器充电五次，线路及其他变电设备充电三次。

（2）充电断路器的保护应有足够的灵敏性和快速性。

（3）为保证切除故障的可靠性，必要时用两台开关串联充电。

B　新设备投运时必须核相

核相的目的：检查新投设备的相位应满足各种正常运行方式的需要，防止发生合环、并列运行时出现相间短路，对所供负载相位正确提供保证。

核相方法：

（1）用高压核相仪直接核相；

（2）用母线电压互感器二次间接核相；

（3）在核相 PT 二次进行自核相。

C　二次回路带负荷测试检查

（1）电流、电压回路检查。

检查所有保护及自动装置、测量仪表、计量仪表、电流回路、电流检查、电流值是否与一次相对应。电压二次回路各部位电压是否正常，特别是开口三角处是否正常。

（2）保护极性检查。

1）方向性保护极性检查：线路保护：距离、方向零序、方向过流、相差高频波形；

2）差动式保护极性检查：电压与电流相位、差流；母差保护电流和差流，注意带负荷前，保护应退出；

3）方向性测量：计量表计、方向性相位。

13.4.3.2　新设备送电方案

新安装的整流机组需做冲击合闸试验。

A　整流机组设备送电前的检查

以 220kV 变电所 1 号机组为例。

（1）变压器及露天设备部分检查内容：

1）1 号整流机组断路器（机构箱内气压指示正常）、隔离刀均在分断位，指示正确，机构操作正常，无卡涩现象；

2）变压器一次套管引线及阀侧铜排连接正确、牢固；

3）变压器油枕、高压套管油位正常，变压器油试验合格，温度表指示正确；

4）瓦斯继电器内无气体；

5）有载开关位置指示正确；

6）油风冷却器（油流、泵、风机）运转正常；

7）电流互感器油位指示正常、避雷器无异常；

8）所有螺栓紧固件均无松动。

（2）整流柜、纯水冷却装置、直流刀闸检查内容：

1）整流柜柜内元件、快熔无损坏，柜内所有螺栓紧固件无松动，无杂物；

2）整流柜内纯水冷却系统运转正常，无漏水现象，水压、流量表指示正常；

3）纯水泵运转正常，纯水水压、流量表指示正常；

4）副水运转正常，副水水压表指示正常；

5）纯水水质合格（水质电阻大于 $2M\Omega$）；

6）整流柜冷却风机运转正常，无异常声音；

7）交流吸收、直流吸收柜柜内各器件无损坏；

8）直流刀闸分合正常，在分断位，无变形、异常声音等情况；

9）整流柜外交直、流母线接线正确，母排支撑稳固、绝缘件紧固，无接地现象，所有螺栓紧固无松动。

（3）保护装置检查内容：

1）所有保护装置运行正常，保护定值核对无误；

2）整流柜、变压器各项传动试验合格，信号上传正确；

3）整流柜绝缘试验合格；

4）整流机组保护压板投退正确；二次回路接线端子检查无松动；

5）空载试验接线完毕。

B 变压器冲击及空载试验

标准运行方式：1号进线、2号进线分别带220kV Ⅰ、Ⅱ母线运行，母联合入。整流变运行在Ⅱ母线上，动力变运行在Ⅰ母线上。

为防止整流机组送电出现意外影响供电负荷，机组送电前运行方式调整为：1号进线带Ⅰ母线，动力变、其他整流机组均运行于Ⅰ母线，2号进线带Ⅰ母线，经母联并列运行，通过母联对Ⅱ母线所带的1号机组实施冲击合闸试验。

（1）确认1号整流机组有载开关位于最低挡，正、负刀处于断开位置。

（2）合1号整流机组开关、母联开关对变压器进行第一次冲击，并运行10min，运行期间，仔细检查整流机组有无异常。

（3）第一次冲击成功后，停电10min后再次合闸进行第二次冲击。

（4）第二次冲击成功后，停电10min后再次合闸进行第三次冲击。

（5）三次冲击试验过程完成后，升调变并按规定级数测量整流变二次输出电压和整流柜输出电压值，并与上一次试验数据进行比较，级差电压符合要求，交、直流换算关系正确。直流电压升至接近额定值后空载运行30min。

（6）在试验过程中，如出现异常均需断开1号机组开关，进行停电检查，待查明原因、排除异常后，方可重新进行试验。

（7）试验完成后，将有载开关降至最低级，进行停电操作。

13.5　防误闭锁装置

13.5.1　防误闭锁装置的作用和分类

电气误操作事故在电气故障中占有较大的比例，为了防止电气误操作事故的发生，一方面操作人员必须严格遵守"两票三制"，它是防止误操作的组织措施；另一方面要完善电气设备的防误闭锁装置，电气防误闭锁装置是防止误操作的重要技术措施。

目前，国内防止误操作装置种类很多，均能不同程度地防止一种或多种误操作事故，根据它们的动作原理，可分为机械、电气、微机三大类。

13.5.2　机械类闭锁装置

机械类闭锁装置分为直接式和间接式两种。

（1）直接式防误闭锁装置主要用于成套设备，断路器与隔离开关，隔离开关与接地刀闸之间的闭锁。闭锁方式是通过传动连杆或钢丝弹簧软轴等，只有按正确操作程序进行，才能操作隔离开关和接地刀闸。

（2）间接式闭锁有钥匙锁盒闭锁、电控钥匙闭锁、程序锁三种，它们主要用于接线方式不太复杂的地方。其中：钥匙盒闭锁是将有关钥匙放在钥匙盒内，钥匙盒可安装在断路器传动轴上，根据断路器位置来控制钥匙盒盖的开、闭，以达到闭锁目的。电控钥匙闭锁式通过断路器的辅助触点来控制钥匙盒内所装电磁铁的电源，只有断路器分开时，钥匙盒盖才开起，取下钥匙即可开锁操作。程序锁是按倒闸操作程序控制钥匙实现闭锁，适应于接线方式比较简单的场所。

13.5.3　电气闭锁装置

电气类闭锁装置分为电气回路闭锁和电磁锁两类。

13.5.3.1　电气回路闭锁

电气回路闭锁式通过控制电气设备的操作电源来实现的，它适用于以电动、液压、气动作为动力的隔离开关和接地刀闸的闭锁，可用于任何接线方式，能满足各种闭锁要求，特别是在复杂接线中，使用较为方便。电气回路闭锁在500kV变电所得到了广泛应用。

13.5.3.2　电磁锁

电磁锁是通过电气回路与机械锁而实现闭锁的，它是"五防"闭锁装置中最重要的防误设备，它使用范围广，灵活方便。电磁锁一般用于防止带负荷拉、合隔离开关和带电合接地刀闸。电磁锁按使用环境分户内和户外两种类型。

（1）户内型。目前，国内使用的户内型电磁锁种类很多，如DSN-12、DSN3、DSN2-Ⅲ型等。DSN型电磁锁大都采用间吸式原理设计，克服了DS0型直吸式卡涩失灵较多的毛病。

（2）户外型。目前，国内户外型电磁锁有DSW、DSWⅠ、DSWⅡ、DSWⅢ四种形式，部分变电所还从国外进口了一些电磁锁。户外型电磁锁一般有两种控制方式：一种为间接控制式，即将控制开锁的钥匙集中在一个电控箱内，只有得到指令打开集控箱，才可以取出钥匙去操作电磁锁；另一种是直接控制式，即不需要集中控制钥匙，只需按规定的电气程序，就可操作电磁锁。由于电磁锁种类很多，使用方法也不一定相同，现举例介绍一种户外电磁锁。

DSW Ⅱ电磁锁，由电磁锁部分、机械锁部分和钥匙组成，电磁部分和机械部分结合在一起，由电磁锁衔铁销子控制机械锁，电磁部分包括电磁线圈、电磁铁、指示灯、按钮。钥匙单独存放。

使用方法：当操作条件满足时，可按下列方法操作：按下电磁锁按钮，可听到衔铁动作响声，指示灯发光，按下按钮不松开；同时将开锁钥匙插入锁孔内，顺时针转动180°，打开锁栓，即可操作电气设备。电气设备操作到位后，将开锁钥匙逆时针方向旋转180°，将锁栓复位，闭锁电气设备。

当操作条件满足，电磁锁打不开时，可能是电气部分或电磁机械部分故障，这时若急需操作，可用解锁钥匙解锁，其操作步骤如下：将开锁、解锁钥匙分别插入开锁、解锁孔内；顺时针转动解锁钥匙90°，解除电磁锁闭锁；顺时针转动开锁钥匙180°，电磁锁打开。

电磁锁使用应注意：使用电磁锁钥匙后，钥匙应放回原处，不得留在锁头上；电磁锁箱体应密封完好，防止受潮；电磁锁打不开时，应查明原因，检查操作条件是否满足，电气部分、机械部分有无故障；使用解锁用具时，要经变电所技术人员允许。

13.5.4 微机防误闭锁装置

微机防误闭锁装置是一种新型闭锁装置。它采用微型计算机采集分析信息，发出控制命令，适用于各种接线方式，具有强制闭锁功能，投资少等优点。目前国产微机防误闭锁装置有 WYF-51 型微机无线遥控防误操作装置、DNBS Ⅲ型微机防误闭锁装置等。现以 DN-BS Ⅲ型为例介绍微机防误闭锁装置的原理。

13.5.4.1 构造

DNSB Ⅲ型微机防误闭锁装置由 WJBS-1 型微机模拟盘、DNBS-1 型电脑钥匙、KBQ 型开关闭锁控制器和 DNBS 型机械编码锁组成。WJBS-1 型微机模拟盘由盘面、专用工控微机、显示器等组成。DNBS-1 型电脑钥匙由电源开关、传输定位销、探头、解锁杆、开锁按钮显示屏等组成，它可以检验、打印操作票和对一次设备进行闭锁，同时具有断路器、隔离开关对位记忆、事故启动解锁、装置自检等功能。

13.5.4.2 隔离开关的闭锁

DNBS Ⅲ微机防误闭锁装置以 WJBS-1 型微机模拟盘为核心设备，在 WJBS-1 型微机模拟盘的主机内，预先储存了所有设备的操作原则，模拟盘上所有元件都有一对接点与主机相连。当打开电源，在模拟盘上操作时，微机就根据预先储存好的规则，对每一项操作进行判断，若操作正确，则发出一声表示操作正确的信号；若操作错误，则显示器闪烁错误操作设备编号，并发出连续的报警声，直至将错误项复位。预演结束后，可通过打印机打印操作票，进行设备操作，断路器操作后，模拟盘通过传输插座向电脑钥匙传送隔离开关等设备的操作内容，然后就可以拿电脑钥匙到现场操作。操作时，运行值班人员依据电脑钥匙上显示的编号，将电脑钥匙插入相应的编码锁内，通过其探头检测操作对象是否正确，若正确则闪烁显示被操作的设备编号，同时开放其闭锁机构，这时就可以打开机械编码锁，进行隔离开关等设备的操作。该项操作结束，电脑钥匙将显示下一项操作内容；若走错间隔操作，则不能开锁，同时电脑钥匙发持续的报警声，以提醒操作人员。当再次操作断路器时，只要将电脑钥匙插回模拟盘插座，则模拟盘将通过开关闭锁控制器再次打开下一个闭锁回路。依次循环往复，从而达到闭锁的目的。利用同样原理可实现对接地刀闸的闭锁。

13.5.4.3　断路器的闭锁

　　断路器手动操作回路正电源由就地解锁开关控制。就地解锁开关投入"解锁"位置时，操作正电源接通；就地解锁开关投入"闭锁"位置时，操作回路正电源断开，由微机防误闭锁装置提供所需操作正电源。模拟盘上总解锁开关投入"解锁"位置时，操作正电源由总解锁开关直接提供，用于事故情况下的解锁操作；总解锁开关投入"闭锁"位置时，操作回路正电源断开，由微机防误闭锁装置通过闭锁继电器提供所需操作正电源。正常情况下，就地解锁、总解锁开关均应投入"闭锁"位置，在未经模拟操作时，闭锁继电器在断开位置，手动不能进行操作。正常操作中，预演结束后，在微机的控制下，闭合当前应该操作的断路器所对应的闭锁继电器，直流正电源经闭锁继电器的触点加到操作回路，可以对断路器进行操作。当断路器检修或因其他情况需要解除某一台断路器的闭锁时，可以将该断路器的解锁开关投在"解锁"位置，即可进行手动操作。

复习思考题

1. 什么是倒闸操作?
2. 变压器倒闸操作的原则。
3. 倒闸操作的步骤。
4. 倒闸操作票的填写要求。
5. 母线倒闸操作的要点。
6. 电气"五防"的要求。
7. 防误闭锁装置。

14　变电所的管理

14.1　变电所的调度管理

（1）变电站并网后属电力调度机构直接调度的范围：

1）变电站内母线、母联开关、旁路开关和相连刀闸以及母线附属设备。

2）变电站内线路所有开关及相连刀闸。

3）以上设备的继电保护和自动装置。

4）低频低压减载装置。

（2）并网后属省电力调度中心调度许可的范围为负荷波动。

（3）供电车间值班长必须服从上级调度员的统一指挥。

（4）上级调度员有权发布调度管理范围内一切设备操作命令。

（5）供电值班长或值班员应如实汇报，正确回答上级当值调度员的询问，不得隐瞒真相。

（6）凡属调度管辖设备，未经调度命令，任何人不得自行操作和启停以及转为备用。当发生对人身、设备安全有严重威胁等紧急情况时，供电人员可以在未得到调度命令情况下，按规程规定进行操作，并立即报告当值调度员。

（7）当值调度员有权依据电网的实时运行情况，调整供电车间的用电计划，预先通知对方。

（8）在危及电网及地区供电安全时，调度有权下令供电车间限制部分或全部负荷。

（9）若出现整流所内操作电源全部消失或开关拒动无法停电的情况时，由整流所当值值班长立即申请调度员远程切除事故机组进线电源。

（10）露天变电站需要改变运行方式或检修时，值班长必须提前24h向中调申请，申请同意后依据中调操作令进行操作。

（11）电解计划甩负荷应先向中调提出申请，中调同意后方可操作。事故停电事后应主动向中调说明情况，同时向公司调度中心及时汇报；若电解系列发生紧急停电的故障或事故时，可按照"先处置，后汇报"的原则，执行紧急停电操作，切断机组电源，事后尽快向上级调度、厂调和生产科及时汇报。

（12）机组系统、动力系统、10kV系统设备调度由整流所根据生产情况进行。

（13）低压进线、母联开关由供电整流所调度。

14.2　变电所安全运行的要求

为提高变配电所的安全运行水平，适应现代化管理的要求，必须建立有关的设备档案、技术图纸、各种指标图表及有关的记录和制度。

14.2.1　现场管理要求

变配电所应做好如下记录：

（1）抄表记录：按规定的时间，抄录各开关柜、控制柜是哪个相关的电压、电流、有功和无功表的电能及变压器温升等。

（2）值班记录：记录系统运行方式、设备检修、安全措施布置、事故处理经过、与运行有关事项及上级下达的指令要求等。

（3）设备缺陷记录：记录发现缺陷的时间、内容、类别，以及消除缺陷的人员、时间等。

（4）设备试验、检修记录：记录试验或检修的日期、内容、发现问题处理的经过、试验中出现的问题及排除情况、试验数据。

（5）设备异常及事故记录：记录发生的时间、经过、保护装置动作情况及原因、处理措施。

14.2.2　运行基本要求

（1）变配电所等作业场所必须设置安全遮拦，悬挂相应的警告标志，配置有效的灭火器材及通信设施。

（2）为电气作业人员提供符合电压等级的绝缘用具及防护用具。

（3）变配电所的电气设备应定期进行预防性试验。试验报告应存档保管。

（4）变配电所内的绝缘靴、绝缘手套、绝缘棒及验电器的绝缘性能，必须定期检查试验。安全防护用具应整齐放在干燥、明显的地方。

（5）无人值班的变电所必须加锁。

14.2.3　对值班人员的要求

（1）变配电所的电气设备操作，必须由两人同时进行。一人操作，一人监护。

（2）严禁口头约时进行停电、送电操作。

（3）值班人员应确切掌握本所变配电系统的接线情况及主要设备的性能、技术数据和位置。

（4）值班人员应熟悉掌握本所事故照明的配备情况和操作方法。

（5）按要求认真正确填写、抄报有关报表并按时上报。并将当日的运行情况、检修及事故处理情况填入运行记录内。

（6）值班时间内自觉遵守劳动纪律和本所的各项规章制度，劳动防护用品穿戴整齐。

（7）值班人员应具备必要的电气"应知"、"应会"技能，有一定的排除故障的能力，熟知电气安全操作规程，并经考试合格。

（8）在变配电所进行停电检修或安装工作时，应有保证人身及设备安全的组织和技术措施，并应向工作负责人指明停电范围及带电设备所在的位置。

（9）如遇紧急情况严重威胁设备或人身安全又来不及向上级报告时，值班人员可先拉开有关设备的电源开关，但事后必须立即向上级报告。

（10）变配电所发生事故或异常现象，值班人员不能判断原因时，应立即报告电器负责人。报告前不得进行任何修理、恢复工作。

（11）熟悉掌握触电急救方法。

14.2.4　值班人员应知的安全注意事项

（1）不论高、低压设备带电与否，值班人员不准单独移开或越过遮拦及警戒线对设备进行任何操作和巡视。

（2）巡视检查时应注意安全距离：高压柜前 0.6m，10kV 以下 0.7m，35kV 以下 1m。

（3）单人值班不得参加修理工作。

（4）电气设备停电后，即使是事故停电，在未拉开有关刀闸和采取安全措施以前，也不得触及设备或进入遮拦内，以防止突然来电。

（5）巡视检查架空线路、变台时，禁止随意攀登电杆、铁塔或变台。两人检查时，可以一人检查，一人监护，并注意安全距离。

（6）在雨、雪、雾天气巡视及检查接地故障时，必须穿绝缘靴。雷雨天气不得靠近避雷器。

（7）高压设备发生接地故障时和巡视检查时，应与故障点保持一定的距离。室内不得接近故障点 4m 以内，室外不得接近故障点 8m 以内。接近上述范围应穿绝缘靴，接触设备外卡、构架时应戴绝缘手套。

14.2.5　交接班要求

14.2.5.1　基本要求

接班人员必须按规定时间提前到岗，交接人员应在办理交接手续签字后方可离去。

14.2.5.2　交接人员的准备工作

（1）整理报表及检修记录等。

（2）核对模拟盘与实际运行情况是否相符。

（3）设备缺陷、异常情况记录。

（4）核对并整理好消防用具、工具、钥匙、仪表、接地线及备用器材等。

（5）提前做好清洁卫生工作。

14.2.5.3　交接班时应交清下列内容

（1）设备运行方式、设备变更和异常情况及处理经过。

（2）设备检修、改造等工作情况及结果。

（3）巡视检查中的缺陷和处理情况。

（4）继电保护、自动装置的运行及动作情况。

（5）当班已完成和未完成的工作及有关措施。

14.2.5.4　接班人员接班时应做好下列工作

（1）查阅各项记录，检查负荷情况、音响、信号装置是否正常。

（2）了解倒闸操作及异常事故处理情况，一次设备变化和保护变更情况。

（3）巡视检查设备、仪表等，了解设备运行状况及检查安全措施布置情况。

（4）核对安全用具、消防器材，检查工具、仪表的完好情况及接地线、钥匙、备用器材等是否齐全。

（5）检查周围环境及室内外清洁卫生状况。

14.2.5.5　遇到以下情况不准交接班

（1）接班人员班前饮酒或精神不正常。

（2）发生事故或正在处理故障时。

（3）设备发生异常，尚未查清原因时。

（4）正在倒闸操作时。

14.3　变配电所的巡视检查

电气事故在发生以前，一般都会出现声音、气味、变色、升温等异常现象。为了及时掌握运行状况，尽早发现缺陷，必须通过人的视、听、嗅、触感官对运行中的电气设备进行巡视检查。

14.3.1　巡视检查的一般规定

（1）有人值班的变配电所，除交接班外，一般每班至少巡视两次。根据设备繁简情况及供电的性质，可适当增加巡视次数。

（2）遇有特殊天气（如大风、暴雨、冰雹、雪、雾）时，室外电气设备应进行特殊检查。

（3）处于污秽地区的变配电所，对室外电气设备巡视检查应根据天气情况及污秽程度来确定。

（4）电气设备发生重大事故又恢复运行以后，对事故范围内的设备进行特殊巡视检查。

（5）电气装备存在有缺陷或过负荷时，至少每半小时巡视一次，直至设备正常。

（6）新投入或大修后投入运行的电气设备，在72h内应加强巡视；无异常情况时，可按正常周期进行巡视。

14.3.2　正常巡视检查内容

（1）检查注油设备的油面位置应合适，油温正常，油色透明，截门、外壳、油面指示器等处应清洁，无渗漏油现象。

（2）检查所有瓷绝缘部分，应无掉瓷、破碎、裂纹以及闪络、放电痕迹和严重的电晕现象，表面应清洁无污秽。

（3）检查各部位的电气连接点应接触良好，应无氧化及过热现象，监视示温蜡片或变色漆的变化情况。应无松股断股、过紧过松现象。

（4）检查变压器油温是否超过容许值，温升是否正常，有无异常声音，变压器冷却装置运行情况是否正常。检查呼吸器内干燥剂的潮解情况、防爆桶的玻璃膜有无破裂、气体继电器是否漏油。

（5）检查电容器的外壳有无膨胀变形，有无异声，示温蜡片是否熔化，三相电流是否平衡，电压是否超过容许值，放电装置是否良好，电容器室温是否超过容许值。

（6）检查各类继电器的外壳有无破损、裂纹，整定值位置是否变动，继电器的接点有无卡滞、变形、倾斜、烧伤及脱轴。感应式继电器的铝盘转动是否正常，有无抖动及摩擦现象。

（7）检查油断路器的分合指示器及红绿灯指示是否正常。内部应无响声，油面、油色应正常，无漏油现象。真空断路器灭弧室在触头断开时，屏蔽罩内壁应无红色或乳白色辉光。

（8）检查避雷器内部应无异声，放点记录器数字清晰。

（9）检查硅整流装置及各类直流电源装置有无异声、过热、异味。电容器储能装置检查试验是否正常。

（10）检查中央信号装置及音响装置是否正常，直流母线电压是否正常。

（11）检查各级电压值是否正常，各路负荷是否超过容许值。其他各种仪表指示信号显示是否正常。

（12）检查电缆终端盒、绝缘油有无过热熔化、漏油，有无放电痕迹及声响。

（13）检查所有接地线有无松动、折断及锈蚀现象。

（14）检查互感器及各种线圈有无异味。

（15）检查安全用具是否齐全有效、安放合理。

（16）检查门窗、空洞等是否严密，有无小动物进入的痕迹。

14.3.3　特殊巡视检查内容

（1）降雪及雾凇天气时检查室外各接头及载流导体有无过热、触雪的现象。

（2）阴雨、大雾天气应检查瓷绝缘有无严重放电、闪络现象。

（3）雷雨后检查避雷器放电计数器的动作情况，此绝缘有无破裂和闪络痕迹。

（4）大风时检查室外配电装置周围有无易刮起的杂物，导线摆动是否过大。

（5）冰雹后检查瓷绝缘有无破损，导线有无伤痕，室外跌落式熔断器有无损伤。

（6）冷空气侵袭降温后，检查变压器及注油设备的油面是否过低，导线是否过紧，开关套管及刀闸等连接处是否冷缩变形。

（7）高温季节，检查注油设备的油面是否过高，导线是否过松，通风降温设施运行是否正常。

（8）电晕检查（夜间闭灯检查），应检查导线、开关瓷绝缘等各部位接点是否有放电、发红现象。

进行以上巡视检查时，应注意安全。

复习思考题

1. 变电所安全运行的要求是什么？
2. 变配电所应制定哪些制度？
3. 交接班时应交清楚哪些内容？
4. 变电所特殊巡视检查内容有哪些？

15　供电整流系统事故处理

15.1　整流变电站常见事故处理

15.1.1　概述

当整流变电站设备发生异常运行或事故时，各种信号装置会迅速动作，发出事故报警信号。运行值班人员要严密监视设备运行状态，在发生异常运行、信号告警或发现运行参数超过规定限值时，迅速果断地判断信号性质和设备状态，及时向有关领导人员报告，及时正确处理，不得延误时机。

15.1.2　整流变电站常见事故处理

15.1.2.1　所内进线线路事故的处理

线路事故分类主要有单相故障、相间故障（含三相故障）、永久故障、瞬时故障。

A　事故现象：整流变电站内进线停电

以 220kV 整流变电站为例："220kV Ⅰ 母线 PT 回路断线"、"220kV Ⅱ 母线 PT 回路断线"；进线控制盘仪表指示全部消失；"整流柜电铃报警"、"主电缺相"、"断水保护，水压低，副水水压异常"；机组电流表指示全部消失，动力变控制仪表指示全部消失，电容器失压跳闸，电解系列停电等。

B　具体处理步骤

（1）解除跳闸断路器的音响、信号，恢复跳闸断路器开关控制把手。

（2）检查进线保护动作情况，判断故障性质，记录故障时间和信号。

（3）电话联系电力调度中心查明事故原因，如果事故是进线侧电网线路事故，按调度命令进行处理。并汇报进线保护动作情况。

（4）如果是整流变电站内进线故障，应尽快将故障进线隔离；恢复另一条进线，恢复机组系统与动力变系统送电。

（5）向车间领导报告以上情况。

15.1.2.2　母线事故处理

母线事故的迹象是母线保护动作，接于该母线的所有断路器跳闸及其引起的声、光信号等。

A　母线事故的原因

（1）母线绝缘子和断路器母线侧套管闪络。

（2）母线电压互感器或断路器与母线之间的电流互感器发生故障。

（3）接在母线上的隔离开关或避雷器、绝缘子等发生故障。

（4）二次回路、保护回路故障。

（5）由误操作引起的。

B　具体处理步骤

a　带机组的母线故障

（1）恢复声、光信号，做好记录。

（2）跳闸开关把手复位。

（3）降调变。

（4）退出机组速断保护压板。

（5）断开母联开关隔离刀闸。

（6）断开事故母线上的机组母线刀。

（7）对故障母线及母线上所接设备进行全面检查，并将检查情况向调度及车间领导报告。

（8）查找故障点，并迅速进行隔离。

（9）合入运行母线上的机组母线刀。

（10）合整流机组变压器中性点地刀，查合好。

（11）经地调同意后送电。

（12）恢复机组送电。

（13）向车间领导汇报，组织检修人员处理。

b　带动力变的母线故障

（1）恢复声、光信号，做好记录。

（2）跳闸开关把手复位。

（3）检查保护动作情况，查找故障原因，向地调、车间领导汇报。

（4）隔离事故点。

（5）根据情况恢复运行方式，恢复过程首先检查恢复动力供电，其次恢复水冷系统，强油冷却系统，再恢复整流机组，恢复电解供电。

15.1.2.3　单台机组断路器因速断保护动作而跳闸

（1）机组断路器因第一套保护动作而跳闸，不得强送，退出本机组稳流。

（2）跳闸开关把手复位。

（3）检查保护信号动作情况，恢复光示牌。

（4）检查机组开关确断。

（5）断开机组母线侧刀闸和正、负刀。

（6）寻找事故点并排除。

（7）向车间领导报告以上情况。

15.1.2.4　单台机组断路器因整变有载开关重瓦斯动作而跳闸

（1）机组断路器因整变有载开关重瓦斯动作而跳闸，在未查明和消除故障前不准合闸，退出本机组稳流。

（2）开关把手复位，恢复光示牌。

（3）检查机组开关确断。

（4）断开机组母线刀闸和正、负刀。

（5）对该变压器逐项检查，迅速检查气体数量和颜色，取气体分析。

（6）向车间领导报告以上情况。

15.1.2.5　单机组断路器因过流保护动作而跳闸

（1）机组开关把手复位。

（2）退出本机组稳流。

（3）检查保护信号动作情况，恢复光示牌。

（4）检查机组开关确断。

（5）断开机组母线侧刀闸和正、负刀。

（6）寻找事故点并排除。

（7）向车间领导报告以上情况。

15.1.2.6　单机组强油循环风冷却器故障

若所有风机停止运行，降该机组负荷进行检查，观察变压器表面的油温，若 10min 之内排除不了设备故障，切断该机组。

15.1.2.7　整流柜故障处理

（1）当元件损坏或均流不合格时，应停电处理。

（2）当元件水温、水压、电流出现异常时，降负荷运行，并通知车间及联系处理。

（3）若发现机组直流电流异常，突然增大或减少很多现象时，应立即停运该机组，进行检查。

（4）同机组的两台整流柜 A、柜 B 之间负荷电流有明显差异时，应立即停止运行，查找原因。

（5）当整流柜渗、漏水时，应立即停止运行，进行处理。

（6）纯水水质不合格时，应立即停止运行。

15.1.2.8　电容器故障处理

机组电容器故障时，保护装置启动自动跳闸后，不许强送，必须认真检查，排除故障后方可投入运行。

15.1.2.9　自用电事故处理

A　自用电变压器故障引起自用电跳闸的处理

（1）跳闸开关把手复位。

（2）合入自用电联络开关。

（3）检查交流盘电压指示正常。

（4）检查纯水系统、油风冷却系统运行情况。

（5）检查直流系统是否正常。

（6）恢复跳闸机组送电。

（7）隔离事故变压器，采取安全措施。

（8）向车间领导报告，安排检修人员处理。

B　交流母线故障引起自用电开关跳闸的处理

（1）跳闸开关把手复位。

（2）断开故障母线所属的自用电开关、刀闸，查找事故点。

（3）启用机组纯水系统、油风冷却系统备用电源，检查运行情况。

（4）查出事故点，排除后恢复运行方式。

（5）检查直流系统是否正常。

15.1.2.10　直流接地故障的处理

（1）将直流负荷按"先信号、后控制"电源逐一拉合（在切除某一回路时，若接地信号消失，则说明接地点在该回路中）。

（2）若接地点不在上述回路中，取下绝缘装置保险，用电压表测量母线对地电压，如果仍有接地，说明接地点在母线，否则接地点在绝缘监察装置上。

（3）分别停、送充电模块和蓄电池，如接地信号仍没有消失，可能是多点接地。

（4）判断多点接地，可只留控制电源和蓄电池。将其他负荷全部拉开，然后分别投入负荷。

（5）若已确定接地点在某回路，则需逐盘取下此回路所带各分支保险，断开有关小刀闸进行查找，设法消除接点。

15.2　现场处置方案

15.2.1　现场处置原则

（1）尽快遏制事故的扩大，消除事故的根源，解除对人身和设备安全的威胁。

（2）尽可能保持其余设备继续运行，以保证向用户正常供电。

（3）尽快向已停电的用户恢复送电。

（4）尽快合理地调整运行方式，以恢复可靠的运行方式。

15.2.2　现场处置的一般步骤

（1）事故发生时，运行值班人员应根据仪表、监控机信号指示、保护动作情况，设备外部及其他异常现象，查明故障点及其范围，如实向运行值班长报告，在运行值班长的统一指挥下进行事故处理。

（2）发生事故时，需积极处理，采取有效的应对措施，防止事故扩大，同时要向所长、车间领导及上级调度汇报。

（3）如果事故影响了自用电，处理时应尽快先恢复自用电（以保证强油循环风冷却装置、纯水冷却装置、循环水系统、直流电源系统、PLC 电源等所内用电的及时供给），依次恢复其他动力用电及对电解的供电，尽量缩小事故影响面。

（4）处理事故时，务必如实、详细记录事故的起因、信号、保护动作情况，处理过程及时间。

（5）为了尽快处理事故，相关操作可以不填写操作票，但必须有人监护，必要时也可指派单人操作。

（6）如果事故发生在交接班中，由交班人员进行处理，接班人员协助，待事故处理完毕后再进行交接；若短时间内处理不完，经所长或车间领导批准，可先交接，后处理。

（7）如发生下列情况，可先断开电源开关，然后再报告：

1）有触电威胁人身安全的情形；

2）有影响设备安全的情形，如爆炸、起火等。

（8）凡保护动作跳闸，未查明原因不得强送，特别是伴有明显短路、冒烟、起火、爆炸等；应经过详细检查或试验，证明可以送电后，方可送电。

（9）若进线系统发生故障，所内电压或电流有明显升高或降低，应对运行设备进行检查，随时与地调联系，并做好记录。

（10）地调所管辖内的设备发生故障时，除按规定处理外，应立即向地调报告，服从其指挥，并按程序汇报。

（11）在电气设备上灭火时，必须先断开电源。

（12）当整流变电站带电解全部负荷时，所内自用变全部停电，需先停电解，再与地调联系。

（13）处理事故过程中，接受和下达命令时应启用录音电话。

（14）发生事故后，运行值班人员应迅速回到控制室，无关人员须撤离控制室及事故现场。

15.2.3　现场处置方案（以330kV露天整流变电站为例）

15.2.3.1　330kV露天整流变电站故障现场处置方案（运行方式为标准运行方式）

A　系统全停电的处理

系统全停电是指330kV系统线路发生故障造成整流变电站两条进线全部停电。其现象是正常照明消失，模拟屏上进线、动力变、机组各种仪表指示全部消失，后台监控机画面显示两条进线全部停电，说明系统已全停电。

B　处理步骤

（1）查看后台机或模拟屏，检查开关跳闸位置和故障原因。

（2）运行值班长立即指派运行人员检查两条进线情况，注意保持安全距离。

（3）电话联系电力调度中心（根据后台机判断，如果是对侧原因，询问情况；如果是本侧原因，根据现场情况，及时调整运行方式，尽快送电）。

（4）按照应急响应联系方式通知公司调度中心及车间领导。

（5）运行值班长根据现场检查设备情况判断，并调整运行方式，断开事故源进行送电。

（6）合整流机组及动力变的变压器零序刀。

（7）退出整流机组滤波保护装置低电压保护压板。

（8）运行值班人员检查主控室保护装置，并对信号进行复位。

（9）运行值班长在确认事故源隔离后不影响送电情况下，向电力调度中心申请送电。

（10）指派人员去循环水泵房做好开启循环水泵准备工作。

（11）电力调度中心同意送电后，经车间领导许可后按程序送电，先恢复动力用电。

（12）总升调变至最低级。

（13）同时立即开启循环水泵、油风冷、纯水泵，检查冷却系统正常。检查变压器、整流柜系统正常，无送电障碍。

（14）根据情况恢复整流机组送电。

（15）总降调变至合适挡位。

（16）恢复补偿机组送电，通知厂调已恢复送电。

（17）检修人员检查各整流机组运行情况，发现问题及时向车间领导汇报。

（18）运行值班长通知公司调度中心、分公司及车间领导送电完毕。

（19）检查各整流机组运行情况。

（20）运行值班长做好记录。

15.2.3.2 整流机组系统故障现场处置方案

A　整流变压器起火事故

（1）在整流机组变压器发生火灾后，立即切除所有整流机组电源，启用录音电话，按响应程序汇报。

（2）车间应急小组组长组织运行值班人员和义务消防员进行灭火，并报火警，如发生人员伤亡，拨打急救电话。监视火情是否向临近设备蔓延，启用消防设施用水降温。

（3）组织运行值班人员及义务消防员用湿棉布封堵着火机组的整流室门和母线穿墙隔板，利用配置的沙袋、干粉灭火器进行扑救，注意在实施灭火中的个人安全。

（4）若变压器火势难以扑灭，失去控制，请求分公司联系相关单位，采用水泥混凝土输送车、氧化铝粉、冰晶石进行灭火。

（5）火灾扑灭后，对其他整流机组进行检查，视情况联系地调对其他整流机组进行送电。

B　整流柜发生爆炸事故

（1）车间运行值班人员迅速到现场（烟雾较多的情况下佩戴呼吸器）检查整流柜、直流刀闸、室内外直流大母线的损坏情况，及时用对讲机向运行值班长汇报，并断开事故整流机组的所有电源。

（2）运行值班长按照汇报程序向各级领导汇报。

（3）若爆炸事故现场发生起火，运行值班人员要及时扑救，并及时向消防部门报警，若事故整流柜仍在爆炸，除采取必要措施外，人员不得靠近，如发生人员伤亡，拨打急救电话。

（4）运行值班长联系厂调，通知电解做好电解槽保温工作，随时准备送电。

（5）若只是整流柜爆炸，直流刀闸、直流大母线完好，在其他机组无送电障碍的情况下，立即断开事故机组直流刀闸、隔离开关，恢复电解送电。

（6）若整流柜爆炸，直流刀闸已损坏，无法正常断开，而直流大母线完好，则立即组织人员拆开与直流刀闸连接的母线或强行分开直流刀闸动静触头，在断开处用绝缘板隔离，同时排除其他送电障碍，恢复电解送电。若直流刀闸损坏严重，短时间难以断开，立即联系相关车间割开故障整流柜至直流大母线的分支母线，在断开处用绝缘板隔离，然后恢复电解送电。

（7）若整流柜爆炸，直流刀闸损坏，无法正常断开，同时直流大母线移位、支持瓷瓶损坏影响电解送电，则先抢修直流大母线，更换支持瓷瓶，排除送电障碍，同时拆开与直流刀闸连接的母线或强行分开直流刀闸动静触头；若直流刀闸损坏严重，难以断开，立即联系相关车间，割开故障整流柜至直流大母线的分支母线，在断开处用绝缘板隔离，再恢复电解送电。此间要组织人员用石棉布、灭火器材等配合维修焊工做好母线切割（隔离）工作，并注意在实施此项工作中的人员安全。

（8）在事故抢修期间，运行、检修人员要检查其他设备是否具备送电条件，如有异常，立即报告，车间要及时组织相关人员紧急处理。

15.2.3.3　动力用电系统故障现场处置方案及过负荷运行的现场处置方案

A　交流电及直流系列全停电

a　现象

动力变全停电后，后台机发出动力变跳闸信号及事故音响信号，模拟屏上动力变断路器跳闸；后果是水系统断水、油风冷却器停电，整流机组跳闸，电解系列全停等。

b　处理步骤

（1）检查后台机报文，并根据报文情况派人现场检查两台动力变的情况，并及时向运行值班长汇报。

（2）按照程序进行汇报，告知现场情况。

（3）检修班、试验班根据跳闸报文及时处理故障，争取先恢复一台动力变，具备送电条件。

（4）合全部动力变及全部整流机组的变压器零序刀。

（5）退出整流机组滤波系统低电压保护压板。

（6）检修恢复一台动力变后立即通知运行值班人员准备送电，通知公司调度室准备对动力系统送电。

（7）运行值班长联系电力调动中心申请带动力负荷。

（8）经电力调动中心同意后，对动力变进行送电。

（9）运行值班人员立即对处理完毕的动力变按程序进行送电，恢复动力用电。

（10）动力变送电后，总升调变至最低级。

（11）恢复10kV系统，通知厂调动力系统已恢复送电。

（12）同时开启循环水泵、油风冷、纯水泵，检查冷却系统是否正常。检查变压器、整流柜系统是否正常，有无送电障碍。

（13）整流所申请电力调动中心带电解负荷。

（14）电力调动中心同意后，对全部整流机组送电。

（15）总降调变至合适挡位。

（16）检查各整流机组运行状况，发现问题及时汇报。

（17）恢复补偿机组送电。

（18）增加巡视频率，仔细检查设备运行状况。

B　单台动力变故障跳闸（以1号动力变为例）

a　现象

1号动力变跳闸后，后台机发出1号动力变跳闸信号及事故音响信号，模拟屏上显示1号动力变断路器在分位；后果是10kV总配Ⅰ段失电，各分配Ⅰ段电源失电，交流盘Ⅰ段失电，部分水泵停运。

b　处理步骤

（1）断开交流屏1号进线开关，合母联开关，向公司调度中心及分公司、车间领导汇报。

（2）迅速到水泵房开启水泵，保证三台循环水泵运行，检查主管道压力情况，并向运行值班长汇报。

（3）检查10kV总配1号进线断路器确断，将1号进线断路器小车摇至试验位，合总配母联断路器，恢复各生产单位动力用电。

（4）合上交流屏1号进线开关，断开母联开关恢复标准运行方式。

（5）检查各系统设备运行是否正常，对整流机房现场信号进行复位。

（6）采取安全措施，通知检修人员排除故障，尽快恢复送电。

15.2.3.4　自用电系统故障现场处置方案

交流盘标准运行方式：1号自用变通过交流盘1号进线开关带交流盘Ⅰ段，2号自用变通过交流盘2号进线开关带交流盘Ⅱ段，母联开关热备。

A　单台自用变压器故障引起自用变压器跳闸

现象：自用电变压器一次开关跳闸，水泵房部分水泵停运，变压器油风冷、纯水泵电源自投入另一段运行。

（1）断开故障跳闸自用变交流盘二次开关；

（2）手动合交流盘母联开关，将跳闸开关复位；

（3）检查交流盘各开关及仪表指示是否正常；

（4）尽快恢复水泵房电源，并保证3台水泵运行；

（5）检查动力配电箱及纯水冷却系统、油风冷却系统是否正常工作；

（6）检查直流盘仪表及微机指示是否正常；

（7）摇出故障自用电低压开关，仔细检查故障情况；

（8）摇出故障自用变压器开关小车，尽快排除故障，恢复标准运行方式。

B　交流盘母线故障引起自用电变压器一、二次开关跳闸

a　现象

当交流盘母线故障时，自用电变压器一、二次开关跳闸，母线上短路现象，水泵房部分水泵停运，变压器油风冷、纯水泵电源自投入另一段运行。

b　处理步骤

（1）检查故障母线进线开关确断，断开故障母线上所有断路器；根据电源情况迅速调整循环水泵运行台数，保证2台水泵运行；

（2）根据电源情况迅速调整水泵房配电屏运行方式，开启循环水泵，保证 3 台水泵运行；

（3）检查动力配电箱及纯水冷却系统、油风冷却系统是否正常工作；

（4）检查非故障母线所带各开关及仪表指示是否正常；

（5）检查直流盘仪表及微机指示是否正常；

（6）摇出故障母线进线、母联开关；

（7）向车间领导汇报；

（8）查找事故原因，组织处理。

15.2.3.5　直流系统故障现场处置方案

A　直流系统报警现场处置方案

（1）直流屏监控单元显示交流报警、直流报警信号时，技术人员组织检修人员迅速到现场查看直流屏交流输入回路、直流输出回路是否正常，并尽快恢复；

（2）直流屏监控单元显示母线、电池报警、绝缘报警信号时，技术人员立即通知检修人员迅速到现场排查故障，并尽快恢复；

（3）直流屏监控单元显示充电模块故障报警信号时，立即组织检修人员到现场查找故障原因，确认模块本身是否损坏，如损坏立即进行更换，并尽快恢复直流屏运行。

B　直流接地故障的处理

必须经车间领导同意，由检修人员和运行值班人员共同处理。

（1）直流接地故障处理时，需经车间领导和地调同意。

（2）将直流屏上各间隔空开逐一断开，进线及母差屏上的开关，不经地调允许不准拉合。在切除某一回路时，若接地信号消失，则说明接地在该回路中。

（3）在进行上述工作时，注意直流屏报警信号的变化。

（4）若在母线上，则要仔细检查母线对地电压及各蓄电池是否漏液对地形成接地现象。

（5）若已确定接地回路，应认真查找，设法消除接地点。

C　直流充电模块故障处理

（1）运行值班人员发现直流充电模块故障后，应停用该模块，并做好记录；

（2）向车间或相关领导汇报。

D　直流蓄电池故障的处理

当出现以下情况时，必须更换直流电池：

（1）当直流屏液晶显示器上所显电池电压异常，应尽快更换蓄电池；

（2）当某组蓄电池温度较高（≥45℃）时，应尽快更换；

（3）运行中浮充电压正常，一旦放电，电压很快下降到终止电压值，应更换蓄电池。

15.2.3.6　互感器异常现场处置方案

A　电压互感器自身故障的处理

有下列情况之一时，应立即停用：

（1）高压熔断器熔丝连续熔断 2 次或 3 次（10kV 以下电压互感器）。

（2）电压互感器内部有"噼啪"响声或其他噪声。

（3）电压互感器发出异味或冒烟。

（4）电压互感器引线与外壳之间有火花放电现象。

B 电压互感器的事故处理

（1）若发现电压互感器一次侧绝缘有损伤（如冒烟或内部异常放电声）时，应使用断路器将故障电压互感器切断，此时，严禁用隔离开关或取下熔断器来断开故障的电压互感器。因隔离开关和高压熔断器均没有灭弧能力，若用其断开故障电压互感器，可能会引起母线短路，发生设备损坏或人身事故。

（2）电压互感器的回路上由于都不装设断路器，如直接拉开电源断路器时，会直接影响对用户供电，所以要根据实际情况进行处理。

（3）若时间允许，先进行必要的倒闸操作，使拉开该故障设备时不致影响对用户供电。

（4）若为母线系统，则可将各元件倒换到另一母线上，然后用母联断路器来断开。

（5）若330kV的电压互感器冒火，来不及进行倒闸操作时，应立即停用该母线，再恢复母线送电。

C 330kV 母线电压互感器电压回路二次侧自动开关脱扣的处理

（1）停用该母线上的距离保护出口压板；

（2）试送电压互感器二次侧自动开关,若不成功应及时向所长、车间领导汇报并联系处理；

（3）不准在330kV母线电压互感器二次并列,以免造成事故扩大。

D 电流互感器的异常和事故处理

电流互感器二次回路开路时，立即停用相关设备，并通知检修人员进行处理。

15.2.3.7 滤波补偿装置故障现场处置方案

A 现象

滤波补偿装置保护动作，引起机组跳闸。

B 处置措施

（1）在系列电流不够的情况下，滤波补偿装置跳闸后，先检查变压器及三次母线，若无异常，可先拉开滤波装置-T 刀，对机组送电，然后检查滤波装置进行上述操作。滤波补偿装置断路器跳闸后不准强行试送，必须检查保护动作情况，根据保护动作情况进行分析判断，检查电容器、断路器、电抗器、电流互感器有无爆炸或严重过热鼓肚及喷油，检查各接头是否过热，套管有无放电痕迹，电抗器是否有移位，电抗器有无线圈绝缘损坏。若无上述情况，需检查保护装置是否故障，若保护装置经检查也无故障，就需要拆开电容器，逐台进行测试。应严格防止电容器内部故障可能引起的爆炸，或继电器保护误动、拒动而导致的事故扩大。

（2）运行中的电容器发现鼓肚、渗油或有火花时，应将此组滤波补偿装置退出运行。

15.2.3.8 整流冷却循环水系统异常的现场处置方案

A 现象1：循环水泵全停，整流机组跳闸

处置措施：

（1）运行值班长迅速指派运行值班人员检查循环水水泵，检查人员用对讲机将现场情况报告运行值班长。

（2）运行值班长迅速判断循环水泵能否继续送电，若能送电则立即用对讲机下令开启循环水泵（至少保证两台电机同时运行），若不能送电则立即通知运行值班人员迅速打开自来水至循环水管阀门，并按照应急联络图通知相关人员赶赴事故现场。

（3）车间应急小组组长通知动力车间保障自来水的压力。

（4）运行值班长联系厂调，让厂调通知电解对电解槽采取保温措施。

（5）运行值班人员退出全部整流机组滤波保护装置低电压保护压板。在事故状态下，可视情况由单人操作、值班。

（6）运行值班人员合全部整流机变压器中性点地刀。

（7）运行人员总升变压器至最高级。

（8）运行值班人员迅速对各报警信号进行复位，不能复位的立即向组长汇报，迅速组织人员处理。

（9）主管领导根据各方面情况判断整流机组能否送电，若满足送电条件应立即下达送电命令。

（10）检修班组织人员检查各机组副水压力是否正常，根据压力大小调节自来水至循环水水管阀门，保障整流柜的副水压力及流量。

（11）检修班组织人员检查，处理循环水泵，尽快恢复 3 台循环水泵运行。

（12）循环水泵问题处理完毕后，通知运行值班人员启动 3 台循环水泵，并关闭自来水至循环水阀门。若循环水短时间内无法恢复，可视自来水压力、流量的情况，恢复全部整流机组在低负荷状态下运行。

B　现象 2：循环水泵全停，整流机组未跳闸

处置措施：

（1）运行值班长迅速指派运行值班人员检查循环水水泵，检查人员用对讲机将现场情况报告运行值班长。

（2）运行值班长迅速判断循环水泵电机能否继续送电，若能送电则立即用对讲机下令开启循环水泵（至少保证两台水泵同时运行），若不能送电则立即通知运行值班人员迅速打开自来水至循环水管阀门，并按照应急联络图通知相关人员赶赴事故现场。

（3）运行值班长密切注意各整流机组整流柜循环水温度情况，必要时向地调及厂调申请降负荷（情况紧急状态可先降负荷后汇报），如温度过高，运行值班长可直接切除电解所有负荷。

（4）运行值班长联系厂调，让厂调通知电解对电解槽采取保温措施。

（5）车间应急小组组长通知动力车间保障自来水的压力。

（6）检修班组织人员检查各机组纯水温度是否正常，根据温度情况调节自来水管阀门，保障整流柜正常运行。

（7）检修班组织人员检查处理循环水系统，尽快恢复 3 台循环水泵运行。

（8）循环水系统问题处理完毕后，通知运行值班人员启动 3 台循环水泵，并关闭自来水至循环水管阀门。若循环水短时间内无法恢复，可视自来水压力、流量的情况，保障整流机组在低负荷状态下运行。

（9）车间应急小组组长立即联系相关单位及时处理循环水泵，尽早恢复 3 台循环水泵运行。

15.2.3.9 水风冷整流机组故障的现场处置方案

A 现象 1：电解直流停电

处置措施：

（1）禁止停用纯水泵，开启纯水系统加热器；

（2）关闭整流机组纯水风冷却器风机；

（3）按照应急响应流程通知相关领导及检修人员处理；

（4）根据电解停电时间及气温情况判断短时间内能否恢复直流供应，如不能恢复，则用篷布将水风冷却器罩住，并在篷布内设置电暖气；

（5）用电热毯、恒功率伴热带对纯水管道进行包裹；

（6）密切监控纯水温度、压力情况，当水温低于 5℃ 时，如果不能立即恢复送电，则采取放水措施。

B 现象 2：水分冷却机组交流停电

处置措施：

（1）立即查明机组交流停电原因，恢复交流电力供应；

（2）按照应急响应流程通知相关领导及检修人员处理；

（3）如果短时间内交流电力无法恢复且在环境温度较低的情况下，可立即采取放水措施。

15.2.3.10 电解紧急停电、降负荷的现场处置方案

A 电解紧急停电的处理

（1）接到电解要求紧急停电的通知后，确认联系人与所提供名单人员相符（在安装电解紧急停电声光报警信号装置后，须紧急停电信号和电话同时到达，并经确认联系人相符）；

（2）按下模拟屏"整流强切"按钮，确认模拟屏各机组断路器在"分"位，电解系列电流为零；

（3）向电力调动中心汇报；

（4）向公司调度中心汇报；

（5）向车间领导汇报；

（6）现场检查各机组断路器均在分位；

（7）退出全部整流机组滤波装置"低电压"保护压板；

（8）合全部整流机组中性点地刀；

（9）总升整流机组调变；

（10）进行设备检查，确认安全，无异常。

B 电解送电

（1）接到电解需要系列送电的通知后，及时向电力调动中心申请电解系列带负荷；

（2）检查调变在最低级；

（3）合全部整流机组断路器；

（4）检查全部整流机组断路器均在合位；

（5）断开全部整流机组变压器中性点地刀；

（6）根据电解要求及系列电压情况，总降整流机组调变至合适挡位；

（7）向电力调动中心、公司调度中心及车间领导汇报；

（8）投入滤波装置低电压保护压板；

（9）根据需要投入滤波装置。

C　电解系列降负荷的现场处置方案

（1）接到电解降负荷的要求后，确认联系人与所提供名单人员相符；

（2）运行值班长向电力调动中心申请降负荷；

（3）运行值班长向公司调度中心及车间领导汇报；

（4）切除运行的滤波装置；

（5）经电力调动中心同意，运行值班长命令总升机组调变挡位，保持负荷至电解要求；

（6）电话告知电力调动中心和电解负荷已降至需要值。

15.2.3.11　保护装置或开关柜拒动的现场处置方案

A　当监控机检测到保护跳闸信号而开关未出口跳闸时

相应的设备上级开关动作跳闸或母差保护动作跳闸时，运行值班人员应立即通知车间领导，组织人员查找事故原因，及时倒换运行方式，尽快恢复设备运行。

B　当监控机来保护跳闸信号而上级开关未跳闸时

（1）运行值班人员应立即通知车间领导，同时迅速到现场查看设备运行情况，如设备运行异常，应立即手动切除开关，做进一步的检查处理。

（2）车间技术人员组织继电保护人员对保护装置进行保护定值检查、保护传动试验，排除装置拒动因素，恢复设备运行。

15.3　误操作的事故处理

电气误操作事故主要是指误分、误合断路器（开关）；误入带电间隔；带负荷拉、合隔离开关（刀闸）；带电挂（合）接地线（接地刀闸）；带接地线（接地刀闸）合断路器（开关）等。其中，后三类误操作事故性质恶劣，后果严重，称为恶性误操作事故。

15.3.1　防止电气误操作事故的措施

防止电气误操作事故的措施可分为组织措施和技术措施。组织措施是有关规程、制度的制定、贯彻和执行；技术措施主要是防误闭锁装置的完善。

15.3.1.1　防止电气误操作的组织措施

为了杜绝误操作事故的发生，应对运行值班人员加强思想教育、职业道德教育和纪律教育，强化技术培训，增强其责任心，严格执行操作票制度，纠正不符合安全规定的习惯做法。

对于正常的电气设备倒闸操作，应由操作人按规定填写操作票，每张操作票只能填写一项操作任务。在操作票中，下列项目必须填入：应拉合的断路器和刀闸，检查断路器和刀闸的位置，检查接地线是否拆除，检查负荷分配，装拆接地线，安装或拆除控制回路或电压互感器回路的保险器，切换保护回路和检查是否确无电压等。

执行操作时必须由两人进行，一人监护，一人操作。应先进行模拟操作，后进行实际操作。由监护人唱票并核对设备名称、编号和位置，操作人复诵并再次核对无误后，监护人发令操作。监护人未发令，操作人不得操作。监护人一定要始终监护好操作人的每一步操作，防止走错间隔误拉、合刀闸，在带电设备上挂接地线。操作时每操作完一项就要在操作票上做一个记号"√"，操作发生疑问时，应立即停止操作并向运行值班长报告，弄清问题后，再进行操作，在未弄清问题之前，不准擅自解除防误闭锁装置，更不允许擅自更改操作票。

为了防止电气误操作事故的发生，必须执行统一规定，根据安全规程，针对本单位的执行操作票制度的具体程序和方法制定补充规定或实施细则，并据此培训有关人员，使两票制度的执行实现标准化。另外，对各级调度执行调度操作命令也要实现标准化。

15.3.1.2　防止电气误操作的技术措施

防止误操作的闭锁装置（简称防误装置）是防止误操作，保证企业安全生产必不可少的技术措施。因此必须在严格执行操作票制度组织措施的同时，狠抓防止误操作技术措施的落实。凡有可能引起误操作的高压电气设备，均应装设防误装置。已装设的必须投入运行，并定期对"五防"装置进行维护检修。针对具体的防误装置制定"五防"管理制度、现场运行检修管理制度和规程，加强管理，确保防误装置正常运行。

防误操作应实现"五防"功能，包括防止误分、误合断路器；防止带负荷拉、合刀闸；防止带电挂接地线（或合接地刀闸）；防止带接地线（或未拉开接地刀闸）合断路器（开关）和防止误入带电间隔。

所有运行值班人员都应懂防误操作装置的原理、性能、结构和操作程序，并做到会操作、会安装、会维护。新上岗的运行值班人员应进行使用防误装置的培训，经考试合格后方可上岗。防误装置的维护、检修工作必须明确责任，落实到人。

15.3.2　电气误操作事故处理

一旦发生了错误操作，必须冷静，正确处理，尽力避免或减轻可能造成的损失。对于电气误操作发生后的处理，应当注意以下几方面：

（1）误合断路器，应立即将其拉开。

（2）误断运行中的断路器，应按不同情况处理。

（3）误断所用有关断路器，可立即将其重新合上。

（4）误断运行中的线路断路器，若对方无电源，可立即重新合上；若对方有电源联络线，必须检查符合同期条件后才能重新合上。

（5）带负荷误合隔离开关，不论已合一相、两相还是三相，都严禁重新拉开。

（6）带负荷误拉隔离开关时应注意：

1）若在触头刚分开时发现错误，可立即反向操作，将隔离开关重新合上。

2）操作中途发现操作错误，可立即断开直接相连的断路器。

3）已拉开的隔离开关，在相应断路器断开之前，不得重新合上。

（7）误合接地隔离开关，应立即重新拉开。

（8）误拉接地隔离开关，必须重新查明导线上三相确无电压后，才能重新合上。

15.4　典型案例分析

15.4.1　整流柜短路爆炸故障案例

15.4.1.1　事故经过

2007 年 8 月 10 日 21 点 50 分，某变电站整流所机房传来巨响，运行值班人员立即到现场查看，机房走廊烟雾弥漫，脱落在走廊地面上的天花板随处可见，1 号整流柜柜门玻璃全部碎裂，柜门已脱落，柜内局部仍有残余火焰。运行人员立即进行灭火，并向值班长报告现场情况。同时中控室发出整流机组全部跳闸信号，监控机报"1 号整流机组 B 柜速断保护跳闸，其他整流机组报过流跳闸信号"。事故发生后，变电站主任组织检修人员开展事故抢修工作。经过 4 个小时的抢修，电解系列正常送电。

15.4.1.2　事故原因

（1）变压器阀侧母排铝制防雨罩被大风吹落到整流变连接整流柜户外交流母排上，发生 1 号整流柜交流侧短路，引发 1 号整流柜直流母排短路，发生整流柜爆炸起火事故。

（2）防雨罩选材不应使用铝材等金属材料，而应选用绝缘材质物。

（3）防雨罩安装不够牢固。

15.4.1.3　防范措施

（1）拆除整流变户外母排的铝材及其他金属材料制作的防雨罩，安装绝缘材质防雨罩。

（2）及时制订整流柜爆炸抢修应急预案。

（3）对整流柜快熔母排间的绝缘隔板宽度进行加宽延伸。

（4）联系设计院对直流正、负汇流大母排受电动力作用受力情况重新校对，采取避免汇流大母线纵向和上下发生移位的措施。

15.4.2　整流变压器三次线圈电缆头爆炸故障案例

15.4.2.1　事故经过

2007 年 6 月 5 日 12 时 21 分，某变电所整流机组间隔传来巨响，从 1 号整流机组间隔升起浓烟，1 号机组调压变压器三次绕组电缆头爆炸；中控室监控机显示调压变速断保护动作，B-C 相短路，开关跳闸。变电所主任立即安排检修人员对 1 号调压变压器主体油样取样分析；同时对 1 号调压变压器三次绕组做绝缘、直流电阻及介损测试，试验结果均合格。同日又将测试结果与设备厂家进行交流，厂家认为可以送电。经过变电所、部门主要人员集体讨论，认为 1 号整流机组可以送电。

6 月 5 日 17 时 22 分，1 号整流机组送电，送电瞬间，调压变压器重瓦斯动作，开关跳闸。经测试，调压变压器三次绕组绝缘试验合格；直流电阻和油样分析试验却严重超标。6月6日，1号调压变压器经撤油检查，发现线圈夹件部位有放电痕迹，调变三次绕组发生匝间短路，变压器返厂进行修理。

15.4.2.2 事故原因

A 主要原因

1号调压变压器三次绕组电缆头爆炸，是引起此次事故的主要原因。

B 次要原因

（1）三次绕组用电缆在安装施工的初期，电缆局部已被损坏。

（2）三次绕组使用非标电缆（20kV），没有国家标准，非标产品存在制造质量问题。

（3）新电缆头制作时，在热缩过的电缆头上重复制作冷缩电缆头，电缆头处主绝缘被破坏。

（4）新电缆头制作工艺存在缺陷。

（5）电缆头固定存在使用铁制 U 形环及钢铁支架，形成涡流使电缆头发热。

（6）电网、调变在瞬间对电缆产生谐波过电压。

15.4.2.3 防范措施

（1）将 20 kV 非标电缆更换为 35 kV 标准电缆，严格控制制作工艺。

（2）改进电缆固定方式，采用托架和绝缘材质物固定方式。

（3）滤波补偿电容器用普通电压互感器，更换为消谐电压互感器。

（4）重新计算三次绕组用避雷器参数，选用合适参数的避雷器。

（5）改进滤波补偿电容器内 $400m^2$ 钢芯铝导线连接方式，采用铜母排加装绝缘护套连接方式。

15.4.3 某 220kV 变电站带地刀合刀闸事故案例

15.4.3.1 事故经过

2006 年 5 月 29 日 17 时 39 分，某 220kV 变电站部分设备由检修转运行操作中，由于操作票中未列入"拉开 220kV 母旁 D2670 接地刀闸"，监护人、班长、所长又没有认真审核操作票，在模拟预演中也没能发现模拟盘中的 220kV 母旁甲刀闸和丙刀闸间的 D2670 地刀在合位，而且防误装置功能上存在缺陷，该接地刀闸与母旁 2670 甲、丙刀闸间没有电气闭锁，导致发生带地刀合刀闸的恶性误操作事故。造成 220kV 变电站全停，损失负荷 9.6 万 kW，电量 5 万 kW·h。18 时 35 分系统恢复运行。

15.4.3.2 事故原因

运行人员违反安全规程规定，填写操作票漏项，操作票审核不认真，走过场，模拟操作、倒闸操作过程中不严格，未核对设备名称、编号和位置，未核对设备状态，设备送电时没有检查送电范围内确无接地短路线。"五防"闭锁装置存在缺陷，形同虚设，从而造成恶性误操作事故。

15.4.3.3　防范措施

（1）严格执行倒闸操作票管理规定，认真履行倒闸操作票填写、审核手续，严格执行倒闸操作设备"三核对"。对操作人员实行标准化操作培训，规范操作行为。

（2）对接地线进行严格管理，设备送电时要对送电范围内的设备进行认真检查，确保无接地短路线。

（3）严格执行防误闭锁装置使用管理规定，完善防误闭锁装置。

（4）加强安全管理，按照"四不放过"的原则，组织全体运行人员对该事故进行认真分析，查找原因，提高对该事故的原因及其后果的认识，以防止再次发生类似的误操作事故。

复习思考题

1. 整流变电站自用电变压器发生故障处理。
2. 整流柜爆炸的现场处置措施。
3. 防止电气误操作事故的措施。

下篇 电解铝供电整流检修

16 铝电解供电整流系统

16.1 常见铝电解供电整流系统介绍

电解铝的供电整流系统一般由动力变、整流变压器、整流柜、滤波系统、露天断路器、隔离开关、互感器等设备组成。动力变一般配置两台，整流变压器按照 $N+1$ 或 $N+2$ 配置。每台整流变压器由调变和整变组成。整流柜接在整变二次侧，每台整流变压器连接两台整流柜。滤波系统接在调变三次线圈处，用于无功补偿及消除整流系统产生的高次谐波。

16.2 供电整流系统设备

16.2.1 断路器

16.2.1.1 概述

高压断路器是电力系统重要的控制和保护设备，它对维持电力系统的安全、经济和可靠运行起着非常重要的作用。在各种电压等级的整流变电站中应用范围较广，在电能生产、传输、分配过程中，是非常重要的控制和保护设备。它既能断开正常负载，又可切除短路故障。

A 主要类型

高压断路器的类型比较多，分类方法也不同。其常用的分类方法如表16-1所示。

表16-1 分类方法

分 类 方 法	高压断路器的类型
按灭弧介质分	产气断路器、磁吹断路器、油断路器（多油和少油）、压缩空气断路器、真空断路器、SF_6 断路器、SF_6 混合气体断路器
按操动机构分	手动操动机构断路器、电磁操动机构断路器、气动操动机构断路器、液压操动机构断路器、弹簧操动机构断路器、液压弹簧操动机构断路器

分 类 方 法	高压断路器的类型
按安装形式分	悬挂式断路器、小车式断路器、支柱式断路器、罐式断路器、GIS、PASS
按断口数量分	单断口断路器、多断口断路器
按安装地点分	户内式断路器、户外式断路器、防爆式断路器

B　高压断路器的型号、定义

根据国家技术标准的规定,目前我国高压断路器的型号通常用横列拼音字母及数字表示,表示方法如图 16-1 所示。

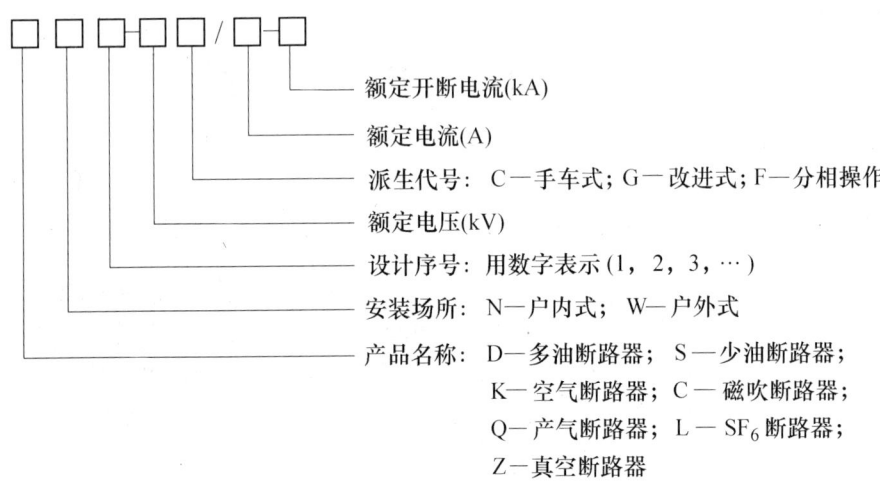

额定开断电流(kA)

额定电流(A)

派生代号: C—手车式; G—改进式; F—分相操作

额定电压(kV)

设计序号: 用数字表示(1, 2, 3, …)

安装场所: N—户内式; W—户外式

产品名称: D—多油断路器; S—少油断路器;
K—空气断路器; C—磁吹断路器;
Q—产气断路器; L—SF$_6$断路器;
Z—真空断路器

图 16-1　高压断路器型号的表示方法

C　高压断路器的技术参数

a　额定电压

这是指断路器所在电力系统的最高电压上限。目前我国规定的电气设备额定电压标准值为:

范围 I, 额定电压在 252kV 及以下: 3.6、7.2、12、24、40.5、72.5、126(123)、252(245)kV。

范围 II, 额定电压在 252kV 以上: 363、550、800、1100kV。

额定电压不仅决定了断路器的绝缘要求,而且在相当程度上决定了断路器的总体尺寸和灭弧条件。

b　额定电流

这是指在规定的使用和性能条件下,断路器能够长期通过的最大工作电流有效值。它决定了断路器的触头及导电回路的截面尺寸,并且在某种程度上也决定了它的结构。额定电流值应从《标准电流等级》(GB 762—2002)中的 R10 系数中选取: 200、400、630、1000、1250、1600、2000、3150、4000、5000、6300、8000、12500、16000、20000A。

c　额定短路开断电流

这是指在工频恢复电压对应于断路器的额定电压和瞬变恢复电压等于额定值的回路

中，断路器能够可靠开断的最大短路电流。它表明了断路器开断短路电流的能力。断路器额定短路开断电流的交流分量有效值，应从 GB 762—2002 中的 R10 系数中选取：1.6、3.15、6.3、8、10、12.5、16、20、31.5、40、50、63、80、100kA。

d 额定短路关合电流（峰值）

这是指在规定的条件下断路器保证正常关合的最大预期电流（峰值）。它反映断路器承受短路电流引起的电动力的能力，取决于导体部分和支持绝缘部分的机械强度，并取决于触头的结构形式。它与额定电压对应，且为额定短路开断电流交流分量有效值的2.5倍。

e 额定短时耐受（热稳定）电流

这是指断路器在规定的使用和性能条件下，在额定短路持续时间内，断路器在关合位置时能够承受的电流有效值，即允许通过的最大电流。热稳定电流表明了断路器承受短路电流热效应的能力。

f 额定峰值耐受（动稳定）电流

这是指断路器在规定的使用和性能条件下，在合闸位置时能够承载的额定短时耐受电流第一个半波的电流峰值，其后短时耐受电流持续时间应不小于0.3s。动稳定电流表明断路器在冲击短路电流作用下，承受电动力的能力。这个值的大小由导电及绝缘部分的机械强度所决定。

g 合闸时间

这是指断路器从接到合闸指令起到断路器三相主触头均接触为止所需要的时间。一般合闸时间大于分闸时间。

h 分闸时间

这是指断路器从接到跳闸指令起到断路器开断至三相电弧完全熄灭为止所需要的全部时间。分闸时间为断路器的固有分闸时间与电弧熄灭时间之和。一般分闸时间为60～120ms。分闸时间小于60ms的断路器称为快速断路器。

i 操作循环

它是表征断路器操作性能的指标。应能承受一次或两次以上的关合、开断、或关合后立即开断的动作能力。此种按一定时间间隔进行多次分、合的操作，称为操作循环。额定操作循环如下：

自动重合闸操作循环：分—t′—合分—t—合分

非自动重合闸操作循环：分—t—合分—t—合分

其中："分"表示分闸动作；"合分"表示合闸后立即分闸的动作；"t′"表示无电流间隔时间，即断路器断开故障电路，从电弧熄灭起到电路重新自动接通的时间，标准时间为0.3s或0.5s，也即重合闸动作时间；"t"表示运行值班人员强送电时间，标准时间为180s。

j 分（合）闸不同期时间

这是指断路器各相或同相各断口间分、合闸的最大时间差。国标规定：当各相间的同期性要求未做特殊规定时，分、合闸不同期应不大于5ms，对363kV及以上的合闸不同期应不大于5ms，分闸不同期应不大于3ms。

16.2.1.2　断路器的结构组成和作用

高压断路器按结构功能可分为导电、灭弧、绝缘、操动四大部分。

A　导电部分

它主要包括动、静弧触头和主触头或中间以及各种形式的过渡连接。其作用是通过工作电流和短路电流。

B　绝缘部分

它主要包括油、真空或 SF_6 气体等绝缘介质和瓷套、绝缘拉杆等。其作用是保证导电部分对地之间、不同相之间、同相断口之间具有良好的绝缘状态。

C　灭弧部分

它主要包括动、静弧触头、喷嘴以及气压缸等。其作用是提高熄弧能力，缩短燃弧时间。既要保证可靠地开断大的短路电流，又要保证开断小电感性电流不截流；或产生的过电压不超过允许值，开断小电容性电流不重燃。

D　操动部分

这是指各种形式的操动机构和传动机构。它的作用是实现对断路器规定的操作程序，并使断路器能够保持在相应的分、合闸位置。

目前整流变电站露天进线、母联、整流机组、动力变系统使用的大部分是六氟化硫（SF_6）断路器，10kV 高压开关柜使用真空断路器，个别开关柜还在使用少油断路器。

16.2.1.3　高压少油断路器（SW、SN 型）

A　SN10-10 少油断路器外形结构和油箱内部结构

该断路器的外形和内部结构分别如图 16-2 和图 16-3 所示。

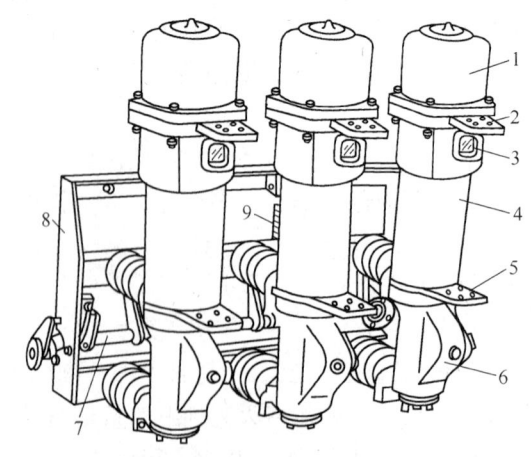

图 16-2　少油断路器外形结构

1—铝帽；2—上接线端子；3—油标；4—绝缘筒；5—下接线端子；
6—基座；7—主轴；8—框架；9—断路弹簧

断路器在合闸位置时，形成的导电回路为上接线端子—静触头—导电杆—中间触头—下接端子。

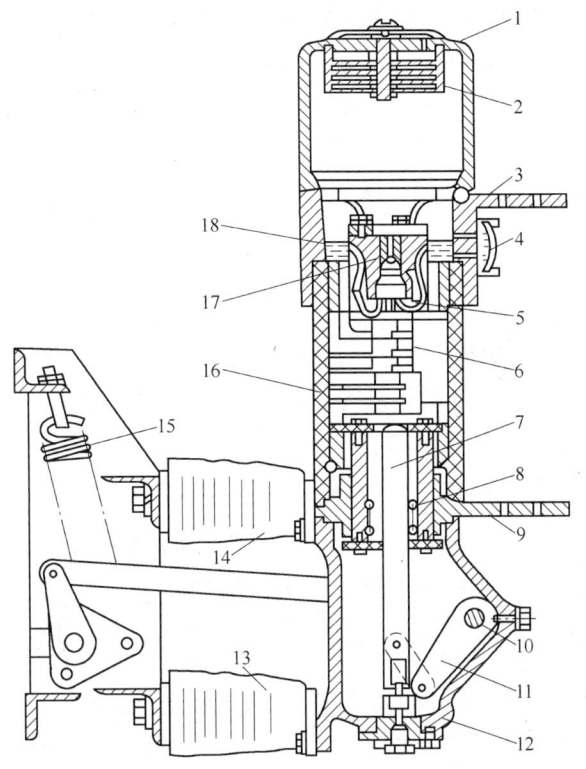

图 16-3 少油断路器内部结构

1—铝帽；2—油气分离器；3—上接线端子；4—油标；5—静触头；6—灭弧室；7—动触头；
8—中间滚动触头；9—下接线端子；10—转轴；11—拐臂；12—基座；13—下支柱瓷瓶；
14—上支柱瓷瓶；15—断路弹簧；16—缘筒；17—逆止阀；18—绝缘油

B 工作及灭弧原理

（1）合闸时，经操动机构和传动机构将导电杆插入静触头以接通电路。

（2）分闸或自动跳闸时，导电杆向下运动并离开静触头，产生电弧；电弧的高温使油分解形成气泡，使静触头周围的油压骤增，压力使逆止阀上升堵住中心孔，致使电弧在封闭的空间内燃烧，灭弧室内的压力迅速增大。同时，导电杆迅速向下运动，产生的油气混合物在灭弧室内的一、二、三道灭弧沟和下面的纵吹油囊中对电弧进行强烈的横、纵吹；下部的绝缘油与被电弧燃烧的油迅速对流，对电弧起到油吹弧和冷却的作用。由于上述灭弧方法的综合作用，使电弧迅速熄灭。图 16-4 为灭弧室的灭弧过程示意图。

C 少油断路器的特点

少油断路器的油量少，绝缘油只起灭弧作用而无绝缘功能，具有结构简单、体积小、质量轻的优点。

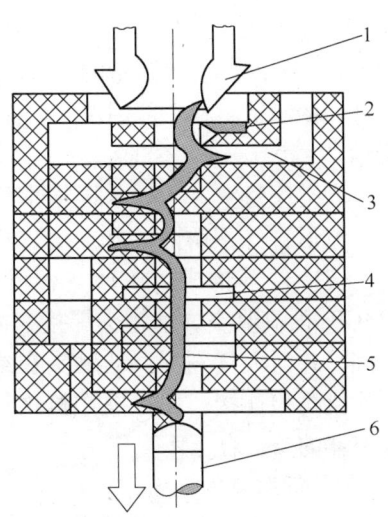

图 16-4 灭弧室灭弧过程示意图

1—静触头；2—吸弧钢片；3—横吹灭弧沟；
4—纵吹灭弧囊；5—电弧；6—动触头

目前，由于自动化程度的提高，它已逐步被各种整流变电站淘汰。

说明：在通电状态下，油箱外壳带电，必须与大地绝缘，人体不能触及。但燃烧爆炸的危险性小。在运行时，要注意观察油标，以确定绝缘油的油量，防止因油量不足使电弧无法正常熄灭而导致油箱爆炸事故的发生。SN10-10 型断路器可配用 CS2 型手动操动机构、CD 型电磁操动机构或 CT 型弹簧操动机构。

16.2.1.4　真空断路器

A　真空断路器的结构

真空断路器的结构如图 16-5 所示。它由真空灭弧室（真空泡）、保护罩（屏蔽罩）、动触头、静触头、导电杆、开合操作机构、支持绝缘子、支持套管、支架等构成，其核心是真空灭弧室（真空泡）。

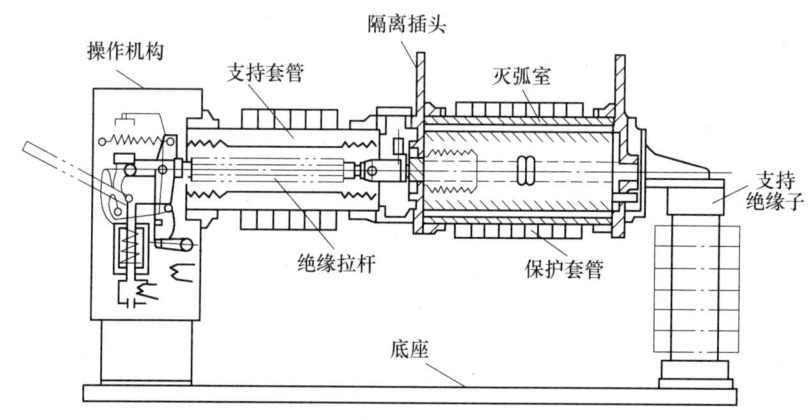

图 16-5　真空断路器结构

B　真空灭弧室的构造

真空灭弧室的结构、制作方法、触头形状等，在很大程度上决定着真空断路器的各种功能。所以对真空灭弧室的外壳的制造有严格的要求，否则真空灭弧室无法正常工作，真空外壳的制造材料一般用玻璃，而国外也有采用矾土瓷器的。真空灭弧室的构造如图 16-6 所示。

真空灭弧室由真空容器（外壳）、动触头、静触头、波形管（不锈钢材料）、保护罩（屏蔽罩）、法兰、支持件等构成。在真空容器内保持 133MPa ～ 133GPa 的高真空，动触头焊接在波形管与真空容器之间，并与大气隔离。动触头在绝缘操作杆与开合操作机构相连接，并在操作机构控制之下完成真空断路器的分、合工作。

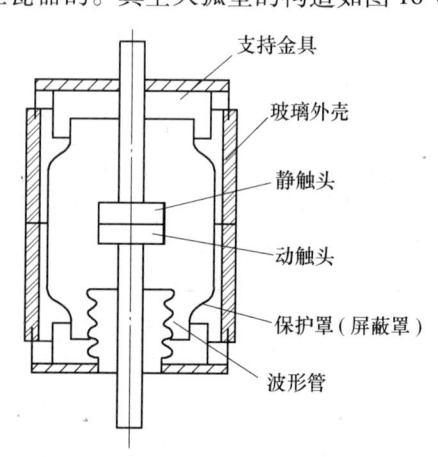

图 16-6　真空灭弧室的构造

C　灭弧室的灭弧原理

顾名思义，真空断路器是使电路在真空中分、合的电器，即电路在分闸时，电弧在触头间发生，此时形成真空电弧。这是由于刚分瞬间，触头压力逐渐减弱，接触电阻急剧增大。当触头分开时，即产生金属蒸气，温度可达 5000K，使阴极产生电子热发射，金属蒸气被游离后形成电弧。

在电弧电流较小时，阴极表面有很多斑点。斑点表面积估计约为 10 万 cm^2，斑点电流密度为 $10^5 \sim 10^7 A/cm^2$。斑点是阴极继续产生金属蒸气和发射电子的场所。电弧由于金属蒸气的游离得以维持。电弧在灭弧室中扩散成并联的条状电弧，每条都有对应的阴极斑点。并由此斑点向阳极发射一个圆锥形的弧柱，圆锥顶点就在阴极斑点上。这些斑点及各条电弧互相排斥并不停地运动着，同时向磁场力的作用方向扩散，这时的电弧称扩散电弧。

当交流电流接近零值时，触头上阴极斑点只有一个。当电流过零时阴极斑点消失。此时电极不再向弧隙提供金属蒸气，使弧隙的带电质点迅速减少，并向外扩散，冷凝在极斑外的触头表面和保护罩（屏蔽罩）上。此时，真空灭弧室中弧隙间的介质绝缘强度得到迅速的恢复，使电流过零后电弧不再重燃。

在某种条件下，电流增大到某一范围值，电流在自身磁场作用下，集聚成一条，阴极斑点集聚成一团。在电弧作用下阴极表面电腐蚀显著增加，此时金属表面不仅出现金属蒸气，而且出现金属颗粒和溶液；同时阳极严重发热而出现阳极斑点，并且也蒸发和喷射金属。这时的电弧称为集聚型电弧，是断路器最恶劣的工作状态，它造成触头表面熔融，此时电弧也不易熄灭。

D 真空断路器触头的构造及对灭弧效果的影响

真空断路器触头的构造对灭弧能力、导通负荷电流、触头的使用寿命、安全可靠地执行分合指令等影响很大。因此，触头必须满足以下要求：

（1）导电性能良好。

（2）能可靠地遮断大电流。

（3）耐弧性、热稳定性好。

鉴于上述要求，触头材料多用铜钨合金、铜铋合金来制造。在机械造型和附属设施等采用一些加强灭弧能力的外部设施。

用于断开 10kA 以下的电流时，可采用圆盘对接式触头，开断大于 10kA 的电流时，大多采用磁吹触头。按吹弧方向可分横吹和纵吹两种。10kV 常用的有 25kA 和 31.5kA。

a 圆盘形触头

这种触头结构简单，机械强度好。触头有一凹坑，经触头的电流路线呈 U 形，有很轻的横吹作用，使电弧沿径向外移，避免局部过热，如图 16-7 所示。

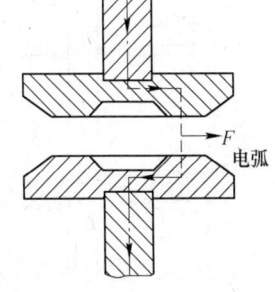

图 16-7 圆盘形触头

b 内螺旋形槽触头

每个触头分为两部分，凸出部分作为工作触头，主要作用是导通负荷电流，是真空断路器接纳负荷电流的场所；外面凹下的部分呈环盘形，主要作用是灭弧。上环盘面和下环盘面尺寸相等，形状相同，同样按一定的要求刻上螺旋槽沟，但螺旋方向相反（图 16-8）。

此触头具有横吹和纵吹性能。横吹是由于触头的特殊构造和磁场与电弧的相互作用产生的，纵向吹弧也是由于触头做成正、反方向的螺旋沟槽，电弧电流是顺着沟槽方向流

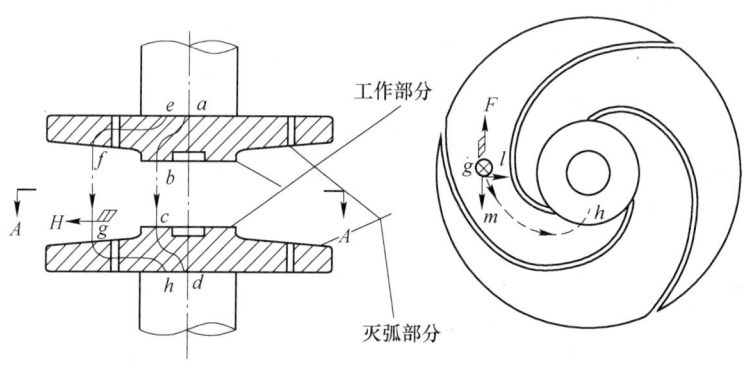

图 16-8　内螺旋形槽触头

动，电流路线有如通电的螺管线圈，因而产生纵向磁场，造成纵向吹弧。

c　具有纵向磁吹线圈的触头

（1）外加感应线圈的形式，如图 16-9 所示。

在真空泡外加一感应线圈，当真空断路器分闸时感应线圈内由于电流的突变，感应一磁场，其磁力线方向与电流平行。由于磁场力与电弧的相互作用，使弧隙中的带电质点迅速朝纵向扩散，弧隙中的介质绝缘强度迅速恢复，触头间隙击穿电压抬高，电弧在电流过零后不再重燃。

（2）在触头背面安装电流线圈的形式，如图 16-10 所示。

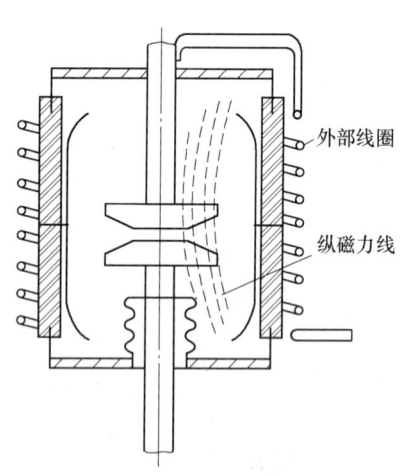

图 16-9　外加感应线圈的触头

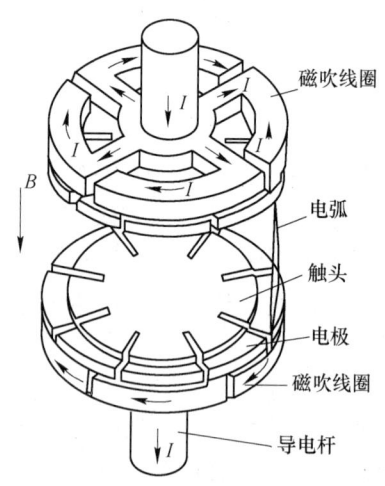

图 16-10　背面安装电流线圈的触头

在触头制造时即在其背面嵌装一电流线圈，使电流从真空断路器的导电杆流入线圈，再通过线圈引线流入线圈圆弧部分，然后再流回触头。依右手螺旋定律得知流经圆弧的电流，可产生一磁场，其方向与电弧平行。该磁场与电弧相互作用，触头间隙的带电质点朝纵向扩散，形成纵吹的灭弧方式。在设计时吹弧线圈的电流应与电弧形成一定比例的纵向磁场。

总之，横向吹弧靠磁场力与电弧的相互作用，使弧柱根部不停地在触头表面的螺旋沟槽移动，从而防止触头表面局部过热而烧损，提高真空断路器触头的使用寿命和开断能力。但是，横向吹弧在开断大电流时，在触头表面会由于烧损而出现凹凸不平的熔化斑点，甚至在触头表面上出现金属熔融的针状毛刺，造成电场的局部集中而降低触头间隙的耐压水平，使断路器的使用寿命缩短，甚至不能工作。纵向吹弧可避免横吹方式的缺点。

E　真空断路器的特点

（1）绝缘性能好。真空间隙的介质绝缘强度非常高。比空气、绝缘油、六氟化硫要高得多。真空间隙在 2～3mm 以下时，其击穿电压超过压缩空气和六氟化硫，而在大的真空间隙下，击穿电压增加不大，所以真空灭弧室的触头开距不宜太大。10kV 真空断路器的开距通常为 8～12mm，35kV 的则为 30～40mm。开距太小会影响分断能力和耐压水平。开距太大，虽然可以提高耐压水平，但会使真空灭弧室的波纹管使用寿命下降。

（2）灭弧性能强。真空灭弧室中电弧的点燃是由于真空断路器刚分瞬间，触头表面蒸发金属蒸气，并被游离而形成电弧造成的。真空灭弧室中电弧弧柱压差很大，质点密度差也很大，因而弧柱的金属蒸气（带电质点）将迅速向触头外扩散，加剧了去游离作用，加之电弧弧柱被拉长、拉细，从而得到更好的冷却，电弧迅速熄灭，介质绝缘强度很快得到恢复，从而阻止电弧在交流电流过零后重燃。

（3）使用寿命长。电寿命可大于 10000 次开合，机械寿命可达 12000 次动作，满容量开断不少于 30 次。

（4）结构简单，体积小，质量轻，噪声低。

（5）因为无油，所以火灾的可能性很小，同时对环境没有污染。

（6）检修间隔时间长，维护方便。

当然，真空断路器也有不足之处：

（1）在满容量开断电流后，真空断路器的冲击电压强度普遍存在下降趋势。

（2）国产真空断路器在开断电容器组（特别是串有电抗器时）过程中，由于振荡造成电弧重燃的概率较大。

（3）在运行中对真空容器的真空度尚无完善的检测手段。因此，只有在运行中通过直观目测来判断，即在真空断路器未接通时，使一侧触头带电，此时真空灭弧室的真空外壳出现红色或乳白色的辉光时，表明真空容器的真空度失常，应立即更换。

（4）真空断路器价格较贵。

（5）参数较低，有一定的局限性。

16.2.1.5　SF₆断路器及全封闭组合电器

A　SF₆气体特征概述

SF_6 出现于 1900 年，20 世纪 40 年代才被美国用作曼哈顿计划（核军事），1947 年提供商用后引起工业界的极大兴趣，对 SF_6 的研究、使用投入很大的力量，并取得很多实绩。60 年代已用于复压式的断路器和变压器、电缆的绝缘。SF_6 具有特别好的绝缘性能和物理性能，所以用作高压断路器的灭弧介质是现在使用的变压器油、压缩空气无法比拟的。现在 SF_6 断路器的电压已达 750kV，并已生产和使用了很有经济价值的 SF_6 全封闭式组合电器。

a　SF₆气体的物理特性

SF₆气体是无色、无味、无毒、不会燃烧、化学性能稳定的气体。在常温下不与其他物质产生化学反应，所以在正常条件下是一种很理想的绝缘和灭弧介质。

SF$_6$是一种比较重的气体，在同样条件下几乎是空气的 5 倍。

SF$_6$在正常压力下，其临界温度为 45.6℃，因此在电气设备中使用时，温度和压力不能过低，如低于 45.6℃就不一定使 SF$_6$ 气体保持恒定气态，可能出现液化。

SF$_6$气体的热导率随温度变化而变化，例如在 2000℃时它具有极强的热传导能力，而在 5000℃时的热传导能力就很差，正是这种特性对熄灭电弧非常有利。

b　SF$_6$气体的化学特性

一般情况下，SF$_6$ 气体是很稳定的气体，如果 SF$_6$ 气体脱离稳定状态而分解出氟或硫将造成严重的化学腐蚀。

SF$_6$气体不溶于水和变压器油中，它与氧、氢、铝及其他许多物质不发生作用；SF$_6$的热稳定性也很高，在 500℃时也不会分解，但当温度升到 600℃时，它很快分解成 SF$_2$ 和 SF$_4$。当温度升到 600℃以上时，则形成的低氟化物增加。由于气体中的微量水分参与作用，这些低氟化物对金属和绝缘材料都有很大的腐蚀性，并危害人体健康。但大部分不纯物在极短时间内（$10^{-6} \sim 10^{-7}$s）能重新合成 SF$_6$，残留的不纯物经过吸附剂（分子筛、活性炭、活性氧化铝等）过滤后可以除去。

由此可见，温度低于 600℃时，SF$_6$ 气体是稳定的，因此用于 A 级、B 级绝缘是绝对不会有问题的。

SF$_6$不会燃烧，因此无火灾之虑；在被电击穿后，SF$_6$ 能自行复合，同时不会因电弧燃烧而产生无定形炭那样的悬浮物，故介质绝缘强度不会受到影响。

c　SF$_6$气体的电特性

SF$_6$是一种高电气强度的气体介质，在均匀电场下其介质强度约为同一压力下空气的 2.5~3 倍。在 3 个大气压下 SF$_6$ 的介电强度约同变压器油相当，压力越高绝缘性能越好。SF$_6$气体是目前知道的最理想的绝缘和灭弧介质。它比现在使用的变压器油、压缩空气乃至真空都具有不可比拟的优良特性。正是这些特点使它的使用越来越广，发展相当迅速，在大电网、超高压领域更凸显其不可取代的地位。

B　SF$_6$断路器及全封闭组合电器

前文已简要地介绍了 SF$_6$ 气体的绝缘性能和灭弧特性。由于 SF$_6$ 气体的特异的物理特性、化学特性对电气的绝缘、灭弧非常有利，所以用它作为绝缘和灭弧介质的电气设备得以迅速发展。除单独用于 SF$_6$ 断路器外，还发展到封闭组合电器。

SF$_6$组合电器组成的变电站具有非常高的经济效益和环保效益。在这方面，尤其是 SF$_6$高压全封闭式组合电器更为突出。它结构紧凑，节省大量的场地，由它构成的变电站只为常规变电站用地面积的 10%~15%；它是全封闭的，分合闸功率很小，所以噪声非常小；它有很好的保护，可防止偶然触及带电体以及防止外界物质进入金属壳内部；它完全无火灾之虑；工作后的气体可以复合还原，不会产生悬浮性炭；介质绝缘强度不受多少影响等。由于有这些优越性，所以得到广泛应用，尤其是土地昂贵、人口稠密的地区更显出它的优势。

C　SF$_6$断路器分类

SF$_6$断路器按其结构可分为瓷瓶支柱式和落地罐式；按压力可分为双压式（复压式）

和单压式；按触头工作方式可分为定开距式和变开距式。

定开距式是将两个喷嘴固定，保持最佳熄弧距离。动触头与压气罩一起动作将电弧引到两个喷嘴间燃烧，被压缩的 SF_6 气体的气流强烈吹熄。变开距式是随着机械的运动逐渐打开，当运动到最佳熄弧距离时电弧就熄灭，再继续拉开使间隙增大，绝缘强度增强，从而不被过电压击穿。

D　SF_6 断路器发展的三个阶段

a　双压式（复式压）SF_6 断路器

早期的 SF_6 断路器采用双压式的压力系统，其结构如图 16-11 所示。灭弧室内设置一活塞，动触头装在内腔的活塞上。贮存在高压罐内的 SF_6 气体的气压为 $14 \sim 18Pa$。当分闸电磁阀接到分闸信号时，分闸阀打开，高压气流进入灭弧室活塞底部，把固定有动触头的活塞推到分闸的限位点，高压气流同时对电弧进行吹拂，使电弧迅速冷却。在电流过零时使电弧通道去游离加强，触头断口介质绝缘强度迅速恢复，电弧不再重燃。工作后的气体通过活塞和动触头的内腔排到灭弧室的顶部进入低压罐。这将引起低压罐的压力增高而启动一压力开关，接通空气压缩机的电源，使空气压缩机启动，把过多的 SF_6 气体经过过滤器抽回高压罐。这样又恢复了 SF_6 断路器的双压力系统状态。当接到合闸信号时，合闸电磁阀被打开。高压气流送到活塞的上部，把带动触头的活塞推向下，直至合闸位置。此时的气体进入低压罐而压力升高，同样启动压力开关使空气压缩机工作。把多的低压罐的气体抽回高压罐，从而又回到双压力系统状态。由于结构复杂，已不再采用该技术。

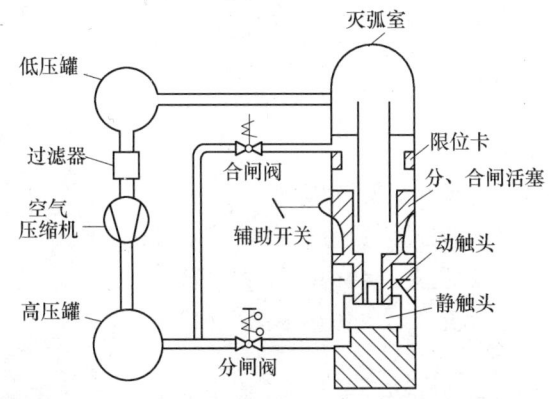

图 16-11　SF_6 断路器采用双压式的压力系统

b　单压式 SF_6 断路器

单压式 SF_6 断路器具有结构简单、灭弧性能好、生产成本低的特点。动作过程如图 16-12 所示。这种 SF_6 断路器只充入较低压力的 SF_6 气体（一般为 $0.5 \sim 0.7MPa$，最低功能气压 $0.4MPa$，$20℃$），分闸时靠动触头带动压气缸，产生瞬时压缩气体吹弧。但是，依靠机械运动产生灭弧高气压，所需操动机构操动功率大，机械寿命短，开断小电感电流和小电容电流时易产生截流过电压。一般配用较大输出功率的液压操动机构或压缩空气操动机构，固有分闸时间比较长。

c　"自能"灭弧功能的 SF_6 断路器

它具有开断能力强、操动机构操动功率小的优点，有利于新型操动机构的小型化，应

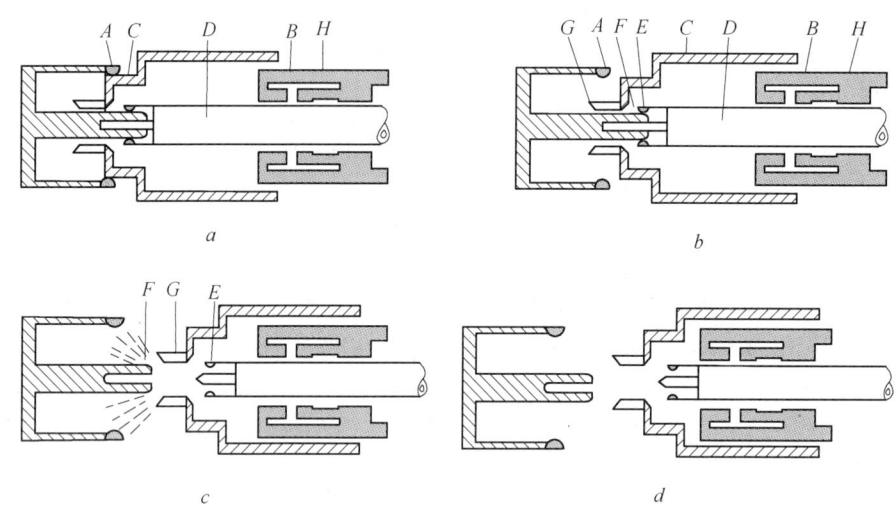

图 16-12　单压式 SF_6 断路器动作过程示意图

用前景广阔。这种 SF_6 断路器在开断短路电流时，依靠短路电流电弧自身的能量加热 SF_6 气体，产生灭弧所需要的高气压；在开断小电感电流和小电容电流时，电弧自身的能量不足以加热 SF_6 气体，产生灭弧所需要的高气压，这时依靠机械辅助压气建立气压，不易产生截流过电压。所需操动机构操动功率小，可配用弹簧操动机构等，操作可靠，机械寿命长，固有分闸时间短，可以制造断口少、单断口电压等级很高的 SF_6 断路器。目前，国内外主要的电力设备生产厂商都已生产这种 SF_6 断路器，并大量投入运行。

E　SF_6 断路器结构

一般来说，SF_6 断路器主要由三部分组成：三个垂直瓷瓶单元，每一单元有一个气吹式灭弧室；弹簧操作机构及其单箱控制设备；一个支架及支持结构。每个灭弧室通过与三个灭弧室共连的管子填充 SF_6 气体。见图 16-13。

F　SF_6 全封闭组合电器

随着电力系统电压等级的不断提高，迫切需要和寻求一种体积更小、性能更好、维护更简便的高压电气设备，于是又研制和生产出了一种气体绝缘金属封闭式组合电器。气体绝缘金属封闭式组合电器（gas insulated switch-gear，GIS）由断路器、隔离开关、快速或慢速接地开关、

图 16-13　SF_6 断路器结构

电流互感器、电压互感器、避雷器、母线以及这些元器件的封闭外壳、伸缩节、出线套管等组成，内部充入一定压力的 SF_6 气体，作为气体绝缘金属封闭式组合电器的绝缘和灭弧介质。

SF_6 组合电器可以是单路的，也可以是多回路的。它一般还有防跳跃保护装置、非同期保护装置、操动油（气）压降低及 SF_6 气体压力降低的闭锁装置和防慢分慢合装置。

110 ~ 500kV 的 SF_6 全封闭组合电器的各高压电器元件均制成独立标准结构。另外还有各

种过渡元件，可以适应变电站各种主接线的组合和总体布置的要求，图 16-14 为国产 LF-110 型全封闭式组合电器结构图，它包括母线、带接地装置的隔离开关、断路器、电压互感器、电流互感器、快速接地开关、避雷器、电缆终端盒、波纹管、断路器操作机构等。

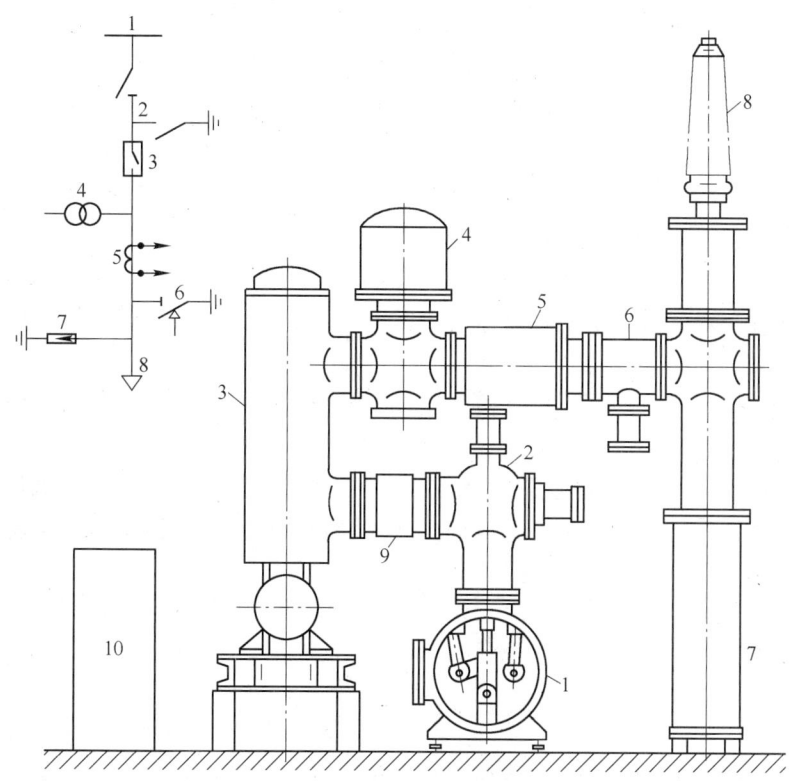

图 16-14　国产 LF-110 型全封闭式组合电器结构图

1—母线；2—带接地装置的隔离开关；3—断路器；4—电压互感器；5—电流互感器；

6—快速接地开关；7—避雷器；8—电缆终端盒；9—波纹管；10—断路器操作机构

为保证最佳运行状态，对 SF_6 全封闭组合电器的技术要求主要有以下几点：

（1）只有保持 SF_6 气体在规定的压力下，它的绝缘水平才能保证，因此必须对气压进行持续的监视。

（2）金属铠装全封闭组合电器，必须分成几个气密封间隔，以免由于漏气而造成大范围的停电，同时，由于内部局部故障而把故障区域扩大。

（3）隔离开关被封闭在金属壳体内，因它们的绝缘间隙不易被观察到，它的耐压强度完全依赖于 SF_6 气体的质量和压力。所以为了人身安全，检修时必须在隔离开关两侧用适当的接地开关接地后方可工作。此外还应设置窥视窗，观察隔离开关触头分开的位置。

（4）必须分成几个独立的单元，使每个单元发生故障不会影响其他单元。

（5）因为小的间隔会导致较高的压力上升率，间隔的数目应尽可能少，在容许的条件下使它的间隔尽可能大。

（6）当设置压力释放装置时，应该安装在避免危及运行人员人身安全的位置，必须装设有效的通风装置，以避免工作人员吸入 SF_6 气体和其他氟化物。

16.2.2　隔离开关和负荷开关

隔离开关虽然是较简单的一种高压开关，但它的用量很大，约为断路器用量的 3~4 倍。隔离开关的作用是在线路上基本没有电流时，将电气设备和高压电源隔开或接通。

在高压电网中，隔离开关的主要功能是：当断路器断开电路时，隔离开关的断开使有电与无电部分造成明显的断开点，起辅助断路器的作用。由于断路器触头位置的外部指示器既不直观，又不能绝对保证它的指示与触头的实际位置相一致，所以用隔离开关把有电与无电部分明显隔离是非常必要的。有的隔离开关在刀闸打开后能自动接地（一端或二端），以确保检修人员的安全。

此外，隔离开关具有一定的自然灭弧能力，常用在电压互感器与避雷器等电流很小的设备投入和断开上，以及一个断路器与几个设备的连接处，使断路器经过隔离开关的倒换更为灵活方便。

隔离开关的结构形式很多，户外刀闸按其绝缘支柱结构的不同可分为单柱式、双柱式和三柱式，常用产品结构形式一般为双柱式闸刀水平旋转和伸缩式。

隔离开关的操动机构形式也很多，常用的有手动操动机构和电动操动机构两类。手动操动机构大都由四杆件组传递手力，电动操动机构则由驱动电机经减压装置驱动隔离开关主轴进行分、合、闸操作。

16.2.3　交流电压互感器和电流互感器

16.2.3.1　互感器作用

运行的输变电设备往往电压很高，电流很大，且电压、电流的变化范围大，无法用电气仪表直接进行测量，这时必须采用互感器。互感器能按一定的比例将高电压和大电流降低，以便用一般电气仪表直接进行测量。这样既可以统一电气仪表的品种和规格，提高准确度，又可以使仪表和工作人员避免接触高压回路，保证安全。

互感器除了用于测量外，还可以作为各种继电保护装置的电源。互感器分为电压互感器和电流互感器两种。

电流互感器能将电力系统中的大电流变换成标准小电流（5A 或 1A）。电压互感器能将电力系统的高电压变换成标准的低电压（100V 或 $100/\sqrt{3}$ V），供测量仪表和继电器使用。互感器的主要作用是：

（1）将测量仪表和继电器同高压线路隔离，以保证操作人员和设备的安全。

（2）用来扩大仪表和继电器的使用范围，与测量仪表配合，可对电压、电流、电能进行测量，与继电保护装置配合，可对电力系统和设备进行各种继电保护。

（3）能使测量仪表和继电器的电流和电压规格统一，以利于仪表和继电器的标准化。

16.2.3.2　电压互感器

A　电压互感器的类型和结构

电压互感器的作用是将电路上的高电压变换为适合于电气仪表及继电保护装置需要的

低电压。电压互感器按原理可分为电磁式和电容式两种；按每相绕组数可分为双绕组和三绕组两种；按绝缘方式可分为干式、浇注绝缘式和油浸式、SF$_6$等。如图16-15所示。

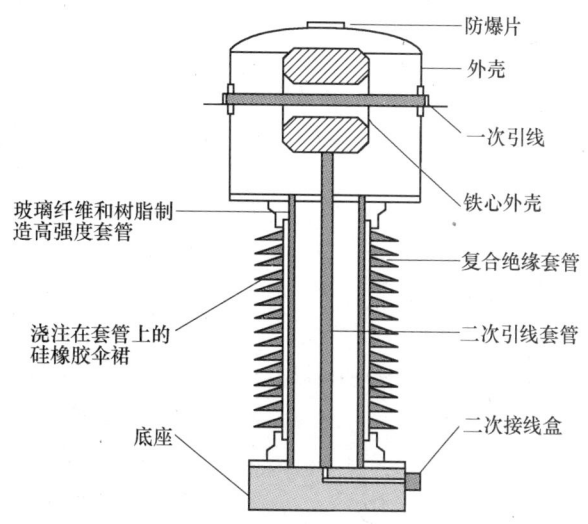

图16-15 电压互感器的结构

B 电压互感器的原理

a 电磁式电压互感器

它的基本原理和电力变压器完全一样，两个相互绝缘的绕组绕在公共的闭合铁心上，一次绕组并接在线路上，一次电压U_1经过电磁感应在二次绕组上就感应出电压U_2，电压互感器的一次绕组额定电压与电路的电压相符，二次侧额定电压为100V。电压互感器原理接线图如图16-16所示。

在理想情况下，电压互感器的变比等于匝数比，即$U_1/U_2 = N_1/N_2$。但由于受铁心励磁电流和绕组阻抗的影响，输出电压与输入电压之间产生了误差。这个测量误差包括两个部分，即变压比误差（比值差）和相角误差（相角差）。所谓比值差是指实际二次电压乘以额定变比后与实际的一次电压值的差值，一般以一次电压的百分数表示。相角差是指倒相180°后的二次电压U_2与一次电压U_1之间的相角差值，用σ来表示。当σ为正时，表示二次电压U_2超前一次电压U_1，反之为滞后。

电压互感器的两种误差与使用情况有密切关系。当二次负荷增大时，两种误差都增大；当一次电压显著波动时，对误差也有影响。0.1~1.0级电压互感器供测量仪表用，3级电压互感器供继电保护用。

b 电容式电压互感器

随着电力系统输电电压的增高，电磁式电压互感器的体积越来越大，成本也越来越高，于是，电容式电压互感器应运而生。它是利用电容分压原理实现电压变换（图16-17）。

$$UC_2 = C_1/(C_1 + C_2) \times U_1 = K \times U_1$$

式中，K为分压比，$K = C_1/(C_1 + C_2)$，改变C_1和C_2的比值，可得到不同的分压比。此类型PT被广泛应用于110~500kV中心点接地系统中。

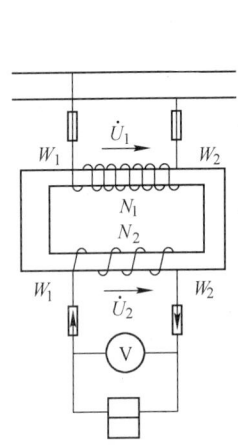
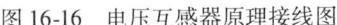

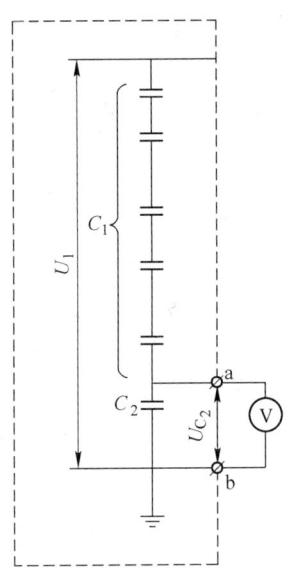

图 16-16　电压互感器原理接线图　　　　图 16-17　电容式电压互感器原理图

C　电压互感器的接线方式

在三相电路中，电压互感器有四种常见的接线方式，如图 16-18 所示。

（1）一个单相电压互感器接于两相间，如图 16-18a 所示。用于测量线电压和供仪表、继电保护装置用。

（2）两个单相电压互感器接成 V/V 接线，如图 16-18b 所示。供只需要线电压的仪表、继电保护装置用。V/V 接线多用于在发电厂中，为了同期装置而设的。同期装置（包括同期检定继电器和同期表）要接入两侧 PT 的电压进行比较相位差，这两个电压必须有一个公共点才能准确比较。

（3）三个单相电压互感器接成 Y_0/Y_0 接线，如图 16-18c 所示。这种接法可测量三相电网的线电压和相电压。由于小接地电流系统发生单相接地时，另外两相电压要升到线电压，所以，这种接线的二次侧所接的电压表不能按相电压来选择，而应按线电压来选择，否则在发生单相接地时，仪表可能被烧坏。

（4）三个单相三绕组电压互感器或一个三相五柱式电压互感器接成 $Y_0/Y_0/\triangle$（开口三角形），如图 16-18d 所示。其中接成 Y 形的二次绕组，供给仪表、继电保护装置及测量计量装置使用。接成开口三角形的辅助二次绕组，构成零序电压过滤器，供给交流绝缘监察装置。三相系统正常工作时，开口三角绕组两端的电压接近于零伏（0V），当某一相接地时，开口三角形绕组两端出现零序电压，使电压继电器动作，发出信号。

两 PT 接法由于接线简单，而且省了一个 PT，节约了投资，完全可以满足计量、测量的要求，具有较高的经济性。但是由于其无法测得相对地电压，所以相比于 3PT 接法，它无法用作绝缘监视。因此，大部分变电站和要求较高的厂矿企业还是采用 3PT 接法。

D　电压互感器使用注意事项

（1）要根据用电设备的实际情况，确定电压互感器的额定电压、变比、容量、准确度等级。

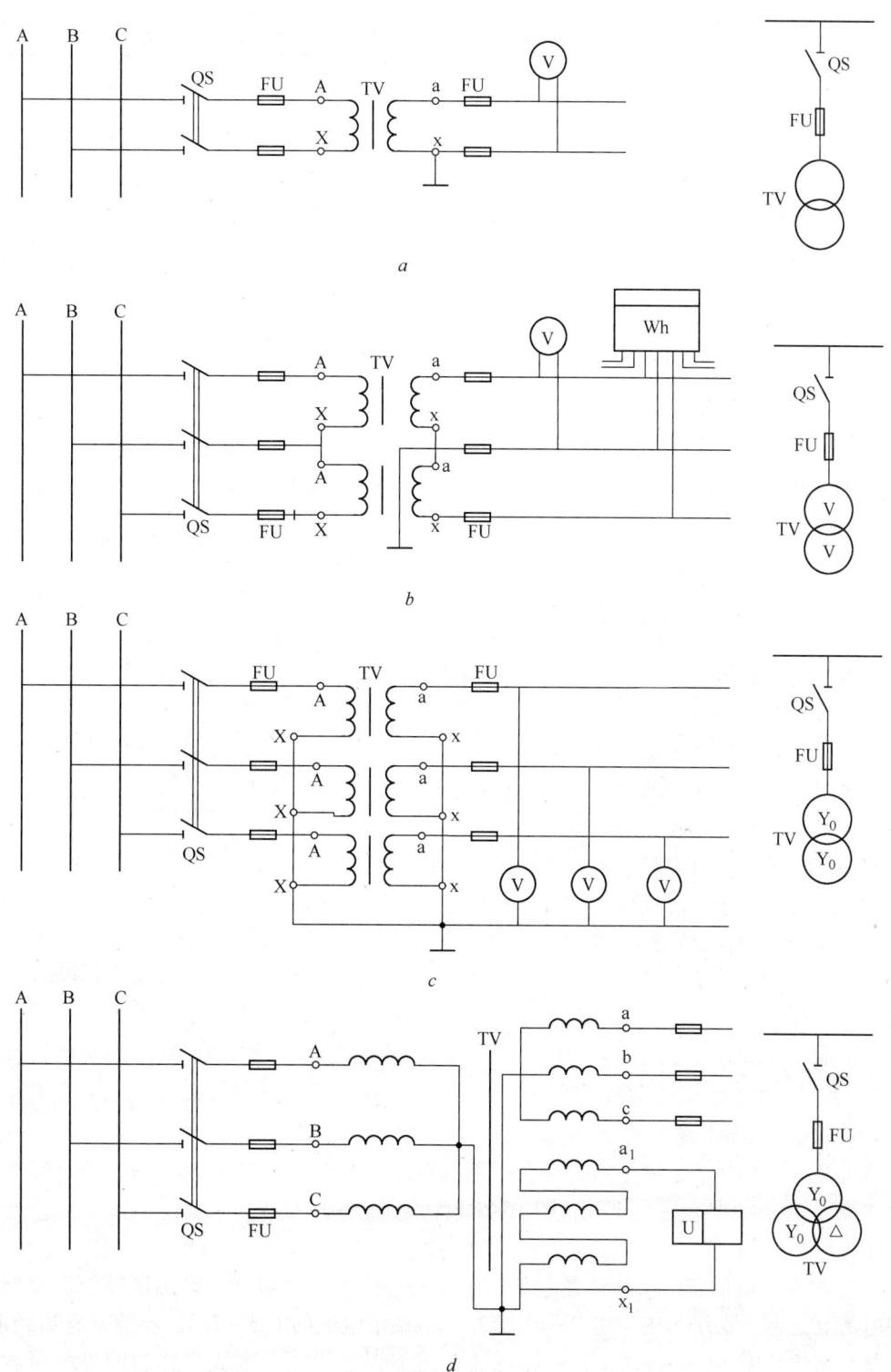

图 16-18　电压互感器四种常见的接线方式

a——一个单相电压互感器；b——两个单相接成 V/V 形；c——三个单相接成 Y_0/Y_0 形；

d——三个单相三线圈电压互感器或一个三相五芯相电压互感器接成 $Y_0/Y_0/\triangle$ 形

（2）电压互感器在接入电路前，要进行极性校核。要"正极性"接入。电压互感器接入电路后，其二次绕组应有一个可靠的接地点，以防止互感器一、二次绕组间绝缘击穿时，危及人身和设备安全。

（3）运行中的电压互感器在任何情况下都不得短路，否则会烧坏电压互感器或危及系统和设备的安全运行。所以，电压互感器的一、二次侧都要装设熔断器，同时，在其一次侧应装设隔离开关，作为检修时确保人身安全的必要措施（有明显断开点）。

（4）电压互感器在停电检修时，除应断开一次侧电源隔离开关外，还应将二次侧熔断器也拔掉，以防其他电源串入二次侧引起倒送电而危及检修人员的安全。

16.2.3.3　电流互感器

A　电流互感器的类型

根据绝缘结构，电流互感器可分为干式、浇注式、油浸式、套管式、SF$_6$式五种形式。根据用途电流互感器一般可分为保护、测量和计量用三种。其区别在于计量用互感器的精度要求较高，另外计量用互感器也更容易饱和，以防止发生系统故障时大的短路电流造成计量表计的损坏。根据原理它可分为电磁式和电子式两种。

B　电流互感器的结构与基本原理

电流互感器也称为变流器，是用来将大电流变换成小电流的电气设备。其工作原理也与变压器一样，一次绕组匝数很少，串接在线路中，一次电流 I_1 经电磁感应，使二次绕组产生较小的标准电流 I_2，我国规定标准电流为 5A 或 1A。由于电流互感器二次回路的负载阻抗很小，所以，正常工作时二次侧接近于短路状态。其原理示意图见图 16-19。

在理想情况下，电流互感器一次电流 I_1 与二次电流 I_2 之比等于匝数比的倒数，即 $I_1/I_2 = N_2/N_1 = K$ 为 CT 的变比。但电流互感器在实际工作过程中，和电压互感器一样，由于励磁的损耗也会引起测量误差，即比值差和相角差。比值差是指实测的二次电流乘上变

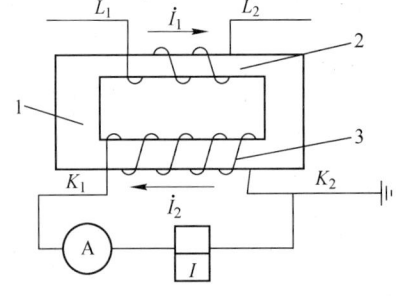

图 16-19　电流互感器基本原理示意图
1—铁心；2——一次绕组；3—二次绕组

比后与实测一次电流的差值，通常以一次电流的百分数表示。相角差是指实测的一次电流和倒相 180° 后的二次电流间的夹角。

C　电流互感器接线方式

电流互感器与仪表、继电器通常有以下三种接线方式，如图 16-20 所示。图 16-20a 为单相接线，图 16-20b 为星形接线，图 16-20c 为不完全星形接线。

D　使用注意事项

（1）根据用电设备的实际选择电流互感器的额定变比、容量、准确度等级以及型号，应使电流互感器一次绕组中的电流为电流互感器额定电流的 1/3~2/3。电流互感器经常运行在其额定电流的 30%~120%，否则电流互感器误差增大。电流互感器的过负荷运行，电流互感器可以在 1.1 倍额定电流下长期工作，在运行中如发现电流互感器经常过负荷，应更换。一般允许超过 CT 额定电流的 10%。

（2）电流互感器在接入电路时，必须注意电流互感器的端子符号及其极性。通常用字

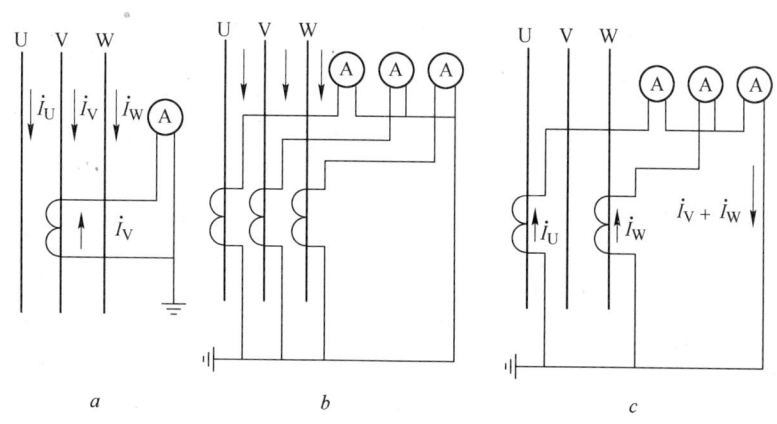

图16-20 电流互感器接线方式

母 L_1 和 L_2 表示一次绕组的端子，二次绕组的端子用 K_1 和 K_2 表示。一般一次侧电流从 L_1 流入、从 L_2 流出时，二次侧电流从 K_1 流出经测量仪表流向 K_2（此时为正极性），即 L_1 与 K_1、L_2 与 K_2 同极性。

（3）电流互感器二次侧必须有一端接地，目的是为了防止其一、二次绕组绝缘击穿时，一次侧的高压电串入二次侧，危及人身和设备的安全。

（4）电流互感器二次侧在工作时不得开路。当电流互感器二次侧开路时，一次电流全部被用于励磁。二次绕组感应出危险的高电压，其值可达几千伏甚至更高，严重地危及人身和设备的安全。所以，运行中电流互感器的二次回路绝对不许开路，并注意接线牢靠，不许装接熔断器。

E 电磁式电流互感器的缺点

常见的电流互感器饱和主要有稳态饱和与暂态饱和两种，其中稳态饱和主要是因为一次电流值太大，进入电流互感器饱和区域，导致二次电流不能正确地转变一次电流。暂态饱和，则是因为大量的非周期分量的存在，进入电流互感器饱和区域。在铁心未饱和前，一次电流和二次电流完全成正比，在达到饱和后，励磁不再增加，饱和后，不产生电动势。

F 光电式电流互感器

a 其原理是法拉第磁光效应

如果通过一次导线的电流为 i（图16-21），导线周围所产生的磁场强度为 H，当一束线偏阵光通过该磁场时，线偏阵光的偏振角度会发生偏振，其偏振角 θ 的计算公式为：

$$\theta = V\int_L H\mathrm{d}l$$

式中，V 为磁光玻璃的 verdet 常数；L 为光线在磁光玻璃中的通光路径长度。

b 特点

（1）不充油、不充气，安全可靠，可免维修。

（2）传感器无铁磁材料，不存在磁滞、剩磁和磁饱和现象。

（3）一次、二次间传感信号由光缆连接，绝缘性能优异，且具有较强的抗电磁干扰

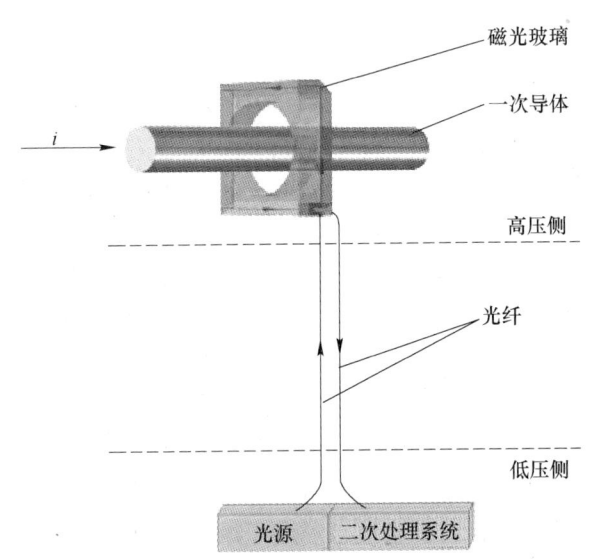

图 16-21　光电式电流互感器原理示意图

能力。

（4）体积小、质量轻，安装、使用简便。

（5）低压侧无开路而引入高压的危险。

（6）具有光、电数字接口功能，便于二次部分的升级换代和数字化变电站的建设。

16.2.4　避雷装置

16.2.4.1　避雷器的用途、放电特性、分类

避雷器是用来限制过电压、保护电气设备绝缘的电器。通常将它接于导线和地之间，与被保护设备并联。

在通常情况下，避雷器中无电流通过。一旦线路上传来危及被保护设备绝缘的过电压时，避雷器立即击穿动作，使过电压电荷释放泄入大地，将过电压限制在一定的水平。过电压作用消失后，避雷器又能自动切断工频电压作用下通过避雷器泄入大地的工频流续流，使电力系统恢复正常工作。

避雷器的类型主要有保护间隙、管型避雷器、阀型避雷器、氧化锌避雷器等。这里主要介绍氧化锌避雷器。

16.2.4.2　避雷器的结构、原理、特点

A　保护间隙

最简单的避雷器是保护间隙，它由主间隙和支持瓷瓶组成。其结构如图 16-22 所示。保护间隙的工作原理为当雷电波侵入时，间隙先放电，工作母线接地，避免了被保护物上电压升高，从而保护了设备。过电压之后的工频续流靠电弧中的电动力的作用及热气流的上升，使电弧拉长而熄灭，于是系统恢复正常

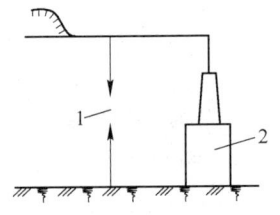

图 16-22　保护间隙

1—保护间隙；2—被保护设备

工作。保护间隙有一定限制过电压的效果，且结构
简单、价廉，但它的气隙结构使得保护效果较差。
有时不能可靠熄弧，当发展成相间短路时，需由相
应的断路器来切除。

B　金属氧化物避雷器

a　结构

其结构如图 16-23 所示。

b　氧化锌避雷器的工作原理

额定电压下通过氧化锌避雷器阀片的电流很
小，仅相当于绝缘体，氧化锌在正常工频电压下呈
高电阻。当金属氧化锌避雷器上的电压超过定值
时，阀片"导通"，呈低阻状态，将大电流通过阀
片泄入地中，其残压不会超过被保护设备的耐压。
当作用电压下降到动作电压以下时，阀片自动终止
"导通"状态，恢复绝缘状态。

为了释放由于系统故障而造成的避雷器内部闪
络或长时间通电升高的气体压力，防止避雷瓷套爆
炸，在避雷器两端设有压力释放装置。

c　氧化锌避雷器的优点

（1）结构简化、尺寸和质量减小。

（2）保护特性好。

（3）吸收过电压能量的能力大。

（4）氧化锌避雷器特别适用于直流保护和电器
保护。

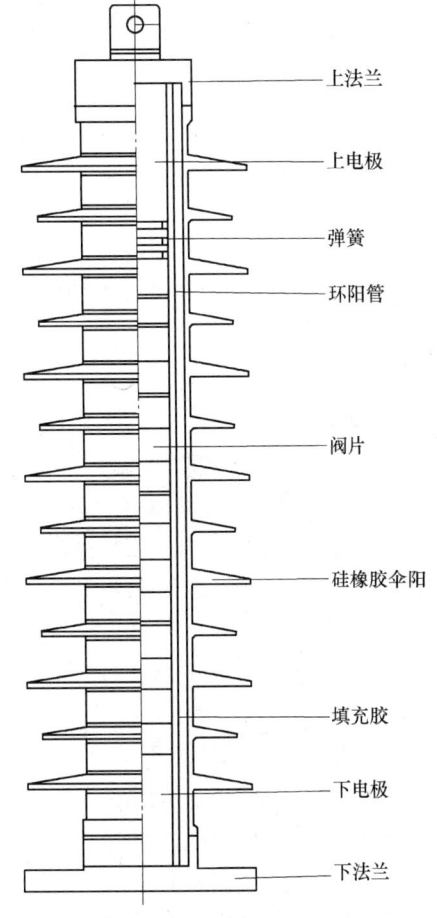

上法兰

上电极

弹簧

环阳管

阀片

硅橡胶伞阳

填充胶

下电极

下法兰

图 16-23　金属氧化物避雷器的结构

（5）氧化锌避雷器用于波阻抗低的系统（多回线、电容器组、电缆回路），其性能
优异。

16.2.5　动力变压器和整流变压器

变压器是一种静止的电气设备，属于一种旋转速度为零的电机。电力变压器在系统
中工作时，可将电能由它的一次侧经电磁能量的转换传输到二次侧，同时根据输配电的
需要将电压升高或降低。故它在电能的生产输送和分配使用的全过程中，作用十分
重要。

变压器在变换电压时，是在同一频率下使其二次侧与一次侧具有不同的电压和电流。
由于能量守恒，其二次侧与一次侧的电流与电压的变化是相反的，即要使某一侧电路的电
压升高时，则该侧的电流就必然减小。变压器绝对不可能将电能的量变大或变小。在电力
的转换过程中，因变压器本身要消耗一定能量，所以输入变压器的总能量应等于输出的能
量加上变压器工作时本身消耗的能量。由于变压器无旋转部分，工作时无机械损耗，且新
产品在设计、结构和工艺等方面采取了许多节能措施，故其工作效率很高。通常，中小型
变压器的效率不低于 95%，大容量变压器的效率则可达 80% 以上。

16.2.5.1　电力变压器分类及工作原理

A　电力变压器的分类

根据电力变压器的用途和结构等特点可分为以下几类：

（1）按用途分：有升压变压器（使电力从低压升为高压，然后经输电线路向远方输送）、降压变压器（使电力从高压降为低压，再由配电线路向近处或较近处负荷供电）。

（2）按相数分：有单相变压器、三相变压器。

（3）按绕组分：有单绕组变压器（为两级电压的自耦变压器）、双绕组变压器、三绕组变压器。

（4）按绕组材料分：有铜线变压器、铝线变压器。

（5）按调压方式分：有无载调压变压器、有载调压变压器。

（6）按冷却介质和冷却方式分，有：

1）油浸式变压器。冷却方式一般为自然冷却、风冷却（在散热器上安装风扇）、强迫风冷却（在前者基础上还装有潜油泵，以促进油循环）。此外，大型变压器还有采用强迫油循环风冷却、强迫油循环水冷却等。

2）干式变压器。绕组置于气体中（空气或六氟化硫气体），或是浇注环氧树脂绝缘。它们大多在部分配电网内用作配电变压器。目前已可制造 35kV 级，其应用前景广阔。

B　变压器的工作原理

变压器工作是基于电磁感应原理的。正是因为它的工作原理以及工作时内部的电磁过程与电机（发电机和电动机）完全相同，故将它划为电机一类，仅是旋转速度为零（即静止）而已。变压器本体主要由绕组和铁心组成。工作时，绕组是"电"的通路，而铁心则是"磁"的通路，且起绕组骨架的作用。一次侧输入电能后，因其交变故在铁心内产生了交变的磁场（即由电能变成磁场能）；由于匝链（穿透），二次绕组的磁力线在不断地交替变化，所以感应出二次电动势，当外电路沟通时，则产生了感生电流，向外输出电能（即由磁场能又转变成电能）。这种"电—磁—电"的转换过程是建立在电磁感应原理基础上而实现的，这种能量转换过程也就是变压器的工作过程。

下面再以理论分析及公式推导来进一步说明。

图 16-24 为单相变压器的原理图，闭合的铁心上绕有两个互相绝缘的绕组。其中接入电源的一侧叫一次绕组，输出电能的一侧叫二次绕组。当交流电源电压 U_1 加到一次绕组后，就有交流电流 I_1 通过该绕组

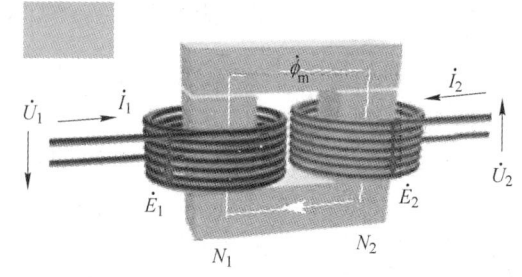

图 16-24　单相变压器原理图

并在铁心中产生交变磁通 ϕ_m。这个交变磁通不仅穿过一次绕组，同时也穿过二次绕组，两个绕组中将分别产生感应电势 E_1 和 E_2。这时若二次绕组与外电路的负载接通，便会有电流 I_2 流入负载，即二次绕组就有电能输出。

根据电磁感应定律，可以导出：

一次绕组感应电动势值　　　　　$E_1 = 4.44fN_1B_mS \times 10^{-4}$

二次绕组感应电动势值　　　　　$E_2 = 4.44fN_2B_mS \times 10^{-4}$

式中　f——电源频率，Hz，工频为50Hz；

　　　N_1——一次侧绕组匝数，匝；

　　　N_2——二次侧绕组匝数，匝；

　　　B_m——铁心中磁通密度的最大值，T；

　　　S——铁心截面面积，cm^2。

由上两式可以得出：

$$E_1/E_2 = N_1/N_2$$

可见，变压器一、二次侧感应电动势之比等于一、二次侧绕组匝数之比。

由于变压器一、二次侧的漏电抗和电阻都比较小，可忽略不计，故可近似地认为：

$$E_1 = U_1, \ E_2 = U_2$$

于是有　　　　　　　　　　$U_1/U_2 \approx E_1/E_2 = N_1/N_2 = K$

式中　K——变压器的变压比。

变压器一、二次绕组的匝数不同，将会导致一、二次绕组的电压高低不等。显然，匝数多的一边电压高，匝数少的一边电压低。这就是变压器之所以能够改变电压的道理。

在一、二次绕组电流 I_1、I_2 的作用下，铁心中总的磁势为

$$I_1N_1 + I_2N_2 = I_0N_1$$

式中　I_0——变压器的空载励磁电流。

由于 I_0 比较小（通常不超过额定电流的 3% ~ 5%），在数值上可忽略不计，故上式变为

$$I_1N_1 + I_2N_2 = I_0N_1 \approx 0$$

进而可推得：

$$I_1N_1 = -I_2N_2$$

$$I_2/I_1 = N_1/N_2 = K$$

可见，变压器一、二次电流之比与一、二次绕组的匝数成反比。即绕组匝数多的一侧电流小，匝数少的一侧电流大；也就是电压高的一侧电流小，电压低的一侧电流大。

16.2.5.2　变压器结构与器身构造

电力变压器的基本结构由铁心、绕组、带电部分和不带电的绝缘部分组成。为使变压器能安全可靠地运行，还需要油箱、冷却装置、保护装置及出线装置等。其结构组成如图 16-25 所示。

铁心和绕组（及其绝缘与引线）合称变压器本体或器身，它是变压器的核心，也是最基本的组成部分（见图 16-26）。以下简述电力变压器主要组成部分的构造及作用。

按铁心形式，变压器可分为内铁式（又称心式）和外铁式（又称壳式）两种。内铁

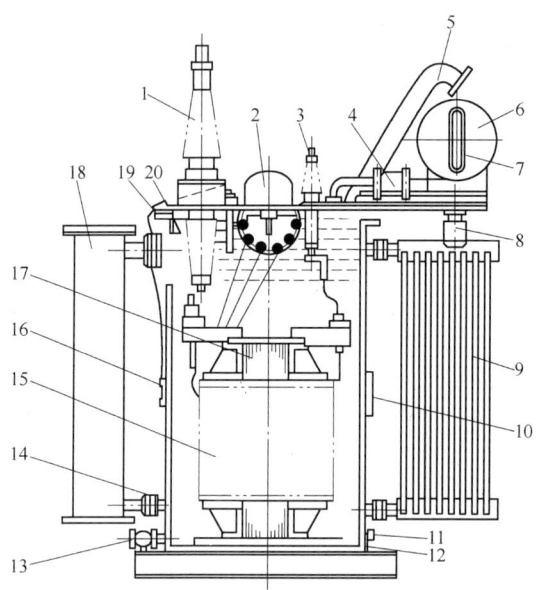

图 16-25 电力变压器结构图

1—高压套管；2—分接开关；3—低压套管；4—气体继电器；5—安全气道（防爆管）；
6—储油柜（俗称油枕）；7—油表；8—吸湿器（俗称呼吸器）；9—散热器；10—铭牌；
11—接地螺栓；12—油样活门；13—放油阀门；14—活门；15—绕组（线圈）；
16—信号温度计；17—铁心；18—净油器；19—油箱；20—变压器油

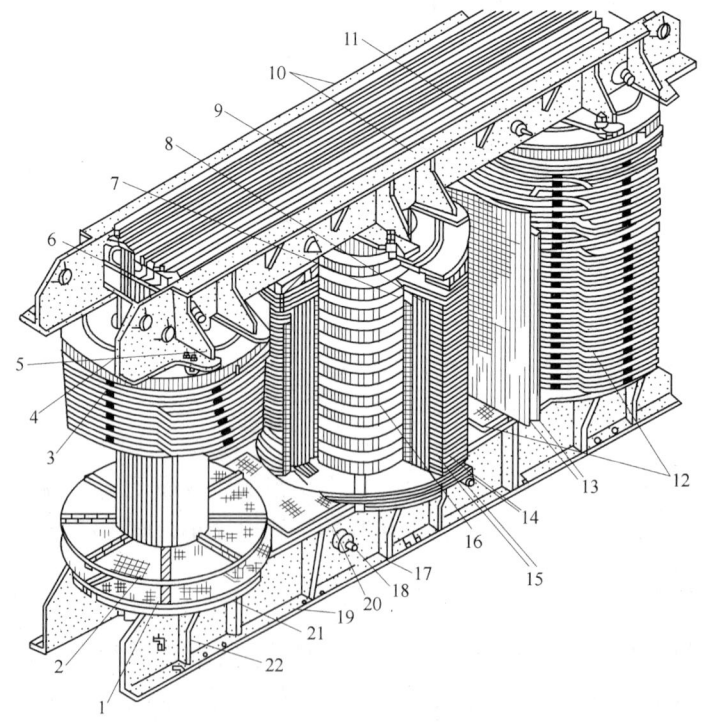

图 16-26 电力变压器结构与器身构造

1—平衡绝缘；2—下铁轭绝缘；3—压板；4—绝缘纸圈；5—压钉；6—方铁；7—静电环；
8—角环；9—铁轭；10—上夹件；11—上夹件绝缘；12—高压绕组；13—相间隔板；
14—绝缘纸筒；15—油隙撑条；16—铁心柱；17—下夹件腹板；18—铁轭螺杆；
19—下夹件下肢板；20—低压绕组；21—下夹件上肢板；22—下夹件加强筋

式变压器的绕组包围着铁心，外铁式变压器则是铁心包围着绕组。套绕组的部分称铁心柱，连接铁心柱的部分称铁轭。大容量变压器为了减低高度、便于运输，常采用三相五柱铁心结构。这时铁轭截面可以减小，因而铁心柱高度也可降低。

A 铁心材料

变压器使用的铁心材料主要有铁片、低硅片，高硅片。由于变压器铁心内的磁通是交变的，所以会产生磁滞损耗和涡流损耗。为了减少这些损耗，变压器铁心一般用含硅5%、厚度为0.35mm或0.5mm的硅钢片冲剪后叠成，硅钢片的两面涂有绝缘用的硅钢片漆（厚）并经过烘烤。

变压器的质量与所用的硅钢片的质量有很大的关系，硅钢片的质量通常用磁通密度 B 来表示，一般黑铁片的 B 值为6000～8000、低硅片为9000～11000，高硅片为12000～16000。

B 铁心装配

铁心有两种装配方法，即叠装和对装。对装方法虽方便，但它会使变压器的激磁电流增大，机械强度也不好，一般已不采用。叠装方法是把铁心柱和铁轭的钢片分层交错叠置，每一层的接缝都被邻层的钢片盖上，这种方法装配的铁心，空气隙较小。这种接缝叫作直接缝，适用于热轧硅钢片。

C 铁心的接地

为防止变压器在运行或试验时，由于静电感应在铁心或其他金属构件上产生悬浮电位而造成对地放电，铁心及其所有构件，除穿心螺杆外，都必须可靠接地。由于铁心叠片间的绝缘电阻较小，一片叠片接地即可认为所有叠片均已接地。铁心叠片只允许有一点接地。如果有两点或两点以上接地，则接地点之间可能会形成闭合回路。当主磁通穿过此闭合回路时，就会在其中产生循环电流，造成局部过热事故。

16.2.5.3 绕组

通常绕制变压器用的材料有漆包线、沙包线、丝包线，最常用的是漆包线。对于导线的要求是导电性能好、绝缘漆层有足够耐热性能，并且要有一定的耐腐蚀能力。一般情况下，最好用Q2型号的高强度的聚酯漆包线。

绕组是变压器的电路部分，通常采用绝缘铜线或铝线绕制而成，匝数多的称为高压绕组，匝数少的称为低压绕组。按高压绕组和低压绕组相互间排列位置的不同，可分为同心式和交叠式两种。

A 同心式绕组

它是把一次、二次绕组分别绕成直径不同的圆筒形线圈套装在铁心柱上，高、低压绕组之间用绝缘纸筒相互隔开。为了便于绝缘和高压绕组抽引线头，一般将高压绕组放在外面。同心式绕组结构简单，绕制方便，被广泛采用。按照绕制方法的不同，同心式绕组又可分为圆筒式、螺旋式、连续式和纠结式等几种。

B 交叠式绕组

它是把一次、二次绕组按一定的交替次序套装在铁心柱上。这种绕组的高、低压绕组之间间隙较多。因此绝缘较复杂，包扎工作量较大。其优点是力学性能较高，引出线的布置和焊接比较方便，漏电抗也较小，故常用于低电压、大电流的变压器（如电炉变压器、电焊变压器等)。

16.2.5.4　绝缘

A　绝缘等级

绝缘材料按其耐热程度可分为 7 个等级,它们的最高允许温度也各不相同。一般情况下,所有绝缘材料应能在耐热等级规定的温度下长期 (15～20 年) 工作,保证电机或电器的绝缘性能可靠并在运行中不会出现故障。各级绝缘材料通常有:

(1) Y 级绝缘材料:以棉纱、天然丝、再生纤维素为基础的纱织品,纤维素的纸、纸板、木质板等。

(2) A 级绝缘材料:经耐温达的液体绝缘材料浸渍过的棉纱、天然丝、再生纤维素等制成的纺织品、浸渍过的纸、纸板、木质板等。

(3) E 级绝缘材料:聚酯薄膜及其纤维等。

(4) B 级绝缘材料:以云母片和粉云母纸为基础的材料。

(5) F 级绝缘材料:玻璃丝和石棉及以其为基础的层压制品。

(6) H 级绝缘材料:玻璃丝布和玻璃漆管浸以耐热的有机硅漆。

(7) C 级绝缘材料:玻璃、电瓷和石英等。

纯净的变压器油的抗电强度可达 200～250kV/cm,比空气的高 4～7 倍。因此用变压器油作绝缘可以大大缩小变压器体积。此外,油具有较高的热容和较好的流动性,依靠对流作用可以散热,即具有冷却作用。

B　绝缘结构

变压器的绝缘分为外绝缘和内绝缘两种。外绝缘是指油箱外部的绝缘,主要是一次、二次绕组引出线的瓷套管,它构成了相与相之间和相对地的绝缘;内绝缘是指油箱内部的绝缘,主要是绕组绝缘和内部引线的绝缘以及分接开关的绝缘等。

绕组绝缘又可分为主绝缘和纵绝缘两种。主绝缘是指绕组与绕组之间、绕组与铁心及油箱之间的绝缘;纵绝缘是指同一绕组匝间以及层间的绝缘。

16.2.5.5　引线及调压装置

A　引线

引线是指连接各绕组、连接绕组与套管,以及连接绕组与分接开关的导线。引线要从绕组内部引出来,必然要从绕组之间、绕组与铁心油箱壁之间穿过。因此必须保证引线对这些部分有足够的绝缘距离,如要缩小这些距离,则引线的绝缘厚度应增加。不使沿着包扎绝缘的交接处发生沿面放电,交接处应做成圆锥面,以加长沿面放电的路径。引线如遇到尖角电极 (如铁轭的螺钉),除保持一定的绝缘距离外,为改善引线和尖角电极间的电场,还可采用金属屏蔽,使电场比较均匀。

B　调压装置

电压是电能质量指标之一,其变动范围一般不得超过额定电压值的 ±5%。为了保证电压波动能在一定范围内,就必须进行调压。采用改变变压器的匝数进行调压就是一种方法。为了改变绕组匝数 (一般是高压侧的匝数),常把绕组引出若干个抽头,这些抽头叫作分接头。当用分接开关切换到不同的抽头时,便接入了不同的匝数。这种调压方式又分无激磁（无载）调压和有载调压两种。无激磁调压是指切换分接头时，必须在变压器不带电的情况下进行切换。切换用的开关称为无激磁分接开关；有载调压就是用有载分接开关，在保证不切断负载电流的情况下由一个分接头切换到另一个分接头。

有载调压可分为平滑调压和有级调压两种：

（1）平滑调压可对电压进行大幅度连续调节，但材料消耗多、效率低，容量只能达到几十至几百千伏·安，大多用在电工试验和科学实验方面。

（2）分级有载调压是从变压器绕组中引出若干分接头，通过有载分接开关，在保证不切负载电流的情况下，由一个分接头"切换"到另一分接头，以变换绕组的有效匝数。采用这种调压方式的变压器，材料消耗量少、变压器体积增加不多，可以达到很高的电压和大的容量。

切换过程需要过渡电路，过渡电路有电抗式和电阻式两种。电抗式有载分接开关因体积大、消耗材料多、触头烧蚀严重，已不再生产。这里主要介绍电阻式。

电阻式的特点是过渡时间较短、循环电流的功率因数为1，切换开关电弧触头的电寿命可由电抗式的1万~2万次提高到10万~20万次。但由于电阻是短时工作的，操作机构一经操作便必须连续完成。若由于机构不可靠而中断、停留在过渡位置，将会使电阻烧损而造成事故。如果选用设计合理的机构和优质材料，这个问题是可以解决的。

简单的有载调压原理电路如图16-27所示。在图16-27a中，分接开关的两个触头K_1和K_2都和分触头2接触，负载电流由分触头2输出。与触头K_1相串联的电阻R为限流电阻。而图16-27b中，触头K_1已切换到分接头1上，这时负载电流仍由2分触头输出。电阻R起限制循环电流的作用。若没有限流电阻则分接头1和2间的绕组将被触头K_1和K_2短路，而引起巨大的短路电流。在图16-27c中，触头K_2已离开分触头2而尚未达到分触头1，负载电流由分触头1经触头K_1输出。在图16-27d中，触头K_2已切换至分触头1。至此切换过程即全部结束。原来由分触头2输出的电流就改换为由分触头1输出，在整个切换过程中不停电。

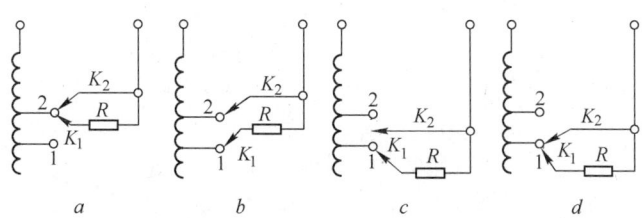

图16-27 简单有载调压原理电路

在电流不大、每级电压不高时，让切换触头直接在各个分接触头上依次切换，这就是"直接切换式"有载分接开关，也称"复合型"或"单体型"有载分接开关。这种开关所有分接触头都要承担断开电流的任务，故触头上都需镶嵌耐电弧的铜钨合金。它不适用于大容量或高电压的情况。为解决这个问题，通常是把切换电流的任务交由单独的切换开关来承担，这一单独部分称为选择开关。

有载调压分接开关通常由选择开关、切换开关和操作机构等部分组成。切换开关是专门承担切换负载电流的部分，它的动作是通过快速机构，按一定程序快速完成的。选择开关是按分接顺序，使相邻的即刻要换接的分触头预先接通，并承担连续负载的部分。它的动作是在不带电的情况下进行的。操作机构是使开关本体动作的动力源，它可以电动也可以手动。此外，它还带有必需的限动、安全联锁、位置指示、计数以及讯号发生器等附属装置。有载调压开关见图16-28。

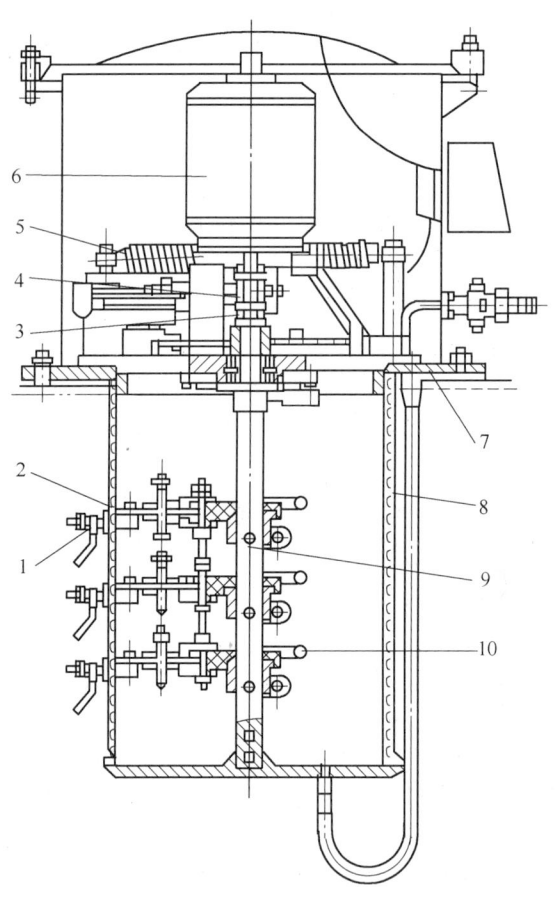

图 16-28　有载调压开关示意图

1—动触头；2—定触头；3—斜齿轮；4—蜗杆；5—弹簧；6—电动机；7—变压器箱盖；
8—绝缘筒；9—选切开关轴；10—限流电阻

16.2.5.6　变压器油箱及其他装置

电力变压器结构中，除作为核心部分的器身外，尚有油箱及其他一些装置，否则它将无法正常地投入运行。

A　油箱与冷却装置

油浸式电力变压器的冷却方式，按其容量大小可分为油浸自冷、油浸风冷及强迫油循环（风冷或水冷）三类。变压器在工作时有能量损耗，损耗转变为热量，热量可以通过油箱表面及其他冷却装置散入大气。

B 变压器的保护装置

a 储油柜（油枕）和吸湿器（呼吸器）

油枕是用钢板制成的圆桶形容器，它水平安装在压器油箱盖上，用弯曲连管与油箱连接。油枕的一端装有玻璃油位指示计（油表），油枕容积一般为变压器所装油量的 8% ~ 10%。当变压器油的体积随着油温的变化膨胀或缩小时，油枕起储油和补油的作用，若变压器不装油枕，油箱内的油面要在油箱盖以下，油温改变时油箱内油面要发生变化，油箱将排出部分空气或从大气中吸入部分空气，使油受潮和氧化，油及浸在其中的绝缘材料的电气强度便会降低。采用油枕后，油枕的油面比油箱内的油面小得多，使油与空气接触面积减少，从而减少了油受潮和氧化的可能性，且油枕内油的温度比油箱上部油温低得多，故油的氧化过程也较慢。油枕内的油几乎不和油箱内的油对流循环，因此从空气中吸入油中的水分，绝大部分会沉到油枕中的沉积器（集污盒）中而不进入油箱。此外，装设油枕后还能装用气体继电器。

为防止空气中的水分浸入油枕的油内，油枕是经过一个呼吸器（也称吸湿器）与外界空气连通的，呼吸器内盛有能吸收潮气的物质（通常为硅胶），硅胶被氯化钴浸渍过后称为变色硅胶，它在干燥状况下呈蓝色，吸收潮气后渐渐变为淡红色，此时即表示硅胶已失去吸湿效能。如把吸潮后的硅胶在 108℃ 高温下烘焙 10h，使水分蒸发出去，则硅胶又会还原成蓝色而恢复吸湿能力。

b 防爆管

防爆管安装在变压器油箱盖上，作为油箱内部发生故障而产生过高压力时的一种保护，所以又称为安全气道。凡容量为 800kV·A 及以上的油浸式变压器均应设此装置。爆管的主体是一个长形钢质圆筒，圆筒顶端装有胶木或玻璃膜片。变压器内部发生故障时，油箱里压力会升高，当达到一定限度时，变压器油和产生的气体将会冲破膜片向外喷出，因而减轻了油箱内压力，防止油箱爆炸或变形。

c 温度计

变压器的油温反映了变压器的运行状况，因此需进行测量与监视。测温点一般都在油的上层，即测量油箱内的上层油温。常用的温度计有水银式、气压式和电阻式等。我国变压器的温升标准，均以环境温度 40℃ 为准，故变压器顶层油温一般不得超过 95℃ 即 40℃ + 55℃。顶层油温如超过 95℃，其内部线圈的温度就要超过线圈绝缘物的耐热强度，为了使绝缘不致过快老化，所以规定变压器顶层油温的监视应控制在 85℃ 以下。

d 净油器

净油器又称温差滤过器，它是改善运行中变压器油的性能，防止变压器油继续老化的装置。油与吸附剂接触后其中的水分、渣滓、酸和氧化物等均被吸附剂吸收，从而使油质保持清洁，延长了油的使用年限。在线净油装置见图 16-29。

e 气体继电器（瓦斯继电器）

它安装在油箱和油枕间的连通管上，作为变压器运行时内部故障的一种保护。规程规定凡容量为 800kV·A 及以上的油浸式变压器和 400kV·A 及以上的厂用变压器，均应设此附件。它的作用是当变压器油位下降或内部发生短路故障并伴随产生气体时，给值班人员发出报警信号或切断电源以保护变压器，不使故障扩大。

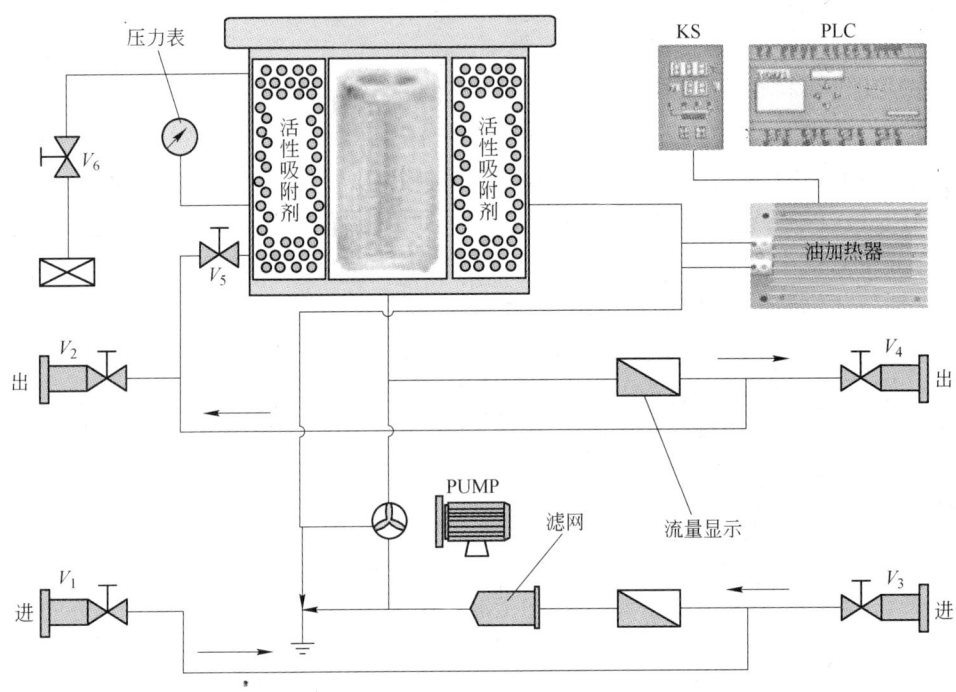

图 16-29　在线净油装置

16.2.5.7　变压器的出线装置

变压器的套管是将变压器绕组的高、低压引线引到油箱外部的绝缘装置，它是引线对地（外壳）的绝缘，同时又起着固定引线的作用。变压器套管有纯瓷套管、注油式套管和电容式套管等多种。1kV 以下采用实心磁套管，10～35kV 采用空心充气或充油式套管，110kV 及以上采用电容式套管和充油式套管。为了增大外表面放电距离，套管外形做成多级伞形裙边。电压等级越高，级数越多。

16.2.5.8　变压器铭牌及技术参数

在变压器的铭牌中，制造厂对每台变压器的特点、额定技术参数及使用条件等都作了具体的规定。按照铭牌规定值运行，就叫额定运行。铭牌是选择和使用变压器的主要依据。根据国家标准规定，电力变压器铭牌应标明以下内容。

A　型号

变压器的型号分两部分，前一部分由汉语拼音字母组成，表示变压器的类别、结构特征和用途，后一部分由数字组成，表示产品的容量（kV·A）和高压绕组电压（kV）等级。

汉语拼音字母含义如下：

第 1 部分表示相数：D——单相（或强迫导向）；S——三相。

第 2 部分表示冷却方式：J——油浸自冷；F——油浸风冷；FP——强迫油循环风冷；SP——强迫油循环水冷。

第 3 部分表示电压级数：S——三级电压；无 S 表示两级电压。

其他：O——全绝缘；L——铝线圈或防雷；O——自耦（在首位时表示降压自耦，在末位时表示升压自耦）；Z——有载调压；TH——湿热带（防护类型代号）；TA——干热带（防护类型代号）。

B 相数和额定频率

变压器分单相和三相两种。三相变压器可以直接满足输配电的要求。小型变压器有单相的，特大型变压器可做成单相后组成三相变压器组，以满足运输的要求。

变压器的额定频率是指设计的运行频率，我国规定为 频率50Hz（常称"工频"）。

C 额定容量（SN）

额定容量是制造厂规定的在额定工作状态（即在额定电压、额定频率、额定使用条件下的工作状态）下变压器输出的视在功率的保证值，以 SN 表示。三相变压器的额定容量是指三相容量之和；双圈变压器的额定容量以变压器每个绕组的容量表示（双绕组变压器两侧绕组容量是相等的）；三绕组变压器的中压或低压绕组容量可以为50%或66.7% SN（其中之一也可为100%）。因此额定容量通常是指高压绕组的容量；当变压器容量因冷却方式而变更时，则额定容量是指它的最大容量。

D 额定电压（UN）

变压器的额定电压就是各绕组的额定电压，是指额定施加的或空载时产生的电压。一次额定电压 U_1N 是指接到变压器一次绕组端点的额定电压值；二次额定电压 U_2N 是指当一次绕组所接的电压为额定值、分接开关放在额定分触头位置上，变压器空载时二次绕组的电压（单位为 V 或 kV）。三相变压器的额定电压是指线电压。

一般情况下在高压绕组上抽出适当的分接头，因为高压绕组或其单独调压绕组常常套在最外面，引出分接头方便；高压侧电流小，引出分接引线和分接开关的载流部分截面小，分接开关接触部分容易解决。升压变压器则在二次侧调压，此时磁通不变，即恒磁通调压；降压变压器因在一次侧调压，其磁通改变，故为变磁通调压。

降压变压器在电源电压不为额定值时，可通过高压侧的分接开关接入不同位置来调节低压侧电压。用分接电压与额定电压偏差的百分数表示：如35kV高压绕组为 $U = 35000 \pm 5\%$ V，有三档调节位置，即 -5%、$\pm 0\%$、$+5\%$。若 $U = 35000 \pm 2 \times 2.5\%$ V，有五档调节位置，即 -5%、-2.5%、$\pm 0\%$、$+2.5\%$、$+5\%$。

E 额定电流（I_1、I_2）

变压器一、二次额定电流是指在额定电压和额定环境温度下使变压器各部分不超温的一、二次绕组长期允许通过的线电流，单位为 A。或者说它是由绕组的额定容量除以该绕组的额定电压及相应的相系数（单相为1，三相为$\sqrt{3}$）而算得的流经绕组线端的电流。因此，变压器的额定电流就是各绕组的额定电流，且显然是指线电流并以有效值表示。若为组成三相组的单相变压器且绕组为三角形连接，则绕组的额定电流是线电流再除以$\sqrt{3}$。

F 阻抗电压（短路阻抗）

阻抗电压也称短路电压（U_z），它表示变压器通过额定电流时在变压器自身阻抗上所产生的电压损耗（%）。用试验求取的方法为：将变压器二次侧短路，在一次侧逐渐施加电压，当二次绕阻通过额定电流时，一次绕阻施加的电压 U_z 与额定电压 U_n 之比的百分数，即 $U_z\% = U_z/U_n \times 100\%$。变压器的短路阻抗值百分比是变压器的一个重要参数，它表明变压器内阻抗的大小，即变压器在额定负荷运行时变压器本身的阻抗压降大小。它对于变压器在二次侧发生突然短路时，会产生多大的短路电流有决定性的意义。

同时两台变压器能否并列运行，并列条件之一就是要求阻抗电压相等；电力系统短路电流计算时，也必须用到阻抗电压。如果阻抗电压太大，会使变压器本身的电压损失增大，且造价也增高；阻抗电压太小，则变压器出口短路电流过大，要求变压器及一次回路设备承受短路电流的能力也加大。因此选用变压器时，要慎重考虑短路电压的数值，一般是随变压器容量的增大而稍提高短路电压的设计值。

G　空载电流（I_0）

变压器一次侧施加（额定频率的）额定电压，二次侧断开运行时称为空载运行，这时一次绕组中通过的电流称空载电流，它仅用于产生磁通，以形成平衡外施电压的反电动势，因此空载电流可看成是励磁电流。变压器容量大小、磁路结构和硅钢片的质量好坏，是决定空载电流的主要因素。

严格讲空载电流 I_0 中，其较小的有功分量 I_{0a} 用以补偿铁心的损耗，其较大的无功分量 I_{0r} 用于励磁、以平衡铁心的磁压降。空载电流 $I_0 = \sqrt{3I_{0a}^2 + I_{0r}^2}$，且它通常以对额定电流之比的百分数表示，一般为 $i_0\% = I_0/I_N \times 100\%$。

空载合闸电流是当变压器空载合闸到线路时，由于铁心饱和而产生的数值很大的励磁电流，故也称励磁涌流。空载合闸电流大大地超过稳态的空载电流 I_0，甚至可达到额定电流的 5~7 倍。

H　空载损耗（P_0）

空载电流的有功分量 I_{0a} 为损耗电流，由电源所汲取的有功功率称空载损耗 P_0。空载运行状态下一次绕组的电阻损耗忽略不计时，可称铁损，因此空载损耗主要取决于铁心材质的单位损耗。可见变压器在空载状态下的损耗主要是铁心中的磁滞损耗和涡流损耗。因此空载损耗也称铁损（单位为 W 或 kW），它表征了变压器（经济）性能的优劣。变压器投运后，测量空载损耗的大小与变化，可以分析变压器是否存在铁心缺陷。

I　短路损耗也称负载损耗（P_f）

短路损耗变压器二次侧短接、一次绕组通过额定电流时变压器由电源所汲取的（亦即消耗的）功率（单位为 W 或 kW）。负载损耗 = 最大一对绕组的电阻损耗 + 附加损耗。其中，附加损耗包括绕组涡流损耗、并绕导线的环流损耗、结构损耗和引线损耗；而电阻损耗也称铜损或铜耗。因此短路损耗又称铜损。

空载损耗与所带负载大小无关，只要一通电，就有空载损耗。负载损耗与所带负载大小有关，变压器性能参数中的负载损耗是额定值，也就是流过额定电流时所产生的损耗。

J　连接组别

它表示变压器各相绕组的连接方式和一、二次线电压之间的相位关系。符号顺序由左至右各表示一、二次绕组的连接方式，数字表示两个绕组的连接组号。一般的高压变压器基本都是 Yn，Y，d11 接线。在变压器的连接组别中"Y_n"表示一次侧为星形带中性线的接线，"Y"表示星形，"n"表示带中性线；"d"表示二次侧为三角形接线。"11"表示变压器二次侧的线电压 U_{ab} 滞后一次侧线电压 U_{AB} 330°（或超前30°）。

低压侧接成三角形，低压侧通常是用电端，三角形接法可以抑制三次谐波。防止大量谐波向系统倒送，引起电压波形畸变。三次谐波的一个重要特点就是同相位，它在三角侧可以形成环流，从而有效地削弱谐波向系统倒送。

K 冷却方式

它表示绕组及箱壳内外的冷却介质和循环方式。冷却方式常由 2 个或 4 个字母代号标志，依次为线圈冷却介质及其循环种类；外部冷却介质及其循环种类。冷却方式标志见表16-2。

表 16-2 冷却方式标志及适用范围

冷却方式	代号标志	适 用 范 围
干式自冷式	AN	一般用于小容量干式变压器
干式风冷式	AF	绕组下部设有通风道并用冷却风扇吹风，提高散热效果，用于 500kV·A 以上变压器时是经济的
油浸自冷式	ONAN	容量小于 6300kV·A 变压器采用，维护简单
油浸风冷式	ONAF	容量为 8000~31500kV·A 变压器采用
强油风冷式	OFAF	用于高压大型变压器
强油水冷式	OFWF	

注：强油导向风冷或水冷式分别标志为 ODAF 或 ODWF。

L 使用条件

这是指制造厂规定变压器安装和使用的环境条件，如户内、户外、海拔、湿热带等（海拔 1000m 以上称为高海拔地区，需加强绝缘）。

16.2.6 整流装置

16.2.6.1 三相桥式同相逆并联整流柜

为了提高均流系数和保证均流系数的稳定，铝电解整流主电路接线方式一般为三相桥式同相逆并联，使交变磁场几乎完全抵消，克服交变磁场在分布电感上产生的附加感应电势对电流分配的影响。同一整流臂上选配正向伏安特性曲线接近一致的整流管。整流柜柜体采用钢或铝合金的组合结构、减少涡流损耗，柜内以拉制的铜双孔母线为基本整流臂，组成各种电联接电路，将硅元件压接在双孔母线上，既作汇流臂又作冷却器，使整流装置体积小、效率高、噪声低。

同相逆并联大功率整流柜采用双面维护式结构，可实现整流变压器一体化安装，缩短母线连接长度，降低感抗，提高功率因数。

整流柜进出线方式：一般为上进下出，或下进上出。在特殊需要时可设计成上进上出或下进下出，可完全满足用户的要求。

同相逆并联整流装置交流阀侧进线可采用大截面母线，改善磁场分布，提高元件的电流分配均衡度，降低引线电抗和连接损耗。

控制柜一般为自然通风冷却。对特殊环境下使用，可选用密闭型。柜内除具有过压、过流、断水、温度过高、元件故障保护功能及有关信号指示和报警外，对晶闸管整流装置及用饱和电抗器控制的整流装置，柜内还装有触发控制系统及自动电流调节系统。对有特殊要求的控制系统可装有可编程序控制器或计算机。

16.2.6.2　非同相逆并联整流柜

A　整流主电路连接与同相逆并联整流柜的区别

按照一般要求，整流变压器二次出线仍为三相桥式"同相逆并联"连接，而整流器的主电路结构，则是将两个三相整流桥的正、负极，按上下（或前后）分开布置，以构成"非同相逆并联"连接。对整流主电路而言，"同相逆并联"和"非同相逆并联"整流主电路的电气连接没有本质的区别，仅仅只是空间结构布置上的区别。

(1)"同相逆并联"结构，要求直流侧正、负极两个整流臂必须背靠背布置；

(2)"非同相逆并联"结构，则要求直流侧正、负极两个整流臂远距离分开布置。

B　非同相逆并联整流柜结构

按照空间布置要求，"非同相逆并联"结构的整流器又可分为：正负极"上下布置"和正负极"前后布置"两种。

a　直流正负极"上下布置"的整流器

整流器直流侧正、负极母排，分别按照"上下两层"，被远距离分开布置，通过加大正、负极之间的空间距离，防止直流侧正、负极母排之间，因电弧或其他异物等引起短路，而导致直流短路。

b　直流正负极"前后布置"的整流器

整流器直流侧正、负极母排，分别按照"一前一后"，被远距离分开布置，通过加大正、负极之间的空间距离，防止直流侧正、负极母排之间，因电弧或其他异物等引起短路，而导致直流短路。

16.2.7　直流大电流刀开关

直流桥式大电流隔离器（以下简称隔离器），是一种性能先进、运行可靠、操作安全的大电流直流隔离设备。此型隔离器在分闸状态下，动、静触头之间有明显的可视隔离间隙。在闭合状态下，不但可以长期承受正常的工作电流，而且可以在一定时间内承受非正常状态下的短路电流。

16.2.7.1　大电流桥式隔离器的主要特点

(1) 隔离器运行温升低，损耗小。

(2) 机械寿命长达 10000 次以上。

(3) 动、静触臂模块化设计，结构上相互独立，便于局部检修调试。

(4) 设置"六常开、六常闭"行程开关供信号及电气连锁，分合闸动作可靠。

(5) 方便可靠的母线连接方式，使得安装过程简化，安装时间缩短。

16.2.7.2　机械结构

机械结构如图 16-30 所示。

16.2.7.3　结构特点

(1) 动触臂与静触臂的触头均为焊接的实体银合金。相对于镀银触头来说，实体银合

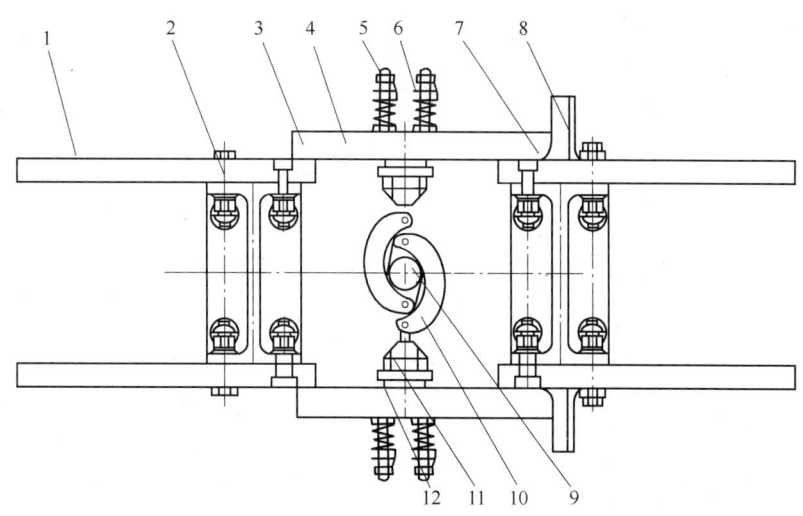

图 16-30　大电流桥式隔离器机械结构示意图

1—静臂；2—连接板；3—银触头；4—动臂；5—螺母；6—弹簧；7—销轴；
8—铰链座；9—大轴；10—U-拉杆；11—兰哑焦盘；12—螺栓

金触头不但使用寿命长，而且可以有效提高通流容量。

（2）隔离器闭合时，动触臂呈桥状搭接在静触臂的输入端与输出端上，动静触臂通过银合金触头线接触。由于这种桥接方式没有触头之间的摩擦，因而可以明显延长触头工作寿命。

（3）静触臂通过钢质连接板螺接在一起，不但结构简单，而且有效提高了结构的整体刚性，使设备的运行更加稳定可靠。

（4）动触臂上的压力弹簧可以保证隔离器闭合时接触更加紧密可靠。各触头接触压力可通过测力器测出，并进行独立调整，以确保各处接触压力均达到设计要求。

（5）动、静触臂模块化设计，结构上相互独立，便于局部检修调试。

（6）行程开关与电动驱动机构布置在同一侧，便于检修维护。

（7）方便可靠的母线连接方式，使得安装过程简化，安装周期缩短。

（8）具有手动、电动两种操作方式，操作灵活方便。

16.2.7.4　机械工作原理

工作原理如图 16-31 所示，假设隔离器处在打开状态。

（1）电动机通过减速机构驱动主轴旋转。主轴端装有行程凸轮与安装板上的限位开关构成电气联锁。

（2）当大轴旋转时，通过 U 形连杆拉动动触臂转动。动触臂转动到水平位置时与静触臂接触并停止运动；此时电机仍然在驱动主轴旋转。于是主轴开始带动 U 形拉杆通过绝缘拉杆压缩弹簧。动触臂与静触臂的银触头逐渐压紧。直到主轴一端的行程凸轮触发限位开关，电机停止转动，合闸到位。最终动静触头之间的压力为 380 ~ 450N。

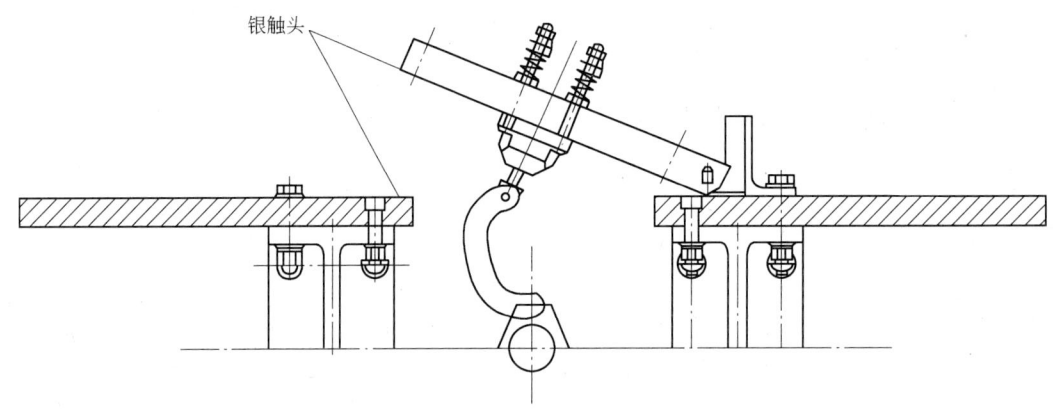

图 16-31　大电流桥式隔离器机械工作原理

（3）电机反向转动，主轴带动 U 形连杆，首先放松压紧弹簧，然后通过绝缘拉杆推动动触臂，打开隔离器，实现分闸操作。

16. 2. 8　直流大电流传感器

随着冶金、化工和电力工业的发展，直流用电量越来越大。其中大型铝电解厂的整流系统直流电流已高达 350kA，甚至 400kA，而直流电流大小是确定电解电流效率的基本数据，按照这一数据可以确定电解生产的主要经济指标。在生产条件下，要求所使用的仪器基本保证直流大电流测量误差范围在 0.5% ～ 1.5%，有时要求误差减小到 0.1% ～ 0.2%。

对于直流大电流测量设备，还有计量、监视、控制及保护等不同的用途，它们对测量准确度指标的要求也不完全一致。对于计量用的测量互感器的准确度要求最高。

直流大电流传感器可用于测量 0 ～ 500kA 直流大电流，是一种采用霍尔元件作为检测元件的霍尔检测式直流大电流传感器。它将被测电流转换为霍尔电势，然后求和放大，把被测额定电流转换为额定直流 0 ～ 5V 电压和直流 4 ～ 20mA 电流信号。

ZDY-N 型直流大电流传感器是一种新型霍尔检测式电流传感器，工作可靠，性能稳定，测量准确，线性度好，响应速度快，功耗低，是铝电解供电系统常用的一种直流大电流测量和控制仪器设备。具有以下特点：

（1）ZDY-N 型直流大电流传感器采用全密封环氧树脂封装，使经过严格筛选、技术处理的电子器件免受环境腐蚀影响，确保传感器长期可靠运行。

（2）采用科学的温度自动补偿技术，使传感器在不同环境温度下性能稳定，温漂极小。

（3）从原理及结构设计上解决了杂散磁场干扰问题，保证了现场测量的准确度。

（4）ZDY-N 直流大电流电流传感器无附件箱，开口方式，安装、使用、维护、校验都十分方便。

（5）ZDY-N 直流大电流电流传感器具备测量用和控制用两种功能，适用于冶金、化工、电镀、农药、电力等领域的直流计控系统的测量和控制。

ZDY-N 直流大电流电流传感器与 PF 系列二次计量仪表配套使用，可同时完成系统可组成功能齐全的直流强电系统综合测试与计量装置电流、电压和功率，以及电流小时、电压小时和电能的计量。

16.2.9 滤波系统

变电所是无功功率的交换枢纽，它既是无功电源，整个电网40%~50%电力电容器安装在各级变电所内；又向负荷输送无功功率，同时变电所也消耗无功功率。电网有功损耗占有功负荷10%以下，而无功功率损耗却占无功负荷的30%~50%。

16.2.9.1 无功补偿的基础知识

A　功率、功率因数

（1）有功功率：有功功率是保持用电设备正常运行所需的电功率，也就是将电能转换为其他形式能量（机械能、光能、热能）的电功率。单位为瓦（W）或千瓦（kW）。

（2）无功功率：是用于电路内电场与磁场的交换，并用来在电气设备中建立和维持磁场的电功率。

（3）功率因数：有功功率与视在功率的比值。用 $\cos\phi$ 表示，它没有单位。$\cos\phi = P/S$。

（4）功率三角形：有功功率、无功功率、视在功率三者之间的关系符合勾股定理。如图 16-32 所示。

B　无功功率的作用

无功功率不对外做功，而是转变为其他形式的能量。凡是有电磁线圈的电气设备，要建立磁场，就要消耗无功功率。无功功率绝不是无用功率，它的用处很大。电动机需要建立和维持旋转磁场，使转子转动，从而带动机械运动，电动机的转子磁场就是靠从电源取得无功功率建立的。变压器也同样需要无功功率，才能使变压器的一次线圈产生磁场，在二次线圈感应出电压。因此，没有无功功率，电动机就不会转动，变压器也不能变压，交流接触器不会吸合。

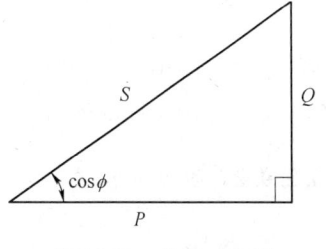

图 16-32　功率三角形

C　无功功率不足对供、用电产生一定的不良影响

（1）降低发电机有功功率的输出。

（2）降低输、变电设备的供电能力。

（3）造成线路电压损失增大和电能损耗的增加。

（4）造成低功率因数运行和电压下降，使电气设备容量得不到充分发挥。

在正常情况下，用电设备不但要从电源取得有功功率，同时还需要从电源取得无功功率。如果电网中的无功功率供不应求，用电设备就没有足够的无功功率来建立正常的电磁场，那么，这些用电设备就不能维持在额定情况下工作，用电设备的端电压就要下降，从而影响用电设备的正常运行。从发电机和高压输电线供给的无功功率，远远满足不了负荷的需要，所以在电网中要设置一些无功补偿装置来补充无功功率，以保证用户对无功功率的需要，这样用电设备才能在额定电压下工作。

D　无功补偿的原理

无功功率补偿的基本原理：利用电容电流超前电压90°，感性负荷滞后电压90°。这样把具有容性功率负荷的装置与感性功率负荷并联接在同一电路，当容性负荷释放能量时，感性负荷吸收能量；而感性负荷释放能量时，容性负荷却在吸收能量。能量在两种负荷之间交换。这样感性负荷所需要的无功功率可从容性负荷输出的无功功率中得到补偿。

E　无功补偿的方法

无功功率补偿的方法很多，一般采用电力电容器或采用具有容性负荷的装置进行补偿。

电力电容器作为补偿装置，具有安装方便、建设周期短、造价低、运行维护简便、自身损耗小（每1kvar无功功率损耗在0.3%～0.4%以下）等优点，是当前国内外广泛采用的补偿方法。这种方法的缺点是电力电容器使用寿命较短；无功出力与运行电压平方成正比，当电力系统运行电压降低时，补偿效果降低，而运行电压升高时，对用电设备过补偿，使其端电压过分提高，甚至超出标准规定，容易损坏设备绝缘，造成设备事故。为克服这一缺点，应采取相应措施，以防止向电力系统倒送无功。

电力电容器作为补偿装置有两种方法：串联补偿和并联补偿。

（1）串联补偿是把电容器直接串联到高压输电线路上，以改善输电线路参数，降低电压损失，提高其输送能力，降低线路损耗。这种补偿方法的电容器称作串联电容器，应用于高压远距离输电线路上，用电单位很少采用。

（2）并联补偿是把电容器直接与被补偿设备并接到同一电路上，以提高功率因数。这种补偿方法所用的电容器称作并联电容器，用电企业大都采用这种补偿方法。

16.2.9.2　并联电容器

A　概述

电容器可分为纸膜电容器和金属化电容器。

电容器由外壳和芯子组成，外壳用薄钢板密封焊接而成，外壳盖上焊有出线瓷套管，在两侧壁上焊有供安装的吊攀，一侧吊攀上装有接地螺栓；芯子由若干个元件和绝缘件叠压而成，元件用电容器纸或膜纸复合，或用纯薄膜作介质和铝铂作极板卷制而成。为适应各种电压，元件可按成串联或并联。电容器内部设有放电电阻，电容器从电网断开后能自行放电，一般情况，10min后即可降至75V以下。其结构见图16-33。

电容器的型号含义如下：

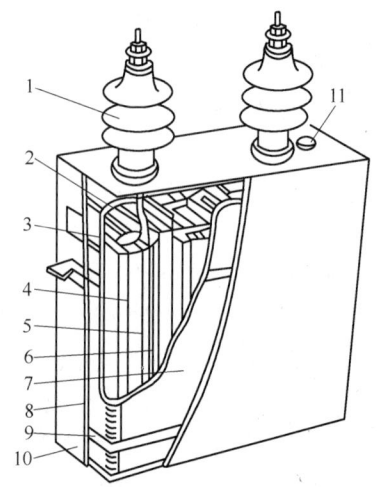

图16-33　电容器结构

1—出线套管；2—出线连接片；3—连接片；
4—元件；5—出线连接片固定板；6—组间
绝缘；7—包封件；8—夹板；9—紧箍；
10—外壳；11—封口盖

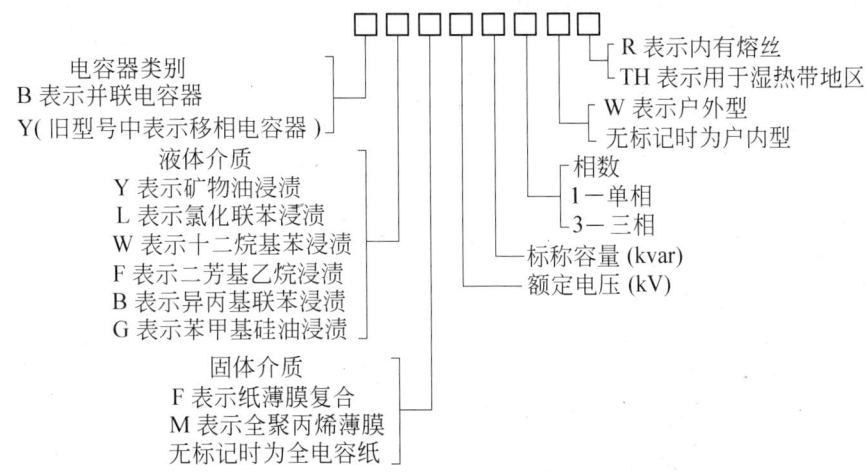

B 并联电容器提高功率因数的原理

交流电路中,纯电阻电路负载中的电流 I_R 与电压 U 同相位,纯电感负载中的电流 I_L 滞后电压 90°。而纯电容的电流 I_c 则超前于电压 90°。可见,电容中的电流与电感中的电流相差 180°,能够互相抵消。电力系统中的负载,大部分是感性的,因此总电流 I 将滞后于电压 U 一个角度 ϕ。如果将并联电容器与负载并联,则电容器的电流 I_c 将抵消一部分电感电流,从而使电感电流 I_L 减小到 I'_L,总电流从 I 减小到 I',功率因数将由 $\cos\phi_1$ 提高到 $\cos\phi_2$,这就是并联补偿的原理(图 16-34)。

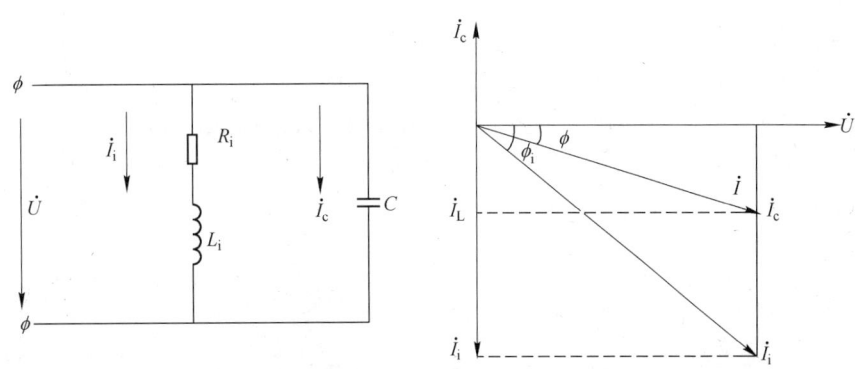

图 16-34 并联补偿原理图

C 并联电容器在电力系统中的作用

(1) 补偿无功功率,提高功率因数。

(2) 增加电网的传输能力,提高设备的利用率。

若 P_1、P_2 分别为补偿前后的有功功率的出力,$\cos\phi_1$、$\cos\phi_2$ 分别为补偿前后的功率因数,则 $\Delta P = P_2 - P_1 = S(\cos\phi_2 - \cos\phi_1)$ 为补偿后的有功功率出力的增量。可见在视在功率 S 不变的情况下,线路传输功率的出力有所增加。

$$\Delta P\% = (\cos\phi_2/\cos\phi_1 - 1) \times 100\%$$

(3) 降低线路损失和变压器有功损失。

无功补偿后功率因数提高，线路电流会下降，则线路损耗降低。变压器的有功损耗包括铁损和铜损，铁损与一次侧电压的平方成正比，一次侧电压不变，所以铁损可看作不变的有功损耗。铜损与二次侧电流的平方成正比，电流会下降，变压器铜损减小。

（4）减少设备容量。

在保证有功负荷 P 不变的情况下，增加无功补偿时可减少设备容量。因为 $\Delta S = P(1/\cos\phi_2 - 1/\cos\phi_1)$，功率因数提高后，$\Delta S$ 为负值，可见减小了视在功率，减小了容量。

（5）改善电压质量。

线路中电压损失：$\Delta U = (P \times R + Q \times X_L) \times 10^{-3}/U$。可见当电路中 Q 减小后，线路的电压损失也就减少了。

D　电容器组的一次接线方式

高压电容器的一次接线方法较多，目前采用的有单星形接线、双星形接线、三角形接线、双三角形接线。电容器电压的规范也有多种，为了能适用于6.6、10、13.2kV 电压等级的系统，需要采用不同接线。例如在6.6kV 系统中，电容器额定电压为6.6kV 时，采用单三角形或双三角形接线；在10kV 系统中，额定电压为10kV 的电容器采用三角形接线；额定电压为6.3kV 时采用星形接线。

a　星形接线

在中点不接地系统中采用星形接线，当一相电容器发生击穿时，不致引起相间短路，这种接线可以采用灵敏的保护方式。电流平衡保护用于星形接线时，具有简单灵敏、经济可靠的优点。一般6kV 电容器装设在10kV 电网使用时，均采用这种接线方式（见图 16-35a）。

b　三角形接线

当电容器额定电压为10kV 时，可以接成三角形接线并联在电网上，使电容器容量得到充分利用。此种接线方式的缺点是当电容器击穿时，即形成相间短路，将引起电容器的爆炸燃烧，直接威胁电网的安全运行（见图 16-35b）。

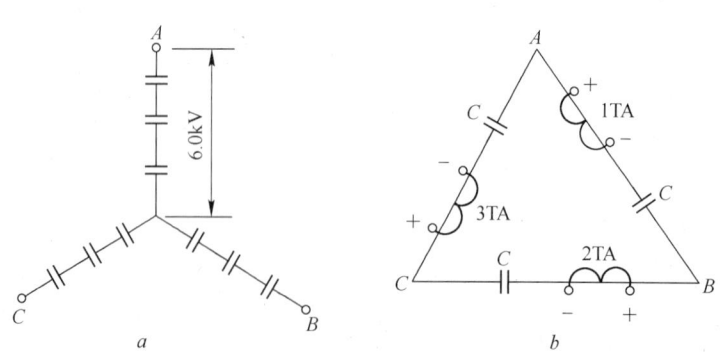

图 16-35　电容器接线方式

a—电容器星形接线；b—电容器三角形接线

E　电容器运行标准

如果电力电容器在运行中管理不善，则其电流，电压、温度将会越限，使电容器的使用寿命缩短，甚至损坏。因此，在运行中应严格控制其运行条件，制定科学的管理制度，以提高其投入率，减少其损坏率。

a 允许过电压

电容器组允许在其 1.1 倍额定电压下长期运行。在运行中，倒闸操作、电压调整、负荷变化等因素可能引起电力系统波动，产生过电压。有些电压虽然幅值较高，但时间很短，对电容器影响不大，所以电容器组允许短时间的过电压。

b 允许过电流

电容器组允许在其 1.3 倍额定电流下长期运行（日本、美国、德国和比利时进口的电容器允许在 1.35 倍额定电流下长期运行）。通过电容器组的电流与端电压成正比，该电流包括最高允许工频过电压引起的过电流和设计时考虑在内的电网高次谐波电压引起的过电流，因此过电流的限额比过电压的高。电容器组长期连续运行允许的过电流为其额定电流的 1.3 倍，即运行中允许长期超过电容器组额定电流的 30%，其中 10% 是工频过电压引起的过电流，还有 20% 留给高次谐波电压引起的过电流。

c 允许温升

电容器运行温度过高，会影响其使用寿命，甚至引起介质击穿，造成电容器损坏。因此温度对电容器的运行是一个极为重要的因素。电容器的周围环境温度应按制造厂的规定进行控制。若厂家无规定时，一般应为 $-40 \sim +40℃$（金属化膜电容器为 $-45 \sim +50℃$）。

16.2.9.3 并联电容器补偿装置

A 装置的系统结构

并联电容器补偿装置包括高压真空专用断路器、避雷器、放电用高压 PT、串联电抗器、高压电容器、控制器、电容器组微机保护单元、柜体及辅助连线，并可提供 RS485 通信接口。其系统结构见图 16-36、接线见图 16-37。

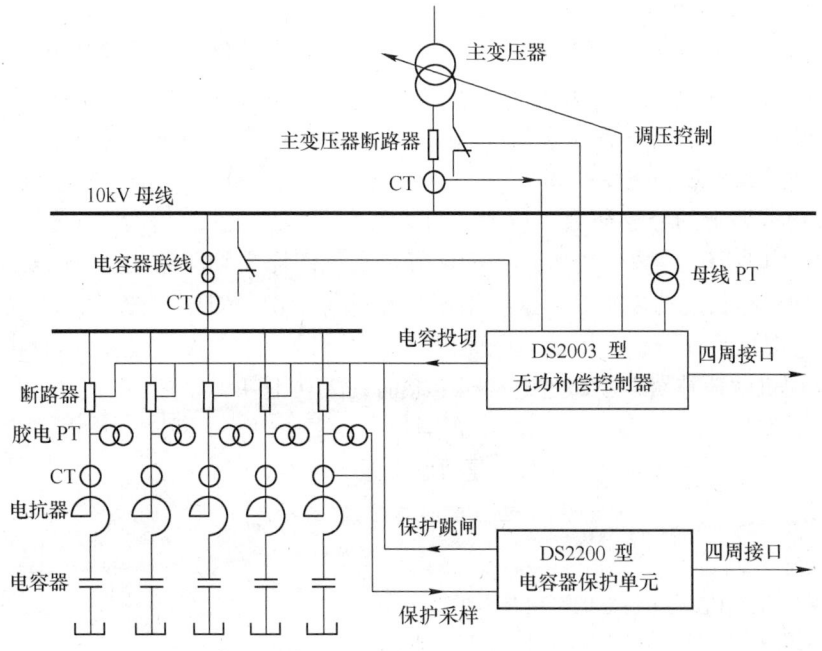

图 16-36 并联电容器补偿装置结构图

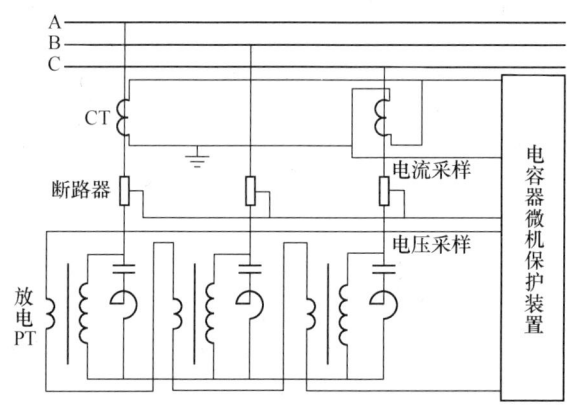

图 16-37　并联电容器补偿装置接线图

a　电抗器的作用

加装串联电抗器，限制电容器组合闸涌流，短路电流和抑制高次谐波。串联电抗器越大，合闸涌流越小，一般允许合闸涌流不超过电容器额定电流的 5 倍，可选取阻抗百分值为 6% 的标准电抗器。

b　放电 PT 的作用

电容器从电源断开时，两极处于储能状态，电容器整组从电源断开后，储存电荷的能量是很大的，因而电容器两极上残留一定电压，残留电压的初始值为电容器组的额定电压，电容器组在带电荷的情况下，如果再次合闸投入运行，就可能产生很大的冲击合闸涌流和很高的过电压，如果电气工作人员触及电容器，就可能被电击伤或电灼伤。为了防止带电荷合闸及防止人身触电伤亡事故，电容器必须加装放电 PT 或放电线圈。

B　补偿容量的配置原则

要求补偿后的功率因数一般为 0.92 ~ 0.98，不宜将无功倒送，一般要求使功率因数保持在 0.95 以上且不过补偿。补偿容量的配置有以下几种：

（1）变电所集中装设的补偿容量可以按照主变容量的 20% ~ 40% 来选择。一般 110kV 及以上变电站补偿容量为主变的 20%，35kV 变电站补偿容量为主变的 20% ~ 25%。

（2）配电线路上的分散补偿容量通常可以按照"三分之二"法则来选择。即在均匀分布负荷的配电线路上，安装电容器的最佳容量是该线路平均负荷的 2/3；安装最佳地点是自送端起的线路长度的 2/3 处。这一结论是在理想情况下推演出来的，因此在应用时，应根据具体情况做具体分析，不能一概而论。

（3）电动机就地补偿以不超过电动机空载时的无功消耗为原则。

复习思考题

1. 灭弧室的灭弧原理。
2. 电流、电压互感器在使用中注意的事项有哪些？
3. 隔离开关的作用。
4. 变压器的工作原理。

17　继电保护原理

继电保护技术是随着电力系统的发展而发展起来的。熔断器是反应电流超过一预定值的最早、最简单的过电流保护，随着电力系统的发展，出现了作用于断路器的一次式的电磁型过电流继电器，继电器才开始广泛应用于电力系统的保护。继电保护技术原理也随之发展，从早期的"比较被保护元件两端电流的电流差动保护原理"，到"方向性电流保护"、"将电流与电压相比较的距离保护原理"，再到后来的"利用高压输电线上高频载波电流传送和比较输电线两端功率方向或电流相位的高频保护"、"利用故障点产生的行波实现快速继电保护的保护原理"等。

同时为满足电力系统朝超高压、大容量方向发展的需要，继电保护装置也由早期的电磁型、感应型或电动型向后来的晶体管式、集成电路式的过渡。20 世纪 90 年代开始向微机保护过渡。目前，微机保护装置已取代集成电路式继电保护保护装置，成为静态继电保护装置的主要形式。

继电保护是一个对电力系统中各种设备进行监控的系统。为完成继电保护所担负的任务，显然应该要求它能够正确地区分系统正常运行与发生故障或不正常运行状态之间的差别以实现保护。

17.1　继电保护基本知识

在电力系统中，单侧电源网络正常运行情况时，线路上流过由它供电的负荷电流，越靠近电源端的线路上的负荷电流越大。同时，母线上的电压，一般都在额定电压 ±5% ~ 10% 的范围内变化，且靠近于电源端母线上的电压较高。当系统发生线路三相短路故障时，则短路点的电压降低到零，从电源到短路点之间均流过很大的短路电流，母线上的电压也将在不同程度上有很大的降低，距短路点越近时降低得越多。一般情况下，发生短路后总是伴随着电流的增大、电压的降低、线路始端测量阻抗的减小，以及电流与电压之间相位角的变化。因此，利用正常运行与故障时这些基本参数的区别，便可以构成不同原理的继电保护，例如：反应于电流增大而动作的过电流保护；反应于电压降低而动作的低电压保护；反应于短路点到保护安装地点之间的距离保护等。

在双侧电源网络正常运行情况时，从电力系统中任一电气元件来看，如图 17-1 中的线路 A – B，正常运行时某一瞬间，负荷电流总是从一侧流入而从另一侧流出，如图 17-1a 所示。若规定电流的正方向为从母线流向线路，那么 A – B 两侧的电流大小相等，而相位相差 180°。当在线路 A – B 范围以外 k_1 点短路时，如图 17-1b 所示，由电源 I 所供给的短路电流 I'_{k1} 将流过线路 A – B，此时 A – B 两侧电流仍是大小相等、方向相反，特征与正常运行时一样。如果短路发生在线路 A – B 范围内 (k_2)，如图 17-1c 所示，由于两侧电源均分别向短路点 k_2 供给短路电流 I'_{k2} 和 I''_{k2}，因此，在线路 A – B 两侧的电流都是由母线流向线路，此时两个电流的大小一般不相等，在理想情况下（两侧电势同相位且全系统的阻抗角相等），两个电流同相位。

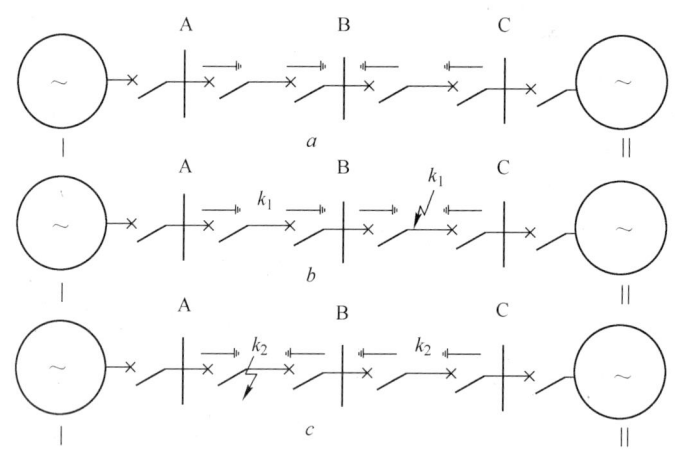

图 17-1　双侧电源网络接线

a—正常运行情况；b—k_1 点三相短路情况；c—k_2 点三相短路情况

　　利用每个电气元件在内部故障与外部故障时（包括正常运行情况），两侧电流相位或功率方向的差别，就可以构成各种差动原理的保护，如纵联差动保护、相间高频保护、方向高频保护等。在按照上述原理构成各种继电保护装置时，可以使它们的参数反应每相中的电流和电压，也可以使之仅反应其中的某一个分量（如负序、零序或正序）的电流或电压。由于在正常情况下，负序和零序分量不会出现，而在发生不对称接地短路时，虽然没有零序分量，但负序分量却很大。

　　此外，还有根据电气设备的特点实现反应非电量的保护，例如当变压器油箱内部绕组短路时，反应与油被分解所产生的气体而构成的瓦斯保护；反应与电动机温度升高而构成的过负荷或过热保护等。

　　就一般情况而言，整套继电保护装置是由测量部分、逻辑部分和执行部分组成，为完成继电保护所完成的任务，保护装置应该有能够正确地区分系统正常运行与发生故障或不正常运行状态之间的区别，以实现保护。其原理结构如图 17-2 所示。

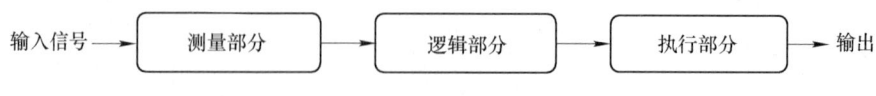

图 17-2　继电保护装置原理结构

　　（1）测量部分：测量被保护对象输入的模拟信号，并和已给定的整定值进行比较，从而判断是否应该起动。

　　（2）逻辑部分：根据测量信号部分输出信号的性质（大小顺序等），使被保护对象按一定的逻辑关系工作，最后确定是否发出跳闸信号。

　　（3）执行部分：根据逻辑部分送来的信号，执行相应的任务。即在故障时，动作与跳闸；不正常运行时，发出信号；正常运行时，不动作。图 17-3 为继电保护系统组成图。

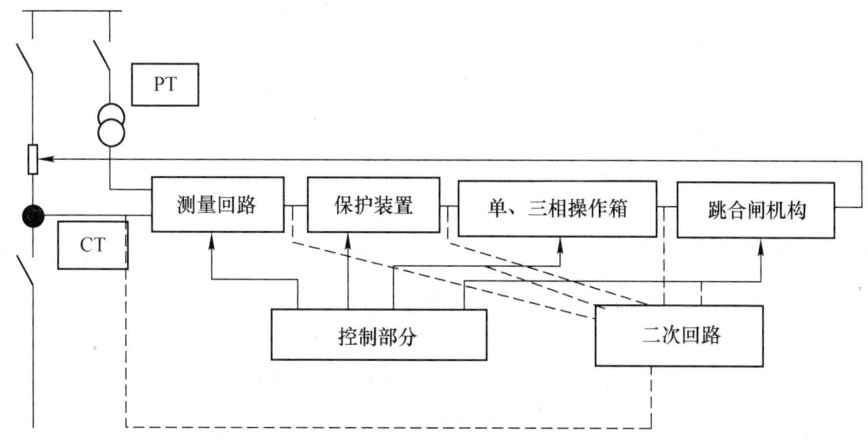

图 17-3　继电保护系统组成图

电流互感器（CT）是电力系统中很重要的电力元件，作用是将一次高压侧的大电流通过交变磁通转变为二次电流供给保护、测量、录波、计度等使用，电流互感器二次额定电流均为 5A 或 1A，也就是铭牌上标注为 100/5、200/1 等，表示一次侧如果有 100A 或者 200A 电流，转换到二次侧电流就是 5A 或 1A。

电流互感器在二次侧绕组不允许开路，目的是防止两侧绕组的绝缘击穿后一次高电压引入二次回路造成设备与人身伤害。同时，电流互感器也只能有一点接地，如果有两点接地，电网之间可能存在的潜电流会引起保护等设备的不正确动作。在一般的电流回路中都是选择在该电流回路所在的端子箱接地。但是，如果差动回路的各个比较电流都在各自的端子箱接地，有可能由于地网的分流从而影响保护的工作。所以对于差动保护，规定所有电流回路都在差动保护屏一点接地。电流互感器的极性决定了保护判断方向的正确性，同时也决定了差电流的值、和电流的值——保护动作值。

电压互感器（PT）的作用是将高电压成比例地变换为较低（一般为 57V 或者 100V）的低电压，母线 PT 的电压采用星形接法，一般采用 57V 绕组，母线 PT 零序电压一般采用 100V 绕组三相串接成开口三角形。

PT 的一、二次也必须有一个接地点，以保护二次回路不受高电压的侵害，PT 二次只能有这一个接地点（严禁在 PT 端子箱接地），如果有多个接地点，由于地网中电压压差的存在将使 PT 二次电压发生变化。电压互感器二次绕组不允许短路，若 PT 二次回路短路则相当于一次电压全部转化为极大的电流而产生极大磁通，PT 二次回路会因电流极大而烧毁。

动作与跳闸的继电保护，在技术上一般应满足四个基本要求，即选择性、速动性、灵敏性和可靠性。

（1）选择性：当供电系统发生故障时，仅将故障元件从电力系统中切除，使停电范围尽量缩小，以保证系统中的无故障部分仍能继续安全运行。

（2）速动性：为了防止故障扩大，减轻其危害程度，并提高电力系统运行稳定性，因此在系统发生故障时，保护装置应尽快动作，切除故障。故障切除的总时间等于保护装置和断路器动作时间之和。一般的快速保护的动作时间为 0.04 ~ 0.08s，最快可达 0.01 ~

0.004s，一般断路器的动作时间为 0.06 ~ 0.15s，最快的可达 0.02 ~ 0.06s。

（3）灵敏性：继电保护的灵敏性是指对于保护范围内发生故障或不正常运行状态的反应能力。满足灵敏性要求的保护装置应该是在事先规定的保护范围内发生故障时，不论短路点的位置、短路点的类型如何，以及短路点是否有过渡电阻，都能敏锐感觉，正确反应。保护装置的灵敏性，通常采用灵敏系数来衡量，它主要决定于被保护元件和电力系统的参数和运行方式。

（4）可靠性：保护装置的可靠性是指在该保护装置规定的保护范围内发生其应该动作的故障时，它不应该拒动，而在任何其他应该保护、不应该动作的情况下，则不应该误动作。可靠性主要对保护装置本身的质量及运行维护水平而言。一般来说，保护装置的组成元件的质量越高、接线越简单、回路中继电器的触点数量越少，保护装置的工作就越可靠。同时，精细的制造工艺、正确的调整试验、良好的运行维护以及丰富的运行经验，对于提高保护的可靠性也具有重要的作用。

17.1.1　继电保护配置的概念

针对不同设备的特点，将能反应设备故障及不正常运行方式的保护元件进行合理的设置，保证设备发生故障时，在规定的时间内将故障设备从系统中断开，保证系统的安全运行。

继电保护配置分为主保护、后备保护、辅助保护。主保护是在保护动作上不与其他保护配合，如 220kV 及以上线路以全线瞬时动作的纵联差动保护和具有阶梯时限特性的距离保护、零序电流保护作为主保护；后备保护的概念是在动作过程中，必须与其他保护进行配合的保护，如距离、电流、电压、方向保护等。辅助保护是在保护配置中，只起到闭锁和启动作用的保护。辅助保护（闭锁、启动等）与测量元件的关系：为了保证继电保护装置的灵敏性，在同一套保护装置中，闭锁、启动等辅助元件的动作灵敏度应大于所控制元件等主要元件的动作灵敏度。

17.1.2　电流速断保护（过流 I 段）

概念：反应电流增大而瞬时动作的电流保护，称为电流速断保护。

对电流速断保护的要求：

（1）根据继电保护速动性的要求，必须保证系统稳定和重要用户供电的可靠性。原则上要求越快越好，所以对各种电气设备应力求安装速动保护装置。

（2）要保证动作的选择性。

（3）速断至少要保护线路的一部分。

17.1.3　限时电流速断保护（过流 II 段）

无时限电流速断保护在许多情况下用于任何负载网络均能保证选择性，且接线简单，迅速可靠，但它的缺点是不能保护线路的全长，即有相当大的非保护区（系统运行方式变化较大，或较短线路）可能没有保护区。

在非保护区短路时，如不采取措施，故障便不能切除，这是绝对不允许的。因此必须考虑增加另一种保护，用来切除本线路上无时限电流速断保护范围以外的故障，作为无时限电流速断的后备保护，这就是限时电流速断保护。

概念：反应电流增大而延时动作，且能保护线路全长的电流保护，称为限时电流速断保护。

对限时电流速断保护的要求：

（1）作为无时限电流速断的后备保护，限时电流速断保护能保护本条线路的全长，因此它的保护范围必然要延伸到下一条线路中去，即在本线路的末端或下条线路出口处发生短路时（这两处的短路电流基本相等），此处无时限电流速断不能保护，所以作为后备保护，限时电流速断要启动。

（2）动作要带有一定的时限，以保证动作的选择性，并力求具有最小的动作时限，以保证具有足够的灵敏度。

总之，要求限时电流速断保护能以较小的时限快速切除全线路范围内的故障。

17.1.4　限时过电流保护（过流Ⅲ段）

对于某一条线路来说，无时限电流速断保护能保护线路的一部分。限时电流速断保护能够保护无时限电流速断不能保护的区域且能保护下一条线路的一部分。线路主保护（能保护线路的全长）：无时限电流速断＋限时电流速断（近后备）。

概念：反应电流增大而延时动作，且能保护下一条线路全长的电流保护，称为限时过电流保护。

对限时过电流保护的要求：

（1）作为近后备保护，在线路Ⅰ段、Ⅱ段，即无时限速断和限时速断均拒动时，能够保护本线路的全长。

（2）作为远后备保护，在下一条线路无时限速断和限时速断拒动时，能够保护下一条线路的全长。所以它的保护区要延伸到下一条线路的末端。

（3）动作要带有一定的时限。

启动条件：为保证正常运行情况下过电流保护决不会动作，其动作电流必须要大于线路上可能要出现的最大负荷电流值。一般来说，任一过流保护的动作时限，均应选择比下一条线路上各保护的动作时限高一个时限，只有这样才能保证选择性。

17.1.5　过流三段式保护的小结

（1）阶段式电流保护的相同点：电流速断、限时电流速断和限时过电流保护都是反应电流升高而动作的保护。

（2）阶段式电流保护之间的区别：

1）按不同的原则来选择启动电流：

①电流速断。按躲开下一条线路（或本线路末端）出口处短路最大电流来整定。

②限时速断。按躲开下一条线路无时限速断的启动值来整定（保证选择性）。

③过电流。按躲开最大负荷电流来整定。

2）动作时限不同：

①电流速断。没有人为延时，只包括保护装置的固有动作时间。

②限时速断。一般有 0.5s 的延时。

③过电流。延时时间更长，一般为 1 ~ 1.5s。

3）保护范围不同：

①电流速断。只保护本条线路的一部分，但最小不能小于 15% ~ 20%。

②限时速断。保护本线路的全长及下一条线路的一部分。

③过电流。保护本线路的全长及下一条线路的全长。

（3）阶段式电流保护：

1）主保护——电流速断，保护本条线路的一部分；限时速断，保护本线路全长作为下一条线路的近后备。

2）后备保护——过电流。保护本线路及下一线路的全长（按躲开本条线路 $I_{f.max}$ 整定）。

所以，为保证迅速而有选择性地切除故障，常常将电流速断、限时速断及过电流组合在一起构成阶段式电流保护。具体应用时，可只采用速断加过流、限时速断加过电流，或者三者同时采用。

17.1.6　差动保护

（1）差动保护是输入的两端 CT 电流矢量差，当达到设定的动作值时启动动作元件。保护范围在输入的两端 CT 之间的设备（可以是线路、发电机、电动机、变压器等电气设备）。

（2）差动保护是利用基尔霍夫电流定理工作的。当变压器正常工作或发生区外故障时，将其看作理想变压器，则流入变压器的电流和流出电流（折算后的电流）相等，差动继电器不动作。当变压器发生内部故障时，两侧（或三侧）向故障点提供短路电流，差动保护感受到的二次电流正比于故障点电流，差动继电器动作。

（3）差动保护原理简单，使用电气量单纯，保护范围明确，动作不需延时，一直用作变压器主保护。另外，差动保护还有线路差动保护、母线差动保护等。

17.2　主设备继电保护

17.2.1　变压器的保护

17.2.1.1　变压器常用保护分类

（1）反映内部短路和油面降低的非电量保护，如瓦斯、油温高等；

（2）反映变压器外部相间故障和内部短路的后备保护的过流保护（或带复合电压启动过电流保护或阻抗保护或负序过流保护）；

（3）反映变压器绕组和引出线的多相短路及绕组匝间短路的纵差保护，或电流速断保护；

（4）反映中性点直接接地系统中外部短路的变压器零序电流保护；

（5）反映大型变压器过激磁保护和过电压保护；

（6）反映变压器过负荷的变压器过负荷保护；

（7）220kV 及以上的保护按双重化原则配置（非电量保护除外）。

17.2.1.2　主保护

A　差动速断保护

差动速断保护反映变压器本体内部、各侧套管和引出线到 CT 范围内的短路故障。无时限跳变压器三侧断路器，利用二次谐波制动原理或间断角的差动保护，在变压器内部发生严重故障时，短路电流很大，可达 $10 \sim 20 I_e$，此时各侧电流互感器可能严重饱和，其二次电流中可能出现很大的各次谐波分量，差动保护装置可能饱和；当各侧谐波或间断角达到一定值时，差动保护将拒动，为此有必要设立差动速断保护作为辅助保护；保护整定原则是保证空投变压器或外部故障切除时差动速断保护不动作；差动速断保护的灵敏系数按正常运行方式下保护安装处两相金属性短路计算。

B　纵联差动保护

对于 6.3MV·A 及其以上的厂用工作电源和并列运行的变压器，10MV·A 及其以上的备用变压器和单独运行变压器，应装设纵差保护。

纵差保护应符合下列要求：

(1) 应按躲过励磁涌流和外部故障产生不平衡电流；

(2) 应在变压器过激磁时不误动；

(3) 差动保护范围应包括变压器套管及其引出线，如不能包括引出线时，应采取快速切除故障的辅助保护；

(4) 差动电流与制动电流的相关计算，都是在电流相位校正和平衡补偿后的基础上进行的。

C　比例制动差动保护

差动启动电流定值 I_{cd} 的整定为差动保护最小动作电流值，应按躲过变压器最大负荷下差动回路中产生的最大不平衡电流整定。

发生外部故障时，变压器差动回路的不平衡电流即为保护的动作电流，发生保护区外故障时的最大短路电流，也是外部故障时的制动电流。差动保护灵敏度校验，按最小运行方式下差动保护范围内两相金属性短路校验，微机保护按上述整定，定值低，均能满足选择性和灵敏系数要求，可不再校验灵敏系数。

17.2.1.3　后备保护

后备保护反映外部相间短路引起的变压器过电流。一般指复合电压闭锁过电流保护。各侧保护根据选择性的要求装设方向元件。为防止变压器外部相间短路引起的变压器过流及作为变压器主保护的后备，规程规定：

(1) 过流保护宜用于降压变压器；

(2) 当过电流保护灵敏度不够时，可采用低压启动过电流保护，主要用于升压变压器或容量较大的降压变压器；

(3) 复合电压（低压和负序电压）启动过电压保护，宜用于升压变压器、系统联络变压器和过流保护不符合要求的降压变压器；

(4) 负序电流和单相式启动的过电流保护，可用于 63MV·A 及以上升压变压器；

(5) 按以上两条装设不能满足灵敏性和选择性要求时，可采用阻抗保护。

A　复合电压启动过流保护

a　过流定值整定

（1）按照可能流过变压器的最大负荷电流整定：可靠系数一般取 1. 1 ~ 1. 2。

（2）按照躲过降压变压器低压侧电动机的最大启动电流整定：可靠系数一般取 1. 1 ~ 1. 2；自启动系数，对 35kV 电压等级以上的负荷，取 1. 5 ~ 2；对 6 ~ 10kV 电压等级以上的负荷，取 1. 5 ~ 2. 5。

（3）按躲过变压器低压母线自动投入负荷时的总负荷整定：可靠系数一般取 1. 2。

（4）按与相邻保护配合。其中：

1）与分断断路器过流配合时

$$I_{zd} = 1. 1 I_{K. op} + I_{loa}$$

式中　$I_{K. op}$——分断断路器过流保护定值；

　　　I_{loa}——变压器所在母线分段的正常负荷电流。

2）变压器低压侧保护出线配合时

$$I_{zd} = K_k I_{K. op}$$

式中　$I_{K. op}$——出线保护动作电流，应取出线中最大值；

　　　K_k——可靠系数，一般取 1. 2 ~ 1. 5。

（5）时间整定。

过流保护的动作时间应大于相邻线路保护最长时间加上一个时间级差。

$$T = t_{max} + \Delta t$$

式中　t_{max}——相邻线路保护的最长动作时间；

　　　Δt——时间级差，一般取 0. 3 ~ 0. 5s。

（6）灵敏度：按变压器低压母线故障时最小短路电流计算，即：

$$K_{lm} = \frac{I_{d. min}}{I_{dz}} \geqslant 1. 25$$

b　复合电压

（1）低电压：

1）按照正常运行时可能出现的最低电压进行整定：

$$U_d = \frac{U_{min}}{K_k}$$

式中　U_{min}——正常运行可能出现的最低电压，取 0. 9U_e。

2）按躲过电动机启动时的电压整定：

$$min(U_{ab}, U_{bc}, U_{ca}) < U_{dy}$$

式中　U_{ab}，U_{bc}，U_{ca}——相间电压；

　　　$U_{dy} = (0. 5 ~ 0. 6) U_e$。

（2）负序电压。负序电压按躲正常时出现的不平衡电压整定，一般，$U_2 = (0. 06 ~ 0. 8) U_e$。

（3）方向元件。方向元件90°接线，最大灵敏角 θ_{lm} 取 -45°。保护动作范围 -135° ~

$45°$，方向元件的方向可以指向变压器或系统，为消除保护安装处附近三相短路的电压死区，方向元件带有记忆。

B 高压侧速断保护

a 按躲过低压侧短路时流过保护的最大短路电流整定

$$I_{sd} = K_k I_{d.max}^3$$

式中 K_k——可靠系数，通常取 1.3；

$I_{d.max}^3$——最大运行方式下，变压器低压侧母线上三相短路时流过保护安装处的电流值。

b 躲过变压器励磁涌流

保护动作电流取上述两计算的最大值。

c 灵敏度

按变压器低压母线故障时最小短路电流计算，即：

$$K_{lm} = \frac{I_{d.min}}{I_{dz}} \geq 1.25$$

C 低阻抗保护

当电流、电压保护灵敏度不能满足或根据电网保护间配合要求时，发电机和变压器的相间故障可采用阻抗保护。阻抗保护通常用于 330～500kV 大型升压及降压变压器，作为变压器引出线、母线、相邻线路相间短路的后备保护。

$$Z_{zd} = K_k K_{inf} Z_{set.1}$$

式中 K_k——可靠系数，取 0.8；

K_{inf}——助增系数，由实际系统参数决定；

$Z_{set.1}$——高压引出线最短线路第 I 段动作阻抗（二次值）。

必须指出：阻抗保护不能胜任变压器内部故障的后备保护，由于大容量机组及其超高压输电线路主保护都是双重化甚至多重化，因此阻抗保护主要作为变压器引出线及母线的后备保护，满足母线短路时有足够的灵敏度就可以。它的动作特性很小，也无须增加振荡闭锁功能，因为后备保护的延时可以躲过振荡影响。

若选用偏移特性阻抗功能，其正向指向系统，动作阻抗仍按上式整定；反向指向变压器，反向动作阻抗可为正向阻抗的 5%～10%，目的不在于保护变压器，主要对变压器引线起保护作用。

D 零序电压电流保护

零序电压电流保护：反映中性点直接接地运行的变压器外部单相接地故障引起的过电流。还应增设零序电压保护，该保护动作经过一个延时断开各侧断路器。对于分级绝缘的变压器，中性点装设放电间隙时，还应该增设间隙放电的零序电流保护。

a 零序过流保护

该保护反映大电流接地系统的接地故障，作为变压器和相邻元件的后备保护。零序过流中的零序电流元件用变压器中性点零序 TA 电流。

零序过电流定值一般考虑与相邻线路零序过流保护第 2 段或快速主保护相配合，整定公式为：

$$I_{01} = K_k K_{fz} I_{0.1}$$

式中　K_k——可靠系数，取 1.1；

　　　K_{fz}——分支系数，其值等于相配合的线路末端发生接地短路时，流过该保护的零序电流与流过线路的零序电流之比，并取各种运行方式的最大值；

　　　$I_{0.1}$——与之相配合的线路保护相关段的动作电流。零序过流必须保证高压母线故障时的灵敏度。

零序过流保护延时为相邻配合段延时的基础上增加 Δt。

b　闭锁零序电压定值

按躲过正常运行的最大不平衡电压整定，一般正常运行的不平衡电压为 3~5V，即：

$$U_0 = K_k U_{bp}$$

式中　U_{bp}——正常运行时的最大不平衡电压。

E　间隙零序保护

a　对于中性点经放电间隙的变压器需要配置间隙零序

间隙零序的动作电流与变压器的零序阻抗、间隙放电的电弧电阻等因素有关，难以准确计算，根据经验，保护的一次动作电流取 100A。用户根据中性点经放电间隙的专用 CT 变比可计算二次电流定值。

b　间隙零序动作时间

中性点经放电间隙接地的零序保护动作延时按照躲过暂态过电压的时间整定，一般为 0.3~0.5s。

c　零序过压保护

中性点全绝缘的变压器、分级绝缘且中性点装设放电间隙的变压器需要配置零序过压保护。

零序电压定值 U 的整定须满足：

$$U_{0.max} < U_j < U_{set}$$

式中　$U_{0.max}$——部分中性点接地的电网发生单相接地时，保护安装处可能出现的最大零序电压；

　　　U_{set}——用于中性点直接接地系统的电压互感器，在失去中性点时发生单相接地，开口三角绕组可能出现的最低电压。考虑到中性点直接接地系统，$\dfrac{X_{0\Sigma}}{X_{1\Sigma}} \leqslant$ 3，建议 U_j 取 180V。

d　零序过压动作时间

在电网发生单相接地，中性点接地变压器已全部断开的情况下，零序过压保护不需要与其他接地保护配合，对应的动作时间只需躲过暂态过电压的时间，一般取 0.3~0.5s。

F　过负荷、启动风冷、有载调压闭锁保护

a　过负荷

过负荷反映变压器各侧负荷情况，动作与发信号。高压侧过负荷动作值按躲过变压器高压侧额定电流来整定：

$$I_{gfh} = K_k I_e$$

式中　K_k——可靠系数，取 1.1～1.2。

过负荷保护动作时间应与变压器允许的过负荷时间配合，同时应大于相间故障后备保护动作时间，过负荷通常动作与发信号。

b　启动风冷

启动通风冷流定值通常按照变压器高压侧额定电流的50%～70%考虑整定；启动风冷延时通常可整定 0～10s。

c　有载闭锁调压定值

有载调压闭锁电流定值根据变压器的过负荷能力和实际调压能力进行整定。

G　非电量保护

变压器的非电量保护，即本体保护有变压器轻瓦斯、重瓦斯、油温、绕组温度、压力释放、风冷故障等。其中，瓦斯保护反映变压器内部各类短路和油位降低，内部故障主要有油、纸等绝缘材料；线圈的纵向故障（匝间短路）。无时限跳变压器三侧断路器为变压器主保护。

H　非全相保护

在变压器的高压侧，断路器分相操作。其中一相或二相"偷跳"或"拒合"时的零序电流。保护动作短时跳开断路器。避免非全相运行时线路零序保护误动作。

17.2.2　母线保护（110kV 及以上）

17.2.2.1　母差保护

母线的主保护为母差保护。母线差动保护根据母线上所有连接间隔的电流值计算差动电流，构成大差元件作为差动保护区内的故障判别元件。根据各连接间隔的刀闸位置开入计算出每条母线的各自的差动电流，构成小差元件作为故障故障母线的选择元件。间隔刀闸跨越上母线时，装置自动识别为单母线运行，不选择故障母线。任何一条母线故障都将所有间隔同时切除。

此外，若Ⅰ母故障，则Ⅰ母小差启动，Ⅱ母小差不启动，大差启动，保护切除Ⅰ母上各间隔。Ⅱ母故障同理。

母联死区保护，在母联开关与母联 CT 之间的导线发生故障时，Ⅰ母小差动作，Ⅱ母小差不动作，大差动作，Ⅰ母上的间隔（包括母联）都被切除。但是故障仍然存在，Ⅰ母小差仍旧动作，正好处于Ⅱ母小差的死区，为此专门设计了母联死区保护，死区保护动作条件是把母联开关断开之后，母联 CT 上仍有电流，并且大差元件与母联开关侧的小差都不返回时，经死区保护延时跳开另一条母线。

17.2.2.2　断路器失灵保护

A　定义及构成

若母线引出线上发生故障，当故障所在线路的保护动作而断路器拒绝动作时，为了缩小事故范围，利用故障线路的动作保护，在较短的时间内跳开母线上其他有关断路器的装置，称为断路器失灵保护，又称母线后备保护（失灵保护是近后备保护）。断路器失灵保护包括启动元件、时间元件和跳闸出口元件。

B　失灵保护的启动条件

由于断路器失灵保护动作切除的元件范围大，影响面广，因此，为提高其可靠性，只有在同时具备下列条件时才允许动作：

（1）故障设备的保护装置能瞬时复归的出口继电器动作后不返回。

（2）在保护范围内故障持续存在，即由快速复归相电流继电器组成的检查故障电流的鉴别元件动作不返回。不允许瓦斯等非电量保护动作启动失灵保护。

（3）动作时间整定：应在保证断路器失灵保护动作选择性的前提下尽量缩短，应大于断路器动作时间和保护返回时间之和，再考虑一定的时间裕度。

C　动作时间

（1）双母线接线方式下，经较短时限（0.25～0.3s）动作于断开母联或分段断路器，以较长时间（约0.5s）动作于断开与拒动断路器连接在同一母线上的所有断路器。

（2）在3/2断路器接线方式下，经较短时限0.15s再跳一次本断路器，以较长时间（约0.25s）跳相邻断路器及本断路器，包括经远方跳闸通道断开对侧的线路断路器。

17.2.3　220kV 线路保护

220kV 线路配置的主保护：

（1）双套高频保护：一套为光纤通道，一套为电力线；对于超短线路双回线，采用分相差动保护（横差保护）；

（2）近后备保护：距离三段保护（接地距离和相间距离）；零序电流保护；失灵保护；重合闸（包括后加速）；

（3）远后备保护：主变后备保护、相邻线路的三段保护。

17.2.4　110kV 线路保护

110kV 线路配置的主保护为相间距离保护Ⅰ段，接地距离保护Ⅰ段，零序电流保护Ⅰ段，后备保护为相间距离Ⅱ、Ⅲ段，接地距离Ⅱ、Ⅲ段，零序电流Ⅱ、Ⅲ、Ⅳ段，PT断线过流保护。保护整定的配合实现以远后备的后备方式确定整定值。PT断线过流保护作为PT断线后备保护。由于相间、接地距离均为测量线路的正序阻抗，距离Ⅰ段基本不受系统运行方式影响，其保护范围可达线路长度的85%，但在交流电压失压（或PT断线）、系统振荡、过负荷时容易误动。因此，距离保护在PT失压或PT断线时要退出；在有可能发生振荡的线路距离Ⅰ、Ⅱ段经振荡闭锁（距离Ⅲ段由于整定动作时间大于振荡周期而不经振荡闭锁）。距离保护和带方向的零序保护需要用到交流电压。

17.2.5　35kV 线路保护

根据35kV系统中性点不直接接地系统的特点（由于系统相对简单），保护采用主保护和远后备保护。35kV线路配置的主保护根据各种系统运行方式下，在满足保护规程对保护区的要求前提下，采用电流闭锁电压速断保护（带限时或不带限时）或限时电流速断保护（在灵敏度满足情况下尽量取消电压闭锁功能）、过流（电流Ⅲ段）、三相一次重合闸，后备保护为不带电压闭锁的过电流保护。35kV及以下线路保护在单电源供电时，保护不带方向，是纯电流保护；只有在双电源的情况下，且不满足选择性时带方向，带方向的保护或距离保护需要用到交流电压。电缆线路故障一般为永久性故障，因此电缆出线不投重合闸。

17.2.6 10kV 线路保护

根据 10kV 系统中性点不直接接地系统的特点（由于系统相对简单），保护采用主保护和远后备保护。10kV 线路配置的主保护为电流速断保护（带限时或不带限时），后备保护为过电流保护。

17.2.7 电容器保护

电容器保护配置的主保护为电流速断保护（带限时或不带限时），双星形接线为差电流差动保护，后备保护为过电流保护或中性点不平衡电压保护，辅助保护有过电压保护、低电压保护。速断段的动作电流按在最小运行方式下引线相间短路、保护灵敏度大于 2 来整定，利用动作时带有 0.1 ~ 0.2s 的延时来躲过电容器的充电涌流。过流段按大于电容器组的最大长期允许电流来整定。电容器不能过电压运行，因此配置了过电压保护；配置低电压保护的主要目的是防止电容器和变压器的损坏。刚停电的电容器，若需再次投入运行，必须间隔 5min 以上。根据电容器的容量及放电线圈的配置，电容器配置不平衡电压（或电压差动）保护，作为电容器内部故障主保护。

17.2.8 自动装置

根据系统稳定要求，相应的线路保护还有低频和低压减载功能，保证系统频率下降时有足够的切荷量。相应还装设有备用电源自动投入装置。对于母联备自投装置，当其中一条母线 PT 检修时，应退出运行。

对于变电所中、低压侧母联开关的保护，原则上由主变后备保护实现，不单设保护，不能实现跳分段开关的功能，中、低压侧母联开关须单设保护。

17.3 供电整流系统一次系统图、主接线图、二次回路控制原理图、展开图和接线图

电解铝供电整流所配置整流系统和动力系统，整流系统一般按照 $N + 1$ 或 $N + 2$ 的配置设计，动力系统一般为两台动力变。

17.3.1 电气主接线定义

电路中的高压电气设备包括发电机、变压器、母线、断路器、隔离刀闸、线路等。它们的连接方式对供电可靠性、运行灵活性及经济合理性等起着决定性作用。一般在研究主接线方案和运行方式时，为了清晰和方便起见，通常将三相电路图描绘成单线图。在绘制主接线全图时，将互感器、避雷器、电容器、中性点设备以及载波通信用的通道加工元件（也称高频阻波器）等也表示出来。

17.3.2 电气主接线图的重要性

它是运行人员进行进线操作和处理事故的重要依据；直接关系全厂设备选择、配电装置

的布置，继电保护和自动装置的确定；直接关系电力系统安全、稳定、灵活和经济运行。

17.3.3 双进线双母线的运行方式

因为电解铝厂的负荷属于一级负荷，电力的安全可靠供应关系到整个电解铝厂的安全生产，所以为了保证电力系统的安全可靠，电解铝供电一次系统一般采用双进线双母线的运行方式。该接线方式安全、可靠、灵活，便于对设备停电检修维护（见图 17-4）。

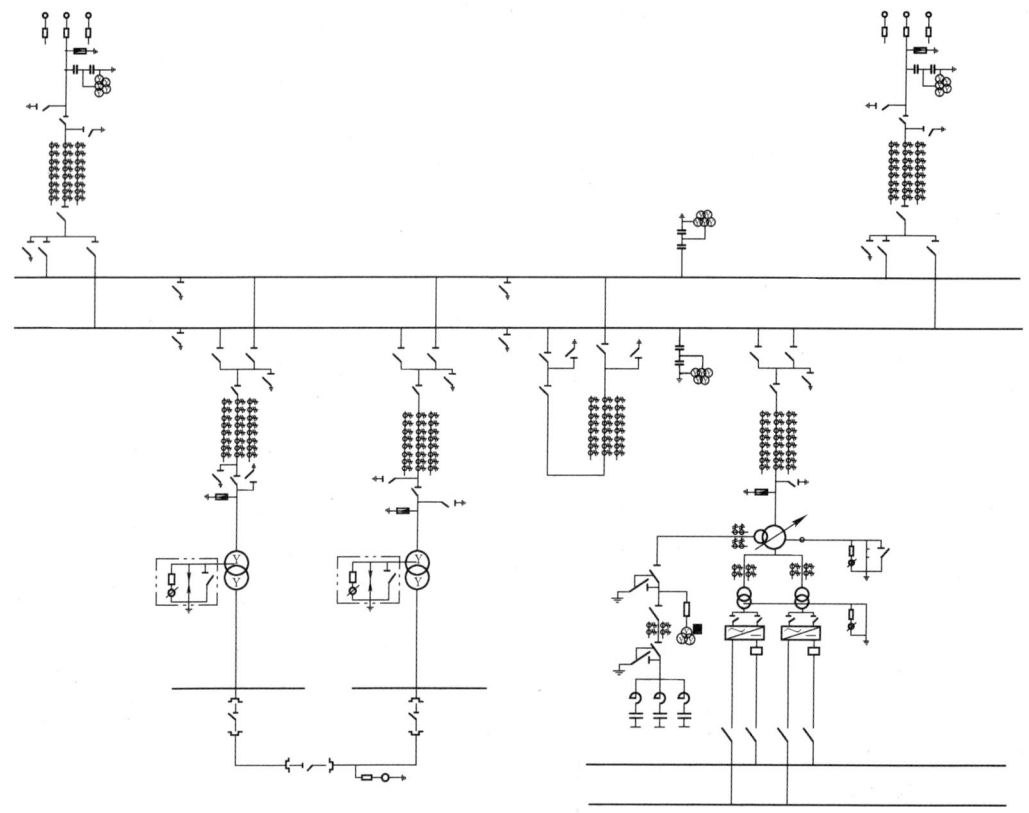

图 17-4 双进线双母线接线方式示意图

该接线方式可以根据运行的需要考虑将两台动力变单独运行在一条母线上或将两台动力变分别运行在两条母线上。前一种运行方式在电解紧急停电时可以直接分母联断路器和一条进线断路器便可切除全部电解直流负荷，且能保证各机组同步切除，避免因个别机组掉队导致线路电流冲击造成设备故障。但该运行方式将两台动力变运行在一条母线上，如果该段母线出现故障，动力负荷全部消失，导致整流系统因辅助设备失电而全部停电的危险。第二种运行方式将两台动力变为分别在两段母线上运行，可以避免因一段母线故障而导致全厂失电，但在电解系列停电时必须保证各机组断路器同时分开。

17.3.4 双进线双母四分段运行方式

随着电解铝产能、系统的增大，为了节约投资，部分开关站采用两个电解系列共用两条进线，开关采用双母四分段的接线方式。该接线方式与双进线双母线的接线方式相比，设备投资较少，该系统不仅在交流系统中有联络，在电解铝直流系统中也有联络，即整流机组调压后的电流经整流柜整流后在直流大母线处设有联络直流开关（见图17-5）。

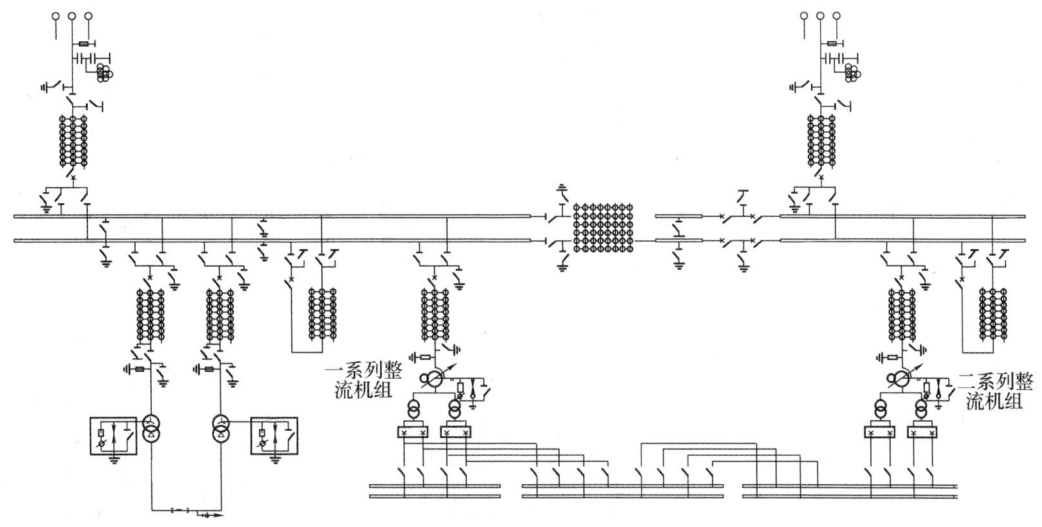

图 17-5　双母四分段接线方式

17.3.5　整流主电路联结

整流主电路联结方式（见图17-6）、阀侧（交流进线）相序排列、主要参数和适用范围见表17-1。

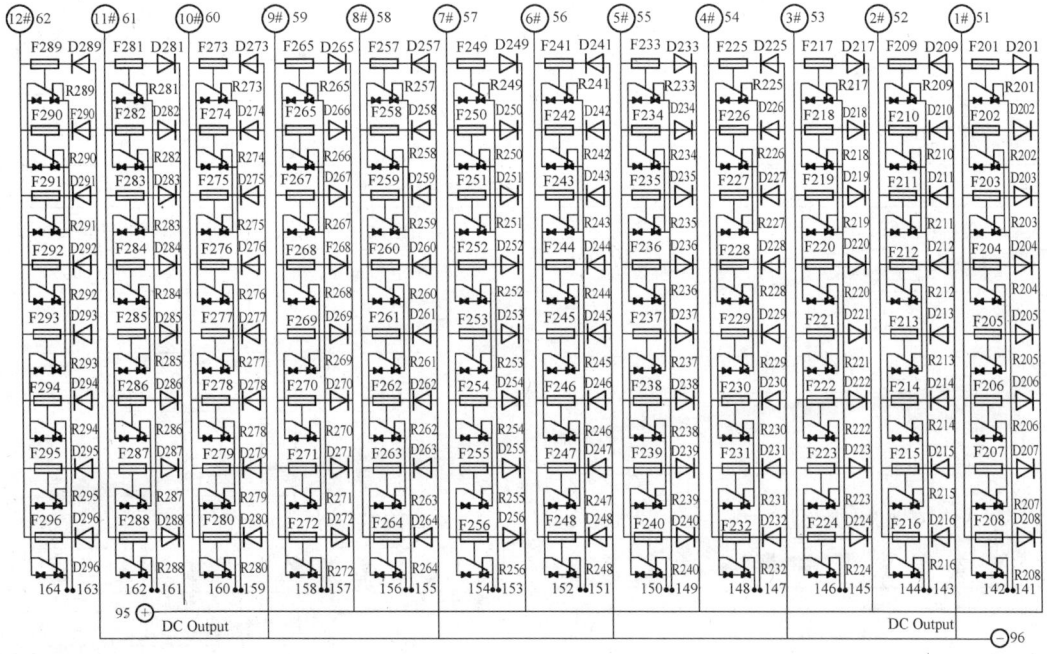

图 17-6　整流主电路联结方式

表 17-1　整流主电路联结

1 号	双反星形整流电路	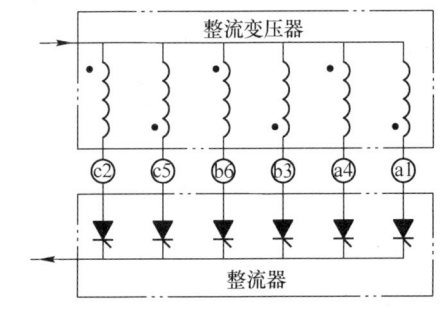
整流臂电流有效值	$0.29I_d$	
整流臂电流平均值	$0.167I_d$	
输出电流适用范围	$3150 \sim 16000A$	
输出电压适用范围	$12 \sim 400V$	

注：双反星形整流电路包括"五芯柱变压器 + 6 相半波整流电路"和"双反星形带平衡 + 6 相半波整流电路"

2 号	双反星形带平衡电抗器同逆并联整流电路	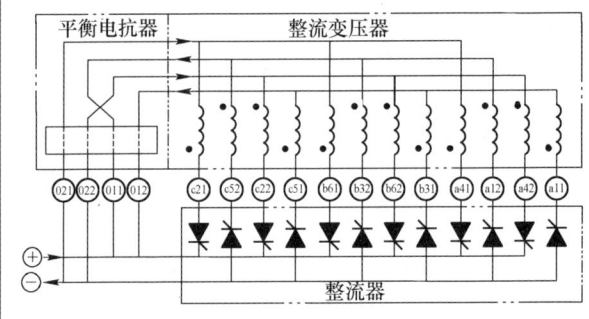
整流臂电流有效值	$0.145I_d$	
整流臂电流平均值	$0.083I_d$	
输出电流适用范围	$16000 \sim 63000A$	
输出电压适用范围	$63 \sim 400V$	

3 号	三相桥式 12 脉波整流电路	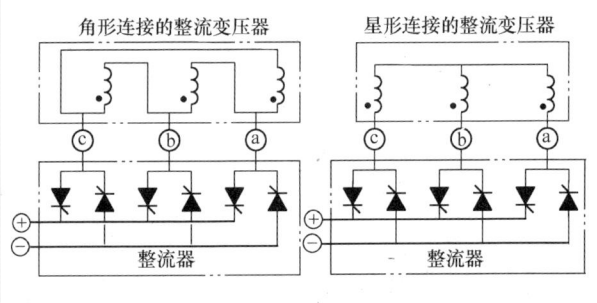
整流臂电流有效值	$0.29I_d$	
整流臂电流平均值	$0.167I_d$	
输出电流适用范围	$3150 \sim 31500A$	
输出电压适用范围	$250 \sim 1500V$	

4 号	三相桥式同相逆并联整流电路		
整流臂电流有效值	$0.29I_d$	输出电流适用范围	$20000 \sim 56000A$
整流臂电流平均值	$0.167I_d$	输出电压适用范围	$300 \sim 1500V$

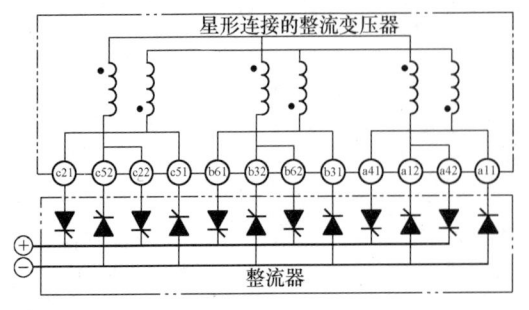
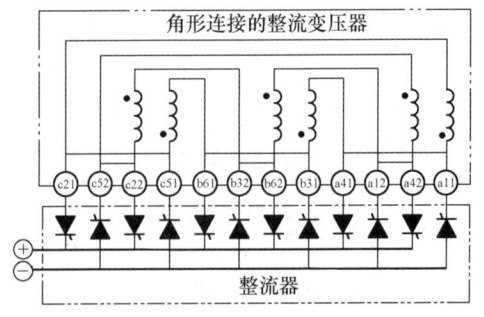

17.3.6　二次回路控制原理图、展开图和接线图基础知识

17.3.6.1　二次回路控制原理图的识图

二次回路是由二次设备（如监察用表计、测量用表计、控制开关、继电器等）组成的电气连接回路。当一次设备发生故障时，继电保护能将故障部分迅速切除，并发出信号，以保证一次设备安全、可靠、经济、合理地运行。二次设备都为低压设备。绘制二次回路图的基本原则是，将所有二次设备、元件用国家统一规定的相应图形符号、文字符号或数字符号表示出来，其间的连接线按照实际连接的顺序绘出。二次回路图按其用途可分为原理图、展开图、屏面布置图、单元安装图和端子排图几种。

A　设备的图形符号

a　图中设备位置的表示方法

（1）表示导线去向的位置标记。在采用图幅分区的电路图中，查找水平布置的电路，需标明行的标记。而垂直布置的电路，需标明列的标记。对复杂的电路，需要标明行与列的组合。如图 17-7 所示，"$=E_1/112/D$"表示三相电源线 L_1、L_2、L_3 接至配电系统：E_1 的第 112 张图的 D 行。

（2）表示图形符号在图上的位置。如图 17-8 所示，接点处标记"2/2"表示触点"43 – 44"的驱动线圈图形符号在第二张图纸的 2 列，而标记"2/8"表示触点"83 – 84"的驱动先驱图形符号在第 2 张图的 8 列。

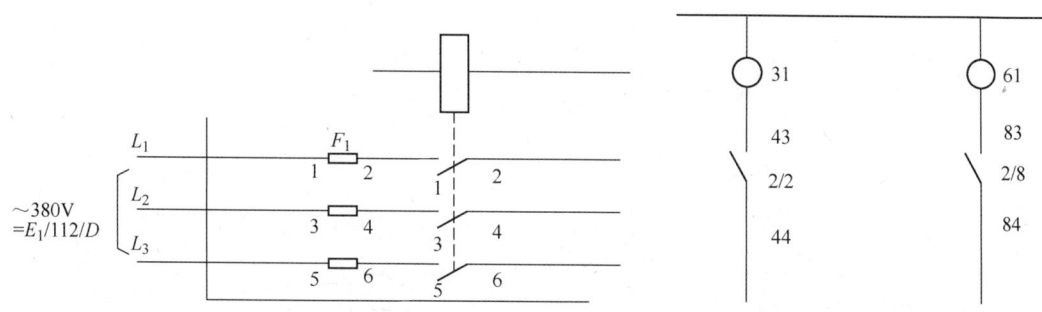

图 17-7　表示导线去向位置的标记示例　　　　图 17-8　表示图形符号位置的标记示例

b　图上元件符号的表示方法

图上元件符号的表示方法有集中表示法、半集中表示法和分开表示法三种，分别见图 17-9a、b、c。

B　回路原理图的识图

图 17-10 为按照新标准画出的 10kV 线路的定时限过电流保护原理电路图。图中一次设备由母线 WB、隔离开关 QS、断路器 QF 和两台电流互感器 TA1、TA2 组成，电流互感器接成不完全星形接线。图中二次回路由过电流继电器 KA1、KA2，时间继电器 KT，保护出口中间继电器 KM，信号继电器 KS，连接片 XB 组成。若发生 L_1、L_2 相间短路时，此时 TA1 一次侧通过短路电流。当 TA1 二次侧输出的电流值大于电流继电器 KA1 的整定值时，保护启动，KA1 动合触点闭合，此时的直流控制电流途径为：

"+"——KA1 触点——KT 线圈——"−"，KT 启动，经整定的延时后，KT 延时动合触点闭合。"+"——KT 延时动合触点——KS 线圈——KM 线圈——"−"，YT 跳闸线圈带电，使断路器跳闸，图中连接片 XB 用作保护的投入或退出。

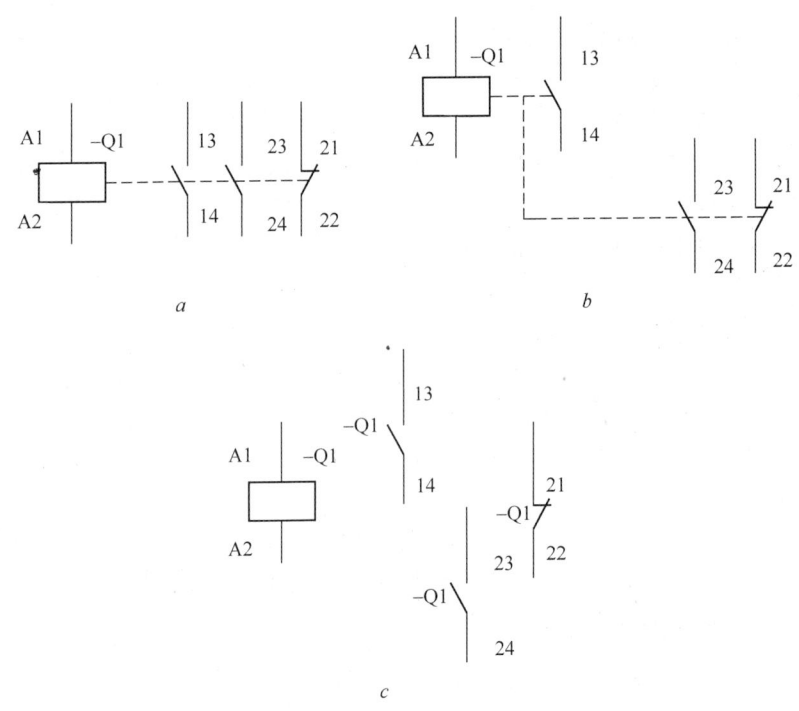

图 17-9　继电器图形符号的三种表示方法

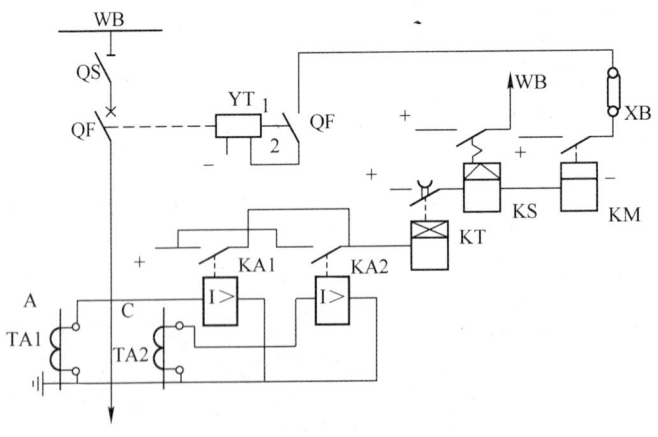

图 17-10　定时限过电流保护原理电路图

17.3.6.2　二次展开图的识图

在拿到一张展开图后，应按以下的要求和顺序识图：

（1）首先要了解各种控制电器和几系电器的简单结果及动作原理。在图 17-11b 所示各电流互感器二次绕组电流回路中，接入相应的电流继电器 KA1 和 KA2 线圈。图 17-11c 所示为直流保护回路，直流电源由控制电源小母线 +WC、-WC，经熔断器 FU1、FU2 引下，所有回路的接线在控制电源的正、负极间分为一系列独立的水平段。其动作顺序是每行从左到右，全图为从上到下，如 KA1 和 KA2 动作，它们的动合触点闭合、接通 KT 线圈；经一定的延时，KT 动合触点闭合，启动信号继电器 KS 和中间继电器 KM，KM 动合触点闭合，接通跳闸线圈 YT 的 33 回路。使断路器 QF 跳闸。在图 17-11d 所示的信号回路中，由"信号"小母线 +WS 和灯光信号小母线 WL 引下，KS 动作后，其相应的触点 KS 闭合，发出"掉牌未复归"灯光信号。

（2）图中所示继电器触点和电气设备辅助触点的位置都是"正常状态"，即继电器线圈中没有电流、继电器没有动作时所处的状态。

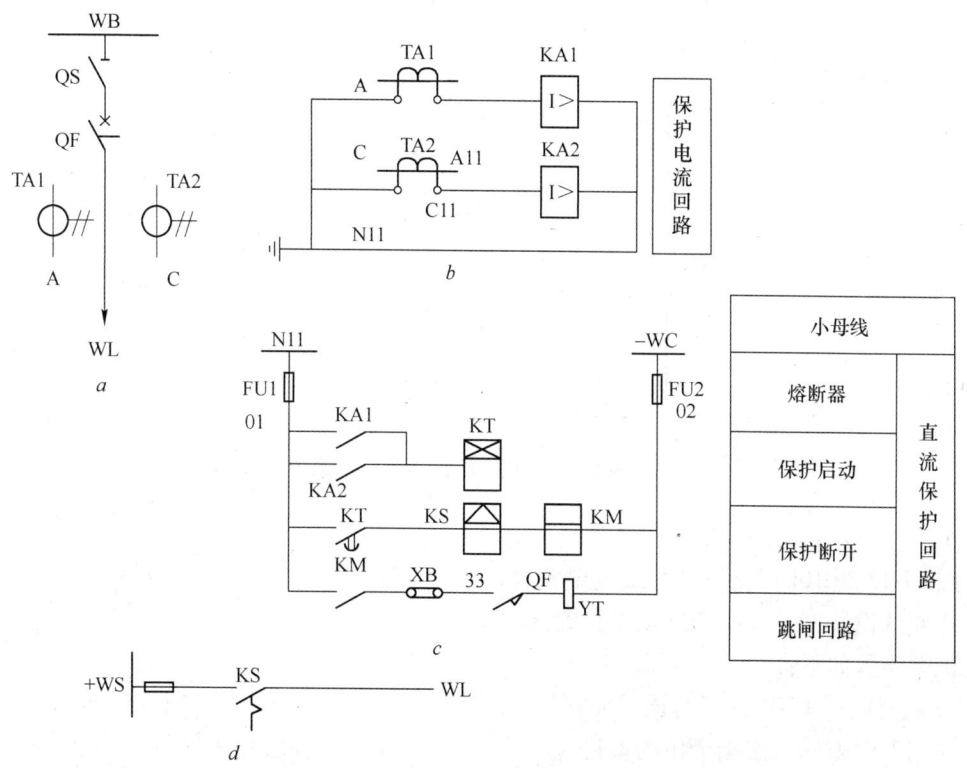

图 17-11 10kV 线路定时限过电流保护的展开图

a—— 一次示意图；b—交流回路图；c—直流保护图；d—信号回路图

17.3.6.3 二次接线图

A 端子和端子板

（1）端子。用以连接器件和外部导线的导电件，称为端子。它可分为一般端子、试验端子、试验连接端子、连接端子、终端端子和特殊端子 6 种。图 17-12 所示为几种常用端子的简化表示方法。

（2）端子板（排）。装有多个互相绝缘并通常与地绝缘的端子板、块或条，称为端子板（排）。

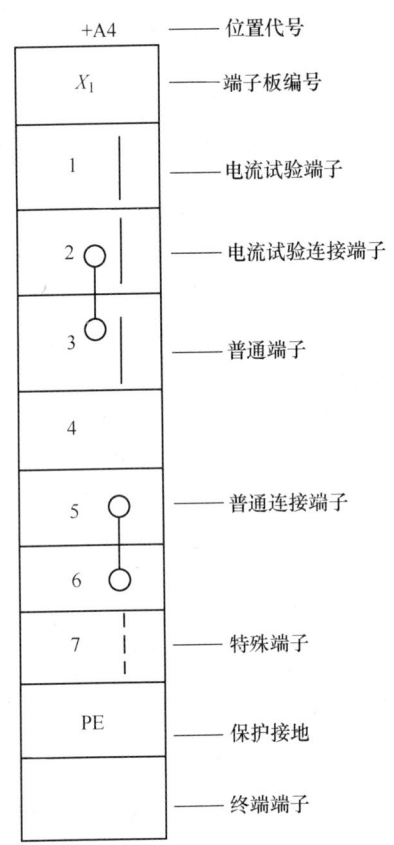

图 17-12　用简化方法表示的端子排图

B　单元安装接线的实例

图 17-13 为 10kV 线路定时限过电流保护的安装接线图，它包括屏侧的端子排接线、屏体背面的设备安装接线和屏顶设备的接线。

识图步骤如下：

(1) 对照图 17-13，了解该单元接线由哪些设备组成及其动作原理。从图 17-14 端子排的顶端方框内标注该端子排的项目代号 X_1，此图的安装单元为 +A4 屏，屏上装有 8 个项目：熔断器 FU1、FU2，继电器有 KA1、KA2、KT、KM、KS 和连接片 XB。因屏上只有一个安装单位，所以设备项目代号用简化编号法编为 1、2、3、4、5、6、7、8。屏顶部分有四条小母线，控制回路小母线 +WC、-WC，信号回路辅助小母线 WS+。"信号未复归"光字牌小母线 WL。控制回路熔断器 FU1、FU2，屏左侧装有 20 个端子组成的端子排 X_1。

(2) 参照图 17-13 先看交流回路，交流回路有一组互感器 TA1、TA2 接成不完全星形，通过控制电缆 112 号的三根芯线 1 号、2 号、3 号连接到端子排的 1、2、3 试验端子。然后通过连接线号为 A11、C11、N11 导线分别接到 "3∶2"，"4∶2"，"4∶8" 设备端钮上。"3∶2" 表示连接到屏上项目代号 3 的端钮②；"4∶2" 和 "4∶8" 表示分别连接到项目代号 4 的端钮②和⑧上。构成了保护的交流回路。

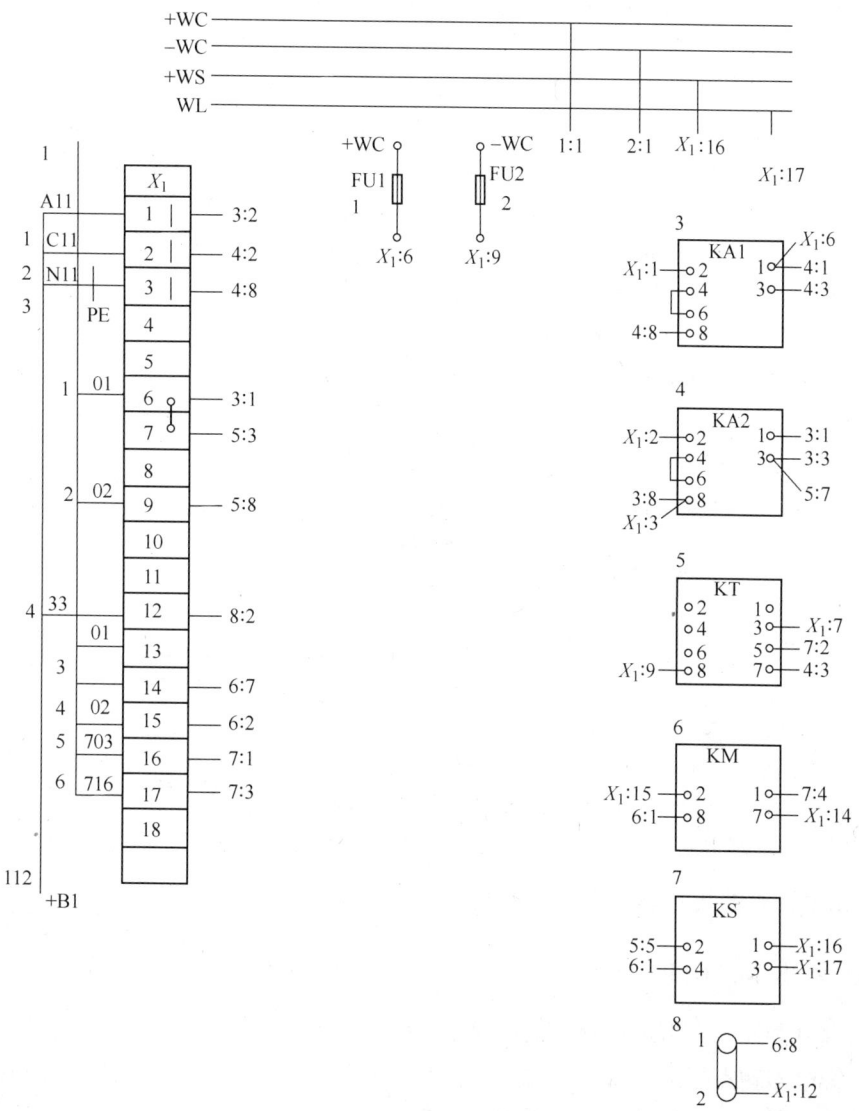

图 17-13　10kV 线路定时限过电流安装接线图

（3）看直流保护回路，控制电源从屏顶直流控制小母线 + WC、 - WC，经熔断器 FU1、FU2 分别引到端子排 X_1 的 6、9 端子，其导线编号为 01、02。X_1 端子排的 6 端子与屏上项目代号 3 的端钮①连接，在屏上通过项目 3 的端钮①和项目代号 4 的端钮①连接在图上标出远端标记"4：1"，而在项目 4 的端钮①上标记远端标记"3：1"。从原理图上看，KA1 和 KA2 的触点并联后再和 KT 连接，所以在屏背接线图上，项目 3 和 4 的端钮③相并联，在项目 3 的端钮③上标出"4：3"，项目 4 的端钮③旁标出"3：3"。然后，由项目 4 的端钮③旁标出"5：7"与项目 5 的端钮相连接，在项目 5 的端钮⑧与端子排 X_1 的 9 端子连接，接通了" - "控制小母线。时间继电器启动，经延时后，其接点 KT 闭合，由端子排 X_1：7，供 KT 的端钮③，然后由 KT 的端钮接通 KS 的端钮②，KS 的端钮④接通 KM 的端钮①，KM 端钮②与端子排 X_1 的 15 连接，接通了 - WC，使 KM 和 KS 启动。KM 的接点闭合，通过连接片 XB 的端钮②，经端子排 X_1 的 12，通过 33 跳闸回路接头跳闸线圈使断路器跳闸。

（4）看信号回路，从屏顶信号小母线 + WS 和光字牌灯光小母线 WL 到端子排 X_1 的 16、17 端子而和项目 7 端钮①、③连接。图 17-14 是采用远端标号法画出的导线连接，由编写的标号可以清楚地找到需连接的端子。在实际接线时可利用插图画出相应继电器内部的详细结构符号以了解对应继电器信息。设备的项目代号编法如下：在安装接线图中，当同一屏上安装着不同装置的二次设备，如发电机、变压器、线路、母线、断路器等装置，这些装置叫作安装单位。为区分同一屏上不同安装单位的设备，可采用罗马数字Ⅰ、Ⅱ、Ⅲ…来表示安装单位编号。如图 17-14 所示。

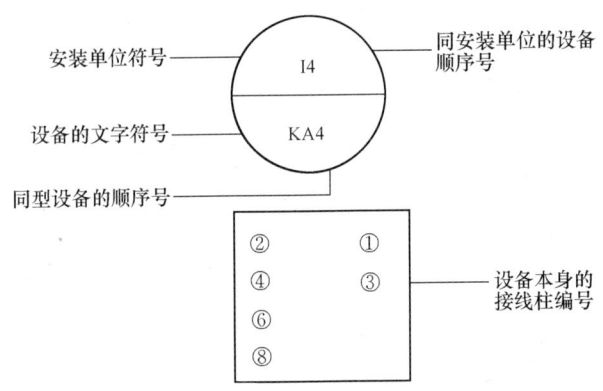

图 17-14　安装接线图中设备编号举例

17.3.7　二次回路的故障类型及处理方法

17.3.7.1　继电保护回路的故障

（1）继电器线圈冒烟或回路断线故障。

（2）继电器触点振动较大，或位置不正确。

（3）继电器触点粘连分不开，或接触不良。

（4）保护连接片未投、误投、误切。

17.3.7.2　中央信号装置故障的处理

中央信号装置是监视变电所电气设备运行中是否发生了事故和异常的自动报警装置。当电气设备或系统发生事故或异常时，相应的信号装置将会有区别发出有关的灯光及音响信号，以便运行值班人员迅速、准确地判断事故的性质、范围和设备异常的性质与地点，正确进行处理。

中央信号装置按用途可分为事故信号、预告信号和位置信号三类，事故信号包括音响信号和发光信号。预告信号包括警铃和光示牌。位置信号监视断路器的分、合闸状态及操作把手的位置对应情况。

中央信号装置运行异常处理主要有以下四种。

A 蜂鸣器不响的处理

（1）喇叭损坏。检查时，可按一下事故信号试验按钮，若喇叭不响，则说明事故喇叭已损坏。

（2）冲击继电器发生故障。

（3）跳闸断路器的事故音响回路发生故障，如信号电源的负极熔断器熔断，断路器辅助触点、控制开关触点接触不良。

首先按事故信号试验按钮，如果喇叭不响，说明事故信号装置发生故障，应检查冲击继电器及喇叭是否断线或接触不良，正、负电源熔断器是否熔断或接触不良。若按试验按钮时喇叭响，则应检查事故音响信号装置控制开关断路器不对应启动回路，该回路包括断路器辅助触点（或断路器跳闸位置中间继电器 KCT 触点）、控制开关触点及电阻 R 等，实践证明，熔断器熔断或接触不良，控制开关接触不良、切换不准确及该继电器线圈 KCT 断线等原因造成喇叭不响的概率较高，应重点检查。

B 警铃不动作的处理

（1）警铃故障，检查时，按下试验按钮，若警铃不响，说明警铃损坏。

（2）冲击继电器发生故障。

（3）预告信号回路不通等。

光示牌中的两灯泡均已损坏或接触不良、信号电源熔断器接触不良或启动该信号的继电器的触点接触不良等。

若光示牌信号发出，警铃不响，首先按预警信号试验按钮。若警铃还是不响，说明预告信号装置故障，这时应检查出继电器及警铃是否断线或接触不良。按试验按钮后，若警铃响，则应检查光示牌启动回路电流值是否太小，达不到 KSP 的冲击启动电流值。

C 信号电源故障的处理

（1）当事故信号电源熔断器 FU1、FU2 熔断或接触不良时，发出"事故信号电源熔断器熔断"光示牌信号，并伴随警铃声响。

（2）预告信号电源熔断器 FU3、FU4 熔断或接触不良时，中央信号控制屏上的白灯闪光。

（3）中央信号控制屏上的白灯熄灭时，系其熔断器 FU5、FU6 熔断或接触不良。

（4）光示牌起火冒烟。

D 指示仪表故障的处理

指示仪表是运行值班人员的"眼睛"，如果指示有错误，将造成运行值班人员的错误判断。仪表无指示的原因及处理办法：

（1）回路断线，接头松动。接好线，拧紧接头。

（2）指示电压的仪表熔断器熔断。更换熔断器。

（3）表针卡压或损坏。更换表针。

17.3.7.3 断路器控制回路的故障处理

A 断路器的红、绿灯指示熄灭的处理

此时应由 2 人进行检查处理。在进行检查处理时，如换灯泡，要尽量不断开其操作电源。

如果必要，应向车间领导汇报，防止造成直流接地。注意投退操作电源时可能误动的保护装置。

断路器红、绿灯指示熄灭的原因可主要从以下几个方面去查找：

（1）检查指示灯炮灯丝是否烧断，控制熔断器是否熔断、松动或接触不良。

（2）检查灯具和附加电阻是否接触不良或断线。

（3）检查断路器的辅助触点是否接触不良。

（4）检查操作机构的储能是否足够和气体断路器的气压是否足够，其闭锁触点是否粘接。

（5）检查跳、合闸线圈是否断线或接触不良。

（6）检查控制开关的触点是否接触不良。

（7）检查防跃继电器 KL 电流线圈是否断线或接触不良。

（8）检查控制回路的其他连线是否断线。

B　断路器合不上闸的处理

合闸前，若绿灯不亮，应按上述方法检查处理，若绿灯亮而合不上闸，则首先检查电气回路情况：

（1）是否有保护装置动作，发出跳闸脉冲。

（2）合闸熔丝是否熔断或松动，合闸接触器触点的接触是否良好（电磁式操作机构）。

（3）合闸时，合闸线圈端电压是否过低（电磁式操作机构）。

（4）控制开关触点 5~8 接触不良。或者由于操作控制开关不到位，造成其触点接触不良或控制开关返回过早。

当经上述检查后，未发现异常现象，可以判断为机械故障，应与检修人员联系，进行处理。

C　断路器不能分闸的处理

此时可以人为地启动分闸铁心，若断路器能分闸，则为电气回路故障，若仍不能分闸，则为机械故障。

电气回路故障：若红灯不亮，应按第（1）条进行检查处理；若红灯亮，而不能分闸，则系控制开关触点 6~7 接触不良，或者操作控制开关不到位，造成其触点接触不良或者控制开关返回过早。

17.3.7.4　电压回路故障处理

A　交流电压切换回路故障的处理

当整流变电站具有两段以上母线，或者电压互感器装在几条高压进线上，在远方上需要将两段母线电压互感器二次并列运行时，可利用切换电压小母线，通过刀闸开关手动进行。或者通过由隔离开关或断路器辅助触点控制中间继电器实现自动切换。切换操作后，相应的"电压互感器切换"光示牌应亮，告诉运行值班人员电压切换成功，如果电压互感器二次并列后，"电压互感器切换"光示牌不亮（非光示牌本身原因），运行值班人员应立即停止操作，查明原因，并向车间领导汇报。其原因有：

（1）母联断路器在分闸位置，或母联断路器在合闸位置，但在非自动状态（控制熔断器取下）。

（2）母联断路器的母线侧隔离开关辅助触点接触不良。

（3）中央信号控制屏后 01FU、02FU 熔断。

（4）切换继电器线圈烧坏。

B　交流电压回路消失的处理

在正常运行中，发出"交流电压消失"信号的原因有：

（1）隔离开关辅助触点接触不良。

（2）母线电压互感器二次或本线电压小开关脱扣。

C　直流电压消失的处理

其原因有：

（1）系统有故障，有负序电流产生，能自行消除。

（2）隔离开关辅助触点接触不良。

（3）母线电压互感器二次或本线电压小开关脱扣。

（4）直流电源中断。此现象还同时发现"控制回路断线"信号。应设法恢复电源。

D　交流电压回路断线的处理

交流回路断线的现象是电压回路断线信号发出、有功及无功表指示不正常、电度表停转或走慢、断线相的相电压为下降、其他两相的相电压正常电压互感器一次侧熔断器熔断时，其现象与此类似，但电压互感器二次侧开口三角形处有较高电压。

这时运行值班人员应首先停用电压回路断线可能误动的保护及自动装置。其次电压回路断线而使指示不正确时，应尽可能根据其他仪器的指示，对设备进行监视如系统空气开关跳闸（熔断器熔断），应立即投试一次，若再次跳闸，则二次回路有故障，不得再试投。若空气开关未跳闸（熔断器未熔断），则应查处发生断线的地点，并及时处理。若一时处理不好，应将该电压回路中的负荷倒至另一电压回路，停用该组电压互感器，并通知继电保护专业人员处理。

E　交流电压回路短路的查找及处理

（1）断开该电压二次回路的所有负荷。注意退出可能误动的保护。

（2）将空气开关（熔断器）试投一次，若为故障跳闸，则短路发生在电压互感器二次侧，应查明故障点，若不能查明时，应将所带二次负荷倒至另一电压互感器二次回路。

（3）若空气开关试投后不跳闸，则应逐一地恢复所带负荷，若在恢复过程中遇上故障跳闸，应先停用负荷，然后恢复其他负荷的正常运行，并通知有关人员处理有短路故障的二次负荷回路。

17.3.7.5　交流电流回路故障的处理

交流电流回路的故障一般为开路，其现象是：电流回路断线信号发出电流表指示为零，电流互感器发出"嗡嗡"的响声，导线的端子处还可能出现放电火花。

若是操作二次交流回路引起的开路，应立即将其恢复，以消除开路故障。

若不能及时找出开路地点，应立即将开路的那一组电流互感器二次侧短接。注意处理过程中应穿绝缘靴、戴绝缘高压手套，然后检查开路地点，并予以消除，若不能消除时，应将该回路停用，并通知有关人员处理。注意：在发生故障时，应先停用可能误动的保护装置及自动装置。

17.3.7.6 隔离开关电气闭锁接线的运行检查及异常处理

电磁锁常有动作不灵活的情况，尤其在室外易受风雨侵蚀的地方，在运行中应注意监视其正常状态和外表。电磁锁钥匙的存放应防止受潮。

当电磁锁操作不能动作时，首先应检查锁的状态是否正常，钥匙是否良好，如无不良，应检查锁的插座两端是否有电，且电压是否正常。若无电压，则检查回路的熔断器是否熔断，相应断路器的辅助触点和连接回路是否导通。只有找出并消除故障后，才能进行操作，未经批准，不允许用取消闭锁的解锁操作方法。

17.3.8 二次回路上的安全注意事项

17.3.8.1 在二次回路上工作前的安全准备工作

（1）在二次回路上工作，应遵照《电业安全工作规程》及《继电保护和电网安全自动装置现场工作保安规定》。

（2）至少由两个人参加工作，参加人员必须明确工作的目的和工作方法。参加工作的人员与工作内容必须经领导事先批准。

（3）必须按符合实际的图纸进行工作，严禁凭记忆工作。

（4）在运行设备上工作时，只有在非停用保护不用时（如工作时有引起保护误动的可能）才允许停用保护，停用时间要尽量短，并得到调度部门的同意。雷雨或恶劣天气（如大风时）不得退出保护。

（5）运行值班人员在布置工作票所列的各项安全措施后，还应在工作屏的正、背面设置"在此工作"的标志，如在同一屏上仍保留有运行设备，还应增设与工作设备分开的明显标志，在相邻运行屏后应有"正在运行"的明显标志（如遮拦等），并在运行设备的控制开关把手上挂"正在运行"的标志牌。

（6）如果要运行保护整组试验，应事先查明是否与运行断路器有关，如一组保护跳多台断路器时，应先退出其他设备的压板后才允许进行试验。

（7）用继电保护和安全自动装置做开关的传动试验时，屏上的组合开关、按钮、压板、熔断器等设备的操作只能由值班员进行，其他人员无权操作。

（8）如果要停用电源设备，如电压互感器或部分电压回路的熔断器，必须考虑停用后会产生的影响，以防停用后造成保护误动或拒动。

（9）为防止可能发生绕越引起的跳闸事故，当断开直流熔断器时，应先断正极，后断负极；当投入直流熔断器时，其顺序相反，即先投入负极，后投入正极。

17.3.8.2 在二次回路上工作的安全要求

（1）在二次回路上工作时，对拆除的电缆芯和线头应用绝缘胶布包好，并做好记录和标志，工作完后应照图恢复，此项工作由工作人员操作、工作负责人监护。

（2）测量二次回路的电压时，必须使用高内阻电压表，如万用表等。

（3）如果在运行中的交流电源回路上测量电流，须事先检查电流表及其引接线是否完好，防止电流回路开路而发生人身和设备事故。测量电流的工作应通过试验端子进行，测量仪表应使用螺丝连接，不允许用缠绕的办法，而且应站在绝缘垫上进行工作。

（4）工作中使用的工具大小应合适，并应使用金属外露部分尽量少的工具，以免发生短路。

（5）应站在安全及适当的位置进行工作，特别是登高工作时更应注意。

（6）利用外加电源对电流互感器通入一次电流做继电保护的整组动作时，对可能引起误动作的保护装置（如横差动、内桥接线的过流和纵差动，主变压器纵差动、母线差动保护等）应先将该保护用的电流互感器二次引线断开并将其二次短路，同时防止引至保护电流回路的引线电缆短路，此项操作应由继电保护专业人员执行。

（7）如果停电进行工作时，应事先检查电源是否已断开，确证无电后才可工作。在某些没有断开电源的设备（信号回路、电压回路等）处工作时，对可能碰及的部分，应将其包扎绝缘或隔离。

（8）如果工作中需要拆动螺丝、一次线、压板等，应先核对图纸，并做好记录或在设备上做明显的标记（如塑料管或夹子等），工作完后应及时恢复，并进行全面复查。

（9）需要拆盖检查继电器内部情况时，不允许随意调整机械部分。当调整的部分会影响其特性时，应在调整后进行电气特性试验。

（10）不准在运行中的保护屏上钻孔或敲打，如要进行，则必须采取可靠的安全措施，以防止运行中的保护装置误动作。

（11）在清扫运行中的二次回路时，应认真仔细，并使用绝缘工具（如毛刷的金属部分要用绝缘胶布包好或使用吸尘器等），特别注意防止碰撞二次设备元件。

（12）在继电保护屏间的过道上搬运或安放试验设备时，要注意与运行屏之间保持一定距离，以防止发生误碰或误动事故。

（13）凡用隔离开关辅助触点切换保护电压回路，在检修和调隔离开关及辅助触点时应退出保护装置。当切换回路发生异常现象时，应将有关保护装置退出运行并立即处理。禁止用短路或将切换继电器"卡死"的方法来使保护装置继续运行。

（14）当仪表与保护回路共用电流互感器二次绕组时，若对运行仪表进行检验，则禁止将保护回路短接。

（15）新设备和线路投运前，应退出同一电压等级的母线差动保护，经继电保护专业人员测量相位六角图和差电压后才能投运。

（16）二次回路工作结束后，应将结果详细地记录在继电保护记录本上。

17.4　继电保护装置校验及调试

17.4.1　微机保护装置校验

（1）外观检查：

1）检查装置的实际构成情况是否与设计相符合。

2）检查主要设备、辅助设备、导线与端子以及采用材料等的质量是否符合要求。

3）检查安装外部的质量是否符合要求。

4）检查与部颁现行规程或反事故措施、网（省）局事先提出的要求等是否相符。

5）检查技术资料试验报告是否完整、正确。

6）检查屏上的标志是否正确、完整、清晰，在电器、辅助设备和切换设备（操作把手、刀闸、按钮等）上以及所有光指示信号、信号牌上是否有明确的标志，且实际情况是否与图纸和运行规程相符。

（2）测量绝缘：在保护屏的端子排处将所有外部引入的回路及电缆全部断开，分别将电流、电压、直流控制信号回路的所有端子各自连接在一起，用1000V摇表测量下列绝缘电阻（其阻值均应大于10MΩ。拔出微机保护插件）：

1）各回路对地。

2）各回路相互间。

（3）在保护屏的端子排处将所有电流、电压及直流回路的端子连接在一起，并将电流回路的接地点拆开，用1000V摇表测量回路对地（屏板）的绝缘电阻，其绝缘电阻应大于1MΩ。此项检验只有在被保护设备的断路器、电流互感器全部停电及电压回路已在电压切换把手或分线箱处与其他单元设备的回路断开后，才允许进行。对母线差动保护，如果不可能出现被保护的所有设备都同时停电的机会时，其绝缘电阻的检验只能分段进行，即哪一个被保护单元停电，就测定哪个单元所属回路的绝缘电阻。

（4）当新装置投入时，按上述绝缘检验合格后，应对全部连接回路用交流1000V进行1min的耐压试验。对运行的设备及其回路每5年应进行一次耐压试验，当绝缘电阻高于1MΩ时，允许暂用2500V摇表测试绝缘电阻的方法代替。

（5）检验逆变电源（拉合直流电流，直流电源缓慢上升、缓慢下降时逆变电源和微机继电保护装置应能正常工作）。

（6）检验固化的程序是否正确（核对程序版本、校验码）。

（7）检验数据采集系统的精度和平衡度；检查交流输入回路（电流、电压）的采样精度，以及平衡度，要求误差±3%，并检查相角、相序。

（8）检验开关量输入和输出回路。

（9）检验保护功能。

（10）整组检验：

1）检验方法。新安装装置验收及回路经更改后的检验，在做完每一套单独的整定试验后，需要将同一被保护设备的所有保护装置连在一起进行整组的检查试验，以校验保护回路设计正确性及其调试质量。如同一被保护设备的各套保护装置均接于同一电流互感器二次回路，则按回路的实际接线，自电流互感器引进的第一套保护屏的端子排上接入试验电流、电压，以检验各套保护相互间的动作关系是否正确；如果同一被保护设备的各套保护装置分别接于不同的电流回路时，则应临时将各套保护的电流回路串联后进行整组试验。试验时通到保护盘端子排处的电流、电压的相位关系应与实际情况完全一致。

对高频保护的整组试验，应与高频通道和线路对侧的高频保护配合一起进行模拟区内、区外故障时保护动作行为的检验。

对装设有综合重合闸装置的线路，应将保护装置及综合重合闸按相应的相别及相位极性关系串接在一起，通入各种模拟故障量，以检查各保护及重合闸装置的相互动作情况是否与设计相符。

将保护装置及重合闸装置接到实际的断路器回路中，进行必要的跳、合闸试验，以检验各有关跳合闸回路、防止跳跃回路、重合闸停用回路及气（液）压闭锁回路动作的正确性，每一相的电流、电压及断路器跳合闸回路的相别是否一致。

对母线差动保护的整组试验，可只在新建变电所投产时进行。母线差动保护回路设计及接线的正确性，要根据每一项检验结果（尤其是电流互感器的极性关系）及保护本身的相互动作检验结果来判断。

2）整组试验着重检验项目。检验各套保护间的电压、电流回路的相别及极性是否一致。各套装置间有配合要求的各元件在灵敏度及动作时间上是否确实满足配合要求。所有动作的元件是否与其工作原理及回路接线相符。

在同一类型的故障下，应该同时动作于发出跳闸脉冲的保护。在模拟短路故障中是否均能动作，其信号指示是否正确。有两个线圈以上的直流继电器的极性连接是否正确，对于用电流启动（或保持）的回路，其动作（或保持）性能是否可靠。所有相互间存在闭锁关系的回路，其性能是否与设计符合。所有在运行中需要由运行值班员操作的把手及连片的连线、名称、位置标号是否正确，在运行过程中与这些设备有关的名称、使用条件是否一致。中央信号装置、微机监控、故录、故障信息远传等的动作及有关光、音信号指示是否正确。各套保护在直流电源正常及异常状态下（自端子排处断开其中一套保护的负电源等）是否存在寄生回路。

验证断路器跳、合闸回路的可靠性，其中装设单相重合闸的线路，应验证电压、电流、断路器回路相别的一致性及与断路器跳合闸回路相连的所有信号指示回路的正确性；重合闸应确实保证按规定的方式动作，并保证不发生多次重合情况断路器防止跳跃回路、气（液）压闭锁回路、三相不一致回路动作的正确性及信号指示回路的正确性；检验其转换接点动作正确性；实际传动刀闸检验各切换回路、信号回路动作正确性。

整组试验的原则：因整组试验牵扯面比较广，且具体回路有一定差异，工程负责人必须结合本站回路的具体情况拟订。交流回路的每一相（包括零相）及各套保护间有相互连接的每一直流回路，在整组试验中都应能检验到。进行试验之前，应编制方案，事先列出预期的结果，以便在试验中核对并即时做出结论。方案应由班组长或本专业技工审核。

（11）用一次电流及工作电压检验。核对电压、电流相位、相序、幅值，检验差动元件差流、方向元件角度是否正确，做出是否可投入运行结论。

17.4.2 非微机型装置校验

例如：收发信机、REB103、RADSS 系列母差保护、某些 10kV、35kV 低压保护，以及一些操作箱、切换箱、直跳箱等应采用非微机型装置完成某些功能。

17.4.2.1 中间继电器

（1）测定线圈的电阻。

（2）动作电压（电流）及返回电压（电流）试验。

（3）有两个线圈以上的继电器应检验各线圈间极性标示的正确性，并测定两线圈间的绝缘电阻（不包括外部接线）。

（4）保持电压（电流）值检验，其值应与具体回路接线要求符合，电流保持线圈在实际回路中的可能最大压降应小于回路额定电压的 5%，其保持电流值应小于额定电流的 50%。

（5）动作（返回）时间测定，只是保护回路设计上对其动作（返回）时间有要求的继电器及出口中间继电器和防止跳跃继电器才进行此项试验。用于超高压的电网保护，直接作用于断路器跳闸的中间继电器，其动作时间应小于 10ms。防止跳跃继电器的动作电流应与断路器跳闸线圈的动作电流相适应。在相同的实际断路器跳闸电流下，继电器的动作时间应少于跳闸回路断路器辅助触点的转换（跳闸时断开）时间。定期检验时，出口中间及防止跳跃继电器的动作时间检验与装置的整组试验一起进行。

（6）检查、观察触点在实际负荷状态下的工作状况。

（7）干簧继电器（触点直接接于 110V、220V 直流电压回路）、密封型中间继电器应使用 1000V 摇表测量触点（继电器未动作时的常开触点及动作后的常闭触点）间的绝缘电阻。

17.4.2.2　极化继电器

（1）测定线圈电阻，其值与标准值相差不大于 10%。

（2）用 500V 摇表测定继电器动作前及动作后触点对铁心的绝缘。

（3）动作电流与返回电流的检验，其新安装装置检验分别用外接的直流电源及实际回路中的整流输出电源进行，定期检验可只在实际回路中进行测量，或以整组动作值（例如包括负序滤过器的电流）代替。继电器的动作安匝及返回系数应符合制造厂的规定，对有多组线圈的应分别测量每一组线圈的动作电流。对有平衡性要求的两组线圈，应按反极性串联连接后通入电流，以检验其平衡度。

（4）检查触点的距离应不小于 0.3mm，触点的压力应适当，并符合规定要求。在一般的实际可能出现的机械振动条件下，应不影响触点的工作条件。在通电试验时，需注意观察触点在实际负荷状态下，应不出现足以烧损触点的火花。定期试验时，只做外部检查，以观察触点有无烧损现象。

17.4.2.3　机电型时间继电器

（1）测量线圈的直流电阻。

（2）动作电压与返回电压的试验。

（3）最大、最小及中间刻度下的动作时间校核、时间标度误差及动作离散值应不超出技术说明规定的范围。

（4）整定点的动作时间及离散值的测定，可在装置整定试验时进行。

17.4.2.4　信号继电器

动作电压（电流）的检验。对于反映电流值动作的串联信号继电器，其压降不得超过工作直流电压的 10%。

17.4.2.5　电流（电压）继电器

（1）动作标度在最大、最小、中间三个位置时的动作与返回值。

（2）整定点的动作与返回值。

（3）对电流继电器，通以 1.05 倍动作电流及保护装设处可能出现的最大短路电流检验其动作及复归的可靠性（设有限幅特性的继电器，其最大电流值可适当降低）。

（4）对低电压及低电流继电器，应分别加入最高运行电压或通入最大负荷电流，检验其应无抖动现象。

（5）对反时限的感应型继电器，应录取最小标度值及整定值时的电流－时间特性曲线。定期检验只核对整定值下的特性曲线。

17.4.2.6 电流平衡继电器

（1）制动电流、制动电压分别为零值及额定值时的动作电流及返回电流。

（2）动作线圈与制动线圈的相互极性关系。

（3）录取制动特性曲线时，所通入的动作电流的相互关系应与制动斜率出现最高及最低的两种情况相适应。定期检验只做其中一组曲线的两个或三个点，以做核对。

（4）按实际运行条件，模拟制动回路电流突然消失、动作回路电流成倍增大的情况下，观察继电器触点有无抖动现象。

17.4.2.7 带饱和变流器的电流继电器（差动继电器）

（1）测量饱和变流器一、二次绕组的绝缘电阻及二次绕组对地的绝缘电阻。

（2）执行元件动作电流的检验。

（3）饱和变流器一次绕组的安匝与二次绕组的电压特性曲线（电流自零值到电压饱和值）。

（4）校核一次绕组在各定值（抽头）下的动作安匝。

（5）如设有均衡（补偿）绕组而实际又使用时，则需校核均衡绕组与工作绕组极性标号的正确性及补偿匝数的准确性。

（6）测定整定匝数下的动作电流与返回电流（核对是否符合其动作安匝）及执行元件线圈两端的动作电压。

（7）对具有制动特性的继电器，检验制动与动作电流在不同相位下的制动特性，录取电流制动特性曲线的斜率为最高、最低及两电流相位相同时的特性曲线。定期检验时，可只检验两电流相位相同时特性曲线中的两个或三个点，以核对特性的稳定性。

（8）通入 4 倍动作电流（安匝），检验执行元件的端子电压，其值应为动作值的 1.3 ~ 1.4 倍，并观察触点工作的可靠性。

（9）测定 2 倍动作安匝时的动作时间。

17.4.2.8 功率方向继电器

（1）检验继电器电流及电压的潜动，不允许出现动作方向的潜动，但允许存在不大的非动作方向（反向）的潜动。

（2）检验继电器的动作区并校核电流、电压线圈极性标示的正确性、灵敏角，且应与技术说明一致。

（3）在最大灵敏角下或在与之相差不超过 20° 的情况下，测定继电器的最小动作伏安及最低动作电压。

（4）测定电流、电压相位在 0°、60°两点的动作伏安，校核动作特性的稳定性。部分检验时，只测定 0°时的动作伏安。

（5）测定 2 倍、4 倍动作伏安下的动作时间。

（6）检查在正、反方向可能出现最大短路容量时的触点的动作情况。

17.4.2.9　电流方向比较继电器（用作母线差动保护中的电流相位比较继电器属于此类）

（1）测定继电器中各互感器各绕组间的绝缘电阻及二次绕组对地的绝缘电阻。

（2）执行元件动作性能的检验。

（3）分别向每一电流线圈通入可能的最大短路电流，以检查是否有潜动（允许略有非动作方向的潜动）。

（4）检验继电器两个电流线圈的电流相位特性。分别在 5A(1A) 及可能最大的短路电流下进行，其动作范围不超过180°，此时应确定两电流线圈的相互极性。注意检验不同动作方向的两个执行元件不应出现同时动作的区域。新安装装置检验时，还应在动作边缘区附近突然通入、断开正、反方向的最大电流，观察继电器的暂态行为。部分检验只做整组动作值的校核。

（5）在最大灵敏角下，测定当其中一个线圈通入 5A(1A) 时，另一线圈的最小动作电流，并测两倍最小动作电流时的动作时间。

（6）同时通入两相位同相（或180°）的最大短路电流，检验执行元件工作的可靠性，当突然断开其中一个回路的电流时，处于非动作状态的执行元件不应出现任何抖动的现象。

17.4.2.10　方向阻抗继电器

（1）测量所有隔离互感器（与二次回路没有直接的联系）二次与一次绕组及二次绕组与互感器铁心的绝缘电阻。

（2）整定变压器各抽头变比的正确性检验。

（3）电抗变压器的互感阻抗（绝对值及阻抗角）的调整与检验，并录取一次电流与二次电压的特性曲线（一次匝数最多的抽头）。检验各整定抽头互感阻抗比例关系的正确性。

（4）执行元件的检验。

（5）极化回路调谐元件的检验与调整，并测定其分布电压及回路阻抗角。

（6）检验电流、电压回路的潜动。

（7）调整、测录最大灵敏角及其动作阻抗与返回阻抗，并用固定电压的方法检验与最大灵敏角相差 60°时的动作阻抗，以判定动作阻抗圆的性能。新安装装置试验需测录每隔30°的动作阻抗圆特性。检验接入第三相电压后对最大灵敏角及动作阻抗的影响（除特殊说明外，对阻抗元件本身的特性检验均以不接入第三相电压为准）。对于定值按躲负荷阻抗整定的方向阻抗继电器，按固定 90% 额定电压做动作阻抗特性圆试验。

（8）检验继电器在整定阻抗角下的暂态性能是否良好。

（9）在整定阻抗角（整定变压器在 100% 位置及整定值位置）下，测定静态的动作阻抗与电流的特性曲线 $Z_{DZ} = f(I)$，确定其最小动作电流及最小准确工作电流（第三相电压不接入）。定期检验时，只在整定位置校核静态的最小动作电流及最小准确工作电流。

（10）检验2倍准确工作电流及最大短路电流下的记忆作用及记忆时间。

（11）检验2倍准确工作电流下，90%、70%、50%动作阻抗的动作时间。

（12）测定整定点的动作阻抗与返回阻抗。

（13）测定整定点的最小动作电压。

17.4.2.11　三相自动重合闸继电器

（1）各直流继电器的检验。

（2）充电时间的检验。

（3）只进行一次重合的可靠性检验。

（4）停用重合闸回路的可靠性检验。

17.4.2.12　瓦斯继电器

（1）加压试验继电器的严密性。

（2）检查继电器机械情况及触点工作情况。

（3）检验触点的绝缘（耐压）。

（4）检查继电器对油流速的定值。

（5）检查在变压器上的安装情况。

（6）检查电缆接线盒的质量及防油、防潮措施的可靠性。

（7）用打气筒或空气压缩器将空气打入继电器，检查其动作情况。如果有条件，也可用按动探针的方法进行。

（8）对装设于强制冷却变压器中的继电器，应检查当循环油泵启动与停止时，以及在冷却系统油管切换时，所引起的油流冲击与变压器振动等是否会误动作。

（9）当变压器新投入、大小修或定期检查时，应由管理一次设备的运行人员检查呼吸器是否良好，阀门内是否积有空气，管道的截面有无改变。

（10）继电人员应在此期内测定继电器触点间及全部引出端子对地的绝缘。

17.4.2.13　继电保护专用高频收发信机

（1）绝缘电阻测定。

（2）附属仪表的校验。

（3）检验回路中各规定测试点的工作参数。

（4）检验机内各调谐槽路调谐频率的正确性。测试发信振荡频率，部分检验时，只检测工作频率的正确性。

（5）发信输出功率及输出波形的检测。

（6）收发信机的输出阻抗及输入阻抗的测定。

（7）检验通道监测回路工作是否正常。

（8）收信机收信回路通频带特性的检测。

（9）收信机收信灵敏度的检测，定期检验时，可与高频通道的检测同时进行。

（10）对用于相差高频保护的发讯机要检验其完全操作的最低电压值，高频方波信号的宽度及各级方波的形状有无畸变现象。

（11）检验发信、收信回路是否存在寄生振荡。

（12）检验发信输出在不发信时的残压是否符合规定。

17.4.3　二次回路检验

（1）电流、电压互感器及其回路的检验：

1）检查电流、电压互感器的铭牌参数是否完整，出厂合格证及试验资料是否齐全，如缺乏上述数据时，应由有关的基建或生产单位的试验部门提供下列试验资料：

①所有绕组的极性。

②所有绕组及其抽头的变比。

③电压互感器在各使用容量下的准确度。

④电流互感器各绕组的准确度（级别）及内部安装位置。

⑤二次绕组的直流电阻（各抽头）。

2）只有证实互感器的变比、容量、准确度符合设计要求后，才允许在现场安装。安装竣工后，由继电试验人员进行下列检查：

①测试互感器各绕组间的极性关系，核对铭牌上的极性标志是否正确。检查互感器各次绕组的连接方式及其极性关系是否与设计符合，相别标示是否正确。

②与定值单核对变比。

③测绘电流互感器二次绕组工作抽头 $U_2 = f(I_2)$ 的励磁特性曲线，一般应测录到饱和部分。对多绕组电流互感器应按所得的 $U_2 = f(I_2)$ 曲线分析核对各绕组的级别，以检验各绕组的使用分配（仪表，一般保护及差动保护等）是否合理。对二次侧带辅助变流器的电流互感器不能以此项试验来判别互感器10%误差值，这类互感器的误差只能根据制造厂提供的技术资料来确定。如缺乏该数据时，应由有关试验部门提供。

3）对电流互感器及其二次回路进行外部检查：

①检查电流互感器二次绕组在接线箱处接线的正确性及端子排引线螺钉压接的可靠性。

②检查电流二次回路接地点与接地状况，在同一个电流回路中只允许存在一个接地点。

4）对电压互感器及其二次回路进行外部检查：

①检查电压二次回路接地点与接地状况，各组电压互感器的二次及三次绕组只允许在一个公共地点直接接地（一般在室内接口屏），而每一组电压互感器二次绕组的中性点处经放电器接地。

②检查电压互感器二次、三次绕组在接线箱处接线的正确性及端子排引线螺钉压接的可靠性。

③检查放电器的安装是否符合规定。

④检查电压互感器二次回路中所有熔断器（自动开关）的装设地点、熔断（脱扣）电流是否合适（自动开关的脱扣电流需通过试验确定），质量是否良好，能否保证选择性，自动开关线圈阻抗值是否合适。

TV端子箱空气小开关进行速断试验（要求 3~5 倍额定电流，根据经验一个半线 TV

容量小时应采用3~4倍）。

⑤检查串联在电压回路中的开关、刀闸及切换设备接点接触的可靠性。

5）查线，严格保证二次回路接线正确性，并检查电缆芯的标号、电缆牌的填写是否正确。

6）自电流互感器的二次端子箱处向整个电流回路通入交流电流，测定回路的压降，计算电流回路每相与零相及相间的阻抗（二次回路负担），将所测得的阻抗值结合 $U_2 = f(I_2)$ 曲线，按保护的具体工作条件验算互感器是否满足10%误差的要求。

7）测量电压回路自互感器引出端子到配电屏电压母线的每相直流电阻，并计算电压互感器在额定容量下的压降，其值应不超过额定电压的3%。

8）用1000V摇表检查绝缘电阻：

①互感器二次绕组对外壳及绕组间。

②全部二次回路对地及同一电缆内的各芯间，定期检验只测量全部二次回路对地的绝缘。

9）对采用放电器接地的电压互感器的二次回路，需检查其接线的正确性及放电器的工频放电电压。定期检查时可用摇表检验放电器的工作状态是否正常，一般当用1000V摇表时，放电管不应击穿；而用2500V摇表时，则应可靠击穿。

10）新投站在投入前，应在TV二次回路加入试验电压，分别在保护装置、仪表、变送器等处核实其正确性，并实际检验切换装置。

11）新投入或经更改的电流、电压回路，应直接利用工作电压检查电压二次回路，利用负荷电流检查电流二次回路接线的正确性。

电压互感器在接入系统电压以后：

①测量每一个二次绕组的电压。

②测量相间电压。

③测量零序电压，对小电流接地系统的电压互感器，在带电测量前，应在零序电压回路接入一合适的电阻负载，避免出现铁磁谐振现象，造成错误测量。

④检验相序。

⑤定相。

⑥测量每相零序回路的电流值。

⑦测量各相电流的极性及相序是否正确。

⑧对接有差动保护或电流相序滤过器的回路，测量有关不平衡值。

（2）对操作信号的所有部件进行观察、清扫与必要的检修及调整。所述部件包括：与装置有关的操作把手、按钮、插头、灯座、位置指示继电器、中央信号装置及这些部件回路中的端子排、电缆、熔断器等。

（3）检验熔断器。当继电器及其他设备新投入或接入新回路时，核对熔断器的额定电流是否与设计相符或与所接入的负荷相适应。

（4）所有直流二次回路查线，保证其正确性并检查电缆、电缆芯的标号以及全部接线应与设计相符。

（5）用1000V摇表测量电缆每芯对地及对其他各芯间的绝缘电阻，其绝缘电阻应不小于1MΩ。定期检验只测量芯线对地的绝缘电阻。

（6）控制回路传动，检查各逻辑回路的动作特性，各种监控信号工作的正确性。

（7）保护回路传动。

（8）继电保护专用高频通道中的阻波器、连接滤过器、高频电缆等加工设备的试验项目与电力线载波通信规定相一致（符合国际标准）。与通信合用通道的试验工作由通信部门负责，其通道的整组试验特性除满足通信本身要求外，尚应满足继电保护安全运行的有关要求。

（9）对继电保护利用通信载波机传送高频信息的通道（包括复用载波机及其通道），其试验、维护工作（包括复用载波机端子排的接线正确性）均由通信人员负责，载波机房至继电保护屏之间的连接电缆由继电保护人员维护，并检验两端电缆芯标号的正确性和继电保护屏端子排接线的正确性。继电保护装置与复用载波机的接口不能用电位连接，应用触点或光耦配合，要相互了解触点容量能否满足启动、切断功率的要求。

（10）为保证继电保护安全运行，高频通道需进行以下检验项目：

1）将通道中的连接滤波器的高压侧断开（投入接地刀闸），并将接地点拆除之后，用1000V摇表分别测量连接滤波器二次侧（包括高频电缆）与一次侧对地的绝缘电阻及一、二次间的绝缘电阻。

2）测定高频电缆、结合滤波器以及高频电缆加结合滤波器（整组）的输入、输出阻抗、作衰耗、传输衰耗等项目，部分检验时，可以简单地用测量接收电平的方法代替（对侧发讯机发出满功率的连续高频信号），当接收电平与最近一次通道传输衰耗试验中所测量到的接收电平相比较，其差不大于2.5dB时，则不必进行细致的检验。

3）对于专用高频通道，在新投入运行及在通道中更换（或增加）个别加工设备后，所进行的传输衰耗试验的结果，应保证收信机接收对端信号时的通道裕量不低于8.6dB，否则保护不允许投入运行。

17.5　变压器、大功率整流装置常见保护配置、动作原理

大容量整流电源通常由调压整流变压器、整流柜及用于整流柜、变压器冷却的泵、风机等辅机部分组成，见图17-15。采取一切可能的措施保证整流电源的正常运行，完善、可靠的保护设置可以及早发现机组异常情况，及时切除故障，防止事故扩大，对保证系统安全运行具有重要意义，下面具体介绍大容量整流电源所需设置的保护。

17.5.1　电流保护

由于整流变压器阀侧绕组为多绕组、大电流，很难对变压器内部故障实现差动保护，其电流保护一般设置瞬动过流保护、带时限过流保护或延时投入瞬动过流保护、过负荷保护。除以上交流电流保护外，还有取自直流电流互感器直流信号的直流过流保护和取自第三绕组电流互感器电流信号的过流保护。

17.5.1.1　瞬动过流保护

瞬动过流保护电流信号取自整流机组间隔电流互感器，其动作电流不同于一般的电力变压器电流速断保护定值计算方法，其动作值远小于额定状态下变压器二次侧短路时的短路电流，通常情况下瞬动电流的整定值按照躲开变压器的励磁涌流，取变压器额定电流的

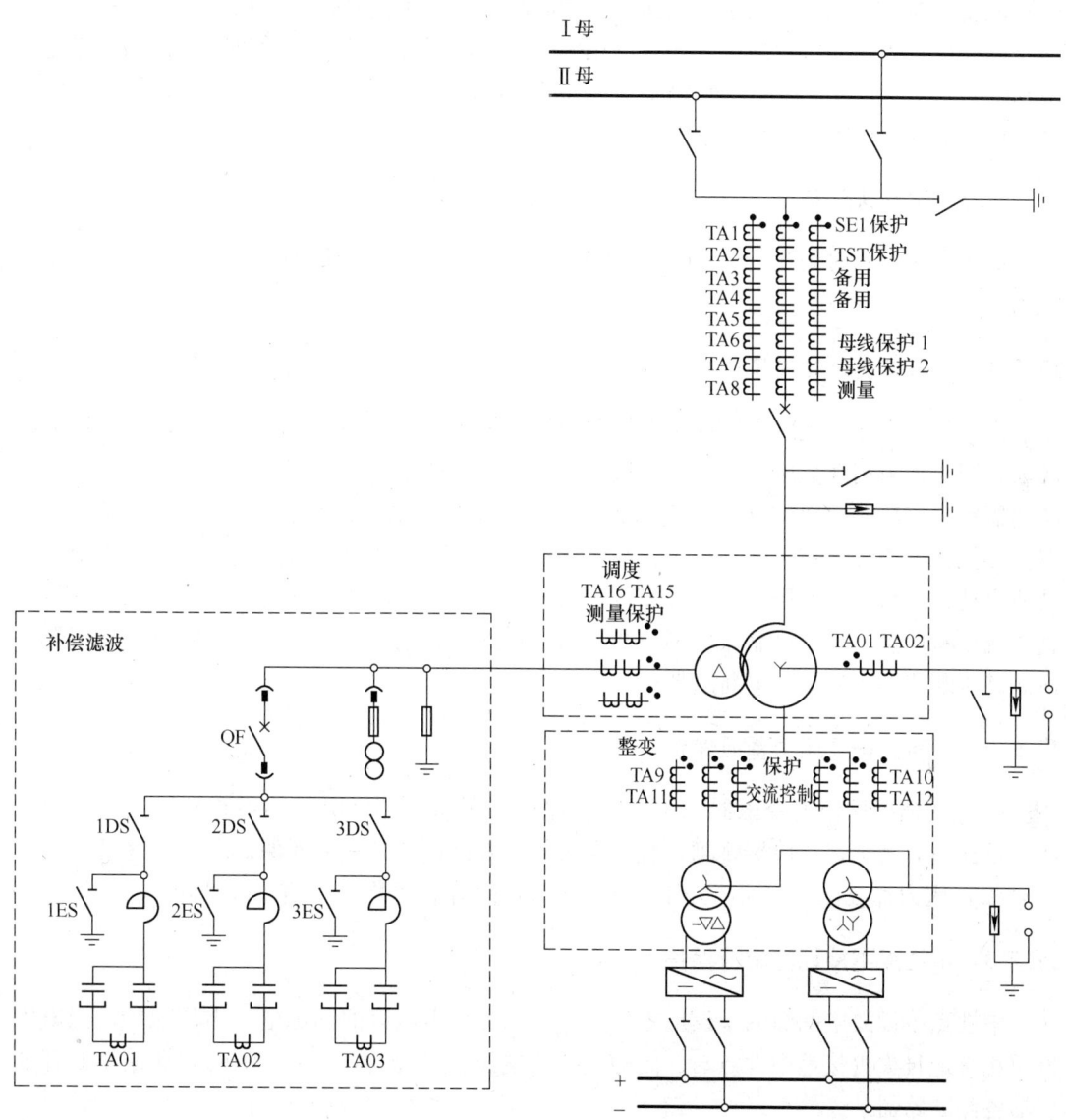

图 17-15 大容量整流电源

1.5 ~ 3 倍整定即可。

17.5.1.2 带时限过流保护或延时投入瞬动过流保护

该保护的电流信号需取自调压变压器的二次侧即整流变压器的一次侧,电流互感器安装在变压器的油箱内,通常有两组,即一个整流变一组。其整定值取整流变压器额定电流的 1.1 ~ 1.5 倍整定。近年来随着系统容量的增大和变压器容量的大幅度增加,整流柜内部短路或整流变压器阀侧短路时,巨大的短路电流往往造成爆炸、火灾、母线严重变形、变压器绕组损坏等严重故障,因此要求保护有足够的灵敏度和快速性。由于变压器采用有载调压开关调压,并且规定有载调压开关在最低挡位时才允许变压器投入,变压器投入时的整流变压器一次侧电流较小，变压器投入时一般达不到此套保护的启动值，可将延时取消，同样设置为瞬动过流保护。如果使用中发现不能躲过启动时的励磁涌流，则需设定一个 0.3～0.5s 的时限，在高压断路器合闸 0.3～0.5s 后，将此保护投入，仍为瞬时动作。通过以上措施，可保证短路发生时快速、可靠地切除故障。

17.5.1.3　过负荷保护

避免变压器长时间运行于过负荷状态下，过负荷保护延时动作于信号或机组断路器跳闸。

17.5.1.4　第三绕组过流保护

由于整流变压器较多采用饱和电抗器调压，整个整流变电系统功率因数较低，谐波量较大，因此常采用在变压器第三绕组进行电源无功补偿及谐波治理的方法，由于滤波装置断路器距离变压器一般均有 20m 左右，变压器与滤波装置断路器之间即是滤波装置断路器保护死区，第三绕组容量相对较小，在保护死区中存在短路故障时，变压器保护定值不能快速启动，极易造成变压器严重故障，扩大事故，甚至造成变压器返厂检修，因此滤波装置电流速断保护应按能可靠保护第三绕组出线短路的原则整定，并应无延时跳开变压器一次侧高压断路器和滤波装置断路器。

17.5.2　瓦斯保护及压力释放保护

（1）瓦斯保护作为变压器的主保护，保护变压器内部绕组相间短路和匝间、层间短路，重瓦斯启动出口继电器跳闸，轻瓦斯报警。有载调压开关瓦斯保护动作于跳闸。

（2）压力释放保护在油箱内压力异常升高时动作，可作用于信号或跳闸。

17.5.3　中性点不接地的间隙保护

中性点装设放电间隙的，反应零序电压和间隙放电电流的间隙电流电压保护，当电力网单相接地且失去接地中性点时，间隙电流，电压保护经约 0.3～0.5s 时限动作于断开变压器各侧断路器。

对于装设放电间隙的要求：放电间隙应采用水平安装，110kV 间隙距离一般规定为 110mm±5mm。

变压器单独设置接地，并检测接地电流，当接地电流达到定值时跳闸。分别见图 17-16～图 17-19。

17.5.4　交直流过电压保护

接在各主电路上的电容器及过电压吸收器，能够吸收电路换相过电压、快熔分断过电压、正常操作下网侧高压开关投切时所产生的操作过电压，和（正常电气条件）来自交流侧或直流侧的重复和不重复、在规定范围内的瞬态浪涌过电压，以保护整流器免受可能出现的各种浪涌过电压的危害。各过电压吸收回路中都串联有快速熔断器，以防止电容器或过电压吸收器击穿损坏而引起事故，快速熔断器熔断后其微动开关发出故障报警信号。

交 流 电 流 回 路		
滤波保护	备用	测量

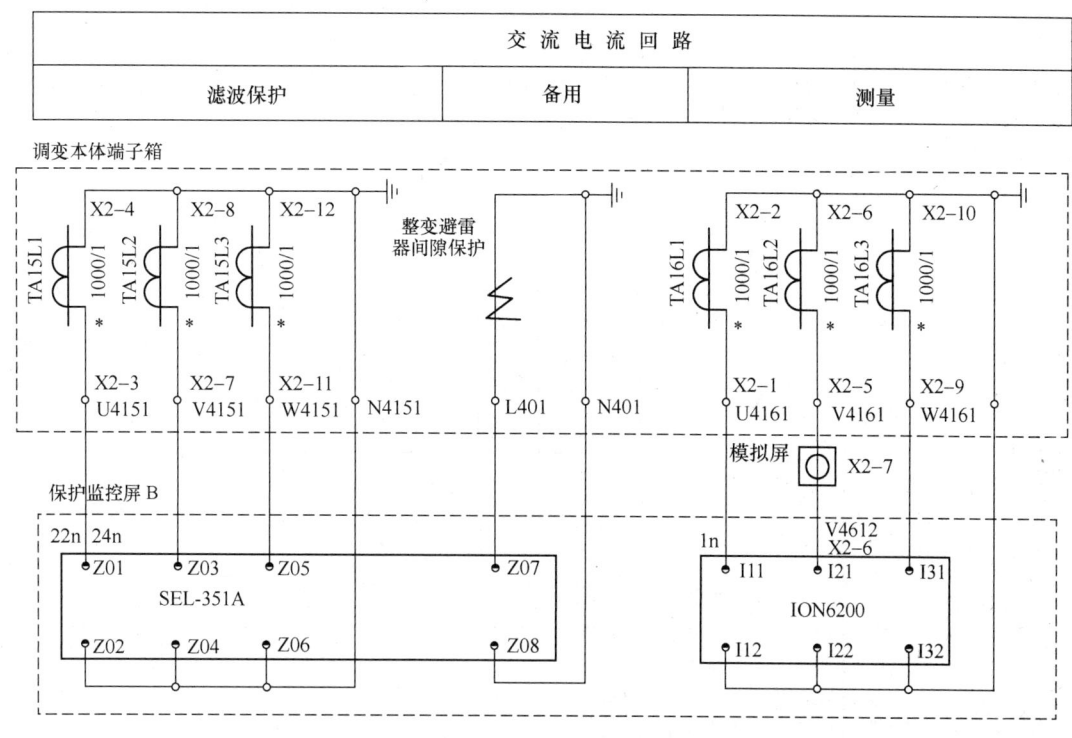

图 17-16 中性点不接地间隙保护原理图（一）

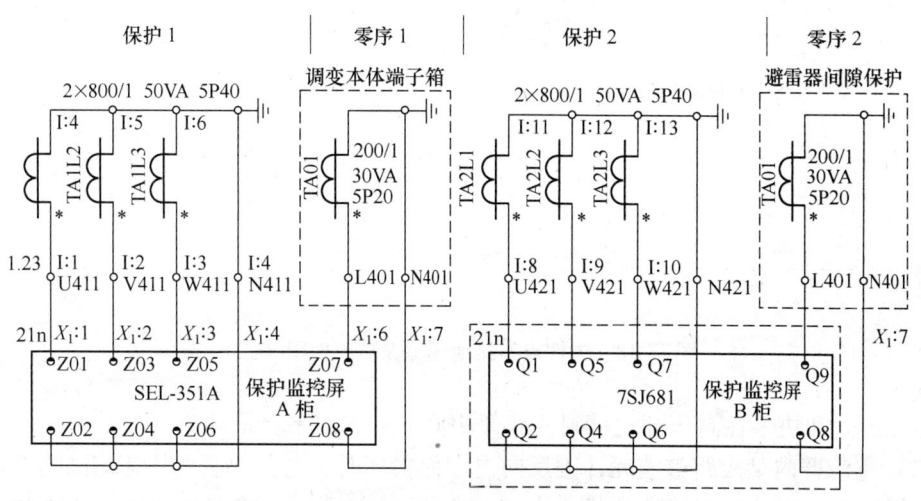

图 17-17 中性点不接地间隙保护原理图（二）

17.5.5 过电流保护（整流装置）

正常运行条件下，负载电流由稳流系统控制，电流被限制在允许范围内。当稳流环节失去控制作用或发生短路时，保护措施有：

（1）直流侧发生短路时，整流器能承受持续时间不超过 100ms 的直流短路电流的冲

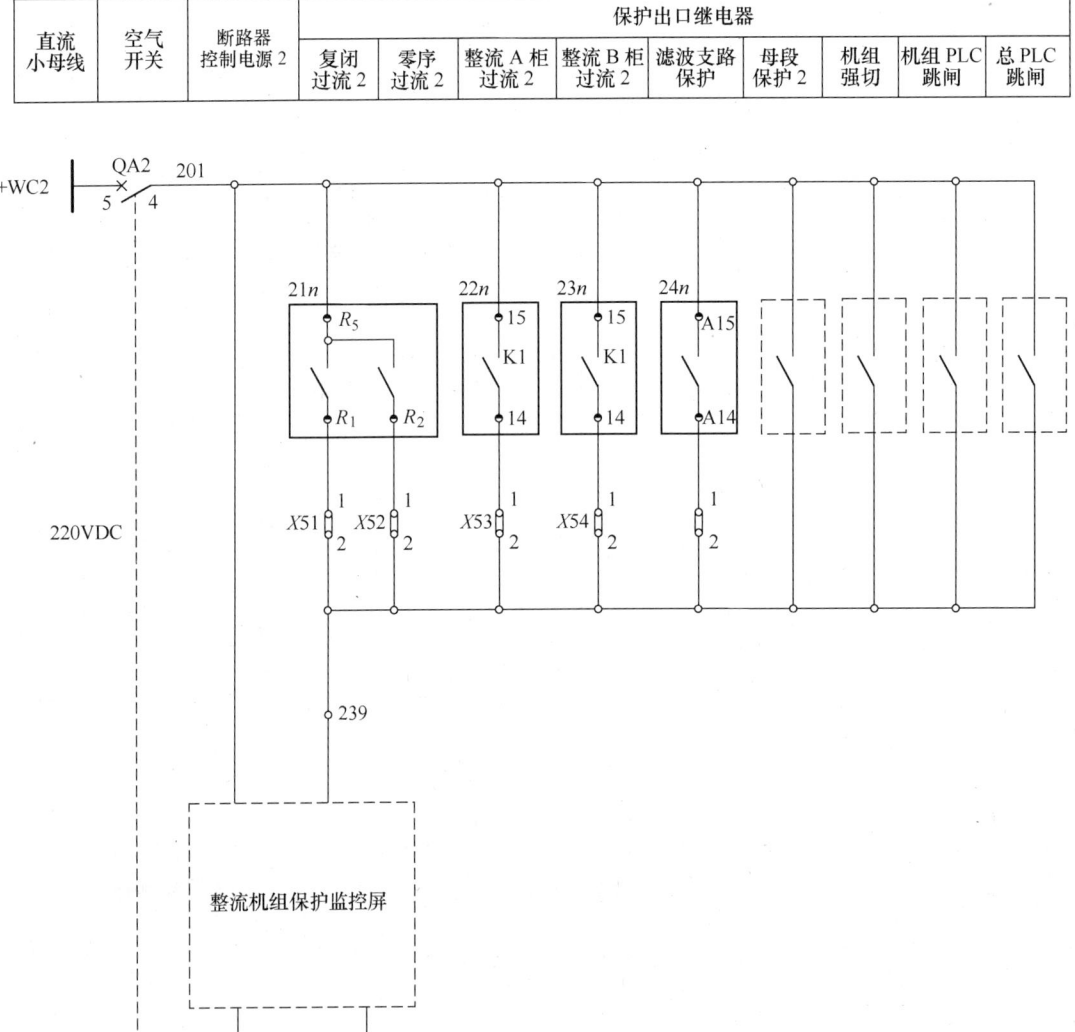

直流小母线	空气开关	断路器控制电源2	保护出口继电器								
			复闭过流2	零序过流2	整流A柜过流2	整流B柜过流2	滤波支路保护	母段保护2	机组强切	机组PLC跳闸	总PLC跳闸

图 17-18　中性点不接地间隙保护原理图（三）

击，即二极管和快熔在高压开关跳闸（小于 100ms）之前不会损坏。

（2）整流臂内某支路整流元件因反向击穿而损坏时，与其串联的快速熔断器会迅速熔断，切断短路电流（稳态周期分量不大于 300kA），并隔离故障部分，使非故障整流臂内的整流元件免受损坏。快速熔断器熔断后其微动开关发出报警信号。一个整流臂内有一只快熔损坏时，发出报警信号；同一个整流臂内有两只快熔损坏时，发出跳闸信号。

（3）整流器的过载（即持续过电流）保护，由直流电流检测装置和 PLC 联动高压开关来完成，过载允许值和允许持续时间由 PLC 的程序设定。最大过载倍数约为 $1.15I_{dn}$（受直流电流检测装置量程和 PLC 数据溢出值限制），允许持续时间为 30s（两次过载时间间隔不少于 1h）。以不超过允许的最大整定值为原则整定，发生过载时，PLC 会发出报警

直流 小母线	空气开关	装置电源	开 关 量 输 入							
		21n	备用	备用	备用	备用	备用	备用	备用	备用

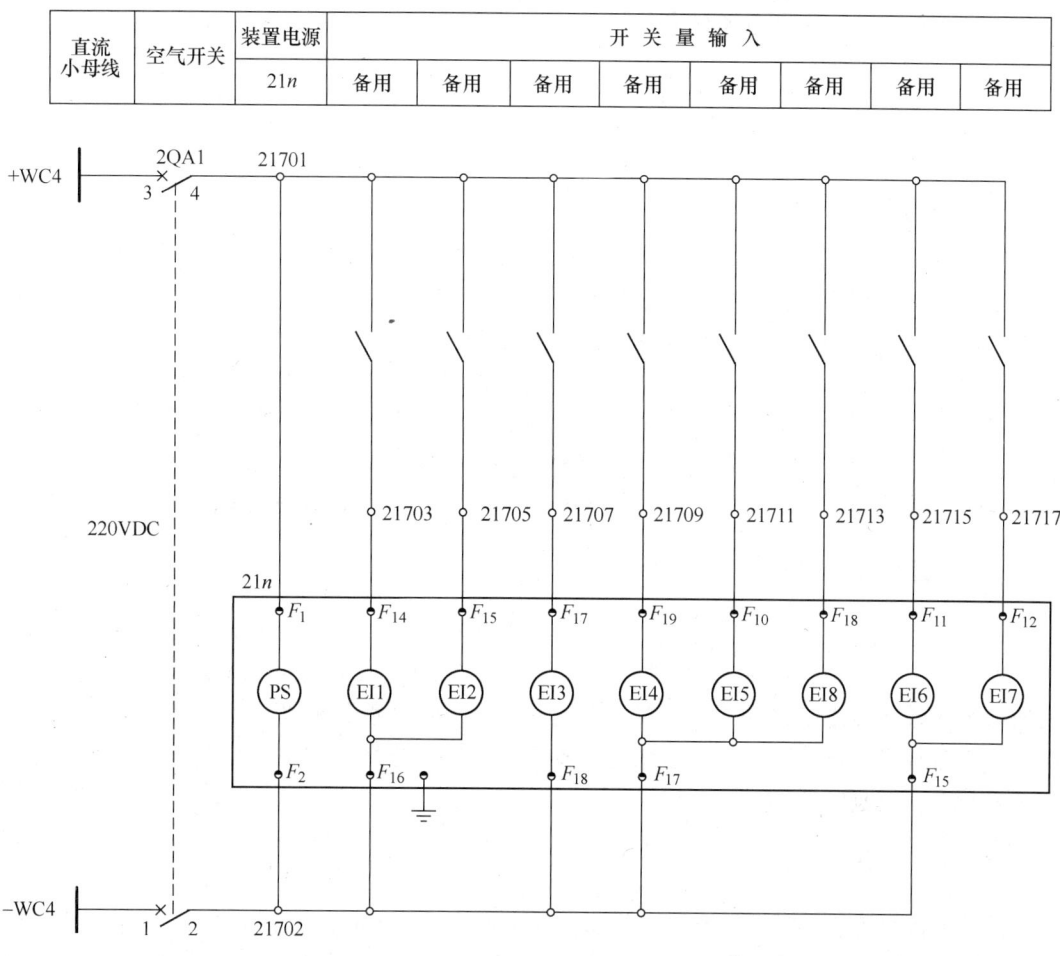

图 17-19 中性点不接地间隙保护原理图 (四)

或跳闸信号。

17.5.6 超温保护

17.5.6.1 桥臂超温保护

当快熔或原件母线超温时,如不能及时发现,会使元件温度过高而击穿损坏,在每个桥臂上设置一个测温元件,桥臂温度为 55~65℃时测温元件动作,分别发出报警和跳闸信号。

17.5.6.2 循环水水温高保护

在循环水的总进、出口水管处各设置一个热电阻,经温度变送器单元变换为 4~20mA 信号后送入 PLC,当温度达到设定的报警值时,由主控室上位机发出报警信号。在每个整流柜的进、出口水管处各设置一个电接点温度表,当温度达到设定的报警值时,报警接电接通,发出报警信号。

17.5.6.3 直流刀闸温度高保护

直流刀闸通过电流可达几十千安，容易发热，每个直流刀闸上需安装一个测温元件。在直流刀闸温度达到 $60\sim65$℃时报警。

17.5.7 PLC 失电保护

由于整流柜内保护信号，冷却水泵、风机的运行和故障信号，稳流系统的控制等均通过 PLC 实现，因此 PLC 发生失电或故障时，应跳开机组高压断路器。机组辅助电源失电时，冷却系统停止运行，此时也应跳开机组断路器。实现此种保护的一个方法是编程使 PLC 的一个输出接点上电即闭合，使用此节点去启动一个中间继电器，再使用中间继电器常闭点作为跳闸信号输入。但采用中间继电器常闭点作为跳闸接点，当系统电压突然降低时，容易误动作，引起电解系列全停电事故，因此此接点要先送入 SEL 等微机保护装置，或启动时间继电器，经 2s 延时，若 2s 内故障未排除，则跳开机组断路器。

17.5.8 水压失常保护

由于整流器一般采用水冷方式，水压低或断流将造成元件温度升高而击穿损坏，因此要设置水压失常保护，水压失常保护应能检测到水管脱落水系统阀门渗漏、水管内堵塞及其他情况导致冷却水缺失的故障。整流柜内水循环系统一般设置两台水泵，两台水泵一用一备，一台泵发生故障时，另一台泵能自动投入运行，当两台水泵均停止运行时，属于一种故障状态，需延时跳闸。

17.5.9 机组水质低保护

当整流机组水质低时，整流器水路部分的水嘴将受到严重腐蚀，缩短水嘴的使用寿命，引起水路渗漏，甚至引起水管脱落，发生事故。因此，水质至少要达到 $200k\Omega$ 以上，对于高电压、大电流的整流器水质宜保持在 $2M\Omega$ 左右。当低于要求时，应能发出报警信号。

17.5.10 直流绝缘监测保护

（1）整流器不直接接地，整流器框架外壳通过电阻集中接地。设置整流柜绝缘监测装置，检测整流柜外壳和整流主电路对地之间的漏电流。当整流主电路与框架外壳之间接地或绝缘降低时，绝缘检测装置根据漏电流的大小，判断故障类型，发出联动报警信号。

（2）设置直流母线监视装置，当直流母线接地时报警，并可根据绝缘监视电压，计算出接地的大致位置。

17.5.11 逆流保护

当由于整流元件故障，发生直流短路或整流柜内直流正负母线之间短路时，其他正常机组会向故障点馈送电流，此时机组直流母线中会流过相反方向的电流，逆流保护即是检测相反方向的电流。在每个整流柜直流出线母线上安装一个逆流检测装置，当检测到有相反方向电流流过时，节点闭合，并通过快速型中间继电器跳开所有整流机组断路器，防止事故扩大。为了加快跳闸速度，也可要求逆流保护装置输出多个跳闸节点，直接接入各机组的跳闸回路，以最快的速度使各断路器跳闸，把损失降低到最小的程度。

17.5.12　机组连锁跳闸

整流机组的配置采用 $N+1$ 方式，因此跳开一台机组时，剩余 N 台机组仍可正常运行，但两台及两台以上的机组跳闸后，将造成剩余机组过流，因此设置机组连锁跳闸保护，在两台以上机组跳开时，向正在运行的其他机组发出跳闸指令。

17.5.13　机组退出总调保护

当某机组检修或处于故障状态时，本机组退出总调，在进行总升、总降有载调压开关时，本机组有载调压开关退出。

17.5.14　机组控制、偏移回路故障保护

在机组控制绕组和偏移绕组的共同作用下，饱和电抗器工作于不同的工作点，从而起到调节电流的作用，当机组控制或偏移回路出现故障时，如控制或偏移回路快熔熔断、接触器跳开等，整流机组的稳流系统将失去作用，造成机组电流失控，因此出现故障时要报警，以便退出机组，进行有计划的检修。

17.5.15　机组反馈掉线保护

机组的稳流系统正常工作时，取本整流柜直流电流互感器输出电压信号经隔离变送器变换为 $4\sim20\mathrm{mA}$ 信号作为反馈信号。一旦反馈信号丢失，必然造成机组过流，因此应取两路信号作为反馈信号。第二组反馈信号可取自整流变压器一次绕组电流互感器输出电流，并经电流变送器变换为 $4\sim20\mathrm{mA}$ 信号作为反馈信号，在编 PLC 程序时，将此反馈信号适当缩小，在直流反馈信号正常时，采用直流反馈信号，当直流反馈信号消失时，交流反馈信号自动投入，防止机组过流，并发出报警信号，及时进行检修。

17.5.16　弧光保护

为了防止直流正、负母线之间或者交、直流母线之间短路等恶性事故的发生，越来越多的整流系统采用了弧光保护装置。所谓弧光保护即是感光元件（光纤或探头）将接收到的光信号传导到光信号处理单元，当接收到的光信号超过设定强度时，装置即输出跳闸信号。至于跳闸方式的选择，即跳本机组或是跳系列，可按是否装有逆流保护来确定，如未装逆流保护，为防止其他健全机组向故障机组供电，应跳系列；如装有逆流保护，则可考虑只跳本机组，以减少不必要的跳闸，减少电解系列不必要的全停电。由于弧光保护接收的是光信号，因此要进行光源的管理，并采取防止外界强光进入的措施。

17.5.17　离极保护

正常生产过程中，电解槽阳极与阴极脱开或连接母线开路，即称为离极。离极将造成断口间强烈弧光，引起着火、爆炸，引发重大人身或设备事故，虽然电解槽槽控机一般均设置多重保护，防止阳极持续提升，一般不会因为槽控机失控造成离极，但在电解槽漏槽、冒槽，母线接触不良，阳极炭块全部脱落以及不正确的手动持续提升阳极等情况下，

仍存在离极的可能性。因此，整流所应设置离极保护，以电流和电压变化作为判据，当电流下降到额定值的 75%，电压升高到规定值的 125% 时，即判断为离极，跳开所有机组断路器。

　　大容量整流电源的保护是保证整流机组正常运行的重要措施，需要在实际使用过程中，根据实际使用的效果，不断总结经验教训，不断完善和发展，使保护真正具有可靠性、快速性、灵敏性、选择性的基本要求，切实起到保护整流电源的作用，使安全、平稳供电得到有效保证。

17.5.18　变压器油风冷全停保护

　　变压器采用强油循环冷却方式。一般规定至少有 1 ~ 3 组油风冷却器投入运行，若油风冷全停，变压器散热条件恶化，油停止循环，会使变压器温度升高，并可能造成变压器局部温度过高而引发事故，因此油风冷全停时，首先应发出信号，并根据变压器可以承受的温升情况，延时跳闸。一般延时时间整定为 10min。

17.6　供电整流系统继电保护调试

17.6.1　项目及要求

　　（1）主系统线路及母线的继电保护装置和自动装置，要求在雷雨季节前进行试验。

　　（2）其他设备的继电保护装置和自动装置，在主回路定检时进行。

　　（3）检查盘上继电器的标志是否正确完好，是否与图纸、规程相符。

　　（4）检查继电器、辅助装置切换设备以及信号灯，信号牌上的标志是否正确完好，质量是否良好。

　　（5）检查端子板、接线杆、连接片、电缆、导线等质量是否良好，螺丝是否松动，检查变流器、三次线卷端子及引出线是否完好。

　　（6）检查仪表变压器二次回路中的开关及刀闸操作机构辅助接点的安装质量、调整正确性及工作可靠性。

　　（7）外部检查无误后，用 1000V 摇表检查二次线圈对外壳及线圈间二次回路对地。此标准一般不作规定，但与上次或制造厂比较，不得低于 70%。

　　（8）所有变流器、仪表变压器在安装前必须进行绝缘电阻试验、变比试验、线圈极性检查。

　　（9）新投入或检查二次回路后应直接利用工作电压检查仪表变压器二次接线回路，其中必须进行：

　　1）测量二次线圈电压及对地电压，一般为 2kV。

　　2）测量相间电压。

　　3）测量开口三角处，零序线圈电压。

　　4）检验相序。

　　5）检验与其相并的仪表变压器的相对相位。

　　（10）检验跳闸合闸线圈的绝缘电阻，应不低于 10MΩ；辅助接点及其回路对外壳的绝缘电阻，应不低于 2MΩ。

（11）测量线圈电阻和启动电压，应符合制造厂规定。直接在跳闸线圈和合闸接触器线圈处加启动电压，其值不得低于30%，不得大于65%的额定直流电压。

（12）在继电保护盘上加电压，检查信号继电器、中间继电器，跳闸线圈串联后的启动电压，其值应不大于80%的额定直流电压，在定期检验时，也可与其他保护装置一起进行。

（13）测定开关的跳合闸时间时，其直流母线电压或外加试验电压，不得低于80%的额定电压。

（14）用1000V摇表测量电缆各芯对地及对其他各芯间的绝缘，检查二次回路对地绝缘电阻。电缆各芯对地及对其他各芯间的绝缘电阻应大于1000MΩ。

二次回路的绝缘电阻标准为：

1）直流小母线和控制盘的电压小母线在断开所有其他联接支路时，应不小于10MΩ。

2）二次回路每一支路和开关、隔离开关操作机构的电源回路，应不小于1MΩ。

3）接在主电流回路上的操作回路、保护回路，应不小于1MΩ。

4）在比较潮湿的地方，第2）、3）项的绝缘电阻允许降低到0.5MΩ。

测量绝缘电阻用500～1000V摇表进行。对于低于24V的回路，应使用电压不超过500V的摇表。

（15）检查所有继电器的启动及返回电压，并将所有继电器及设备施以80%的额定电压，检验其相互动作情况良好。

（16）在额定电压下，模拟各种不正常方式（保险器熔断、跳闸、合闸回路断线直流消失等）检验中央信号及其他信号工作是否正常。

（17）盘、设备、端子板等清扫后，检查继电器机械部分是否良好。

（18）用1000V摇表（额定电压在1000V以下的用500V摇表）分别对电流回路、电压回路及直流回路及其相互间进行绝缘检查。阻值应不小于1MΩ。

（19）新安装或运行继电器解体检修后应用1000V摇表（额定电压在100V以下的用500V摇表）分别测定下列绝缘电阻值：

1）全部端子相对底座和铁心的绝缘电阻应不小于50MΩ。

2）各线圈对触点及触点之间的绝缘电阻应不小于50MΩ。

3）各线圈间的绝缘电阻应不小于10MΩ。

（20）对于新安装或解体后的继电器，应进行50Hz交流电压1000V历时1min的耐压试验。也允许用2500V摇表测定绝缘电阻来代替交流耐压试验，所测绝缘电阻应不小于20MΩ。

（21）在进行耐压试验或绝缘电阻测定时，必须注意将不能承受高压的元件（如半导体元件、电容等）从回路中断开或短接。

（22）继电器的电气试验，按专用特性进行检验。为了符合故障情况，所有通入继电器的电气量，均应以冲击值所得结果为准，试验用的交流或直流电源应安放在盘上引入端子或试验部件上。

（23）继电保护安装前应对每一个继电器在试验室内按规程规定的全部检验项目进行校验，合格后再进行安装。安装后重新校验其定值，带金属外壳的继电器应以盖上外壳后的特性为准。

1) 在测试过程中，调整电流（或电压）时，应平滑地按单方向变化。继电器的动作电压应不大于70%额定电压，动作电流应不大于额定电流；返回电压（电流）应不小于5%额定电压（电流）。测得动作值后，按下式求得返回系数 K_f，K_f = 继电器返回值/继电器动作值。

2) 动作值和返回值的测量应重复进行三次，每次测量值与整定值的误差应不大于±3%。经大电流（或1.1倍额定电压）冲击试验后，整定值误差仍需满足上述规定值。返回系数值要求过电流（过电压）大于0.85，但不得大于0.95，当大于0.9时，应观察触点的压力是否够大；低电压继电器的返回系数应不大于1.2。

3) 具有保持线圈的继电器，保持电流应不大于其额定值的80%，保持电压应不大于其额定值的65%。

(24) 录取特性曲线时，测定点数，须足以绘制平滑的曲线，但不得少于5~7点。

(25) 在盘上检验继电器时，试验用交流或直流电源应接于盘上端子排的引入端子或试验部件上，对所有继电器应在实际所带负荷下，检查其接点的振动和次序发生的情况，试验电流应均匀变化。

(26) 保护装置时限的测定，一般只做时间继电器本身的整定时间，在需要测定保护装置的全部动作时间（为了检查其选择性的要求），则在盘上端子板上加入电气量测定启动元件通电时刻到发出跳闸冲击时的全部时间。

1) 时间继电器动作电压应不大于70%额定电压值；返回电压应不小于5%额定电压值；交流时间继电器的动作电压应不小于85%额定电压值。定期检验时，一般不做全刻度校验，只在整定位置，于额定电压下测量动作时间3次，每次测量值与整定值误差应不超过±0.07s。

2) 当测得的时间与刻度盘上的值不符时，可按下述方法进行调整：

①当刻度在起始位置（即整定时间较少）与刻度盘值不符时，可调整刻度盘的位置，使其符合。

②在最大刻度处与刻度盘不符，则应调整钟表机构，一般可调钟表弹簧的拉力和摆锤，若测得时间短，则可把钟表弹簧放松些或将两个摆锤的距离调远些，反之则拉紧弹簧或将摆锤距离调近些。

(27) 综合自动化保护装置应核对设置与保护定值是否一致。

(28) 当直流电压为80%时，检验保护装置的相互动作情况，此项试验一般可用于每个继电器的启动电压（电流）和额定电压时的相互检验来代替。

(29) 当直流电压额定时，模拟故障情况，从电流（电压）互感器加入整定电流（电压）检查保护装置动作于开关跳闸的情况，试验时开关可以只跳一次，其余试验可用高内阻电压表检查跳闸回路动作情况。

(30) 用短接点的方法检验直流继电器的动作是否正确，信号及指示继电器表示牌的动作是否良好。

(31) 检查动作与信号的保护装置的信号动作情况。

(32) 检查闭锁装置的动作可靠性。

(33) 检验监视继电器的工作情况，例如跳闸回路的监视信号，直流回路及仪表变压器回路的保险器熔断信号，差动保护的电流回路的断线信号等。

（34）对继电保护装置和自动装置，无论是验收检验或定期检验，在投运前必须用一次电流和工作电压加以检验，一次电流可以外加或利用负荷电流。

（35）利用负荷电流检验保护装置时：

1）要测量电流回路每相的二次电流回路的电流，观察继电器的动态以检查继电器及其回路是否完好，接线是否正确。

2）测量电压互感器二次电压及开口三角外的不平衡电压，测定相位，检查差动保护能躲过励磁涌流的影响。

3）在负荷电流下用高内阻电压表检查跳闸压板两端是否有电压。

（36）反向电流保护装置测试：

1）测 TP201（COMMOM）对 TP202 之间的直流电压。其标准为单柜电流 55kA 时对应 10V，偏差允许范围 ±0.1V，超出范围时可通过 R201 电位器进行调节。

2）测 TP201（COMMOM）和 TP204 之间的直流电压。其标准为反向动作电流 *10/55。

3）分别测 TP201（COMMOM）对 SIGN1 和 SIGN2 之间的直流电压，应均为负值。

17.6.2 注意事项

（1）检验工作时必须备有整定方案，原理接线图、回路安装图，前次试验记录，检验规程适用仪表，设备、工具、连接导线，备用零件和检验记录等。

（2）确定相邻设备哪些地方应断开，确保被检设备全部停电，无法断开的，应采取安全措施。

（3）检查设备中有无可能将电压、电源串到其他回路，以致正常供电设备跳闸。

（4）工作人员应征得值班人员的同意，检查工作票上的安全措施是否全面。

（5）检查试验电源是否符合要求，电压波形、容量、不准使用运行中的保护和信号电源作试验电源。

（6）保护试验的结束工作：

1）清除在试验时使用的设备、仪表连接导线、工具等，观察曾经进行过工作的盘前盘后及端子，检查所有临时线是否拆除，断开的导线是否拆除等。

2）复查试验记录是否完整，有无漏项及其他不良情况。

3）在值班专用记录本上记录保护试验情况、可否投运、有何缺陷等事项。

4）工作结束后整理试验记录，交有关技术人员审核后存档。

复习思考题

1. 什么是继电保护装置动作的选择性，如何实现选择性？
2. 变压器过电流保护的作用是什么，它有哪几种接线方式？
3. 继电器的电压回路连续承受电压的倍数是多少？
4. 电力系统振荡时，为何要闭锁继电保护装置？
5. 微机保护硬件系统通常包括哪几个部分？
6. 高频保护是如何分类的？

7. 对高频保护的基本要求是什么？

8. 变压器一般应装设哪些保护？

9. 变压器非电量保护有哪些？

10. 220kV 线路保护配置项目有哪些？

11. 电容器保护配置项目有哪些？

12. 铅酸蓄电池壳体异常故障如何处理？

13. 微机保护装置校验内容是什么？

14. 大功率整流装置常见保护配置项目有哪些？

15. 反向电流保护装置的测试方法。

16. 二次回路的绝缘电阻标准。

18 铝电解供电整流设备的检修

18.1 铝电解供电整流设备检修周期、维护检修项目、工艺知识和标准

18.1.1 SF$_6$断路器检修

18.1.1.1 检修周期

A 大修

10~35kV断路器大修周期为10年；110~500kV断路器为12~15年，进口或合资生产断路器可适当延长大修周期。已按大修项目进行临时性检修的断路器，其大修周期可从该次临时性检修日期起算。

B 小修

小修每年进行一次，只检查机构或其他设施。

C 临时性检修

（1）正常操作次数达到厂家规定值。

（2）满容量开断次数或累计开断短路电流达到厂家规定值。

（3）SF$_6$气体压力低于最低工作压力或年泄漏气量大于2%。

（4）断路器本体或操动机构出现严重故障，影响其安全运行时。

18.1.1.2 检修项目

A 大修项目

（1）气体回收处理和吸附剂更换。

（2）灭弧室及导电部分解体检修。

（3）支柱装配解体检修，密封件更换。

（4）传动部件检修、处理。

（5）操动机构解体检修，密封件更换（液压机构）。

（6）并联电容、并联电阻检查试验。

（7）电流互感器检查、试验。

（8）本体及操动机构表计校验。

（9）电气及机械特性试验。

（10）去锈、喷漆及现场清理。

B 小修项目

（1）外观全面检查、清扫，重点项目是瓷件、瓷套管是否破损或出现裂纹；传动机构可见部分是否生锈、松动、变形；液压部件、接头是否渗漏油。

（2）检查 SF_6 压力，必要时检漏和补气。

（3）SF_6 气体微水测量（投产后，1 年测量一次，如无异常，3 年测量一次）。

（4）操动机构、传动部件、紧固螺栓（销钉）检查及润滑传动部位。

（5）检查、清扫辅助开关触头。

（6）检查、清扫控制回路端子。

（7）消除运行中的缺陷。

C　检修工艺

（1）SF_6 气体含水量的测量。气体含水量的测量方法主要有露点法和电解法两种。露点法的测量原理是当测试系统温度略低于被测试品气体中水蒸气饱和温度（即露点）时，水蒸气凝结，通过光电转换出输出信号。

电解法的原理是被测 SF_6 气体通过电解池，水被 P_2O_5 薄膜吸收，同时被电解。根据气体定理和库仑电解定理，计算出 1×10^{-6}（V/V）水消耗的电流数，从指示登记表直接读出含水量。

（2）SF_6 气体含水量处理：

1）利用回收装置将 SF_6 回收。

2）对断路器抽真空，当真空度达 133.32Pa 以下时。

3）维持真空至少 30min。

4）停止泵并与泵隔离，静止 30min 后读取真空度 A 值。

5）再静止 5h，读取真空度 B 值，要求 B 值减 A 值的差小于 66.66Pa（极限允许值 133.32Pa），否则应检漏处理并重复步骤 3）~5）。

6）对断路器充合格的 SF_6 气体至 0.05~0.1Pa，静止 12h 后测量含水量应小于 450×10^{-6}（V/V），可认为处理合格，若大于 450×10^{-6}（V/V），应重新抽真空，并用高纯氮（99.99%）充至额定值，进行内部冲洗。

7）若含水量低于 450×10^{-6}（V/V），可将气体充至额定值，静止 12h 以上，测量含水量应不大于 450×10^{-6}（V/V）。

（3）SF_6 断路器气密性检查。SF_6 断路器气密性的降低会直接影响其性能发挥，导致水分浸入，气压降低，甚至开断失败，因此正确地检查和检测气密性尤为重要。

1）真空检查法检查（适用于新装或大修的设备检漏）：

① 先将回收装置及连接管道抽真空至 133.3Pa，观察 0.5h，确认无泄漏后才能使用。

② 找开充气阀门，对断路器抽真空。放置 24h 后观察其真空度变化，如果下降值不超过规定，则认为设备无泄漏，可以充 SF_6 气体。若下降值不合格，可能是设备漏气，也可能是设备部件中水分脱出，使真空度下降，再次将设备抽真空，24h 后复测真空度，下降值不超过规定，确认设备无泄漏后再充 SF_6 气体。

③ 如果真空度下降很大，设备抽真空无法达到要求，就要充入 2 个表压的高纯氮（水分含量不超过 150×10^{-6}），用肥皂泡法找出漏点，进行处理。

2）肥皂泡法检查。此法对于泄漏较大的设备或运行中的设备适用。其方法是将肥皂水用刷子涂在可能泄漏的密封环形节上，出现向外鼓泡的地方就是漏点，查出漏点后要及时处理。

（4）外表清洁和绝缘程度。瓷件外表应光洁，无裂缝、缺损等现象，金属构件无锈蚀。

18.1.2　真空断路器检修

18.1.2.1　检修周期

（1）大修：8～10年。

（2）小修：每两年一次。

18.1.2.2　定期检修项目

（1）真空灭弧室的真空度：查看灭弧室有无裂纹、破损。查看灭弧室焊接表面有无明显的变化、移动和脱落。交流耐压试验检验（3～6年一次）是真空度检查简便易行的方法。

（2）接触行程检查：真空断路器灭弧室经多次分、合负荷电流，特别是开断电流后，触头在电弧作用下有磨损和烧损，一般规定电磨损不超过3mm，检查方法是测量真空开关管的接触行程并与上次测量结果比较。如果行程变化较小，可以进行调整处理，如触头累计磨损量超过要求时，应及时更换灭弧室。

（3）检查各可动部分的紧固螺栓有无松动，主传动轴的轴销有无脱落。

（4）检查所有连接件和紧固件有无松动和变形，传动连接杆的搭接部位有无断裂。

（5）进行断路器的分合闸操作，确保其动作可靠。检查机构部分润滑状态，根据情况对活动摩擦部位涂润滑油。

（6）支柱绝缘子、绝缘拉杆，真空灭弧室绝缘外壳表面的灰尘应清扫，保持真空断路器的清洁。

（7）测量导电回路电阻，一般要求不大于出厂值的1.2倍。

（8）工频耐压检查：在两端加额定工频耐受电压的70%，稳定1min，然后在1min内升至额定工频耐受电压，保持1min，指示仪表指针无突变及跳闸现象，即为合格。

（9）检查用来控制断路器分、合闸的控制元件，如辅助开关，控制继电器、电源开关、端子排等。

18.1.3　隔离开关和负荷开关

隔离开关要做到定期检修。

（1）大修周期和项目。隔离开关5～8年或操作达1000次以上时，应进行一次大修。大修项目如下：

1）导电系统检修。触头部分用汽油或煤油清洗油垢；用砂布清理接触表面的氧化膜，用锉刀修整烧斑；检查所有弹簧、螺丝、垫片、开门销、屏蔽罩、软连接、轴承等，应完整无缺陷；修整或更换损坏的元件，最后分别涂凡士林或润滑油并组装好。

2）传动机构与操作机构。清洗掉外露部分的灰尘与油垢，拉杆、拐臂轴、蜗轮、传动轴等机械部分应无机械变形或损伤，动作应灵活，销钉应齐全牢固；各传动部分的轴承、蜗轮等处用汽油或煤油清洗油垢后加钙基脂或注入适量的润滑油；动作部分对带电部分的绝缘距离应符合安全要求；限位器、制动装置安装应牢固，动作应准确。

3）检查并紧固支持底座或构架螺丝；紧固接地端，接地线应完整无损。

4）根据厂家说明书调整刀嘴的张开角度或开距；调整分、合闸的同期性、接触压力、备用行程等。

5）机械连锁与电磁连锁装置应可靠、有效。

6）清除辅助开关上的灰尘与油泥，调整触片压力、打磨触点，保证动作正确、接触良好。

7）对电动或气动刀闸操作部分的二次回路、各元件以及电磁锁、辅助开关的绝缘，用 500V 或 1000V 兆欧表测量其绝缘电阻，应不小于 $1M\Omega$；并进行 1000V 的交流耐压试验。

8）对隔离开关的支持底座、构架、传动操作机构外露部分除锈、刷漆；对导电系统的法兰盘、屏蔽罩等部分根据需要涂色漆；

检修后的隔离开关应达到绝缘良好、操作灵活、分闸顺畅、合闸接触可靠四点基本要求；同时在操作中，各部件不发生变形、失调、振动等异常现象；接线端、接地端连接牢固。

（2）小修周期和项目。隔离开关应每年小修一次，小修项目如下：

1）清除隔离开关绝缘表面的灰尘、污垢，检查有无机械损伤，更换损伤严重的部件。

2）清除传动和操动机构裸露部分的灰尘和污垢，对主要活动环节加润滑油。

3）检查接线端、接地端的连接情况，拧紧松动的螺栓，检查触头有无损伤。

4）进行 3~5 次分、合闸试验，观察其动作灵活性和准确性；机构连锁、电气连锁、辅助开关的接点应无卡涩或传动不到位现象。

5）消除个别部件缺陷，清理触头接触面，涂凡士林。

18.1.4　变压器检修

变压器检修分大修和小修。大修指吊芯检修，包括对变压器芯体的修理。小修指不吊芯检修，包括对变压器箱体外部器件的检修，补充变压器油，进行规定的测量和试验等。

18.1.4.1　变压器大修周期

（1）主要变压器一般 5~10 年进行一次大修，其他未超过正常负荷运行的变压器，每 10 年进行一次大修。

（2）对运行中的变压器，若经过试验和运行情况判定有内部故障时，应提前进行大修。

（3）有载调压变压器的分接开关，当运行 5 年或操作次数 50000 次后，应进行大修。

18.1.4.2　变压器大修项目

（1）吊出芯子或吊开钟罩对芯子进行检修。室外起吊一般应在天气状况良好，无烟、尘土和水汽的清洁的场所进行，为防止器身的吸潮降低其绝缘强度，器身在空气中停留的时间尽量缩短。空气湿度不超过 65% 时为 16h，空气湿度不超过 75% 时为 12h。当空气湿度达到 75% 时不宜吊芯，如任务紧迫必须吊芯时，应对变压器器身加温，使器身温度

（按变压器上层油温计算）比环境温度高10℃以上，或者保持室内温度比气温高出10℃，而且芯子温度不低于室内温度，以免铁芯受潮。

（2）对绕组、引线及磁屏蔽装置检修：检查绕组的绝缘状态，绝缘表面色泽新鲜，用手按富有弹性为绝缘良好；色泽略暗，绝缘稍硬。但手按无开裂、脱落现象为绝缘一般，可以涂绝缘漆，以加强受损处的绝缘；色泽较暗，手按时发生微小裂纹和不大的变形为绝缘已不可靠，需进行更换；色泽变暗，手按时发生开裂、变形与脱落现象，绝缘已劣化，不能使用，必须进行更换。

（3）测定绕组的绝缘电阻：用2500V摇表测各绕组对地，以及绕组之间的绝缘电阻与吸收比。绝缘良好的变压器在温度为10~30℃时，$R_{60s}/R_{15s} \geq 1.3$。绕组的绝缘电阻通常大于500MΩ，且应不低于初次测得值的70%。

（4）对无载分接开关和有载调压开关的检修。

（5）对铁心、铁心紧固件（穿芯螺杆、夹件、拉带、绑带等）、压钉及接地片等的检修。

（6）对油箱及附件的检修，包括套管、吸湿器等。

（7）对冷却器、油泵、水泵、风扇、阀门及管道等附属设备的检修：应使电机无过载，电源切换正常，音响及灯光信号正确。

（8）对安全保护装置、储油柜等的检修：将集污盒油污清理干净，油位计明亮清晰，呼吸器硅胶颜色正常。

（9）对气体继电器，防爆膜等油保护装置的检修：应使气体继电器接线板干燥、清洁、绝缘良好，控制线接线牢固，上、下油杯灵活，干簧接点闭合和开断正确，放油口和试验顶杆、法兰无渗漏油现象。

（10）对测温装置的检修：对温度表进行校验。

（11）对无励磁分接开关和有载分接开关的检修。

（12）对全部密封胶垫的更换和组件试漏。

（13）变压器油的处理或换油。

（14）变压器油保护装置（净油器、充氮保护及胶囊等）的检修。

（15）清理油箱并对外壳及附件进行表面除锈、喷漆处理。

（16）对保护装置、测量装置及操作控制的检查试验。

（17）必要时对绝缘进行干燥处理。

（18）大修的试验和试运行。

18.1.4.3　有载分接开关大修项目

（1）分接开关芯体的吊芯检查、维修与调试。

（2）分接开关油室的清洗、检漏与维修。

（3）驱动机构的检查、清扫、加油与维修。

（4）储油柜及其附件的检查与维修。

（5）自动控制装置的检查。

（6）储油柜及油室中绝缘油的处理，压力继电器、油流控制继电器（或气体继电器）、压力释放阀的检查、维修与校验。

（7）电动机构及其他器件的检查、维修与调试。

（8）各部位密封的检查、维修与调试。

（9）电气控制回路的检查、维修与调试。

（10）分接开关与电动机构的连接校验与调试。

18.1.4.4　变压器小修项目

（1）检查并处理已发现的缺陷。

（2）检查并拧紧套管引出线的接头。

（3）放出储油柜积污器中的污油，检查油位计。

（4）对充油套管及本体补充变压器油。

（5）检修冷却装置：包括油泵、风扇、油流继电器等，必要时清洗冷却器管束。

（6）检修安全保护装置。

（7）检查和校验测温装置。

（8）检修调压装置、测量装置及控制箱，并进行调试。

（9）检查接地装置。

（10）检查各部位及阀门密封，处理渗漏油。

（11）清扫油箱和附件，必要时进行补漆。

（12）清扫外部绝缘和检查导电接头。

（13）按有关规定进行测量和试验。

18.1.4.5　检修验收标准

（1）变压器本体无缺陷，外观整洁，无渗漏油现象，外部油漆完好。

（2）电气试验项目齐全、试验数据合格，继电保护、测量仪表及二次回路校验合格。

（3）分接开关三相一致，指示正常。

（4）油位、油色正常，相位清晰，接地可靠。

（5）呼吸器、防爆管安装可靠，符合要求。

（6）防雷装置完整可靠。

（7）冷却器电源可靠，冷却器试验正常，能可靠投入运行。

（8）控制、保护、信号回路正确可靠。

18.1.5　互感器检修

18.1.5.1　互感器的大修

互感器的大修一般指对互感器解体，对内、外部进行的检查和修理。对于 220kV 及以上互感器宜在维修工厂和制造厂进行；对于 SF_6 互感器，不允许现场解体，应返厂检修；对于电容式电压互感器和电容器，都不能在现场检修或补油，必要时应返厂修理。因此，互感器大修无固定周期，应根据互感器预防性试验结果、在线监测结果进行综合分析判断，认为必要时由专业维修厂家进行大修。

18.1.5.2　互感器的小修

互感器的小修一般指对互感器不解体，可在现场进行的检查与修理。周期为 1～3 年一次，在污秽严重的场合，应根据具体情况，适当缩短周期，小修包括以下内容。

A　油浸式互感器

（1）外部检查及清扫，外表应清洁、无积污、无锈蚀。

（2）检查维修膨胀器、储油柜、吸湿器，应完好无渗漏，油位指示正确。

（3）检查紧固一次连接件，应紧固，无过热、氧化。

（4）打开二次接线盒，检查并清扫二次接线端子和接线板，二次接线板及端子应接线良好，密封完整，无破损渗漏，无放电烧伤痕迹。

（5）检查放油阀，应密封良好，无渗漏油。

（6）检查紧固电容屏型电流互感器及油箱式电压互感器末屏接地点，电压互感器 N（X）端接地点。

（7）必要时进行零部件修理与更换。

（8）绝缘油试验。

（9）检查清扫瓷瓶，瓷瓶表面应清洁、无积污，釉面无损伤，防污层憎水性能良好。

（10）绝缘电阻测量。

B　SF_6 气体绝缘互感器

（1）外部检查及清扫。

（2）检查紧固一次和二次引线连接件。

（3）检查气体压力表、阀门及密度继电器。

（4）必要时检漏和补气。

（5）必要时进行 SF_6 含水量试验。

（6）检查一次引线连接，如有过热应清除氧化层，涂导电膏或重新紧固。

（7）检查一次接线板，如有松动应紧固或更换。

C　固体绝缘互感器

（1）检查及清扫绝缘表面积尘和污垢，瓷件表面应无放电痕迹及裂纹，铁罩无锈蚀，绝缘表面无碳化物。

（2）检查一次引线连接件有无过热，如发现有过热产生的氧化层，应分解一次引线，清除氧化物，涂导电膏后重新组装紧固。一次接线端子接触面应无氧化层，紧固件齐全。

（3）检查铁心及夹件，应紧固可靠，铁心及夹件表面漆膜完好，若有锈蚀，应做除锈处理后重新刷漆。

18.1.6　整流装置检修

18.1.6.1　检修周期

整流装置检修周期一般为半年或一年。

18.1.6.2　检修项目

（1）全面清洁，清除元器件器瓷表面积灰。

（2）检查柜内所有器件（螺钉、螺母、垫圈）的压紧状态：螺帽等应紧固、无松动。

（3）检查电气和机械部件，如有损坏（断裂、刮伤等影响性能的损伤）应进行更换。

（4）控制主电路；检查二极管（运行期间所更换的元件）外观应无变形，无任何损伤，颜色正常。

（5）检查柜内所有的配线及接线端子，无松动。

（6）测试交/直流母线和接地（柜壳）之间的绝缘电阻，应大于 $2M\Omega$。

（7）风机电路的通电检查：模拟风机运行/停止命令，风机运行状态正确。

（8）保护检查，主电路停电，辅助电源送电状态下，拆除跳闸连接线，模拟各项跳闸、报警保护信号动作。

（9）绝缘测试，主电路停电状态下，拆除并短接相关元器件，测试主电路和接地之间的绝缘电阻。测试完成后，恢复元器件的连接线并拆除短接线。

（10）辅助电源测试，主电路停电状态下，辅助电源送电，在电压波动范围内测试输入输出电压值。

（11）保护检查，主电路停电，辅助电源送电状态下，拆除跳闸连接线，模拟各项跳闸、报警保护信号动作。

（12）仪表检验及校准。

（13）检查所有接地连接并紧固。

（14）纯水冷却系统水路外观检查，水管、法兰、阀门应无渗水与变形，必要时清洁纯水冷却器热交换器。

18.1.7　直流大电流刀开关检修

18.1.7.1　检修周期

直流大电流刀开关适用于直流大电流回路在无负荷时的切换及隔离，检修周期一般为半年或一年。

18.1.7.2　检修项目

（1）调整行程开关的高度，确保行程开关的三个触头与凸轮能良好接触。动桥臂的触头和静触头接触面应保持清洁，并涂以工业凡士林，其他机械摩擦面加注少许机械润滑油或钙基酯。

（2）检查电动操作机构电动机接线牢固、正确，保证主轴正确转动方向。

（3）调整分合闸行程开关的位置，使隔离器分合闸动作可靠。

（4）清除周围所有不固定的铁磁性物质。

（5）控制、信号回路检查，开关动作应正确、信号指示应正确。

（6）二次接线检查，接线紧固，无过热和松动。

（7）电机无过载。

18.1.8　避雷器检修

18.1.8.1　检修周期

避雷器检修一般每年进行一次。

18.1.8.2　检修项目

（1）外观检查应清洁，避雷器外部完整无缺损，封口处密封良好，瓷伞裙或硅橡胶伞裙无破损、变形。

（2）本体各连接部位螺丝应紧固。

（3）检查避雷器法兰，应无裂纹。

（4）放电计数器检查：计数器应完好，动作应正确。

（5）高压引线和接地线应无灼伤和损伤、断股现象，连接螺丝应紧固。

（6）绝缘电阻测量：用 5000V 绝缘电阻测量仪或摇表测量元件的绝缘电阻，其电阻值为 220kV 应不低于 2500MΩ，10kV 应不低于 1000MΩ。

（7）测量避雷器在直流 1mA 下的直流参考电压和 0.75 直流 1mA 电压下的泄漏电流。

（8）检查密封金属构件，应良好，如有必要，外露锈蚀部位应进行除锈补漆。

18.1.9　高压开关柜的检修

18.1.9.1　检修周期

高压开关柜一般每三年进行一次检修。

18.1.9.2　检修内容

（1）柜内清洁，检查全部紧固螺钉和销钉有无松动。

（2）检查一次动静触点接触面有无过热、烧伤，视情况进行打磨或更换。

（3）检查二次接线有无脱落及松动。

（4）检查及校验保护的整定值。

（5）保护、控制、信号回路传动试验，动作应正确、可靠。

（6）检查所有电气元件安装是否牢固可靠，仪表等指示是否正确。

（7）检查保护接地系统是否符合技术要求，检验绝缘电阻是否符合要求。

（8）开关"五防"连锁机构应有效。

（9）调整各运动部件的间隙，特别是在更换零件后，更应对静件的配合间隙，动件的行程高度等进行校验。

（10）小车在柜外时，用手来回推动触头，触头的移动应灵活。

（11）将小车固定在工作位置。用操作棒将断路器合闸，将推进机构的操作杆向上提起，使断路器跳闸。然后再移动小车，操作过程应无卡涩现象。

（12）柜内瓷件均应完好无损，柜内元件及绝缘件无受潮、锈蚀等现象。

（13）一次静触头接触部分有一层微薄的工业凡士林。

（14）绝缘隔板完好，轨道畅通。

（15）电流互感器二次引出线连接牢固，接触良好，线端标志及接线正确无误。电缆头安装牢固，相序正确。

（16）控制开关、按钮及信号继电器等完整，接线无松动脱落等现象。所有以掉牌作为指示的继电器，其掉牌已复归。

（17）二次接线端子组接线螺钉应紧固且接触良好，引入及引出的连接线正确无误，并有标号。接地螺栓无黄锈，接地线接触良好。

（18）手车在柜外推动应灵活，无卡住现象，手车后轮的定位销能顺利地插入及拔出，拔出定位销后，能灵活回转，插入定位销后能与前轮方向一致。

18.2　铝电解供电整流设备检修常用材料、电气安全用具、工器具种类

18.2.1　电气安全用具

电气安全用具是指用以保护电气工作安全运行和人身安全所必不可少的工器具和用具等，它们可有效防止触电、弧光灼伤和高空坠落等伤害事故的发生。

电气安全用具包括绝缘安全用具，登高安全用具、验电器，检修用的接地线、遮拦、标志牌等。

18.2.1.1　基本安全用具

基本安全用具是指绝缘强度大，能长时间耐受电气设备的工作电压，能直接用来操作带电设备，如带有绝缘柄的工具，绝缘手套、绝缘杆、绝缘钳等。

18.2.1.2　辅助安全绝缘用具

辅助安全用具是指绝缘强度小，不足以承受电气设备的工作电压，只起到加强基本安全用具的保安作用，如绝缘台、绝缘垫、绝缘手套、绝缘鞋等。

　　A　绝缘手套

它用特制橡胶制成。分为 12kV 和 5kV，它一般作为使用绝缘棒进行带电操作时的辅助安全用具，以防止泄漏电流对人体的异常影响；在进行倒闸操作和接触其他电气设备的接地部分时，戴绝缘手套可防止接触电压和感应电压的伤害，使用绝缘手套后还可在低压设备上进行带电作业，绝缘手套的长度至少应超过手腕10cm。绝缘手套在使用前应做外观检查，如发现漏气、粘胶、破损，应立即停止使用。绝缘手套应存放在干燥、阴凉的地方。

　　B　绝缘靴

它主要是防止跨步电压的伤害，但它对泄漏电流接触电压等同样有一定的防护作用。雨天操作室外高压设备时必须穿绝缘靴，另外，配电装置内发生接地故障时，若进入配电装置也应穿绝缘靴。绝缘靴应存放在干燥、阴凉的地方。

　　C　绝缘隔板

它是防止工作人员对带电设备发生危险接近的一种防护用具。它也可装设在断开的 $6 \sim 10kV$ 刀闸动、静触头之间，作为防止"突然来电"的保安用具。绝缘隔板一般用环氧玻璃和聚氯乙烯塑料制成。绝缘板应保持表面光滑，不允许有裂缝、气泡、砂眼和孔洞等，凹坑深度应不超过 0.1mm，绝缘板厚度不得小于 3mm，绝缘板使用前应擦拭干净并检查外观良好。

　　D　绝缘垫

它的保护作用和绝缘靴相同，可把它视为一种固定的绝缘靴。绝缘垫用一种特制的橡

胶制成，厚度不小于4mm，绝缘垫不得和酸、碱、油类和化学药品等接触，并避免被阳光直射或锐利金属划伤，还应做到每半年用低温水清洗一次。

E　护目镜

它是防止电弧或其他异物伤眼的用具。

F　验电器

它是检验电气设备是否确无电压的一种安全用具。它又分为低压验电器（250V以下）和高压验电器（250V以上）。

a　低压验电器的作用

（1）区分火线（相线）和地线（中性线或零线）。氖光灯发亮的是火线，不发亮的则是地线。

（2）区分交流电和直流电。交流电通过氖灯泡时，两极附近都发亮；而直流电通过时，仅一个电极附近发亮。

（3）判断电压的高低。如氖灯暗红、轻微亮，则电压低；如灯泡发黄红色，很亮，则电压高。

b　验电器的使用注意事项

（1）验电时必须选用电压等级合适而且合格的验电器，并在电源和设备进出线两侧各相分别验电。

（2）验电前应在有电设备上进行试验，确证验电器良好。

（3）验电器要保持清洁干燥。

（4）使用高压验电器要戴绝缘手套。使用验电笔时，注意人的手不要碰到金属部分，以防止触电。

G　突然来电防护用具

携带型接地线：由短路各相和接地用的多股软铜线以及接地极上的专用线夹等组成，一般要求多股软铜线的截面面积不小于25mm^2。接地线使用注意事项：

（1）接地线必须使用专用线夹固定在导体上，严禁用缠绕的方法进行接地或短路。

（2）接地线在每次装设前应进行检查，损坏的接地线应及时修理或更换，禁止接地或短路使用不符合规定的导线。

（3）对于可能送电至停电设备的各方面或停电设备可能产生感应电压的，都要装设接地线，所装接地线与带电部分应符合安全距离规定。

（4）检修部分若分为几个在电气上不相连接的部分，如分段母线以隔离天关（刀闸）或断路器（开关）隔开分成几段，则各段应分别验电接地短路。接地线与检修部分之间不得连有断路器（开关）或熔断器（保险）。

（5）装设接地线必须由两人进行。

（6）装设接地线必须先接接地端，后接导体端，且必须接触良好，拆接地线的顺序与此相反，装、拆接地线均应使用绝缘棒和绝缘手套。

（7）在室内配电装置上，接地线应装在该装置导电部分的规定地点，这些地点的油漆应刮去，并做黑色记号。

（8）每组接地线均应编号，并存放在固定地点。

（9）装地线应做好记录，交接班时应交代清楚。

H　标示牌

标示牌是由干燥的木材或其他绝缘材料制成，按用途分为警告、允许、提示和禁止类标示牌。警告类如"止步，高压危险！"，允许类如"在此工作"、"由此上下"等。提示类如"已接地！"；禁止类如"禁止合闸，有人工作！"等。

I　遮拦

它是用来防护工作人员意外触碰或过分接近带电部分或检修作业部位距离带电体不够安全时的隔离措施。遮拦分为固定遮拦和临时遮拦两种，其作用是把带电体同外界隔离开来。装设遮拦应牢固，并应悬挂各种不同的警告标志牌，遮拦高度不得低于 0.7m。

J　安全帽

它是一种重要的安全防护用品。凡有可能发生物体坠落的工作场所，或有可能发生头部碰撞、劳动者自身有坠落危险的场所，都要佩戴安全帽。它是电气作业人员的必备安全用品。用于防止工作人员误登带电杆塔用的无源近电报警安全帽，属于音响提示型辅助安全用具。提醒工作人员注意，防止误触带电设备造成人员伤亡事故，戴安全帽时必须系好带子。

K　登高安全用具

它是用于保证在高处作业时防止跌落的用具（如电工安全带）。安全带采用锦纶、维纶、涤纶等，根据人体特点设计而成，是防止高空坠落的安全用具。凡在离地面 2m 以上的地点进行工作均为高空作业，高空作业时必须使用安全带。每次使用安全带前都应进行检查，如发现有破损、变质情况，应立即停止使用，以确保安全。使用安全用具必须做到：正确使用合格的安全用具。

18.2.2　常用维修工具

常用的电工工具主要有钢丝钳、尖嘴钳、圆嘴钳、螺丝刀、电工刀、活扳手、测电笔以及断线钳、紧线钳、搭压钳等；仪表按用途分有电流表、电压表、电度表和万用表等。这里只介绍几种简易的电工工具。

18.2.2.1　螺丝刀

它是最常用的电工工具，由刀头和柄组成。刀头形状有一字形和十字形两种，分别用于旋动头部为横槽或十字形槽的螺钉。螺丝刀的规格是指金属杆的长度，规格有 75、100、125、150mm 的几种。使用时，手紧握柄，用力顶住，使刀紧压在螺钉上，以顺时针的方向旋转为上，逆时针为下卸。穿心柄式螺丝刀，可在尾部敲击，但禁止用于有电的场合。

18.2.2.2　测电笔

它又称验电笔，只有在确定没有电的情况下才能进行操作，这也是电力安全的最基本要求。它能检查低压线路和电气设备外壳是否带电。为便于携带，测电笔通常做成笔状，前段是金属探头，内部依次装安全电阻、氖管和弹簧。弹簧与笔尾的金属体相接触。使用时，手应与笔尾的金属体相接触。测电笔的测电压范围为 60 ~ 500V（严禁测高压电）。使用前，务必先在正常电源上验证氖管能否正常发光，以确认测电笔验电可靠。由于氖管发光微弱，在明亮的光线下测试时，应当避光检测。用试电笔测试带电物体时，如氖泡内电极一端发生辉光，则所测的电是直流电，如氖泡内电极两端都发辉光，则所测电为交流电。

18.2.2.3　钢丝钳

它用手夹持或切断金属导线，带刃口的钢丝钳还可以用来切断钢丝。这种钳的规格有150、175、200mm 三种，均带有橡胶绝缘套管，可适用于 500V 以下的带电作业。使用时，应注意保护绝缘套管，以免划伤失去绝缘作用。不可将钢丝钳当锤使用，以免刃口错位、转动轴失圆，影响正常使用。

18.2.2.4　尖嘴钳

它用于夹捏工件或导线，特别适合于狭小的工作区域。规格有 130mm、160mm 和 180mm 三种。电工用的带有绝缘导管。有的带有刃口，可以剪切细小零件。

18.2.2.5　剥线钳

它是用来快速剥去导线外面塑料包线的工具，使用时要注意选好孔径，切勿使刀口剪伤内部的金属芯线。

18.2.2.6　电工刀

在电工安装维修中用于切削导线的绝缘层、电缆绝缘、木槽板等，规格有大号、小号之分。六号刀片长 112mm；小号刀片长 88mm。有的电工刀上带有锯片和锥子，可用来锯小木片和锥孔。电工刀没有绝缘保护，禁止带电作业。使用电工刀，应避免切割坚硬的材料，以保护刀口。刀口用钝后，可用油石磨。如果刀刃部分损坏较重，可用砂轮磨，但须防止退火。

18.2.2.7　万用表

它主要用来测量交流直流电压、电流、直流电阻及晶体管电流放大位数等。常见的主要有数字式万用表和机械万用表两种。

A　数字式万用表

在万用表上可看到转换旋钮，旋钮所指的是测量的挡位：

V ~ ：表示的是测交流电压的挡位

V － ：表示的是测直流电压的挡位

mV：表示的是测直流电压的挡位

$\Omega(R)$：表示的是测量电阻的挡位

万用表的红笔表示接外电路正极，黑笔表示接外电路负极。其优点是防磁、读数方便、准确（数字显示）。

B　机械式万用表

机械式万用表的外观和数字表有一定的区别，但它们的转挡旋钮、挡位基本相同。在机械表上可看到有一个表盘，表盘上有 5 条刻度尺：

（1）标有"Ω"标记的是测电阻时用的刻度尺；

（2）标有"-"标记的是测交直流电压、直流电流时用的刻度尺；

（3）标有"HFE"标记的是测三极管时用的刻度尺；

（4）标有"LI"标记的是测负载的电流、电压时用的刻度尺；

（5）标有"DB"标记的是测电平时用的刻度尺。

C　万用表的使用

（1）数字式万用表：测量前先打到测量的档位，要注意的是挡位上所标的是量程，即最大值。

（2）机械式万用表：测量电流、电压的方法与数学式相同，但测电压时，读数要乘以挡位上的数值才是测量值。例如：现在打的挡位是"×100"，读数是200，测量值是200×100＝20000Ω＝20K，表盘上"Ω"尺是从左到右，从大到小，而其他的是从左到右，从小到大。

D　注意事项

（1）调"零点"（机械表才有），在使用表前，先要看指针是否指在左端"零位"上，如果不是，则应用小改锥慢慢旋表壳中央的"起点零位"校正螺丝，使指针指在零位上。

（2）万用表使用时应水平放置（机械表才有）。

（3）测试前要确定测量内容，将量程转换旋钮旋到所示测量的相应挡位上，以免烧毁表头，如果不知道被测物理量的大小，要先从大量程开始试测。

（4）表笔要正确地插在相应的插口中。

（5）测试过程中，不要任意旋转挡位变换旋钮。

（6）使用完毕后，一定要将不用表挡位变换旋钮调到交流电压的最大量程挡位上。

（7）测直流电压、电流时，要注意电压的正、负极、电流的流向，与表笔相接正确。

18.2.2.8　焊接工具

（1）镊子：用于夹住原件进行焊接。

（2）刻刀：用于清除原件上的氧化层和污垢。

（3）吸锡器：其作用是把多余的锡除去，常见的有两种：

1）自带热源的。

2）不带热源的。

（4）电烙铁：熔化锡进行焊接的工具。

1）它一般分为外热式、内热式两种。

2）新购的烙铁，在烙铁上要先镀上一层锡。

3）焊接时应注意的事项：掌握好电烙铁的温度，当在铬铁上加松香冒出柔顺的白烟，而又不"吱吱"作响时为焊接最佳状态。控制焊接时间，不要太长，这样会损坏元件和电路板。清除焊点的污垢，要对焊接的原件用刻刀除去氧化层并用松香和锡预先上锡。

（5）其他用品。

1）焊锡：焊接用品，在锡中间有松香。

2）松香：除去氧化物的焊接用品。

3）助焊剂：作用和松香一样，但效果比松香好，但由于助焊剂含有酸性，所以使用过的原件都要用酒精擦净，以防腐蚀。

18.3　铝电解用供电整流设备常见故障类型、处理原则和方法

18.3.1　事故处理的主要任务

（1）尽快限制事故发展，消除事故根源，解除对人身和设备安全的威胁。

（2）尽可能保持其余设备继续运行，保证用户的正常供电。

（3）尽快对停电的用户恢复送电。

（4）调整运行方式，恢复可靠的供电运行方式。

18.3.2　处置原则

（1）发生事故时，值班人员应根据仪表、监控机信号指示、保护动作情况，设备外部及其他异常现象，查明故障点及其范围，如实向班长报告，在班长的统一指挥下进行事故处理。

（2）发生事故时，值班长要一面积极处理，一面向车间主任、所长和上级调度汇报。

（3）若事故影响了自用电，处理时应尽快先恢复自用电（以保证强油循环风冷却装置、纯水冷却装置、充电机、PLC 电源等所内用电的及时供给），保证对电解的供电，缩小事故影响面。

（4）在处置过程中，务必如实做好记录，详细记录事故的起因、信号保护动作情况，处理过程及时间。

（5）为了尽快处理事故，有关操作可以不填写操作票，但必须有人监护，必要时也可指派单人操作。

（6）如果事故发生在交接班中，由交班人员进行处理，接班人员协助，待事故处理完以后再进行交接；若短时间内处理不完，经所长或车间主任批准，可先交接，后处理。

（7）如发生下列情况，可先断开开关，然后再报告：

1）有触电威胁人身安全的情形。

2）有威胁设备安全的情形，如爆炸、起火等。

3）电解紧急停电。

4）凡保护动作跳闸，未查明原因不得强送，特别是伴有明显短路、冒火、爆炸等；应经过详细检查或试验，证明可以送电，方可送电。

5）若110kV 以上系统发生故障，所内电压或电流有明显升高或降低，应对运行设备进行检查，并随时与中调所联系。

6）中调所管辖内的设备发生故障时，除按规定处理外，应立即报告中调，服从其指挥。

7）事故发生时，一时查不出事故点，可以采用局部送电的方法。

8）在电气设备上灭火时，必须先断开电源。

9）发生事故后，值班人员应迅速回到控制室，无关人员须撤离控制室及事故现场。

10）事故处理过程中，接受和下达命令时应启用录音电话。

11）下列情况线路跳闸后不宜强送：

① 充电运行的输电线路，跳闸后一律不允许送电。

② 试运行线路。

③ 线路跳闸后，经备用电源自动投入装置已将负荷转移到其他线路上，不影响供电的。

④ 全电缆线路（或电缆较长的线路）保护动作跳闸后，未查明原因不能试送电。

⑤有带电作业并声明不能强送电的线路。

⑥ 运行人员已发现明显故障的情况。

⑦ 线路断路器有缺陷或遮断容量不够、事故跳闸次数累计超过规定，保护动作跳闸后，一般不能试送电。

⑧ 已掌握有严重缺陷（杆塔严重倾斜、导线严重断股等）的线路。

⑨ 低频减载装置、事故联切装置和远切装置，是保证电力系统安全、稳定运行的重要保护装置。线路断路器有上述装置动作跳闸，说明系统中发生了事故，必须向上级调度汇报。在没有得到中调的命令前，不准合闸送电。

18.3.3　变压器常见故障与事故处理

变压器是铝电解供电整流重要的设备，它的故障将对供电的可靠性和系统的正常运行产生严重的影响。变压器的故障一般都发生在绕组、铁心、套管、分接开关、油箱等部件上，漏油、引线接头发热的问题带有普遍性。

18.3.3.1　变压器事故跳闸的处理原则

（1）变压器的断路器跳闸时，应首先根据继电保护的动作情况和跳闸时的外部现象，判明故障原因后再进行处理。

（2）检查相关设备有无过负荷现象。若本站为两台主变压器，则在一台变压器事故跳闸后应严格监视另一台变压器的负荷。

（3）若主保护（瓦斯保护、差动保护等）动作，在未查明原因消除故障前不得送电。

（4）如只是过流保护（或低压过流保护）动作，在检查主变压器无问题后可以送电。

（5）装有重合闸的变压器，若跳闸后重合闸不成功，则应在检查设备后再考虑送电。

（6）有备用变压器或备用电源自动投入的变电站，当运行变压器跳闸时应先考虑投入备用变压器或备用电源，然后再检查跳闸的变压器。

（7）若无备用变压器，当运行变压器跳闸时，则应尽快转移负荷、改变运行方式，同时查明故障是何种保护动作。在检查变压器跳闸原因时，应查明变压器有无明显的异常现象。

（8）有无外部短路、线路故障、过负荷，有无明显的火光、怪声、喷油等现象。如确实证明变压器各侧断路器跳闸不是由内部故障引起，而是由过负荷、外部短路或保护装置二次回路误动造成的，则可申请试送一次。

（9）如因线路故障，保护越级动作引起变压器跳闸，则在故障线路断路器断开后，可立即恢复变压器运行。

（10）变压器跳闸后应首先确保所用电的供电。

（11）变压器主保护动作，在未查明故障原因前，值班员不要复归保护屏信号，以便专业人员进一步分析和检查。

（12）变压器遇有以下情况时，应立即将变压器停运，若有备用变压器，应尽可能将备用变压器投入运行：

1）变压器内部声响异常或声响明显增大，并伴有爆裂声。

2）在正常负荷和冷却条件下，变压器温度不正常并不断上升，超过允许运行值。

3）压力释放装置动作（同时伴有其他保护动作）。

4）严重漏油使油面降低，并低于油位计的指示限度。

5）油色变化过大，油内出现大量杂质等。

6）套管有严重的破损和放电现象。

7）冷却系统故障，断水、断电、断油的时间超过了变压器的允许时间。

8）变压器冒烟、着火、喷油。

9）变压器已出现故障，而保护装置拒动或动作不明确。

10）变压器附近着火、爆炸，对变压器的安全构成严重威胁。

18.3.3.2　变压器的异常运行及处理

A　异常声音的处理

变压器正常运行时，由于硅钢片磁滞伸缩，会发出均匀的"嗡嗡"声。如果有其他异常声响，应根据声响查找故障的原因。

（1）当变压器内部有很重而且特别沉闷的"嗡嗡"声时，可能是变压器负荷较大或满载、过载运行，铁心硅钢片振动增加，发出较高、较粗的声响。

（2）当变压器内部有尖细的"哼哼"声或尖细的"嗡嗡"声时，可能是系统中发生铁磁谐振，也可能是系统中或变压器内部发生了一相断线或单相接地故障。

（3）当变压器内、外部同时发出特别大的"嗡嗡"声和其他振动杂音时，可能是系统发生了短路故障，变压器通过大量的非周期性电流，铁心严重饱和，磁通畸变为非正弦波，从而使变压器整个箱体受强大的电动力影响而振动。

（4）当变压器内部有"吱吱"或"噼啪"声时，可能是内部有放电故障，如铁心接地不良、分接开关接触不良、引线对油箱壳放电等。当"吱吱"或"噼啪"声发生在变压器外部时，可能是瓷套管表面污秽比较严重，或在大雾、下雨等天气情况下，瓷质电晕放电发出的声响（夜间可见蓝色火花）。当变压器空载合闸时，有"啪"的一声响声，若声响发生在变压器外部，可能是变压器外壳接地螺栓接触不良，或上下节油箱连接处连接不良，也可能是引线对外壳放电，或瓷套打火引起。

（5）当变压器内部有"哇哇"声时，可能是有电弧等整流设备负荷投入，因高次谐波作用，使变压器瞬间发出"哇哇"声。

（6）当变压器内部有"叮叮当当"声时，可能是由铁心的夹紧螺栓松动，或内部有些零部件松动引起的。

（7）当变压器内部有"咕嘟咕嘟"似水的沸腾声时，可能是绕组有较严重的故障或分接开关接触不良而引起局部严重过热，应立即停止变压器的运行，进行检修。

（8）变压器声响明显增大，内部有爆裂声时，应立即断开变压器各侧断路器，将变压器转检修。

（9）当响声中夹有爆裂声，既大又不均匀时，可能是变压器的本体绝缘击穿，应立即停止变压器的运行，进行检修。

（10）响声中夹有连续的、有规律的撞击或摩擦声时，可能是变压器的某些部件因铁心振动而造成机械接触。如果是箱壁上的油管或电线处有撞击或摩擦声，可增加距离或强化固定来解决。另外，冷却风扇、油泵的轴承磨损等也会发出机械摩擦的声音，应在确定后进行处理。

B　油温异常升高的处理

过热对变压器是极其有害的。变压器绝缘损坏大多由过热引起，温度的升高降低了绝缘材料的耐压能力和机械强度。变压器最热点温度达到140℃时，油中就会产生气泡，气泡会降低绝缘或引发闪络，造成变压器损坏。

过热对变压器的使用寿命也影响极大。在80～140℃的温度范围内，温度每增加6℃，变压器绝缘有效使用寿命的降速会增加一倍。GB 1094规定：油浸变压器绕组平均温升值是65℃，顶部油温升是55℃，铁心和油箱是80℃。

a　变压器油温异常升高的原因

（1）变压器冷却器运行不正常。

（2）变压器运行电压过高。

（3）潜油泵故障或检修后电源的相序接反。

（4）散热器阀门没有打开。

（5）变压器长期过负荷。

（6）变压器内部有故障。

（7）温度计损坏。

（8）冷却器全停。

b　变压器油温异常升高的检查

发现变压器油温异常升高，应对以上可能的原因逐一进行检查，做出准确判断并及时处理。

（1）检查变压器就地及远方温度计指示是否一致，用手触摸比较各相变压器油温有无明显差别。

（2）检查变压器是否过负荷。若油温升高由长期过负荷引起，则应向调度汇报，要求减轻负荷。

（3）检查冷却设备运行是否正常。若冷却器运行不正常，则应采取相应的措施。

（4）检查变压器声音是否正常，油温是否正常，有无故障迹象。

（5）核对测温装置准确度。

（6）检查变压器室的通风情况。

（7）检查变压器有关碟阀开闭位置是否正确。

（8）检查变压器油位是否正常。

（9）检查变压器的气体继电器内是否积聚可燃气体。

（10）检查系统运行情况，注意系统谐波电流情况。

（11）进行油色谱试验。

（12）必要时进行变压器预防性试验。

c　变压器油温异常升高的处理

（1）若温度升高的原因是由于冷却系统发生故障，且在运行中无法修复，则应将变压器停运并检修；若冷却装置未完全投入或有故障，应立即处理，排除故障；若故障不能立即排除，则必须降低变压器运行负荷，按相应冷却装置冷却性能与负荷的对应值运行。如果冷却系统因故障已全部退出工作，则应倒换备用变压器，将故障变压器退出运行。

（2）如果温度比平时同样负荷和冷却温度下高出 10℃ 以上，或变压器负荷、冷却条件不变，而温度不断升高，温度表计又无问题，则认为变压器已发生内部故障（铁心烧损、绕组匝间短路等），应投入备用变压器，停止故障变压器运行，联系检修人员进行处理。

（3）若经检查分析是变压器内部故障引起的温度异常，则立即停运变压器，尽快安排处理。

（4）若运行仪表指示变压器已过负荷，单相变压器组三相各温度计指示基本一致（可能有几摄氏度偏差），变压器及冷却装置无故障迹象，则温度升高由过负荷引起，应按过负荷处理（若由变压器过负荷运行引起，在顶层油温超过 75℃ 时，应立即降低负荷）。

（5）若散热器阀门没有打开，应设法将阀门打开。变压器散热器阀门没有打开，在变压器送电带上负荷后温度上升很快，若本站有两台变压器，那么通过对两台变压器的温度进行比较就能判断出来。

（6）若是潜油泵电源的相序接反了，可从油流指示器上进行判断，应立即启动备用冷却器，将潜油泵电源的相序进行调换，并用相序表进行检查。

（7）若远方测温装置发出温度告警信号，且指示温度值很高，而现场温度计指示并不高，变压器又没有其他故障现象，可能是远方测温回路故障误告警，这类故障可在适当的时候予以排除。

（8）如果三相变压器组中某一相油温升高，明显高于该相在过去同一负荷、同样冷却条件下的运行油温，而冷却装置、温度计均正常，则过热可能是由变压器内部的某种故障引起，应通知专业人员立即取油样做色谱分析，进一步查明故障。若色谱分析表明变压器存在内部故障，或变压器在负荷及冷却条件不变的情况下，油温不断上升，则应按现场规程规定将变压器退出运行。

C　油位异常的处理

变压器的油位是与油温相对应的，生产厂家应提供油位温度曲线。当油位和温度不符合油位-温度曲线时，则油位异常。大型变压器一般采用带有隔膜或胶囊的油枕，用指针式油位计反映油位。

a　油位过低的原因

油位过低或看不到油位，应视为油位不正常。当低到一定程度时，会造成轻瓦斯保护动作告警。严重缺油时，会使油箱内绝缘暴露受潮故障。油位过低一般有以下原因：变压器严重渗漏油或长期渗漏油。通常发生渗漏油的部位主要有以下几处：

（1）气体继电器及连接管道。

（2）潜油泵接线盒、观察窗、连接法兰、连接螺丝紧固件、胶垫。

（3）冷却器散热管。

（4）全部连接通路碟阀。

（5）集中净油器或冷却器油通路连接片。

（6）全部放气塞处。

（7）全部密封部位胶垫处。

（8）部分焊缝不良处。

（9）套管升高座电流互感器小绝缘子引出线的桩头处。

（10）所有套管引线桩头、法兰处。

b　油位过低的处理

（1）若变压器无渗漏油现象，油位明显低于当时温度下应有的油位，应尽快补油。补油后，要及时检查气体继电器的气体。

（2）若变压器大量漏油造成油位迅速下降时，应立即采取措施制止补漏，若不能制止漏油，且低于油位指示限度时，应立即将变压器停运。

（3）对有载调压变压器，当主油箱油位逐渐降低，而调压油箱油位不断升高，以致从呼吸器中漏油，可能是主油箱与有载调压油箱之间密封损坏，造成主油箱的油向调压油箱内渗漏。此时应将变压器停运，转检修。

c　油位过高的原因

如变压器温度变化正常，而变压器油标管（或油位表）内油位不正常（过高或过低）或不变化，则说明油枕油位是变压器的假油位。

（1）呼吸器堵塞，所指示的油枕不能正常呼吸。

（2）防爆管通气孔堵塞。

（3）油标堵塞或油位表指针损坏、失灵。

（4）全密封油枕未按全密封方式加油，在胶囊袋与油面之间有空气（存在气压，造成假油位）。

（5）变压器呼吸器堵塞，可造成油位计指示的大起大落现象，在负荷和油温高时油位很高，甚至可造成压力释放阀动作；而负荷和油温低时则油位回落，呼吸器的油封杯中没有气泡产生。

（6）对于有载调压变压器，如发现有载调压的油枕油位异常升高，在排除有载调压分接开关内部无故障及注油过高的因素后，可判定为内部渗漏（变压器本体的油渗漏到有载调压分接开关筒体内部）。

d　变压器油位过高的处理

（1）如果变压器油位高出油位计的指示极限，且无其他异常时，为了防止变压器油溢出，则应放油到适当高度，同时应注意油位计、吸湿器和防爆管是否堵塞，避免因假油位造成误判断。放油时应先将重瓦斯保护改接信号。

（2）变压器油位因温度上升有可能高出油位指示极限，经查明不是假油位所致时，则应放油，使油位降至与当时油温相对应的高度，以免溢油。

（3）油位计带有小胶囊时，如发现油位不正常，先对油位计加油。此时需将油表呼吸塞及小胶囊室的塞子打开，用漏斗从油表呼吸塞处缓慢加油，将囊中空气全部排出；然后打开油表放油螺栓，放出油表内多余油量（看到油表内油位即可），关上小胶囊室的塞子。注意油表呼吸塞不要拧得太紧，以保证油表内空气自由呼吸。

D　本体及套管渗漏、油位异常和套管末屏有放电声的处理

a　造成渗漏油的原因

（1）阀门系统、碟阀胶垫材质和安装不良，放油阀精度不高，螺纹处渗漏。

（2）高压套管基座电流互感器出线桩头胶垫处不密封或无弹性，造成接线桩头胶垫处渗漏。小绝缘子破裂，造成渗漏油。

（3）胶垫不密封造成渗漏。一般胶垫应保持压缩2/3时仍有一定的弹性。受运行时间、温度、振动等因素的影响，胶垫易老化龟裂，失去弹性。胶垫材料和安装不合格、位置不对称、偏心也会造成胶垫不密封。

（4）设计制造不良。高压套管升高座法兰、油箱外表、油箱底盘大法兰等焊接处，因有的法兰材质太薄、加工粗糙而造成渗漏油。

b　变压器渗漏油的处理

（1）变压器本体渗漏油若不严重，并且油位正常时，应加强监视。

（2）变压器本体渗漏油严重，并且油位未低于下限，但一时又不能停电检修，通知专业人员进行补油，并应加强监视，增加巡视的次数；若低于下限，则应将变压器停运。

c　套管渗满、油位异常和套管末屏有放电声的处理

（1）套管严重渗漏或瓷套破裂时，变压器应立即停运，更换套管或消除放电现象，经电气试验合格后方可将变压器投入运行。

（2）套管油位异常下降或升高，包括利用红外测温装置检测油位，确认套管发生内漏（即套管油与变压器油已连通），应安排吊套管处理；当确认油位已漏至金属储油柜以下时，变压器应停止运行，进行处理。

（3）套管末屏有放电声时，应将变压器停止运行，并对该套管做试验，确认没有引起套管绝缘故障，对末屏可靠接地后方可将变压器恢复运行。

（4）大气过电压、内部过电压等，会引起瓷件、瓷套管表面龟裂，并有放电痕迹。此时应采取加强防止大气过电压和内部过电压的措施。

d　防爆管防爆膜破裂的原因和压力释放阀冒油的处理

（1）防爆管防爆膜破裂，引起水和潮气进入变压器内，导致绝缘油乳化及变压器的绝缘强度降低。

（2）防爆膜材料或玻璃选择、处理不当，如材质未经压力试验，玻璃未经退火处理，由于自身应力的不均匀而导致破裂。

（3）防爆膜及法兰加工不精密、不平整，装置结构不合理，检修人员安装防爆膜的工艺不符合要求，紧固螺丝受力不匀，接触面无弹性等。

（4）呼吸器堵塞或抽真空充氮气情况下，操作不慎，使之承受压力而破坏。

（5）受外力或自然灾害袭击。

（6）变压器发生内部故障。

E　压力释放阀异常的处理

压力释放阀冒油而变压器的气体继电器和差动保护等电气保护未动作时，应立即取变压器本体油样进行色谱分析。如果色谱正常，则压力释放阀动作可能由其他原因引起，应做以下检查和处理：

（1）检查变压器本体与储油柜连接阀是否已开启、吸湿器是否畅通、储油柜内气体是否排净，防止由于假油位引起压力释放阀动作。

（2）检查压力释放阀的密封是否完好，必要时更换密封胶垫。

（3）检查压力释放阀升高座是否设放气塞，如未设，应增设，防止积聚气体因气温变化发生误动。

（4）如条件允许，可安排时间停电，对压力释放阀进行开启和关闭动作试验。

（5）查阅历史记录，是否因为在冬天检修后注油过高，在夏天高温、大负荷情况下，造成变压器油箱油位过高而使压力释放阀冒油。

（6）压力释放阀冒油，且瓦斯保护动作跳闸时，在未查明原因、未消除故障前，不得将变压器投入运行。

F　轻瓦斯保护动作的处理

a　变压器轻瓦斯报警的原因

（1）变压器内部有较轻微故障，产生气体。

（2）变压器内部进入空气。

（3）外部发生穿越性短路故障。

（4）油位严重降低至气体继电器以下，使气体进入。

（5）直流多点接地、二次回路短路。

（6）受强烈振动影响。

（7）气体继电器本身问题。

b　变压器轻瓦斯保护动作报警后的处理

（1）如气体继电器内有气体，则应记录气体量，观察气体的颜色及试验是否可燃，并取气样及油样做色谱分析，根据有关规程和导则判断变压器的故障性质。

（2）如果轻瓦斯保护动作发信号后，经分析已判为变压器内部存在故障，且发信号间隔时间逐次缩短，则说明故障正在扩大，这时应尽快将该变压器停运。

G　油色谱异常的处理

变压器本体油中气体色谱分析超过注意值时，应进行跟踪分析；根据各特征气体和总氢含量的大小及增长趋势，结合产气速率，综合判断，必要时缩短跟踪周期。

H　变压器油流故障的处理

a　变压器油流故障的现象

（1）变压器油流发生故障时，变压器油温不断上升。

（2）风扇运行正常，变压器油流指示器指在停止的位置。

（3）如果是管路堵塞（油循环管路阀门未打开），将会发油流故障信号，油泵热继电器将动作。

b　变压器油流故障的原因

（1）油流回路堵塞。

（2）油路阀门未打开，造成油路不通。

（3）油泵故障。

（4）变压器检修后油泵交流电源相序接错，造成油泵电机反转。

（5）油流指示器故障（变压器温度正常）。

（6）交流电源失压。

c　处理方法

油流故障告警后，运行人员应检查油路阀门位置是否正常，油路有无异常，油泵和油流指示器是否完好，冷却器回路是否运行正常，交流电源是否正常，并进行相应的处理。同时，严格监视变压器的运行状况，发现问题及时汇报，进行处理。若是设备故障，则应立即向上级报告，通知有关专业人员来检查处理。

I　变压器铁心运行异常处理

（1）变压器铁心绝缘电阻与历史数据相比较低时，首先应区别是否由受潮引起。排除受潮，则一般为变压器铁心周围存在悬浮游丝。在变压器未放油的情况下，可考虑采取低压电容放电的措施对变压器铁心进行放电，将铁心周围悬浮游丝烧断，恢复变压器铁心绝缘。

（2）如果变压器铁心绝缘电阻低的问题一时难以处理，不论铁心接地点是否存在电流，均应串入电阻，防止环流损伤铁心。有电流时，宜将电流限制在100mA以下。

（3）变压器铁心多点接地，并采取了限流措施，仍应加强对变压器本体油的色谱跟踪，缩短色谱监测周期，监视变压器的运行情况。

J　冷却装置故障的处理

冷却装置通过变压器油帮助绕组和铁心散热。冷却装置正常与否，是变压器正常运行的重要条件。在冷却装置存在故障或冷却效率达不到设计要求时，变压器是不宜满负荷运行的，更不宜过负荷运行。需要注意的是，在油温上升过程中，绕组和铁心的温度上升快，而油温上升较慢，可能从表面上看油温上升不多，但铁心和绕组的温度已经很高了。所以在冷却装置存在故障时，不仅要观察油温，还应注意变压器运行的其他变化，综合判断变压器的运行状况。

a　冷却装置故障的原因

（1）冷却装置的风扇或油泵电动机过载，热继电器动作。

（2）风扇、油泵本身故障（轴承损坏，摩擦过大等）。

（3）电机故障（缺相或断线）。

（4）热继电器整定值过小或在运行中发生变化。

（5）控制回路继电器故障。

（6）回路绝缘损坏，冷却装置组空气开关跳闸。

（7）冷却装置动力电源消失。

（8）冷却装置控制回路电源消失。

b　冷却装置故障的处理

（1）冷却装置电源故障。冷却装置常见的故障就是电源故障，如熔断器熔断、导线接触不良或断线等。当发现冷却装置整组停运或个别风扇停转以及潜油泵停运时，应检查电源，查找故障点，迅速处理。若电源已恢复正常，风扇或潜油泵仍不能运转，则可按动热继电器复归按钮试一下。若电源故障一时来不及恢复，且变压器负荷又很大，可采取用临时电源使冷却装置先运行起来，再去检查和处理电源故障。

（2）机械故障。冷却装置的机械故障包括电动机轴承损坏、电动机绕组损坏、风扇叶变形及潜油泵轴承损坏等。这时需要尽快更换或检修。

（3）控制回路故障。控制回路中的各元件损坏，引线接触不良或断线、接点接触不良时，应查明原因迅速处理。

（4）散热器出现渗漏油时，应采取堵漏油措施。如采用气焊或电焊，要求焊点准确，焊缝牢固，严禁将焊渣掉入散热器内。

（5）当散热器表面油垢严重时，应清扫散热器表面，可用金属去污剂清洗，然后用水冲净晾干。清洗时管接头应可靠密封，防止进水。

（6）散热器密封胶垫出现渗漏油时，应及时更换密封胶垫，使密封良好，不渗漏。

（7）强油风冷却器表面污垢严重时，应用高压水（或压缩空气）吹净管束间堵塞的杂物，若油垢严重可用金属刷擦洗干净，要求冷却器管束间洁净、无杂物。

（8）强油冷却系统全停时，应立即查明原因，紧急恢复冷却系统供电，同时注意变压器上层油温不得超过75℃，并立即向上级汇报。

（9）强油风冷变压器发生轻瓦斯保护频繁动作信号时，应注意检查强油冷却装置油泵负压区渗漏。

（10）强油冷却装置运行中出现过热、振动、杂音及严重渗漏油、漏气等现象时，应及时更换或检修，如发现油泵轴承或叶片磨损严重时，应对变压器进行吊罩检查。变压器内部要求用油冲洗，保证变压器内部干净。

K　变压器差动保护动作的分析及处理

a　变压器差动保护动作的原因

（1）变压器及其套管引出线，各侧差动保护用电流互感器以内的一次设备故障。

（2）保护二次回路问题引起保护误动作。

（3）差动保护用电流互感器二次开路或短路。

（4）变压器内部故障。

b　变压器差动保护动作后的检查

（1）检查变压器各侧断路器是否跳闸。

（2）检查变压器套管有无损伤，有无闪络放电痕迹，变压器本体有无着火、爆炸、喷油、放电痕迹，导线是否断线、短路、有无小动物爬入引起短路等情况。

（3）检查差动保护范围内所有一次设备、瓷质部分是否完整，有无闪络放电痕迹。变压器及各侧断路器、隔离开关、避雷器、瓷绝缘子等有无接地短路现象。有无异物落在设备上。

（4）检查差动保护用电流互感器本身有无异常，瓷质部分是否完整、有无闪络放电痕迹，回路有无断线接地。

（5）检查差动保护范围外有无短路故障。

（6）检查保护动作情况，做好记录。

（7）检查气体继电器和压力释放装置的动作情况。

（8）检查气体继电器有无气体、压力释放阀是否动作、喷油。

（9）查看故障录波器录波情况。

（10）查看微机保护打印报告。

（11）检查其他运行变压器及各线路的负荷情况。

c　变压器差动保护动作的处理

（1）立即将情况向调度及有关部门汇报。

（2）检查故障明显可见变压器本身有异常和故障迹象，差动保护范围内一次设备上有故障现象，应停电检查处理故障，检修试验合格后方能投运。

（3）未发现明显异常和故障迹象，但有瓦斯保护动作。即使只是轻瓦斯保护报警信号，也属变压器内部故障的可能性极大，应经内部检查并试验合格后方能投入运行。

（4）未发现任何明显异常和故障迹象，变压器其他保护未动作。检查保护出口继电器接点在打开位置，线圈两端无电压，差动保护范围外有接地、短路故障，可将外部故障隔离后，拉开变压器各侧隔离开关，若测量变压器绝缘无问题，根据调度命令可试送一次，试送成功后检查有无接线错误。

（5）检查变压器及差动保护范围内一次设备，无发生故障的痕迹和异常。变压器瓦斯保护未动作。其他设备和线路，无保护动作信号掉牌。此时，根据调度命令，拉开变压器各侧隔离开关，测量变压器绝缘，若无问题，则可试送一次。

（6）变压器跳闸后，应立即停油泵。

（7）应根据调度指令进行有关操作。

（8）现场有明火等特殊情况时，应进行紧急处理。

（9）根据安全工作规程采取现场的安全措施。

L　变压器重瓦斯保护动作的分析及处理

a　变压器重瓦斯保护动作的原因

（1）变压器内部故障。

（2）因二次回路问题引起误动作。

（3）某些情况下，由于油枕内的胶囊（隔膜）安装不良，造成呼吸器堵塞，呼吸器突然冲开，油流冲动使重瓦斯保护误动跳闸。

（4）外部发生穿越性短路故障。

（5）变压器附近有较强的振动。

b　变压器重瓦斯保护动作的处理

（1）应立即将情况向调度及有关部门汇报。

（2）立即投入备用变压器或备用电源，恢复供电。

（3）经判定为内部故障，未经内部检查并试验合格，不得重新投入运行，防止事故扩大。

（4）外部检查无任何异常，取气分析，无色、无味、不可燃，气体纯净无杂质，同时变压器其他保护末动作。跳闸前重瓦斯报警时，变压器声音、油温、油位、油色无异常，可能属进入空气太多、析出太快，应检查进气的部位并处理。此时，无备用变压器时，根据调度和上级主管领导的命令，试送一次，严密监视运行情况，由检修人员处理密封不良问题。

（5）外部检查无任何故障迹象和异常，变压器其他保护未动作，取气分析，气体颜色很淡、无味、不可燃，即气体的性质不易鉴别（可疑），无可靠的根据证明属误动作。此时，无备用变压器和备用电源的，根据调度和主管领导命令执行。拉开变压器的各侧隔离开关，测绝缘无问题，放出气体后试送一次，若不成功应做内部检查。有备用变压器的，由专业人员取样进行化验，试验合格后方可投运。

（6）外部检查无任何故障迹象和异常，气体继电器内无气体，证明确属误动跳闸，应做以下处理：

1）若其他线路上有保护动作信号掉牌，重瓦斯保护动作掉牌信号能复归，属外部有穿越性短路引起的误动跳闸。故障线路隔离后，可以投入运行。

2）若其他线路上无保护动作信号掉牌，重瓦斯保护动作掉牌信号能复归，可能属振动过大原因误动跳闸，可以投入运行。

3）经确认是二次触点受潮等引起的误动，故障消除后，向上级主管部门汇报，可以试送。

4）变压器跳闸后，应立即停油泵，并进行油色谱分析。

5）应根据调度指令进行有关操作。

6）现场有着火等特殊情况时，应进行紧急处理。

7）根据安全工作规程采取现场的安全措施。

8）按要求编写现场事故处理报告。

M　有载分接开关重瓦斯保护动作跳闸的处理

有载分接开关重瓦斯保护动作时，值班人员应进行以下检查：

（1）检查变压器各侧断路器是否跳闸。

（2）检查各保护装置动作信号情况、直流系统情况、故障录波器动作情况。

（3）查看其他运行变压器及各线路的负荷情况。

（4）油枕、压力释放阀和吸潮器是否破裂，压力释放装置是否动作。

（5）检查变压器有无着火、爆炸、喷油、漏油等情况。

（6）检查有载分接开关及本体气体继电器内有无气体积聚或收集的气体是否可燃。

（7）检查变压器本体及有载分接开关油位情况。

（8）检查直流及有关二次回路情况。

（9）检查有载分接开关气体继电器接线盒内有无进水受潮或异物造成端子短路。

（10）有无其他保护动作信号。

N　套管爆炸的检查与处理

a　套管发生爆炸的检查

（1）检查变压器各侧断路器是否已跳闸。

（2）检查保护及自动装置动作情况。

（3）检查、分析故障录波器数据。

（4）查看其他运行变压器及各线路的负荷情况。

（5）检查变压器有无着火等情况，检查消防设施是否启动。

（6）检查有无套管爆炸引起其他设备的损坏情况。

b　套管发生爆炸的处理

（1）应立即将情况向调度及有关部门汇报。

（2）当变压器各侧断路器未跳闸时，应手动拉开故障变压器各侧断路器。

（3）立即停油泵。

（4）现场有着火情况时，应先报警并隔离变压器，迅速采取灭火措施。处理事故时，首先应保证人员安全，注意油箱爆裂情况。

（5）根据调度指令进行有关操作。

（6）若检修人员不能立即到达现场，必要时在采取安全措施后，应采取措施避免雨水进入变压器内部。

O　压力释放装置动作后的处理

a　压力释放装置动作的原因

（1）内部故障。

（2）变压器承受大的穿越性短路。

（3）压力释放装置二次信号回路故障。

（4）大修后变压器注油较满。

（5）负荷过大，温度过高，致使油位上升而向压力释放装置喷油。

b　检查及处理

（1）检查压力释放装置是否喷油。

（2）检查保护动作情况、气体继电器动作情况。

（3）检查变压器油温和绕组温度、运行声音是否正常，有无喷油、冒烟。

（4）检查是否为压力释放装置误动。

P　变压器事故过负荷跳闸的处理

（1）检查保护装置动作信号情况、故障录波器动作情况、直流系统情况。

（2）检查其他运行变压器及各线路的负荷情况。

（3）监视变压器的现场及远方油温情况。

（4）检查变压器的油位是否过高。

（5）检查变压器有无着火、喷油、漏油等情况。

（6）检查气体继电器内有无气体积聚，检查压力释放阀有无动作。

（7）变压器跳闸后，应使冷却系统处于工作状态，以迅速降低变压器的油温。

（8）应立即将情况向调度及有关部门汇报。

（9）应根据调度指令进行有关操作。

Q　变压器起火的处理

（1）变压器起火时，首先应检查变压器各侧断路器是否已跳闸，否则应立即手动拉开故障变压器各侧断路器，使各侧至少有一个明显的断开点，立即停运冷却装置，并迅速采取灭火措施，投入水喷雾装置，防止火势蔓延。必要时开启事故放油阀排油。处理事故时，首先应保证人员安全。

（2）立即切除变压器所有二次控制电源。

（3）立即向消防部门报警，报警时要说明具体地点，什么设备着火。

（4）在确保人员安全的情况下，采取必要的灭火措施。

（5）应立即将情况向调度及有关部门汇报。

（6）若油溢在变压器顶盖上着火时，则应打开下部油门至适当油位；若变压器内部故障引起着火时，则不能放油，以防主变压器发生爆炸。

（7）消防队前来灭火，必须指定专人监护，并指明带电部分及注意事项。

（8）同时还应检查：

1）保护装置动作信号情况。

2）其他运行变压器及各线路的负荷情况。

3）变压器起火是否对周围其他设备有影响。

18.3.4　真空断路器常见故障处理

18.3.4.1　真空断路器利用真空的高介质强度灭弧

真空度必须保证在 0.0133Pa 以上，才能可靠地运行。若低于此真空度，则不能灭弧。造成断路器真空度下降的原因主要有：

（1）使用材料气密性不佳。

（2）金属波纹管密封性能差。

（3）在调试过程中，行程超过波纹管的范围，或超程过大，受冲击力太大。

18.3.4.2　接触电阻增大

真空灭弧室的触头接触面经多次开断电流后逐渐磨损，导致接触面增大，对开断性和导电性能都产生不利影响。测量导电回路电阻应不大于 1.2 倍出厂值。对接触电阻明显增大的，除要进行触头调节外，还应检测真空灭弧室的真空度，必要时更换灭弧室。

18.3.4.3　操作机构故障处理

跳跃现象：采用 CD 直流操动机构的真空断路器，机构在运行时，有时会发出现合闸线圈通电后，合闸铁心没有达到合闸终点位置，轴没能被支架托住而返回，使断路器分闸。此时合闸信号又未切除，合闸线圈再次得电，铁心又马上合闸。合闸后又导致分闸，如此循环下去。这种急速的连续分合，称为"跳跃"现象。发生"跳跃"现象的原因及处理方法是：

（1）检查掣子是否有卡滞现象或掣子与环间隙未达到 2 + 0.5mm 要求。若不符合要求时，应卸下底座，取出铁心，调整铁心顶杆高度，使其达到间隙要求。

（2）合闸线圈被辅助开关过早切断合闸电源，此时应调整辅助开关拉杆长度，使断路器可靠合闸。

18.3.4.4　拒动

在真空断路器检修和运行过程中，有时会出现不能正常分合闸现象，称为拒动。当发生拒动现象时，首先要分析拒动原因，然后针对拒动原因进行处理。分析的基本思路是先查控制回路，若确认控制回路无异常，再在断路器机构上查找。其原因和处理方法如下：

（1）不能进行合闸，原因可能是合闸线圈烧坏、断线，或各触点接触不良，处理方法是更换合闸线圈或用砂纸打磨触点。

（2）有合闸动作，但合不上闸，原因可能是由于受合闸时的冲击力使跳闸杠杆跳起，或由于摩擦，跳闸拉杆、其他各连杆不能复位，处理方法是调整跳闸杠杆的位置，检查销子是否被卡住，并注入润滑油。

（3）不能分闸，可能是分闸线圈烧坏、断线，辅助触点接触不良，或由于摩擦使跳闸杠杆变紧，处理方法是更换分闸线圈，调整或更换辅助触点，检查销子是否被卡住。

18.3.4.5　分闸线圈烧毁

在吸合与分闸过程中，线圈只是瞬时通电，线圈通电时产生的热量不足以引起温度上升，即使多次分合闸也不至于发生烧毁线圈现象。现场发生的线圈烧毁大都是因为辅助触头接触不良或分闸线圈吸合过程中衔铁动作中途受阻、机械卡滞等引起线圈长时间通电且未完全分闸导致。通常处理方法是更换辅助开关、调整分合闸机构传动部件或者打磨触头。

18.3.5　SF$_6$ 断路器故障处理

18.3.5.1　户外 SF$_6$ 开关 SF$_6$ 气压降低的处理

SF$_6$ 气体密度继电器（气体温度补偿压力开关）监视气体压力的变化。当 SF$_6$ 气压下降至第一报警值时，密度继电器动作，报出补气压力信号。当 SF$_6$ 气压下降至第二报警值时，密度继电器动作，报出闭锁压力信号，同时把开关的跳合闸回路断开，实现分、合闸闭锁。

纯净的 SF$_6$ 气体是无色、无味、无毒、化学性很稳定的气体。在开关内的 SF$_6$ 气体，经电弧分解（特别是有潮气）后，会产生许多有毒的、具有腐蚀性的气体和固体分解物。这些产物，不仅影响到设备的性能，而且危及运行和检修人员的安全。处理漏气故障时，必须注意采取防护措施。

A　密度继电器动作报出补气压力信号

（1）及时检查压力表指示，检查信号报出是否正确，是否漏气。运行中，在同一温度下，相邻两次记录的压力值相差 10～30kPa 时，可能有漏气，有条件的可用检漏仪器检查。检查时必须穿戴防护用具才能接近设备。检查时，如感觉有刺激性气味、自感不适，应立即离开现场 10m 以外。

（2）如果检查没有漏气现象，属于长时间运行中气压正常下降，应向上级汇报，由专业人员带电补气。补气以后，继续监视气压。

（3）如果检查有漏气现象，应向调度汇报，及时转移负荷或倒运行方式，对故障开关停电检查。

B　密度继电器动作报出闭锁压力信号

气体闭锁压力信号报出气体压力下降较多，就说明有漏气现象，开关跳合闸回路已被闭锁。应迅速采取以下措施：

（1）先拔掉开关的操作保险，以防止一旦闭锁不可靠使开关跳闸时不能灭弧。

（2）向调度和有关上级汇报。

（3）尽快用专用闭锁工具，将开关的传动机构卡死。此时，可以再装上操作保险，一旦线路上有故障时，开关的失灵保护启动回路仍可以起作用。

（4）立即转移负荷，利用倒运行方式的方法将故障开关停电处理漏气并补气。

（5）无法倒运行方式时，应将负荷转移。

（6）开关只能在不带电情况下断开，然后停电检修。

18.3.5.2　SF$_6$ 断路器微水超标原因及处理

SF$_6$ 断路器中 SF$_6$ 气体水分含量过高，不仅影响设备的绝缘和灭弧能力，同时，在低温运行时，极易结露，附在绝缘物表面，使绝缘物表面绝缘能力下降，从而导致事故。再者，水分的存在使得SF$_6$气体受电弧分解生成大量有毒的氟化物气体，危害人体健康。

A　微水超标的原因

（1）SF$_6$气体存放方法不当，出厂时带有水分。

（2）设备组装时进入的水分。

（3）固体绝缘物中释放出的水分。

（4）运行中透过密封件渗入的水分。

（5）运行中多次补气、测试过程中带入的水分。

（6）气体内吸附剂失效。

B　处理方法

发现SF$_6$微水超标时，不要私自处置，应请专业人员进行处理。

18.3.6　隔离开关运行中常见故障及处理

18.3.6.1　拒合

电动操作机构的刀闸拒绝合闸时，应观察接触器动作、电动机转动以及传动机构动作情况等，依次对控制回路、闭锁回路、电源、电机及机构机械进行检查，按照实际情况进行处理。

手动操作机构拒合时，首先应核对设备编号及操作程序是否有误，检查开关是否在断开位置。若无上述问题，应检查接地刀闸是否完全拉开到位。将接地刀闸拉开到位后，可继续操作。若无上述问题时，应检查机械卡滞、抗劲的部位。如属于机构不灵活，缺少润滑，可加注机油。多转动几次，然后再合闸。如果是传动部分的问题，无法自行处理，应采用倒运行方式，先恢复供电，并向上级汇报，刀闸能停电时，由检修人员处理。

18.3.6.2　刀闸不能合闸到位或三相不同期

刀闸如果在操作时不能完全合到位，接触不良，运行中会发热。出现刀闸合不到位、三相不同期时，应拉开重合，反复合几次。操作动作应符合要领，用力要适当。如果无法完全合到位，不能达到三相完全同期，应戴绝缘手套，使用绝缘棒，将刀闸的三相触头顶到位。向上级汇报，安排计划停电检修，调整隔离开关机构。

18.3.6.3　拒分

A　电动操作机构拒绝分闸

应当观察接触器动作、电动机转动、传动机构动作情况等。若接触器不动作，属回路不通。应按以下顺序进行处理：

（1）首先应核对设备编号、操作程序是否有误。如果操作有误，则属操作回路被闭锁，回路不通。应纠正错误的操作。

（2）若不属于误操作，应检查操作电源是否正常，保险是否熔断或接触不良。若有问题，处理正常后，继续操作。

（3）若无以上问题，应查明回路中的不通点，处理正常后，拉开刀闸。若时间紧迫，可暂以手动使接触器动作，或手动操作拉开刀闸后向上级汇报，由专业人员检查处理。

（4）若接触器已动作，可能是接触器卡滞或接触不良，也可能是电动机有问题。如测量电动机接线端子上电压不正常，则接触器有问题。反之电动机有问题。在这种情况下，若不能自行处理或时间紧迫时，可用手动操作拉开刀闸。向上级汇报安排计划停电检修。

（5）若检查电动机转动，机构因机械卡滞拉不到，应停止电动操作。检查电动机是否缺相，三相电源恢复正常后，可以继续操作，如果不是缺相故障，则可用手动操作，检查卡滞、抗劲的部位，若能排除，可继续操作。若抵抗力在主导流部位或无法拉开，不许强行拉开，应经倒运行方式，将刀闸停电检修。

B　手动操作机构拒绝分闸

首先应核对设备编号，看操作程序是否有误，检查开关是否在断开位置。无上述问题时，可反复晃动操作把手，检查机械卡滞、抗劲的部位。如属于机构不灵活、缺少润滑，可加注机油，多转动几次，拉开刀闸。如果抵抗力在刀闸的接触部位、主导流部位，不许强行拉开。应经倒运行方式，将故障刀闸停电检修。

C　刀闸电动分、合闸操作时中途自动停止

刀闸在电动操作中，出现中途自动停止故障，如果触头之间距离较小，会长时拉弧放电。原因多是操作回路过早打开、回路中有接触不良之处。出现此种情况时，应迅速手动操作合上刀闸。拉刀闸时，出现中途停止，应迅速手动将刀闸拉开。事后安排计划停电检修。

D　刀闸在运行中发热的处理

刀闸在运行中发热，主要由负荷过重、触头接触不良、操作时没有完全合好引起。接触部位发热，使接触电阻增大，氧化加剧，发展下去可能会造成严重事故。发现刀闸的主导流接触部位有发热现象，应立即设法减小或转移负荷，加强监视。处理时，应根据不同的接线方式，分别采取相应的措施，必要时停电检修。

E　瓷柱电气和机械性能不良的处理

（1）外绝缘闪络。隔离开关外绝缘闪络，主要发生在棒式绝缘子上。造成外绝缘闪络的原因主要是瓷柱的爬电距离和对地绝缘距离不够。防止措施是开发新型瓷柱以增加爬电距离和瓷柱高度，提高整体绝缘水平。

（2）瓷柱断裂。断裂的原因有水泥胶装剂夹在法兰和瓷柱中间，膨胀后胶装部位产生应力；温度差引起的应力；操作引起的应力及质量不良等。防止瓷柱断裂的措施是选择质量高的产品和加强检测及防护。

18.3.7　负荷开关的故障处理

18.3.7.1　熔断器熔体熔断的处理

由于系统发生短路出现很大的短路电流使熔体熔断。应查明原因排除故障后，更换符合要求的熔体。由于过负荷，线路电流过大，应降低线路负荷。熔体选择过小，使熔体熔断，应更换符合要求的熔体。

18.3.7.2　触头发热或烧坏的处理

触头发热或烧坏通常是由三相触头合闸时不同步，压力调整不当，触头接触不良、过负荷运行及操作机构缺陷造成的，应调整操作机构。

18.3.8　电流互感器的故障处理

18.3.8.1　故障及原因

（1）过热现象。原因可能是负荷过大、主导流接触不良、内部故障、二次回路开路等。

（2）内部有臭味、放电声或引线外壳之间有火花放电现象或现场有焦臭味。

（3）内部声音异常。原因为有铁心松动，发出不随一次负荷变化的"嗡嗡"声（长时保持）或者某些离开叠层的硅钢片，在空负荷（或轻负荷）时，会有一定的嗡嗡声（负荷增大即消失）；二次开路时因磁饱和及磁通的非正弦性，使硅钢片振荡，且振荡不均匀，发出较大的噪声。

（4）充油式电流互感器严重漏油。

18.3.8.2　故障处理

电流互感器在运行中，出现上述现象时，应立即进行检查判断。若判定不属于二次回路开路故障，而是本体故障，则应转移负荷停电处理。若声音异常较微，可不立即停电，向调度和有关上级汇报，安排计划停电检修。在停电前应加强监视。

18.3.9　电压互感器的故障处理

电压互感器的故障及异常运行一般可分为两大类，即本体故障和二次回路问题。电压互感器的故障及异常会引起继电保护和自动装置的非正常运行，在某些情况下会造成保护的误动或拒动。因此，在处理电压互感器的故障及异常运行时，必须考虑以上因素，既要排除故障，又要保证电力系统的稳定运行。

18.3.9.1　电压互感器常见的故障及异常运行情况

（1）本体有过热现象。

（2）内部声音不正常或有放电声。

（3）互感器内或引线出口处有严重喷油、漏油或流胶现象。

（4）严重漏油看不到油面，严重缺油使内部铁心露于空气中，当雷击线路或有内部过电压时，会引起内部绝缘闪络烧坏互感器。

（5）内部发出焦臭味、冒烟、着火（说明内部发热严重，绝缘已烧坏）。

（6）套管严重破裂，套管、引线与外壳之间有火花放电。

（7）电压互感器二次小开关连续跳开（内部的故障可能很严重）。

（8）电压互感器铁磁谐振。

（9）电容式电压互感器二次输出电压低或高或波动。

（10）电压互感器二次回路短路。

（11）电压互感器二次回路断线。

（12）高压侧熔断器熔断。

（13）电容式电压互感器电容被击穿。

（14）电容式电压互感器电容元件故障。

（15）电容式电压互感器电磁元件故障。

（16）电容式电压互感器电容器漏油。

（17）电容式电压互感器预防性试验不合格。

（18）电容式电压互感器三次引线绝缘脱落。

（19）电容式电压互感器爆炸。

18.3.9.2　电压互感器故障的处理

（1）高压侧熔断器熔断。电压互感器一次侧熔断器熔断应立即向调度汇报，停用可能会误动的保护及自动装置，取下低压熔断器，拉开电压互感器隔离开关，采取安全措施，检查电压互感器外部有无故障，更换一次侧熔断器，恢复运行。如多次熔断则可判断为电压互感器内部故障，这时应申请停用该互感器。

（2）电磁式电压互感器二次电压降低故障时的处理。二次电压明显降低，可能是下节绝缘支架放电击穿或下节一次绕组匝间短路。这种互感器的严重故障，从发现二次电压降低到互感器爆炸，时间很短，应尽快向调度汇报，采取停电措施。这期间，不得靠近该异常互感器。

（3）电容式电压互感器二次异常现象及引起的主要原因：

1）二次电压波动。其引起的主要原因可能为二次连接松动、分压器低压接地、电容单元可能被间断击穿、铁磁谐振等。

2）二次电压低。其引起的主要原因可能为二次连接不良、电磁单元故障或电容损坏等。

3）二次电压高。其引起的主要原因可能为电容单元损坏、分压电容接地。

4）开口三角形电压异常升高。其引起的主要原因可能为单相互感器的电容单元故障。

电容式电压互感器二次电压降低及升高在排除二次回路无问题时，则应申请停用该电压互感器。

（4）电压互感器二次小开关跳闸的处理。电压互感器二次回路有多个小开关，当发生二次小开关跳闸信号时，应首先查明是哪一个小开关跳闸，然后对照二次图纸查明该回路所带负荷情况。其负荷主要有继电保护和自动置的电压量回路、故障录波器的录波启动回路、测量和计量回路等。

1）当电压互感器二次小开关跳闸或熔断器熔断时，应特别注意该回路的保护装置动作情况，必要时应立即停用有关保护，并查明二次回路是否短路或放电，经处理后再合上电压互感器二次小开关或更换熔断器。

2）若故障录波器回路频繁启动，可将录波器的电压启动回路暂时退出（屏蔽）。

3）如果是测量和计量回路，运行人员应记录其故障的起止时间，以便估算电量的漏计。

4）如经外观检查未发现短路点，在有关保护装置停用的条件下，允许将小开关试合一次。试合成功，然后启用保护；如试合不成功，应进一步查出短路点，予以排除。

5）若属双母线（或双母线分段）电压互感器的小开关跳闸，值班人员必须立即将运行在该母线上各单元有关保护停用，然后向调度汇报，并申请调度试合一次电压互感器小开关，若试合不成功应通知专业人员进行处理，必要时可申请母线倒闸操作。

（5）电压互感器二次短路的处理。电压互感器二次约有 100V 电压，其所通过的电流，由二次回路阻抗的大小来决定。电压互感器本身的阻抗很小。如二次短路时，二次通过的电流增大，造成二次熔断器熔断或二次空气小开关跳闸，影响表计指示或监控系统失实及引起保护误动，如熔断器容量选择不当或二次空气小开关未跳开，极易损坏电压互感器。若发现电压互感器二次回路短路，应申请停电进行处理。

（6）电压互感器二次回路断线的处理：

1）电压互感器二次回路断线的原因：

① 电压互感器高、低压侧的熔断器熔断或小开关跳闸。

② 电压切换回路松动或断线、接触不良。

③ 电压切换开关接触不良。

④ 双母线接线方式，出线靠母线侧隔离开关辅助接点接触不良（常发生在倒闸过程）。

⑤ 电压切换继电器断线或接点接触不良、继电器损坏、端子排线头松动、保护装置本身问题等。

2）电压互感器交流电压回路断线的处理：

① 进行调整或更换。在倒母线的过程中，若发现"交流电压断线"信号，在未查明原因之前，不应继续操作，应停止操作，查明原因。

② 若交流"电压回路断线"、保护"直流回路断线"、"控制回路断线"同时报警，说明直流操作电源有问题、操作熔断器熔断或接触不良。此时，线路的有功、无功表计误指示（或监控系统显示不正确）。处理方法是，退出失压后会误动的保护，更换直流回路熔断器（或试合小开关），若无问题再启用保护。

③ 对于其他原因引起交流电压回路断线，运行人员未查出明显的故障点，则按以下方法处理：一是向调度汇报；二是停用失压后会误动的保护（启动失灵）及自动装置；三是通知专业人员进行处理；四是故障处理完毕后，申请启用已停用的保护及自动装置。

④ 处理时应注意防止交流电压回路短路。若发现端子线头、辅助接点接触有问题，可自行处理，不可打开保护继电器，防止保护误动作；若属隔离开关辅助接点接触不良，不可采用晃动隔离开关操动机构的方法使其接触良好，以防带负荷拉隔离开关，造成母线短路或人身事故。

（7）电压互感器渗漏油的处理：

1）电压互感器本体渗漏油若不严重，并且油位正常，应加强监视。

2）电压互感器本体渗漏油严重，并且油位未低于下限，但一时又不能停电检修，应加强监视，增加巡视的次数；若低于下限，则应将电互感器停运。

3）电压互感器严重漏油应申请调度进行停电处理。

18.3.10　并联电容器运行中出现的故障处理

18.3.10.1　电容器常见故障现象

A　渗漏油

并联电容器渗漏油是一种常见的异常现象，其原因是多方面的。主要有出厂产品质量不良；运行维护不当；长期运行缺乏维护导致外皮生锈腐蚀而造成电容器渗漏油。

B 电容器外壳膨胀

高电场作用下电容器内部的绝缘（介质）物游离而分解出气体或部分元件击穿电极对外壳放电等原因，使得电容器的密封外壳内部压力增大，导致电容器的外壳膨胀变形，这是运行中电容器故障的征兆，应及时处理，避免故障的蔓延扩大。

C 电容器温升高

主要原因是电容器过电流和通风条件差。例如，电容器室设计、安装不合理造成的通风不良，电容器长时间过电流等。此外电容器内部元件故障，介质老化介质损耗增大都可能导致电容器温升过高。电容器温升高影响电容器的寿命，也有导致绝缘击穿使电容器短路的可能。因此，运行中应严格监视和控制电容器室的环境温度，如果采取措施后仍然超过允许温度时，应立即停止运行。

D 电容器瓷瓶表面闪络放电

运行中电容器瓷瓶闪络放电，其原因是瓷瓶绝缘有缺陷或表面脏污，因此运行中应定期进行清扫检查，对污秽地区不宜安装电容器。

E 异常声响

电容器在正常运行情况下无任何声响，因为电容器是一种静止电器，又无励磁部分，不应该有声音，如果运行中发现有放电声或其他不正常声音，说明电容器内部有故障，应立即停止运行。

F 电容器爆炸

运行中电容器爆炸是一种恶性事故，一般在内部元件发生极间或对外壳绝缘击穿时与之并联的其他电容器将对该电容器释放很大的能量，这样就会使电容器爆炸以致引起火灾。

18.3.10.2 并联电容器的故障处理

（1）电容器外壳渗漏油不严重时，可将外壳渗漏处除锈、焊接、涂漆。

（2）电容器过热。如为室温过高，应改善通风条件，如为其他原因，应查明原因进行处理，如为电容器问题应更换电容器。

（3）电容器膨胀或爆破。应更换电容器。

18.3.11 避雷器的故障处理

避雷器在运行中，发现异常现象的故障时，值班人员应对异常现象进行判断，针对故障性质进行处理。

18.3.11.1 运行中避雷器瓷套有裂纹

（1）若天气正常，可停电将避雷器退出运行，更换合格的避雷器。无备件更换而又不致威胁安全运行时，为了防止受潮可临时采取在裂纹处涂漆或黏结剂，随后再安排更换。

（2）在雷雨中，避雷器尽可能先不退出运行，待雷雨过后再处理，若造成闪络，但未引起系统永久性接地时，在可能条件下应将故障避雷器停用。

（3）运行中的避雷器有异常响声并引起系统接地时，值班人员应避免靠近，断开断路器，使故障避雷器退出运行。

（4）运行中避雷器突然爆炸，应断开断路器，使故障避雷器退出运行。

（5）运行中避雷器接地引下线连接处有烧熔痕迹时，可能是内部阀片电阻损坏而引起工频电流增大，应停电使避雷器退出运行，进行电气试验。

18.3.11.2　金属氧化物避雷器损坏、爆炸原因及防止措施

A　损坏、爆炸原因

（1）金属氧化物避雷器受潮，主要是密封不良或漏气，使潮气或水分侵入，或总装环境不良，未经干燥处理而附着有潮气的阀片和绝缘件装入瓷套，使潮气被封在瓷套内。密封不好使绝缘拉杆受潮而发生爆炸。

（2）当电网中发生断线或配电变压器故障而引起谐振时，其幅值可达 3.36～3.4 倍相电压，仍可导致避雷器损坏。

（3）设计不合理，体积小，质量轻，造成瓷套的干闪、湿闪电压太低；固定阀片的支架绝缘性能不良，复合绝缘的耐压强度难以满足要求；阀片方波通流容量较小，使用在某些场合下不配合。

（4）参数选择不当。

（5）电网工作电压波动。配电网的工作电压波动范围很宽，对金属氧化物避雷器，如要求在稳定状态下吸收大量能量，就可能造成热崩溃。采用无间隙金属氧化物避雷器时，必须对系统了解，十分谨慎，否则稳态电压过高，损坏的不止是一只避雷器，还会同时损坏许多个避雷器。

（6）操作不当。运行人员操作不当也是造成金属氧化物避雷器损坏或爆炸的一个原因。操作人员误操作，将中性点接地系统变为局部不接地系统，致使施加到某台金属氧化物避雷器两端的电压大大超过其持续运行电压。

（7）老化问题。金属氧化物避雷器运行一段时间后，部分阀片首先劣化，造成避雷器参考电压下降，阻性电流和功率损耗增加，由于电网电压不变，则金属氧化物避雷器内其余正常的阀片因荷电率（荷电率为金属氧化物避雷器最大运行相电压的峰值与其直流参考电压或工频参考电压峰值之比）增高，负担加重，导致老化速度加快并形成恶性循环，最终导致该金属氧化物避雷器发生热崩溃。

B　防止损坏、爆炸事故的措施

（1）提高产品质量、高度重视金属氧化物避雷器的结构设计、密封、总装环境等决定质量的因素。

（2）正确选择金属氧化物避雷器，这是保证其可靠运行的重要因素。

（3）加强监测，及时检查出金属氧化物避雷器的缺陷并及时处理。

18.3.12　直流大电流刀开关故障分析与处理

18.3.12.1　局部温升超标

（1）手动或电动打开动臂，检查触头是否清洁，如有油污，应清理干净。

（2）用测力器检查邻近动臂的压紧力，若压紧力不够，应调整或更换压力弹簧。

（3）目视检查邻近动臂有无变形，导致触头接触面减小。

18.3.12.2 电动操作时动臂运动不到位

（1）检查调整电动操作机构限位凸轮与行程开关的相对位置。
（2）检查异常动臂是否变形。
（3）检查异常动臂的驱动机构（主轴的曲柄及 U 形连杆）有无损伤。

18.3.12.3 电动机发热超标

（1）检查控制箱热继电器有无损坏。
（2）检查电动操作机构是否需要清洗。

18.3.13 整流装置常见故障处理

电解用整流器每臂并联元件数按 $N-1$ 设计，如果有更多（2 只或是 2 只以上）的元件退出运行，剩余的元件则不能带满载，否则会因为过载而导致元件使用寿命缩短。

18.3.13.1 整流元件快速熔断器熔断的原因及处理

A 快熔熔断原因
（1）冷却和温控系统失效，水路管道破损，热交换器失效，或冷却管道阀门未开通。
（2）过压保护失效，过压保护用来保护整流器免受瞬态过电压和浪涌过电压的危害。
（3）电流调节和过电流保护失灵，引起电流过大，这种情况下可能出现快熔已经断开，但整流元件仍然完好的情况。
B 检查处理方法
（1）检查相关设备或元器件。
（2）利用每只快熔上带有的微动开关和 LED 显示灯找出损坏的快熔。
（3）检查冷却系统。
（4）检查过压保护连接部位、熔断器、电容、电阻等。
（5）检查电流调节和过电流保护系统，尤其是电流设定和电流实际值。
（6）更换故障元件和快熔。

18.3.13.2 交流、直流或换向过压保护快熔熔断原因及处理

交流、直流或换向过压中的熔断器一旦损坏，整流元件就失去了过电压保护，可能导致整流元件损坏。过压保护熔断器熔断一般是因为在过压保护电路中，由于元器件（电容器击穿或压敏电阻漏电流大）损坏导致，这时应查明原因后进行处理。

18.3.13.3 整流器母线过热

过高的温度会使整流元件（晶闸管）半导体管芯损坏，当整流器内有元件母线或快熔母线上的温度继电器温度达到报警温度时，应进行以下检查：
（1）检查管道阀门是否未全部打开或管道有异物堵塞，降低冷却效率。
（2）检查水循环系统是否运行正常。

（3）检查母线上的温度继电器是否正常。

18.3.13.4　冷却水流量低和水压低

冷却系统水压过低将导致整流元件因过热损坏，因此当纯水冷却系统流量低或水压低报警时，应进行以下检查：

（1）检查水泵切换控制回路是否正常，水泵开关控制方式应为自动方式。
（2）水泵电机或电源开关是否正常，如有异常应尽快修复。
（3）管道是否有漏水或管道内有异物堵塞，发现异常尽快处理。

18.3.13.5　整流器出水温度高

整流器出水温度高会导致整流器和辅助元件过热，整流器出水温度高时，应进行以下检查：

（1）检查循环水系统运行是否正常。
（2）检查循环水阀门是否关闭。
（3）对比热交换器的进口处水压和出口处水压，热交换器是否因积水垢而堵塞。
（4）检查水温表及其设定值是否正确。
（5）检查总出水管上的温度传感器是否正常。
（6）检查控制回路接线是否正确。

18.3.13.6　整流器接地故障

整流器接地会导致设备损坏，当接地检测装置检测到接地故障时，可能整流器柜体对地之间有交流或直流漏电流，或者整流器及其辅助设备对柜体之间的绝缘降低（例如检修后遗留工具等），应检查整流柜内各处绝缘及相关设备或元器件。

18.3.13.7　整流器和整流变压器过电流故障原因

（1）变压器冲击电流引起保护装置动作。
（2）变压器内部线圈故障。
（3）变压器外部故障，如套管短路，双接地故障。
（4）整流器因高温、潮湿、碳化和表面漏电导致绝缘被破坏而短路。
（5）汇流母线过热、电流调节器故障、晶闸管触发控制故障。
（6）辅助电源电压降低。
（7）过流保护装置故障。
（8）电流检测装置故障。

18.3.14　二次回路故障处理

二次回路是指变电站的测量仪表、监测装置、信号装置、控制装置、继电保护和自动装置等所组成的电路。二次回路的任务是反映一次系统的工作状态，控制一次系统，并在一次系统发生事故时能使事故部分迅速退出运行。所有二次回路在系统运行中都必须处于完好状态，应能随时应对系统中发生的各种故障或异常运行状态做出正确的反应，否则将造成严重后果。

18.3.14.1　二次回路的异常运行

A　保护拒动

设备发生故障后，由于继电保护的原因，断路器不能动作跳闸，称为保护拒动，拒动的原因如下：

（1）继电器故障。

（2）保护回路不通，如电流回路开路，保护连接片、断路器辅助触点、继电器触点不良及回路断线。

（3）电流互感器变比选择不当，故障时电流互感器严重饱和，不能正确反映故障电流的变化。

（4）保护整定计算及调试不当，造成故障时保护不能启动。

（5）直流系统多点接地，将出口继电器或跳闸线圈短路。

B　保护装置误动

（1）直流系统多点接地，使出口中间继电器或跳闸线圈励磁动作。

（2）运行中保护定值变化，使保护失去选择性。

（3）保护接线错误，或极性接反。

（4）保护定值或调试不正确。

（5）保护回路中的安全措施不当，如未断开应拆开的接线端子或联跳压板，误碰、误触及误接线等使断路器跳闸。

（6）电压互感器二次断路，如电压互感器的熔断器熔断，有些断线闭锁不可靠的保护可能误动，在此情况下，一般会有"电压回路断线"信号、电压表指示不正确。

18.3.14.2　二次回路常见故障及处理

A　断路器控制回路的故障处理

a　断路器的红、绿指示灯熄灭

可做以下检查：

（1）检查指示灯灯丝是否烧断，控制熔断器是否熔断、松动或接触不良。

（2）检查灯具和附加电阻是否接触不良或烧断。

（3）检查断路器的辅助接点是否接触不良。

（4）检查操作机构的储能回路是否正常。

（5）检查控制开关的触点是否接触不良。

（6）检查防跳继电器的电流线圈是否断线或接触不良。

（7）检查控制回路的其他连接线是否断线。

b　断路器合不上闸应先检查电气回路情况：

（1）检查是否有保护装置动作，发出跳闸脉冲。

（2）检查合闸熔断器是否熔断或松动，合闸接触器触点接触是否良好。

（3）检查合闸时合闸线圈端电压是否过低（电磁式操作机构）。

（4）经上述检查后未发现异常，可判断为机械故障，应进行检修处理。

c　断路器不能分闸

此时，可人为地启动分闸铁心，若断路器能分闸，则为电气故障，若不能分闸，则为机械故障。

d　电磁式操作机构的断路器合闸后合闸接触器的触点打不开

对于电磁式操作机构的断路器，在其合闸后，若发现直流电流表的指针不返回，应判断为合闸接触器的触点未打开，此时应立即断开断路器的合闸电源，否则合闸线圈会因长时间通过大电流而烧毁。然后处理合闸接触器触点，待其正常后，方可投入断路器的合闸电源。

B　电压回路故障

a　交流电压切换回路故障

当变电所具有两条以上母线，或者电压互感器装在几条高压进线上，在运行上需要将两段母线电压互感器二次并列时，可利用切换电压小母线，通过刀闸开关手动进行。或者通过由隔离开关或断路器辅助触点控制中间继电器实现自动切换，切换操作后，会有相应的电压切换信号，若无此信号，原因可能有：

（1）母联断路器在分闸位置，或母联断路器在合闸位置，但在非自动状态（控制熔断器取下）。

（2）母联断路器母线侧隔离开关辅助触点接触不良。

（3）中央信号控制屏的相关熔断器熔断。

（4）切换继电器线圈烧坏。

b　交流电压回路电压消失

在正常运行中，发出"交流电压消失"的原因有：

（1）隔离开关辅助触点接触不良。

（2）母线电压互感器二次或本线电压小开关脱扣。

c　直流控制电源消失

此现象还同时发出"控制回路断线"信号，应设法恢复电源。

d　交流电压回路断线

交流电压回路断线的现象是电压回路断线信号发出、有功及无功指示表不正常、电度表停转或走慢、断线相的相电压下降，其他两相的电压正常。电压互感器一次侧熔断器熔断时，现象与此类似，但电压互感器的二次侧开口三角形处有较高电压。

e　交流电压回路短路故障的处理

（1）断开该电压二次回路的所有负荷，注意退出可能误动的保护。

（2）试投空气开关（熔断器），试投一次，若再发生故障跳闸，则短路发生在电压互感器二次侧，应查明故障点后处理。

19 高电压技术电气试验

预防性试验是指对电气设备按规定开展检测试验工作，可防患于未然。交接验收试验是指对新安装和大修后的电气设备进行的试验。其目的是鉴定电气设备本身及其安装和大修的质量。交接验收试验和预防性试验的目的是一致的。

根据试验的作用和要求，电气设备的试验可分为绝缘试验和特性试验两大类。

19.1 绝缘试验

19.1.1 绝缘缺陷产生原因

电气设备的绝缘缺陷，一种是制造时隐藏下来的；一种是外界作用导致的，如过电压、潮湿、机械力、热作用、化学作用等。上述各种原因所造成的绝缘缺陷，可分为两大类。

19.1.1.1 集中性缺陷

如绝缘子的瓷质开裂；发电机绝缘的局部磨损、挤压破裂；电缆绝缘的气隙在电压作用下发生局部放电而逐步损伤绝缘；其他的机械损伤、局部受潮等。

19.1.1.2 分布性缺陷

分布性缺陷指电气设备的整体绝缘性能下降，如电机、套管等绝缘中的有机材料受潮、老化、变质等。

19.1.2 绝缘试验方法

绝缘内部缺陷的存在，降低了电气设备的绝缘水平，可以通过一些试验的方法，把隐藏的缺陷检查出来。试验方法一般分为两大类。

19.1.2.1 非破坏性试验

是指在较低的电压下，或是用其他不会损伤绝缘的办法来测量各种特性，从而判断绝缘内部的缺陷。实践证明，这类方法是有效的，但由于试验的电压较低，有些缺陷不能充分暴露，目前还不能只靠它来可靠地判断绝缘水平，还需不断地改进非破坏性试验方法。

19.1.2.2 破坏性试验

破坏性试验又称为耐压试验，这类试验对绝缘的考验是严格的，特别是能揭露那些危险性较大的集中性缺陷。通过这类试验，能保证绝缘有一定的水平和裕度。其缺点是可能在试验中给被试设备的绝缘造成一定的损伤。

为了避免破坏性试验对绝缘的无辜损伤而增加修复的难度，破坏性试验往往在非破坏性试验之后进行。

19.2　特性试验

通常把绝缘以外的试验统称为特性试验。这类试验主要是对电气设备的电气或机械方面的某些特性进行测试，如变压器和互感器的变比试验、极性试验；线圈的直流电阻测量；断路器的导电回路电阻；分合闸时间和速度试验等。

上述试验有它们的共同目的，就是揭露缺陷，但又各有一定的局限性。应根据试验结果，结合出厂及历年的数据进行纵向比较，并与同类型设备的试验数据及标准进行横向比较，经过综合分析来判断设备缺陷或薄弱环节，为检修和运行提供依据。

19.3　高压电气设备预防性试验

电气设备的预防性试验是判断设备能否投入运行、预防设备损坏及保证安全运行的重要措施。凡电力系统的设备，均应根据《电力设备预防性试验规程》的要求进行预防性试验。具体要求如下：

（1）《电力设备预防性试验规程》的各项规定是检查设备的基本要求，应认真执行。

（2）坚持科学的态度，对试验结果必须全面地、历史地进行综合分析，掌握设备性能变化的规律和趋势。

（3）额定电压为 110kV 以下的电气设备，应按《电力设备预防性试验规程》规定进行交流耐压试验（有特殊规定者除外）。对于电力变压器和互感器，在局部和全部更换绕组后，应进行耐压试验。

（4）进行绝缘试验时，应尽量将连接在一起的各种设备分离开来单独试验（成套设备除外），同一试验标准的设备可以连在一起试验。不同试验标准的电气设备，连在一起进行试验，试验标准应采用连接的各种设备中的最低标准。

（5）当电气设备的额定电压与实际使用的额定工作电压不同时，应根据下列原则确定试验电压的标准：

1）采用额定电压较高的电气设备以加强绝缘者，应按照设备的额定电压标准进行试验。

2）采用额定电压较高的电气设备，在已满足产品通用性的要求时，应按照设备实际使用的额定工作电压的标准进行试验。

3）采用较高电压等级的电气设备，在已满足高海拔地区或污秽地区要求时，应在安装地点按照实际使用的额定工作电压的标准进行试验。

（6）在进行与温度、湿度有关的各种电气试验时（如测量直流电阻、绝缘电阻、损耗因数、泄漏电流等），应同时测量被试物和周围空气的温度、湿度。绝缘试验应在良好的天气，且被试物温度及周围空气温度不低于5℃，空气相对湿度一般不高于80%的条件下进行。

（7）对于绝缘电阻的测量，规定用 60s 的绝缘电阻（R_{60}）；吸收比的测量，规定用 60s 与 15s 绝缘电阻的比值（R_{60}/R_{15}）。

19.4 电气设备的基本试验

19.4.1 直流电阻试验

测量直流电阻的目的是检查电气设备绕组或线圈的质量及回路的完整性，以发现因制造不良或运行中因振动等原因所造成的导线断裂、接头开焊、接触不良、匝间短路等缺陷。另外，对发电机和变压器进行温升试验时，也需根据不同负荷下的直流电阻值换算出相应负荷下的温度值。直流电阻的测量一般采用电压降法或者电桥法。

19.4.1.1 电压降法

电压降法是在被测电阻上，通以直流电流，用电压表及电流表测量出被测电阻上的电压降和电流，然后利用欧姆定律 $R = U/I$ 计算出被测电阻的直流电阻。

A 测量接线

电压降法的测量准确度与测量接线方式有直接关系。为减小接线方式所造成的误差，测量大电阻时采用被测电阻大于电流表内阻 200 倍以上；测量小电阻时应采用电压表内阻大于被测电阻 200 倍以上。

B 仪表选择

（1）根据对电气设备测量准确度的要求，选择使用仪表准确度的等级，一般应选 0.5 级以上的仪表。

（2）根据试验电压、电流的大小，选择合适的量程，以尽量满足电压、电流表均能在 2/3 刻度以上的工作要求。

（3）电流表内阻应小于被测电阻的 1/200 以上。

（4）电压表内阻应大于被测电阻 200 倍以上。

C 测量步骤

（1）根据被测电阻值的大小，选择适当的接线方式。

（2）测量时，应先合电源开关，待电流稳定后，再用电压表测量电压值。

（3）待电压、电流表指示稳定后，同时读数。

（4）测量完毕，应先切断电压表测量回路，再断开电源开关。

（5）每一被测电阻，最好用不同的电流值测量 3 次，计算出每次测得的电阻值后，再取其平均值作为最后结果。

（6）记录测量时的被测电阻温度，以备进行温度换算时使用。

D 注意事项

（1）测量仪表接线时，应注意正负极性。

（2）测量时，应使用电压稳定且容量充足的直流电源，以防由于电流波动产生的自感电势影响测量结果的准确度。

（3）如被测电阻有较大的电感，则在改变测量电流时，须先将电压表测量回路断开，以防自感电势冲击而造成电压表损坏。

（4）测量时，应保持被测电阻的温度稳定。为避免被测电阻发热而产生较大的测量误差，试验时，通电时间不宜过长，且试验电流不得大于被试设备额定电流的 20%。

19.4.1.2　电桥法

电桥法是用直流电桥测量直流电阻的方法。直流电桥是测量直流电阻的专用仪器，它具有较高的灵敏度和准确度。根据结构形式，直流电桥可分为单臂电桥和双臂电桥两种形式。

A　电桥的选择

（1）应根据被测电阻值的大小选择电桥的形式。一般被测电阻值在 10Ω 以上者，用单臂电桥；10Ω 以下者，用双臂电桥。

（2）根据对测量准确度的要求，选择准确等级与其相应或更高的电桥。实际工作中常用的等级一般为 0.2 级。

B　测量步骤

电桥的一般操作步骤：

（1）使用前应先将电桥检流计锁扣打开，并调节调零器使指针位于机械零位。

（2）将被测电阻接到电桥接线柱上。使用双臂电桥时，电压线与电流线不能并接在一起，并且电压线连接点应比电流线连接点更靠近被测电阻。

（3）根据被测电阻值的范围，选择合适的比例臂比率，以保证比较臂的 4 组电阻箱全部用上，以提高读数的精度。

（4）测量时，应先按下"电源"按钮并锁住，然后再按"检流计"按钮，此时，若检流计朝正方向偏转，则应加大比较臂电阻；若朝负方向偏转，则应减小比较臂电阻，如此反复调节，直至电桥平衡。在平衡过程中，不要把检流计按钮锁紧，应调节比较臂电阻，调到电桥基本平衡后，再将检流计按钮锁紧。

（5）测量完毕，应先打开"检流计"按钮，后松开"电源"按钮，防止自感电势损坏检流计。

（6）测量结束后，应将检流计的锁扣锁上。

（7）记录测量时的被测电阻温度，以备进行温度换算时使用。

C　注意事项

（1）电桥使用时须放平稳，切忌倾斜与振动。

（2）被测电阻接线头要拧紧，防止测量时因接线松动脱落造成电桥极端不平衡而损坏检流计。

（3）被测电阻电感较大时，应先将电源按钮按下一段时间后（时间长短可由电感量大小决定），再按检流计按钮，以免因自感电势而损坏检流计。

（4）测量含有电容的设备时，应先放电一段时间后（时间长短可由电容量大小决定），再进行测量。

19.4.1.3　温度换算

为了对测量结果进行比较，直流电阻值均应换算至同一温度。铜线与铝线的直流电阻换算公式：

$$R_2 = R_1 \frac{T + t_2}{T + t_1} \tag{19-1}$$

式中　R_1——温度为 t_1 时的电阻值，Ω；

　　　R_2——温度为 t_2 时的电阻值，Ω；

　　　t_1——测量电阻 R_1 时的温度，$^\circ$C；

　　　t_2——需换算到的温度，$^\circ$C；

　　　T——温度换算常数，铜线 $T = 235$，铝线 $T = 225$。

19.4.2　绝缘电阻和吸收比

测量设备的绝缘电阻，是检查其绝缘状态最简便的辅助方法，在现场普遍采用兆欧表来测量绝缘电阻。由于选用的兆欧表电压低于被试物的工作电压，此项试验属于非破坏性试验，操作安全、简便。根据所测得的绝缘电阻值可发现影响电气设备绝缘的异物，绝缘局部或整体受潮和脏污，绝缘油严重劣化，绝缘击穿和严重热老化等缺陷。

19.4.2.1　绝缘电阻

绝缘电阻是指在绝缘体的临界电压下，加于试品上的直流电压与流过试品的泄漏电流之比，即

$$R = \frac{U}{I_g} \tag{19-2}$$

式中　U——加于试品两端的直流电压，V；

　　　I_g——相应于直流电压 U 时，试品中的泄漏电流，μA；

　　　R——试品的绝缘电阻值，$M\Omega$。

如果施加的直流电压超过绝缘体的临界电压值，就会产生电导电流，绝缘电阻急剧下降，这样，在过高电压作用下绝缘就遭到了损伤，甚至可能击穿。所以，一般兆欧表的额定电压不太高，使用时应根据不同电压等级的绝缘选用。

绝缘介质在直流电压的作用下，会产生多种极化，而从极化开始到完成，需要一定的时间。通常利用绝缘的绝缘电阻随时间变化的关系，作为判断绝缘状态的依据。

在绝缘体上施加直流电压后，其中便有三种电流产生，即电导电流、电容电流和吸收电流。这三种电流值的变化能反映出绝缘电阻值的大小，即随着加压时间的增长，这三种电流值的总和下降，而绝缘电阻值相应地增大。对于具有夹层绝缘的大容量设备，这种吸收现象就更明显。因为总电流随时间衰减，经过一定时间后，才趋于电导电流的数值，所以，通常要求在加压 1min 后，读取兆欧表的数值，才能代表真实的绝缘电阻值。

当试品绝缘受潮、脏污或有贯穿性缺陷时，介质内的离子增加，因而加压后电导电流大大增加，绝缘电阻大大降低，绝缘电阻值即可灵敏地反映出这些绝缘缺陷，达到初步了解试品绝缘状况的目的。但由于试品绝缘电阻值不仅取决于试品的受潮程度及表面受污等情况，而且还与其尺寸、材料、制造工艺、容量等许多复杂因素有关。

另外，同一被试物绝缘电阻的数值受外界因素影响很大，如温度、湿度等，因此，单从一次测量结果难以判断绝缘状况，必须在相近条件下对历次测量结果加以比较，才能进行判断。

19.4.2.2　吸收比

由于电介质中存在着吸收现象，在实际应用上把加压 60s 测量的绝缘电阻值与加压

15s 测量的绝缘电阻值的比值，称为吸收比，即：

$$K = \frac{R_{60}}{R_{15}}\qquad(19\text{-}3)$$

对于吸收比来讲，因测出的是两个电阻或两个电流的比值，所以其数值与试品的尺寸、材料、容量等因素无明显关系，且受其他偶然因素的影响也较小，可以较精确地反映试品绝缘的受潮情况。在绝缘良好的状态下，其泄漏电流一般很小，吸收电流却相对较大，吸收比 K 值就较大；而当绝缘有缺陷时，电介质的极化加强，吸收电流增大，但泄漏电流的增大却更显著，K 值就减小并趋近于 1。所以，根据吸收比的大小，特别是把测量结果与以前相同情况下所测得的结果进行比较，就可以判断绝缘的好坏程度，但该项试验仅适用于电容量较大的试品，如变压器、电机、电缆等，对其他电容量较小的试品，因吸收现象不显著，则无实用价值。

19.4.2.3　试验方法

（1）断开试品电源及拆除一切对外连线，将其接地充分放电。放电时间应不少于 1min，对于电容量较大的试品（如变压器、电容器、电缆等），放电时间一般应不少于 2min。若遇重复试验或加过直流高压后的试品，放电时间则应更长些。进行放电工作应使用绝缘工具（如绝缘棒、绝缘手套、绝缘钳等），不得用手直接接触放电导线。

（2）用清洁柔软的布擦去试品表面的污垢，必要时要先用汽油或其他适当的去垢剂洗净套管表面的积污。

（3）将兆欧表水平放置，将试品的非测量部分接地后进行测试。

（4）测量完毕，待引线与被试品分开后，才能断开摇表电源，以防止由于试品电容积聚的电荷反馈放电而损坏兆欧表。

（5）试验完毕或重复试验时，必须将被试品对地充分放电，放电时间至少 1~5min。

（6）记录试品名称、规范、装设地点及温度和湿度。

19.4.2.4　注意事项

（1）兆欧表接线端柱引出线不要靠在一起。

（2）测量电容量较大设备（如大容量的发电机、较长的电缆、电容器等）的绝缘电阻时，最初充电电流很大，兆欧表指示数值很小，这并不表示试品绝缘不良，须经过较长的时间才能得到正确的测量结果。

（3）如果所测试品的绝缘电阻过低时，应尽量进行分解试验，以找出绝缘电阻最低的部分。

（4）根据不同试品及其电压等级，选择使用不同电压及量程的兆欧表（历次试验应用同一块或同型号的兆欧表）。在测大容量试品时，历次读数时间应相同（一般为 1min）。

（5）阴雨潮湿的气候及环境湿度太大时，不宜进行测量。一般应在干燥的晴天，环境温度不低于 5℃时进行。

19.4.2.5　影响绝缘电阻的各种因素

各种电气设备的绝缘电阻值与电压的作用时间、电压的高低、剩余电荷的大小、湿度及温度等因素有关。

A 湿度对绝缘电阻的影响

绝缘物的吸湿量随湿度而变化。当空气相对湿度大时，绝缘物因毛细管作用吸收较多的水分，使电导率增加，绝缘电阻降低。另外，空气相对湿度对绝缘物的表面泄漏电流影响更大，同样影响测得的绝缘电阻值。

B 温度对绝缘电阻的影响

绝缘物的绝缘电阻是随温度变化而变化的，一般温度每上升10℃，绝缘电阻约为原电阻的 $0.5 \sim 0.7$ 倍，呈下降趋势，其变化程度因绝缘的种类不同而异。因为温度升高后，介质内部分子和离子的运动被加速，同时绝缘内部的水分在低温时与绝缘物相结合，一遇到温度升高，水分子即向电场两极伸长，所以使其电导率增大，绝缘电阻降低。此外，温度升高时，绝缘层中的水分会溶解更多的杂质，也会增大电导率，降低绝缘电阻值。为了能对测量结果进行比较，应将有关的试验结果换算至同一温度。

绝缘的吸收比也是随温度变化的，一般当温度升高时，受潮绝缘的吸收比会有不同程度的降低。但对于干燥的绝缘，吸收比受温度变化的影响并不明显。

19.4.3 泄漏电流试验

直流泄漏电流试验是测量被试物在不同直流电压作用下的直流泄漏电流值。泄漏电流试验与测量绝缘电阻的原理基本相同，但也有不同之处。

19.4.3.1 泄漏电流试验与绝缘电阻试验的区别

(1) 泄漏电流试验中所用的直流电源一般均由高压整流设备供给，电压高并可任意调节，并用微安表来指示泄漏电流值。

(2) 对不同电压等级的被试物，施以相应的试验电压，可以更有效地检测出绝缘受潮的情况和局部缺陷（能灵敏地反映瓷质绝缘的裂纹、夹层绝缘的内部受潮及局部松散断裂、绝缘油劣化、绝缘的沿面炭化等）。

(3) 在试验过程中要根据微安表的指示，随时了解绝缘状况。

对于绝缘良好的绝缘物，其泄漏电流与外加直流电压应呈线性关系，但大量试验表明，泄漏电流与外施直流电压仅能在一定的电压范围内保持近似的线性关系。对良好的绝缘，其伏安特性应近似于直线。当绝缘全部或局部有缺陷或者是受潮时，泄漏电流将急剧增加，其伏安特性也就不再呈直线了。因此，通过试验可以检出被试物有无缺陷或受潮，特别是在发掘绝缘的局部缺陷方面。

泄漏电流试验时的吸收现象与绝缘电阻试验时一样，具有良好绝缘的大电容量试品的吸收现象十分显著，泄漏电流将随着时间的延长而下降。如果在一定电压下没有吸收现象，并且泄漏电流反而随着作用时间的加长而上升，甚至微安表的指示摆动或跳动，则表明异常，应查明原因。

19.4.3.2 泄漏电流试验接线及设备仪器

通常用半波整流获得直流高压。整流设备主要由升压变压器、整流元件和测量仪表组成，其中整流元件可采用高压硅堆，硅堆置于高压侧。根据微安表的位置有两种接线方式。

微安表处于低压侧，读表比较安全方便，但无法消除绝缘表面的泄漏电流和高压引线的电晕电流所产生的测量误差。微安表处于高压侧，放在屏蔽架上，并通过屏蔽线与试品的屏蔽环相连，这样就避免测误差。但由于微安表处于高压侧，则会给读数及切换量程带来不便，微安表的保护开关或常闭按钮的操作，需要通过绝缘线或绝缘棒进行。

试验接线中主要仪器设备的选择：

（1）试验变压器（T）。采用试验变压器或符合要求的电压互感器。高压侧应有两个高压出头，且一头套管应能承受两倍试验电压；低压侧应与电源电压、调压器的输出电压相匹配。试验变压器的容量为直流试验电压与泄漏电流的乘积，而泄漏电流是很小的，再考虑到试品击穿瞬时的短路电流，一般试验变压器和电压互感器的容量均能满足要求。

（2）交流电压表（V）。交流电压表的量程，应根据将被试品的直流试验电压换算至交流低压侧的数值选择。为读数方便，最好选用多量程表，以便试验时分段加压。

（3）整流元件高压硅堆（VD）。在交流电压负半波时，整流元件 VD 导通，被试品 Z_x 及滤波电容 C 上的电压为整流后的直流电压，其数值为试验变压器 T 输出交流电压有效值的 $\sqrt{2}$ 倍；在交流电压正半波时，整流元件 VD 截止，此时滤波电容 C 上的电压与试验变压器 B 上的电压串联相加，使整流元件 VD 两极间要承受试验变压器 T 交流输出电压有效值的 $2\sqrt{2}$ 倍。因此，在选择整流元件 VD 时应注意，其额定反峰电压值应大于所加最高交流电压有效值的 $2\sqrt{2}$ 倍。整流元件 VD 的额定电流应大于最高试验电压下，被试品上可能出现的最大泄漏电流的 $2\sim3$ 倍。

（4）保护电阻（R）。保护电阻 R 的作用是限制被试品击穿时的短路电流，用以保护试验变压器、硅堆、微安表等。保护电阻一般采用水电阻。其选用原则是：当被试品击穿时，既能将短路电流限制在硅堆的允许电流之内，又能使电源控制箱内的过流继电器可靠动作，而且正常工作时电阻上的压降不应过大，一般取每伏 10Ω 即可。

（5）滤波电容（C）。滤波电容 C 的作用是使试验电压波形平稳，一般取 $0.1\mu F$ 左右。对于电容量较大的试品，一般可以忽略不计。

（6）直流微安表（A）。根据被试品可能出现的最大泄漏电流值，选择合适量程、准确等级为 0.5 级以上的直流微安表。最好选用多量程的，以便随时切换。

（7）常闭短路按钮（SB）。其作用是防止加压过程中出现的脉冲或击穿电流直接流经微安表。当需要读取泄漏电流值时，可利用绝缘操作棒按开 SB。

19.4.3.3　试验步骤

（1）接线后须由另一人检查，内容包括试验接线有无错误，各仪表量程是否合适，试验仪器现场布局是否合理，试验人员的位置是否正确。

（2）将被试品充分放电，指示仪表调零，调压器置零位。

（3）测量电源电压值并分清电源的火、地线，电源火、地线应与单相调压器的对应端子相接。

（4）合上电源刀闸，给升压回路加电，然后用单相调压器逐步升压至预先确定的试验电压值。按被试品要求的停留时间，读取泄漏电流值。

（5）加压过程中，如果微安表的指示情况异常，则可应采取以下相应措施：

1）指针抖动。可能是微安表有交流分量通过，若影响读出数值，应检查微安表保护回路中的滤波元件是否完好。

2）指针周期性摆动。可能是回路中存在反充电或被试品产生周期性放电，应查明原因。

3）指针突然冲击。若向小冲击，可能是电源引起；若向大冲击，可能是回路中或试品出现闪络或内部断续放电引起。

4）指示值过大。可能是试验设备或仪器的状况和屏蔽不良。在排除或扣除不带试品的泄漏电流值后，才能对试品做出正确的评价。

5）指示值过小。可能是试验接线错误或实际所加直流试验电压不足。应在改正接线或核实试品上的电压后，确定是否升压。

（6）试验完毕，应先将升压回路中的调压器退回零位并切断电源。

（7）每次试验后，必须将被试品先经电阻对地放电，然后对地直接放电。放电时，应使用绝缘棒，并可根据被试品放电火花的大小，了解其绝缘的状况。

（8）再次试验前，必须检查接地线是否已从被试品上移开。

19.4.3.4　影响泄漏电流的因素

A　高压连接导线对泄漏电流的影响

由于接往被试品的高压连接导线暴露在空气中，当曲率半径较小处的电场强度高于20kV/cm时，沿导线表面的空气将发生游离，对地产生一定的泄漏电流，因此，影响测量结果的准确性。增加高压导线直径、减少尖端及增加对地距离、缩短连接线长度、采用屏蔽都可减少这种影响。

B　表面泄漏电流的影响

泄漏电流可分为两种，体积泄漏电流和表面泄漏电流。表面泄漏电流的大小，主要取决于被试品的表面情况，如表面脏污和受潮等，并不反映绝缘内部的状况，不会降低电气强度。在泄漏电流试验中，所要测量的是体积泄漏电流。在恶劣条件下，表面泄漏电流要比体积泄漏电流大得多，将使试验结果产生很大误差，为了获得比较正确的试验结果，必须采用加屏蔽环的办法，以消除表面泄漏电流的影响。

C　温度的影响

直流泄漏电流试验同绝缘电阻试验一样，温度对试验结果产生的影响极为显著。最好在被试品温度为30~80℃时，进行泄漏电流试验。因为在这样的温度范围内，泄漏电流的变化较为明显。在低温时变化较小，故应在设备刚停下后的热状态下进行试验。在低温下，尤其是在零度以下测量泄漏电流，是得不到正确结果的。

19.4.4　介质损耗（tanδ）的测量

19.4.4.1　tanδ测量的原理和意义

在电压作用下，电介质产生一定的能量损耗，这部分损耗称介质损耗或介质损失。产生介质损耗的原因主要是电介质电导、极化和局部放电。绝缘介质损耗的大小，实际上是绝缘性能优劣的一种表示。同一台设备，绝缘良好，介质损耗就小；绝缘受潮劣化，介质损耗就大。下面介绍测量介质损失角正切 tanδ 的目的。

在交流电压 U 作用下，电介质中流过电流 I，电压 U 与电流 I 之间的夹角为 φ，φ 称为功率因数角；φ 的余角 δ，即为介质损失角。

$$\tan\delta = \frac{I_R}{I_C} = \frac{1}{\omega C_p R} \tag{19-4}$$

介质损耗：
$$P = UI_R = UI_C\tan\delta = U^2\omega C_p\tan\delta$$

由此可见，当电介质一定，外加电压及频率一定时，介质损耗 P 与 tanδ 成正比，即可以用 tanδ 来表示介质损耗的大小。同类试品绝缘的优劣，可直接由 tanδ 的大小来判断；而从同一试品 tanδ 的历次数据分析，可掌握设备绝缘性能的发展趋势。通过测量 tanδ 可以发现一系列绝缘缺陷，如绝缘整体受潮、老化，绝缘气隙放电等。

tanδ 是反映绝缘介质损耗大小的特性参数，与绝缘的体积大小无关。但如果绝缘内的缺陷不是分布性而是集中性的，则 tanδ 有时反映就不灵敏。被试绝缘的体积越大，或集中性缺陷所占的体积越小，集中性缺陷处的介质损耗占被试绝缘全部介质损耗的比重就越小，总体的 tanδ 就增加得也越少，这样 tanδ 测量就不灵敏。因此，测量各类电气设备的 tanδ 时，能分解试验的尽量分解试验。如测量变压器整体 tanδ 时，由于变压器整体绝缘体积比变压器套管大得多，套管的缺陷就不能灵敏反映出来，因此还须单独测量套管的。套管的体积小，测套管的 tanδ 不仅可以反映套管绝缘的全面情况，而且有时可以反映其中的集中性缺陷。

大多数电气设备的绝缘是组合绝缘，是由不同电介质组成的，且具有不均匀结构，如油浸纸绝缘，含空气和水分的电介质等。在对绝缘进行分析时，可把设备绝缘看成是由多个电介质串、并联等值电路所组成的电路，而所测得的 tanδ 值，实际上是由多个电介质串并联后电路的综合 tanδ 值。

19.4.4.2　tanδ 的测量

测量 tanδ 有平衡电桥法（QS1、QS3 西林电桥）、不平衡电桥法（M 型介质试验器）、瓦特表法、相敏电路法等四种方法。过去普遍应用的测 tanδ 的仪器是 QS1 型高压西林电桥。目前已基本采用微机自动介损测试仪来测量 tanδ。

通过测 tanδ 判断绝缘状况时，必须侧重与该设备历年的 tanδ 值做比较，并与处于同样运行条件下的同类设备做比较，即使 tanδ 值未超过标准，但与过去值比较及与同类设备比较，若 tanδ 突然明显增大时，就必须引起注意，查清原因。

19.4.4.3　影响 tanδ 的因素

根据测量 tanδ 的特点，除不考虑频率的影响外（因为施加电压频率基本不变），应注意以下两个方面：

A　温度的影响

温度对 tanδ 有直接影响，影响的程度因材料、结构的不同而异。一般情况下，tanδ 随温度的上升而增加。由于一般不能将某一温度下的 tanδ 值准确换算到另一温度下，因此，应尽可能在 10~30℃ 的温度下进行测量。

有些绝缘材料在温度低于某一临界值时，其 tanδ 可能随温度的降低而上升；而潮湿的材料在 0℃ 以下时，水分冻结，tanδ 会降低。

　　B　试验电压的影响

良好的绝缘的 tanδ 不随电压的升高而明显增大。而若绝缘内部有缺陷，则其 tanδ 将随电压的升高而明显增大。

19.4.5　交流耐压试验

19.4.5.1　交流耐压试验的目的和意义

虽然对电气设备进行的一系列非破坏性试验（绝缘电阻及吸收比试验、tanδ 试验、直流泄漏电流试验），能发现一部分绝缘缺陷，但因这些试验的试验电压一般较低，往往对某些局部缺陷反应不灵敏，而这些局部缺陷在运行中可能会逐渐发展为影响安全运行的严重隐患。如局部放电缺陷可能会逐渐发展成为整体缺陷或局部缺陷，在过电压情况下使设备失去绝缘性能而引发事故。因此，为了更灵敏、有效地查出某些局部缺陷，考验被试品绝缘承受各种过电压的能力，就必须对被试品进行交流耐压试验。

交流耐压试验的电压、波形、频率和电压在被试品绝缘内的分布，一般与实际运行情况相吻合，因而能较有效地发现绝缘缺陷。交流耐压试验应在被试品的非破坏性试验均合格之后进行。如果这些非破坏性试验已发现绝缘缺陷，则应设法消除，并重新试验合格后才能进行交流耐压试验，以免造成不必要的损坏。

交流耐压试验对于固体有机绝缘来说，会使原来存在的绝缘缺陷进一步发展，使绝缘强度进一步降低，虽在耐压时不至于击穿，但形成了绝缘内部劣化的积累效应、创伤效应。这种情况是应当避免的。因此必须正确地选择试验电压的标准和耐压时间。试验电压越高，发现绝缘缺陷的有效性越高，但被试品被击穿的可能性也越大，积累效应也越严重。反之，试验电压低，发现缺陷的有效性降低，使设备在运行中击穿的可能性增加。

绝缘的击穿电压值不仅与试验电压的幅值有关，还与加压的持续时间有关。这一点对有机绝缘特别明显，其击穿电压随加压时间的增加而逐渐下降。一般均规定工频耐压时间为 1min。这一方面是为了便于观察被试品情况，使有缺陷的绝缘来得及暴露（固体绝缘发生热击穿需要一定的时间）；另一方面，又不致因时间过长而引起不应有的绝缘击穿。

交流耐压试验一般有以下几种加压方法：一是工频耐压试验，即给被试品施加工频电压，以检验被试品绝缘对工频电压的承受能力。这种加压方法是鉴定被试品绝缘强度的最有效和最直接的试验方法，也是经常采用的试验方法之一。二是感应耐压试验。对某些被试品，如变压器、电磁式电压互感器等，采用从二次加压而使一次得到高压的试验方法来检查被试品绝缘。这种加压方法不仅可以检查被试品的主绝缘（指绕组对地、相间和不同电压等级绕组间的绝缘），而且还对变压器、电压互感器的纵绝缘（同一绕组层间、匝间及段间绝缘）也进行了考验。而通常的工频耐压试验只是考验了主绝缘，却没有考验纵绝缘，因此要做感应耐压试验。感应耐压试验又分为工频感应耐压试验及中频（100~400Hz）感应耐压试验两种。对变压器进行倍频感应耐压试验时，通常在低压绕组上施加频率为 100～200Hz，2 倍于额定电压的试验电压，其他绕组开路。因为变压器在工频额定电压下，铁心伏安特性曲线已接近饱和部分。若在被试品一侧施加大于或等于 2 倍额定电压的电压，则空载电流会急剧增加，达到不能允许的程度。为了施加 2 倍的额定电压又不使铁心磁通饱和，多采用增加频率的方法，即倍频耐压方法。三是冲击电压试验，主要用于考验被试品在操作波过电压和大气过电压下绝缘的承受能力。冲击电压试验又分为操作波冲击电压试验和雷电冲击电压试验两种。

19.4.5.2　交流耐压试验方法

A　试验接线

工频交流耐压试验的接线，应按被试品的要求（试验电压及被试品的电容量等）和现有试验设备条件来决定，通常可采用成套试验设备。

B　主要试验设备

a　试验变压器

工频高压变压器是电气试验的基本设备之一，具有电压高、容量小、持续工作时间短、绝缘层厚、通常高压绕组一端接地的特点。

（1）电压的选择。应根据被试品对试验电压的要求，并考虑试验变压器低压侧电压与试验现场的电源电压及调压器相匹配进行选择。

（2）试验电流的选择。试验变压器的额定电流，应能满足流过被试品的电容电流和泄漏电流的要求，一般按试验时所加的电压和被试品的电容量来计算所需的试验电流，试验电流可按下式计算：

$$I = 2\pi f C_X U \times 10^{-6} \tag{19-5}$$

式中　I——试验时被试品的电容电流，A；

U——试验电压，V；

C_X——被试品的电容量，μF；

f——试验电源频率，Hz。

试验变压器所需要的容量可按下式计算：

$$S \geqslant 2\pi f C_X U^2 \times 10^{-9} \quad (kV \cdot A) \tag{19-6}$$

试验变压器在正常使用时，电流不能超过其额定值，但特殊情况下，允许短时间过负荷。当用电压互感器作为试验变压器使用时，容许在过负荷 3～5 倍的情况下运行 3min。

b　调压器

调压器应能从零开始，平滑地调节电压，以满足试验所需的任意电压。常用的调压器有自耦调压器、移卷调压器、感应调压器。调压器的输出波形应尽可能接近正弦波，容量一般应和试验变压器的容量相等。调压器的输入和输出电压，应分别与电源电压和试验变压器低压侧电压相匹配。

（1）自耦调压器。自耦调压器应用广泛，它具有体积小、质量轻、效率高、波形好等优点，但其滑动的触头使容量受到限制，一般适用于小容量的调压。

（2）移卷调压器。其优点是调压范围大，结构简单，容量大。主要缺点是效率低、空载电流大，在低电压和接近额定电压下作用，波形发生畸变。对波形要求较严时，需加滤波装置。

（3）感应调压器。其优点是调压范围大，容量大，但波形也会畸变，结构复杂，故使用不广泛。

c 限流电阻 R_1

为了限制被试品击穿时的电流，保护试验变压器及防止故障扩大，应在试验变压器高压侧加限流电阻 R_1，其数值一般取 $0.5 \sim 1\Omega/V$。限流电阻可采用金属电阻或水电阻。

d 保护电阻 R_2

为了减小过压保护球隙放电时的短路电流，使保护球隙不至烧坏，应加装保护电阻 R_2，其阻值一般可取 $1\Omega/V$。

e 保护球间隙

保护球间隙的击穿电压一般调整在试验电压的 $115\% \sim 120\%$。

C 电压的测量

a 在试验变压器低压侧测量

对于一般的瓷质绝缘、断路器、绝缘工具等，可在试验变压器低压侧测量，再通过变比换算至高压侧。这只适用于电容量较小、测量准确度要求不高的情况。

b 在高压侧用电压互感器测量

将电压互感器的原边并接在被试品的两端头上，在其原边测量电压，根据测得的电压和电压互感器的变比，计算出高压侧的电压。

c 用高压静电电压表测量

使用时应注意，要满足静电电压表的使用技术要求。

d 用球隙测量

此方法测量准确度受外界因素影响较大，如球极轴线偏差、球极表面粗糙度、天气条件等。同时，此方法试验结果较分散，故一般不宜在现场试验时使用。

e 用电容分压器在高压侧测量

测量试验电压 U_1 加在 C_1 和 C_2 两端，因 C_1 电容量比 C_2 小得多，所以几乎全部试验电压都分布在 C_1 上，C_2 两端的电压很低，这样用电压表测量 C_2 上的电压 U_2，然后按分压比算出高压 U_1。接入电阻 r 是为了消除 C_2 上的残存电荷，使测量系统有良好的升降特性。一般取 $r \geqslant 1/\omega C_2$。高压端电压为 $U_1 = \dfrac{C_1 + C_2}{C_1} U_2$。

D 操作步骤

（1）根据试验要求，选择合适的设备、仪器、仪表、接线图及试验场地。接线时应注意布线要合理，高压部分对地应有足够的安全距离，非被试部分一律可靠接地。

（2）检查器具布置和接线，调压器应置零位。调整过压保护球隙，使其放电电压值为试验电压的 $115\% \sim 120\%$。调整时应拆去试验变压器至被试品的连接线，并将毫安表短路，然后合上电源缓慢升压，直至球隙放电，调整球隙，使 3 次放电电压值均接近要求的整定值，然后将电压降至试验电压值，持续 1min，球隙应不放电。球隙放电时，过流保护应能可靠动作。

（3）恢复试验变压器与被试品间的连线，将调压器置零位，然后合上电源，速度均匀地升压，至试验电压时，立即开始计时。加压持续时间到后，迅速而均匀地将电压降至零，断开试验电源，挂上接地线。

E　注意事项

（1）在升压或耐压试验中，如发现下列不正常现象时，均应立即停止试验，并查明原因：

1）电压表指针摆动很大。

2）电流表指示急剧增加。

3）被试品绝缘烧焦或有冒烟现象。

4）被试品有不正常的响声。

（2）升压必须从零开始，不可冲击合闸。

（3）被试品为有机绝缘材料（如绝缘工具等）时，试验后应立即断电接地并用手触摸，如出现普遍或局部发热，则认为绝缘不良，应重新处理，然后再做试验。

（4）在试验过程中，若由于受空气湿度、温度、表面脏污等影响，引起被试品表面滑闪放电或空气放电，不应认为被试品不合格，须经清洁、干燥处理后，再进行试验。

（5）耐压试验前后，均应用兆欧表测量被试品的绝缘电阻，并做好记录。

F　试验分析

对于绝缘良好的被试品，在交流耐压试验中不应击穿。是否击穿，可按以下各种情况进行分析：

（1）根据试验回路接入表计的指示进行分析。一般情况下，电流表突然上升，说明被试品击穿。被试品电容量较大或试验变压器的容量不够时，被试品虽已击穿，电流表却无明显变化或反而下降，此时，应以接在高压侧测量被试品上的电压表指示来判断，被试品击穿时，电压表指示明显下降，低压侧电压表的指示也会有所下降。

（2）根据控制回路状况进行分析。如果过流继电器整定适当，当过流继电器动作，使自动控制开关跳闸时，说明被试品击穿。

（3）根据被试品的状况进行分析。被试品发出击穿响声（或断续放电声）、冒烟、焦臭、闪络、燃烧等，都是不允许的，应查明原因。这些现象如果确定是绝缘部分出现的，则认为是被试品存在缺陷或击穿。

19.4.6　绝缘油的电气试验

19.4.6.1　绝缘油电气试验的意义

绝缘油在运行过程中受电、热、局部放电和混入杂质（尤其是水分）的影响，逐渐老化直至失去绝缘性能。绝缘油一旦丧失绝缘性能，在正常运行电压下，也可能被击穿，致使用该油作绝缘的电气设备损坏，造成停电事故。为了及时判断绝缘油的绝缘性能是否满足要求，仅靠化学分析是远远不够的，还必须进行电气试验。绝缘油的电气性能试验有两项：电气强度试验和测量介质损失角正切 $\tan\delta$ 值。

影响绝缘油电气强度的主要因素是所含水分和杂质。电气强度不合格的油绝对不允许注入电气设备，而运行的绝缘油电气强度不合格，应立即停电或尽快联系停电处理。电气强度不合格的油，只要过滤处理，除去其中的水分和杂以后，一般电气强度就会合格。所以电气强度试验是检验绝缘油耐受极限电应力的非常重要的方法。油的 $\tan\delta$ 是反映油质好坏的主要指标之一。电介质在交变电场作用下，因电导、松弛极化及游离会产生能量损耗，并用油的介质损失角正切 tanδ 值大小来衡量。若绝缘油由于氧化或过热而引起老化，或含有杂质较多，使油的电导和松弛极化加剧，损耗增加时，tanδ 值随之增大。油的老化初期，用化学分析尚不能发现时，而 tanδ 值已能明显分辨出来。因而 tanδ 值对绝缘油老化和污染严重程度反映很灵敏。

19.4.6.2　电气强度试验

电气强度试验的试验接线与交流耐压试验基本相同。在绝缘油中放上一定形状的标准电极，两极加上工频电压，并以一定的速度逐渐升压，直到两极间油击穿为止。该电压即为绝缘油的击穿电压。

19.4.6.3　油的 tanδ 值测量

采用介损仪配以专用油杯在工频电压下进行绝缘油的 tanδ 测量。

试验前先用石油醚或四氯化碳将油杯清洗干净，晾干后放在 105℃ 烘箱中烘干，保证空油杯的 tanδ 值小于 0.01%，并对空油杯做 1.5 倍的工作电压试验，再用试油冲洗油杯 2 次或 3 次，然后将试油沿内壁注入油杯中（不得有气泡），静置 10min 后做试验。试验步骤如下：

（1）注入绝缘油的油杯置于绝缘板上，做好接线和接地工作。

（2）试验电压按电极间隙每毫米施加 1kV 计算。

（3）在常温下测一次 tanδ 值。

（4）由于绝缘油的 tanδ 值随温度的升高按指数规律剧增，所以还必须在高温下测一次 tanδ 值。对变压器油应在 70℃ 时再测一次 tanδ 值。

（5）重做第二瓶油样的平行试验。两次测定 tanδ 的算术平均值为试品的 tanδ 值。

19.4.6.4　绝缘油中溶解气体分析

充油电气设备如变压器正常运行时，在电和热作用下，其绝缘油和有机绝缘材料会逐渐老化并分解出少量各种低分子的烃类和一氧化碳、二氧化碳等气体。当内部发生局部过热、局部放电（电晕放电）和电弧放电等故障时，会加速上述气体的产生速度和数量。油中分解出来的气体形成气泡，在油对流、扩散时不断溶解于油中。当变压器发生严重事故时，产气量大于溶解量，便有一部分气体进入气体继电器，积到一定量时，导致气体继电器动作。在故障的初期，由于温度低，产气量少，都溶解在油中，气体尚不足以使气体继电器动作，如果及时分析油中气体成分、含量及发展趋势，就能及时查出变压器内部潜伏的故障类型、部位和程度。

判断变压器潜伏性故障的主要气体有：氢气（H_2）、甲烷（CH_4）、乙烷（C_2H_6）、乙烯（C_2H_4）、乙炔（C_2H_2）、一氧化碳（CO）、二氧化碳（CO_2）、氧气（O_2）、氮气（N_2）等九种气体。每种气体对判断故障的意义虽不相同，但又互相联系。总烃指甲烷、乙烷、乙烯、乙炔四种气体的总和。油中溶解气体分析可采用质谱仪和气相色谱仪。

19.4.7　预防性试验的要求与效果特点分析

每一项预防性试验项目对反映不同绝缘介质的各种缺陷的特点及灵敏度各不相同，

因此，对各项预防性试验结果不能孤立地、单独地对绝缘介质得出试验结论，而必须将各项试验结果联系起采，进行系统地、全面地分析比较，并结合各种试验方法的有效性及设备的历史情况，才能对被试设备的绝缘状态和缺陷性质得出科学的结论。例如，当利用兆欧表和介损仪分别对变压器绝缘进行测量时，如果 $\tan\delta$ 值不高，但其绝缘电阻、吸收比比较低，则往往表示绝缘中有集中性缺陷；如果 $\tan\delta$ 值较高，则往往说明绝缘整体受潮。

一般地说，如果电气设备各项预防性试验结果能全部符合《规程》的规定，则认为该设备绝缘状况良好，能投入运行。但是，有些试验项目测量结果合格，增长率却很快，对这些情况，应使用比较法进行综合分析判断。

19.4.7.1 综合分析判断内容

（1）与电气设备历次试验结果相互比较。因为一般的电气设备都应定期地进行预防性试验，如果设备绝缘在运行过程中没有什么变化，则历次的试验结果都应当比较接近，如果有明显的差异，则说明绝缘可能有缺陷。

（2）与同类型设备试验结果相互比较。因为对同一类型的设备而言，其绝缘结构相同，在相同的运行和气候条件下，其测试结果应大致相同，若悬殊很大，则说明绝缘可能有缺陷。

（3）同一设备相间的试验结果相互比较。因为同一设备，各相的绝缘情况应当基本一样，如果三相试验结果相互比较差异明显，则说明有异常相的绝缘可能有缺陷。

（4）对有些试验项目规定了"允许值"，若测量值超过"允许值"，则应认真分析，查找原因，或再结合其他试验项目来查找缺陷。

（5）有时测试结果虽然没有超过规定值，但其增长速度较快，也应引起注意，进行认真的分析，否则会酿成事故。

19.4.7.2 预防性试验的基本试验项目比较分析

A　测量绝缘电阻

测量绝缘电阻是预防性试验的基本方法之一。它能发现电气设备贯通的集中性缺陷，整体受潮或有贯通性的受潮部分缺陷；它不能发现未贯通的集中性缺陷、绝缘整体老化及游离缺陷。

B　测量吸收比

测量吸收比主要是用来判断电气设备绝缘是否受潮。它能发现受潮或贯通性的集中性缺陷；它不能发现未贯通的集中性缺陷与绝缘整体老化缺陷。

C　测量泄漏电流

测量泄漏电流是预防性试验的基本试验方法之一。它能较灵敏地发现贯通的集中性绝缘缺陷，整体受潮或有贯通性的受潮部分缺陷；它不能发现未贯通的集中性缺陷、绝缘整体老化及游离缺陷。

D　测量介质损失角的正切值 $\tan\delta$

测量 $\tan\delta$ 是预防性试验的基本方法之一。它能发现绝缘整体受潮、劣化，小体积被试品的贯通及未贯通性缺陷；它不能发现大体积被试品的集中性缺陷。

E 工频交流耐压试验

工频交流耐压试验在预防性试验中属于破坏性试验，它是对电气设备绝缘进行最后的检验，也是鉴定电气设备绝缘强度的最有效方法。

19.4.8 电力变压器试验

变压器交接预防性试验可分为绝缘试验和特性试验两部分。

19.4.8.1 绝缘试验

A 测量绕组的绝缘电阻和吸收比

变压器在安装和检修后投入运行前，以及在长期停用后或每年进行预防性试验时，均应用兆欧表测量一、二次绕组对地及一、二次绕组间的绝缘电阻值。额定电压为 1000V 以上的绕组用 2500V 兆欧表，其量程一般不低于 10000MΩ，1000V 以下者用 1000V 兆欧表。测量时，非被试绕组接地。油浸式电力变压器绕组绝缘电阻值应满足要求（表 19-1）。

表 19-1 油浸式电力变压器绕组绝缘电阻的允许值 （MΩ）

高压绕组电压等级/kV	温度/℃							
	10	20	30	400	50	60	70	80
2~10	450	300	200	130	90	60	40	25
20~35	600	400	270	180	120	80	50	35
63~220	1200	800	540	360	240	160	100	70

大修后和运行中的绝缘电阻和吸收比一般不作规定，应和以前测量的数据比较，如有显著下降，应全面分析，以判断绝缘的好坏。绝缘电阻在比较时，应换算到同一温度。

B 测量绕组连同套管的泄漏电流

电压为 35kV 及以上（表 19-2）且容量为 10000kV·A 及以上的电力变压器，必须在交接时、大修后及预防性试验时测量绕组连同套管的泄漏电流，读取高压端 1min 的泄漏电流值。

表 19-2 油浸式电力变压器绕组泄漏电流试验电压标准 （kV）

绕组额定电压	3	6~15	20~35	35 以上
直流试验电压	5	10	20	40

对泄漏电流值不作规定，但与历年数值比较，不应有显著变化。油浸式电力变压器绕组泄漏电流允许值如表 19-3 所示。

表 19-3 油浸式电力变压器绕组泄漏电流允许值 （μA）

额定电压/kV	试验电压/kV	温度/℃							
		10	20	30	40	50	60	70	80
2~3	5	11	17	25	39	55	83	125	170
6~15	10	22	33	50	77	112	166	250	340
20~35	20	33	50	74	111	167	250	400	570
63~220	40	33	50	74	111	167	250	400	570

C 测量绕组连同套管一起的介质损失角的正切值 $\tan\delta$

容量为 3150kV·A 及以上的变压器在安装完毕、大修后及预防性试验时，均应进行此项试验，非被试绕组应接地。

同一变压器中压和低压绕组的 tanδ（表 19-4）的标准与高压绕组相同。tanδ 值（%）与历年的数值比较不应有显著变化。

表 19-4　油浸式电力变压器绕组 tanδ 的允许值　　　　　（%）

高压绕组	温度/℃						
电压等级	10	20	30	40	50	60	70
35kV 及以上	1	1.5	2	3	4	6	8
35kV 及以下	1.5	2	3	4	6	8	11

D　绕组连同套管一起的交流耐压试验

额定电压为 110kV 以下，且容量为 8000kV·A 及以下的变压器在绕组大修后或者更换绕组后应进行交流耐压试验。

全部更换绕组绝缘后，一般按标准进行；局部更换绕组按大修标准进行。

非标准系列产品，标准不明且未全部更换绕组的变压器，交流耐压试验的试验电压标准（表 19-5）应按过去的试验电压，但不得低于非标准系列的数值。

表 19-5　电力变压器交流耐压试验电压标准　　　　　（kV）

额定电压	3	6	10	15	20	35	60	110
最高工作电压	3.5	6.9	11.5	17.5	23.0	40.5	69.0	126.0
出厂试验电压	18	25	35	45	55	85	140	200
交接及大修	15	21	30	38	47	72	120	170
非标准系列	13	19	26	34	41	64	105	

出厂试验电压与标准不同的变压器的试验电压，应为出厂试验电压的 85%。

E　油箱和套管中的绝缘油试验

测量绝缘油的耐压、介损、微水和含气量。

F　油中溶解气体色谱分析

8000kV·A 及以上的变压器每年应进行一次油中溶解气体色谱分析，设备内部氢和烃类气体超过任一项时，都应引起注意。

溶解气体含量达到引起注意值（表 19-6）时，可结合产气速率来判断有无内部故障，必要时，应缩短周期进行追踪分析。新设备及大修后的设备投运前，应做一次检测，投运后，在短期内应做多次检测，以判断该设备是否正常。

表 19-6　油中气体含量注意值

气体种类	总烃	乙炔	氢气
含量/μL·L^{-1}	150	5	150

G　测量轭铁梁和穿心螺栓（可接触到的）的绝缘电阻

变压器大修后，用 1000V 或 2500V 兆欧表测量，绝缘电阻自行规定。

19.4.8.2　特性试验

A　测量绕组连同套管的直流电阻

测量应在交接试验、大修后、出口短路后及预防性试验中进行，并应符合下列标准：

（1）1600kV·A 以上的变压器，各相绕组电阻，相互间的差别不应大于三相平均值的 2%；无中性点引出时的线间差别应不大于三相平均值的 1%。

（2）1600kV·A 及以下的变压器，相间差别一般应不大于三相平均值的 4%；线间差别一般应不大于三相平均值的 2%。

（3）测得的相间差与以前（出厂或交接时）相应部位测得的相间差比较，其变化也应不大于 2%。

B　检查绕组所有分接头的电压比

变压器安装后、大修更换绕组后及内部接线变动后均应进行此项试验。大修后各相相应分接头的电压比与铭牌值相比，不应有显著差别，且应符合规律。电压在 35kV 以下、电压比小于 3 的变压器，电压比允许偏差为 ±1%，其他所有变压器电压比允许偏差为 ±0.5%。

C　检查三相变压器的联结组别和单相变压器引出线的极性

变压器在更换绕组及内部接线变动后，其内部接线必须与变压器的标志（铭牌和顶盖上的符号）应相符。

D　测量容量为 3150kV·A 及以上的变压器在额定电压下的空载电流和空载损耗

其测得值与出厂试验值相比，应无明显变化。

E　进行短路特性和温升试验

变压器更换绕组后应进行短路特性试验，试验值应符合出厂试验值，且无明显变化。

F　空载试验

变压器的空载试验，是从变压器的任意一侧绕组施加额定电压，其他绕组开路，测量变压器的空载损耗和空载电流的试验。空载电流以实测的空载电流 I_0 占额定电流 I_e 的百分数表示，记为 $I_0(\%)$。

空载试验的主要目的是测量变压器的空载电流和空载损耗；发现磁路中的局部或整体缺陷；检查绕组匝间、层间绝缘是否良好，铁心硅钢片间绝缘状况和装配质量等。

变压器空载试验方法有单相电源法和三相电源法两种。三相电源法试验时，功率损耗可采用三瓦特表或双瓦特表测量，一般常用双瓦特表。

G　短路试验

短路试验就是将变压器一侧绕组短路，从另一侧施加额定频率交流电压的试验。现场试验时，一般是将低压侧短路，从高压侧施加电压，将电压调整到额定电流值时，记录功率和电压值，此值换算到额定温度下，便是变压器的短路损耗和短路电压。

变压器的短路损耗包括电阻损耗和附加损耗，它是变压器运行的重要经济指标之一。短路电压是变压器并联运行的基本条件之一，通常用占加压绕组的额定电压的百分数表示，即：

$$u_K = \frac{U_K}{U_e} \times 100\% \tag{19-7}$$

百分数表示的短路电压和短路阻抗是完全相等的。短路试验的目的是为了求得变压器的短路损耗和短路电压，它的作用是：

（1）计算变压器的效率。

（2）确定该变压器能否与其他变压器并列运行。

（3）计算变压器短路时的短路电流，确定热稳定和动稳定性能。

（4）计算变压器二次侧的电压变动。

（5）确定变压器温升试验时的温升。

（6）发现变压器在结构和制造上的缺陷。

变压器短路试验方法与空载试验基本相似，不同之处是空载试验一般从低压侧施加电压，高压侧空载；而短路试验一般是从高压侧施加电压，低压侧人为短路；空载试验施加的是额定电压，短路试验施加的是达到额定电流的电压。

19.4.9　高压断路器试验

高压断路器试验的目的就是通过各项有关的绝缘试验和特性试验，检查断路器是否能满足有关标准规定的要求，及时地发现缺陷并进行检修，保证断路器性能的完好。

断路器的绝缘试验主要有测量绝缘电阻、测量介质损失角正切值、泄漏电流试验和交流耐压试验等。通过这些绝缘试验可以判断和掌握断路器导电部分对地绝缘和断口间灭弧室绝缘的好坏，保证在运行中能承受额定工作电压和一定限度的内、外过电压。

19.4.9.1　测量绝缘电阻

测量绝缘电阻是断路器试验中的一项基本试验，用2500V兆欧表进行测量。

高压多油断路器的绝缘部件有套管、拉杆及绝缘油等。测量高压多油断路器的绝缘电阻的目的主要是检查拉杆对地绝缘，因此，应该在合闸状态下进行。通过这项试验往往可以发现拉杆受潮、沿面贯穿性缺陷，如弧道伤痕、裂纹等。对于引线套管绝缘严重不良，也能检查出来。

三相处在同一油箱的多油断路器，应分别测量每一相的绝缘电阻。测量时其余两相均接地。

测量35kV以上高压少油断路器的绝缘电阻应分别在合闸状态和分闸状态下进行。在合闸状态下主要是检查拉杆对地绝缘；在分闸状态下主要是检查各断口之间的绝缘，通过测量可以检查出内部灭弧室是否受潮或烧伤。

测量35kV以下高压少油断路器的绝缘电阻，也分别在合闸和分闸状态下进行。在合闸状态下，可以检查出内部消弧装置是否受潮或烧伤。

对于空气断路器，只测量支持瓷套的绝缘电阻。测量时使用2500V兆欧表，其量程不小于10000MΩ。

对于110kV及以上的六氟化硫断路器，用2500V兆欧表，测量一次回路对地的绝缘电阻；用500V兆欧表测量二次回路的绝缘电阻。

19.4.9.2　测量介质损失角正切值 $\tan\delta$

测量35kV及以上非纯瓷套管多油断路器的介质损失角正切值 $\tan\delta$，主要是检查套管的绝缘状况，同时也检查其他部件，如灭弧室、提升杆、导向板、油箱绝缘围屏及绝缘油等的绝缘状况。当它们某一部分绝缘劣化时，都将使介质损失角正切值明显增大。

介质损失角正切值的测量应在断路器分闸和合闸两种状态下，三相一起进行。合闸状态下测量，可以检查油断路器拉杆的绝缘状况，并可初步判断灭弧装置是否受潮和有无脏污等缺陷。在测量中如发现有问题，则可对断路器进行分相测量，以找出缺陷所在的相别。分闸状态下测量可以发现断路器套管绝缘不良或断路器内部受潮等缺陷，如灭弧装置、绝缘隔板受潮和脏污、油箱内油质劣化等。

少油断路器和空气断路器一般不做此项试验，因其绝缘结构主要是瓷绝缘和环氧玻璃丝布类绝缘，不存在套管受潮问题。在少油断路器的瓷套中虽然充有绝缘油，但由于断路器本身电容很小，再加上受接线、仪表、温度和周围电场等因素的影响，测量数据往往分散性很大，难以判断其规律性，因此，tanδ 值难以有效地发现绝缘缺陷。

19.4.9.3 测量泄漏电流

由于少油、空气和六氟化硫断路器的 tanδ 值不能有效地发现绝缘缺陷，所以，测量泄漏电流是 35kV 以上少油、空气和六氟化硫断路器的重要试验项目之一。它可以发现断路器外表带有的危及绝缘强度的严重污秽，拉杆、绝缘油受潮，少油断路器灭弧室受潮劣化和碳化物过多等缺陷，以及空气断路器中因压缩空气，相对湿度增高而带进潮气，在管内壁和导气管壁凝露等缺陷。

19.4.9.4 交流耐压试验

交流耐压试验是鉴定断路器绝缘强度最有效和最直接的试验项目，属于破坏性试验。

断路器的交流耐压试验应在绝缘电阻、泄漏电流、介质损失角正切和绝缘油等试验合格后进行。对于过滤和新加油的断路器必须等油中气泡全部逸出后才能进行试验，一般需静置 3h 左右，以免油中气泡引起放电。对于多油断路器，应在合闸状态下进行交流耐压试验。对于少油断路器，交流耐压试验应在合闸状态下导电部分对地之间和分闸状态下断口间进行。合闸状态下的试验目的是为了考验支柱绝缘瓷瓶，分闸状态下试验的目的是为了考验油箱与导电杆间的套管绝缘子。

交流耐压试验前后，绝缘电阻下降小于30%为合格。试验时，油箱出现时断时续的轻微放电声，应放下油箱进行检查，必要时应将油重新处理；若出现沉重击穿声或冒烟，则为不合格，务必重新处理。

19.4.9.5 测量导电回路直流电阻

断路器每相导电回路的直流电阻，实际包括套管导电杆电阻、导电杆与触头连接处电阻和动、静触头间的接触电阻。这实际上就是测量动、静触头的接触电阻。

运行中的断路器接触电阻增大，将会使触头在正常工作电流下过热，尤其当通过故障短路电流时，可能使触头局部过热，严重时可能烧伤周围的绝缘和造成触头烧熔黏结，从而影响断路器的跳闸时间和开断能力，甚至发生拒动情况。因此，在断路器安装后、大小修及遮断故障电流 3 次以后，都需进行此项试验。

19.4.9.6 分合闸时间和速度的测定

断路器的合闸时间，是指合闸接触器接通合闸电源起到断路器动、静触头刚刚接触时止的时间，实际上是包括合闸接触器动作时间在内的一段时间。

断路器的分闸时间，是指在分闸线圈接通分闸电源起到动、静触头刚刚分离时止所需的时间。它是断路器本身固有的，不包括其他的动作时间，但在实际运行中还要延长一段灭弧时间。动作时间的试验方法，对低、中速动作的断路器，一般采用电秒表法测量；对高速动作的断路器，则用录波器进行测量。

19.4.9.7　分合闸线圈直流电阻的测量

用电桥法测量合闸接触器线圈、合闸电磁铁线圈和分闸电磁铁线圈的直流电阻，可发现线圈是否有断线、短路或焊接不良等缺陷。测量结果应符合制造厂规定，与以前测量结果比较也不应有明显变化。

19.4.9.8　测量线圈绝缘电阻

操动机构所有线圈的绝缘状况，主要依靠测量绝缘电阻来进行监视。测量时使用500V 或 1000V 兆欧表，绝缘电阻要求不低于 $1M\Omega$。

19.4.9.9　检查操动机构的动作情况

检查断路器操动机构动作情况的目的，主要是检查在额定电压下或高于和低于额定电压时，操作回路是否完好，分、合闸是否正常，机械传动部分是否灵活可靠等。

19.4.10　互感器试验

电压互感器和电流互感器的试验项目是很多的，诸如，绝缘介质损耗角试验、交流耐压试验、绝缘油试验、接线组别试验、极性试验、变比试验等。

19.4.10.1　绕组的绝缘电阻

测量时，一次绕组用 2500V 兆欧表进行测量，二次绕组用 1000V 或 500V 兆欧表进行测量，非被试绕组应短路接地。

19.4.10.2　20kV 及以上互感器一次绕组连同套管的介质损失角正切值 $\tan\delta$

$\tan\delta$ 值见表 19-7 和表 19-8。

表 19-7　电压互感器 $\tan\delta$ 的参考值　　　　　　　　　　　　（%）

温度/℃		5	10	20	30	40
35kV 及以下	大修后	2.0	2.5	3.5	5.5	8.0
	运行中	2.5	3.5	5.0	7.5	10.5
35kV 及以上	大修后	1.5	2.0	2.5	4.0	6.0
	运行中	2.0	2.5	3.5	5.0	8.0

表 19-8　电流互感器 20℃时 $\tan\delta$ 的参考值　　　　　　　　　（%）

电压/kV		20～35	63～220	330～500
充油的电流互感器	大修后	3	2	
	运行中	6	3	
充胶的电流互感器	大修后	2	2	
	运行中	4	3	
胶纸电容式的电流互感器	大修后	2.5	2	
	运行中	6	3	
油浸电容式的电流互感器	大修后		1.0	0.8
	运行中		1.5	1.0

19.4.10.3 绕组连同套管一起对外壳的交流耐压试验

互感器的交流耐压试验是指绕组连同套管对外壳的工频交流耐压试验。串级式或分级绝缘式的电压互感器应做倍频感应耐压试验。互感器一次侧的交流耐压试验，可以单独进行，也可以和相连的一次设备（如母线、隔离开关、断路器等）一起进行。试验时，二次绕组应短路接地。

互感器二次绕组的交流耐压试验电压，出厂为2kV，交接或大修时可以单独进行试验，也可以与二次回路一起进行试验，其试验电压为1000V，持续时间为1min。

对于串级式或分级绝缘式的电压互感器进行的倍频感应耐压试验，其试验电压标准（表19-9）与工频交流耐压试验一样。倍频感应耐压试验时，一般可在低压绕组或辅助绕组上施加倍频电压。试验时，试验电压一般应加在电压互感器较高的低压端子上。

表 19-9　互感器交流耐压试验电压标准　　　　（kV）

	额定电压	3	6	10	15	20	35	60	110
	最高工作电压	3.5	6.9	11.7	17.5	23.0	40.5	69.0	126.0
电压互感器	出厂试验电压	24	32	42	55	65	95	140	200
	交接及大修	22	28	38	50	59	85	125	180
电流互感器	出厂试验电压	24	32	42	55	65	95	155	250
	交接及大修	22	28	38	50	59	85	140	225

19.4.10.4 油箱和套管中绝缘油的试验

此项试验应按相关绝缘油之标准和规定进行。

19.4.10.5 铁心夹紧螺栓（可接触到的）的绝缘电阻

此项试验在吊芯或吊罩时进行。其绝缘电阻值可自行规定。测量时用2500V兆欧表，穿芯螺栓一端与铁心连接的，测定时应将连接片断开（不能拆开的可不进行）。

19.4.10.6 电压互感器一次绕组的直流电阻

此项试验在大修时进行。其标准是测量值与制造厂或以前测得的数值比较，应无显著差别。

19.4.10.7 1000V以上电压互感器的空载电流

此项试验在必要时进行。对于中性点不接地系统的电压互感器，在额定线电压时的空载电流应不大于最大允许负荷电流。

19.4.10.8 三相互感器的连接组别和单相互感器引出线的极性

此项试验应在更换绕组后或接线变动后进行。其标准是检查出的组别或极性必须与铭牌记载或外壳上的符号相符。

19.4.10.9　互感器各分接头的变比

此项试验应在更换绕组后或接线变动后进行。其标准是测得的变比与铭牌相比，不应有显著变化。

19.4.10.10　电流互感器的励磁特性曲线

此项试验在必要时进行。其标准是测得的励磁特性曲线与同类型电流互感器的特性曲线相比，不应有较大差别。此项试验仅对继电保护有要求时进行。

19.4.10.11　63kV以上的互感器油中溶解气体的色谱分析

此项试验的周期为1~3年进行一次。油中溶解的气体含量在表19-10中任一项标准范围内时，应引起注意。对全封闭式结构的互感器不进行此项试验。

表19-10　油中溶解气体

气　体	烃类总和	氢	乙炔
含量/μL·L^{-1}	100	150	3

19.4.10.12　局部放电试验

对固体绝缘互感器：电压为 $1.1U_m/\sqrt{3}$ 时，放电量不大于100pC；对充油互感器：电压为 $1.1U_m/\sqrt{3}$ 时，放电量不大于20pC（U_m 为设备的最高电压）。

19.4.11　避雷器试验

19.4.11.1　FS型避雷器试验

A　绝缘电阻

测量FS型避雷器的绝缘电阻可以有效地发现避雷器受潮或瓷套裂纹等缺陷。避雷器的受潮往往是由于密封破坏造成或产品本身在组装过程中就已受潮。应采用2500V兆欧表，测得绝缘电阻应不低于2500MΩ。测量时应注意避雷器表面状况、环境、温度、湿度的影响。绝缘电阻低于规定值时，可增加直流电导电流测量，规定电压下测得的电导电流不超过10μA为合格。对FS-3型、FS-6型、FS-10型避雷器直流试验电压分别规定为4、6、10kV。

B　工频放电电压

工频放电电压测量是对FS型避雷器保护性能的直接有效的试验方法。主要目的是检查避雷器火花间隙的结构及放电特性是否正常，以及在过电压下动作的可靠性。对FS型避雷器的工频放电电压的范围作了规定，如表19-11所示。

表19-11　FS型避雷器工频放电电压的范围　　　　　　　　（kV）

额定电压		3	6	10
工频放电电压	大修后	9~11	16~19	26~31
	运行中	8~12	15~21	23~33

工频放电电压的试验接线与一般交流耐压试验接线相同。试验中应注意以下问题：

（1）对每只避雷器，应测量三次工频放电电压值，并取其平均值作为工频放电电压，防止由于火花间隙放电分散性及电压测量方面的偶然误差造成误判断。

（2）测量时，升压速度不宜太快，以免电压表由于惯性作用而带来偏大的测量误差，一般以 3~5kV/s 为宜。另外，每次放电后要保持一定的时间间隔，一般应不少于 10s，以保证火花间隙内部绝缘有足够的恢复时间。

（3）保护电阻用于限制工频放电时流过避雷器火花间隙的电流，防止工频电流将间隙烧坏。阻值的选择既要考虑限制放电电流，又要考虑过流装置能可靠动作。

还应注意，过流装置的动作时间应尽量短一些，一般应在 0.5s 内动作于跳闸，以免烧坏间隙。

19.4.11.2 FZ、FCD、FCZ 型避雷器试验

FZ、FCD、FCZ 型避雷器的试验项目基本相同。此类避雷器由于在结构上增加了并联电阻，而且 35kV 及以上的 FZ 型避雷器、220kV 及以上的 FCZ 型避雷器均由多元件串联组成，其试验项目及标准与 FS 型避雷器有很大不同。

A 绝缘电阻

对 FZ、FCD、FCZ 型避雷器，测量绝缘电阻不仅可以检查内部受潮、瓷套裂纹，还可以检查并联电阻接触是否良好、是否老化变质或断裂。多元件串联组成的避雷器要求用 2500V 兆欧表测量每一单独元件的绝缘电阻。由于避雷器绝缘电阻与生产厂家、出厂时间、每个元件额定电压等因素有关，建议采用生产厂家的标准或与前一次及同一类型的测量数据进行比较的方法，对避雷器绝缘状况进行判断分析。

B 电导电流及电导电流差值

在避雷器两端施加一定的直流电压时，流过避雷器本体的电流，称为避雷器的电导电流。电导电流的测量可以检查避雷器是否受潮，并联电阻是否老化、断裂、接触不良。测得的电导电流须在规定的范围内。超出范围的电导电流，若明显偏大，则表明避雷器内部受潮，并联电阻劣化；若明显偏小，则可能是并联电阻断裂或接触不良。

同一相内最大的电导电流与最小的电导电流（均对应全压下）之差与最大值之比，即电导电流相差值。同一相内串联元件的电导电流相差值应不大于 30%。

19.4.11.3 氧化锌（ZnO）避雷器试验

A 绝缘电阻

氧化锌避雷器由氧化锌阀片串联组成，没有火花间隙与并联电阻。通过测量其绝缘电阻，可以发现内部受潮及瓷质裂纹等缺陷。

对 35kV 及以下氧化锌避雷器，用 2500V 兆欧表摇测每节绝缘电阻，应不低于 1000MΩ；对 35kV 以上氧化锌避雷器，用 2500V 或 5000V 兆欧表摇测每节的绝缘电阻，应不低于 2500MΩ。

B 直流 1mA 电压 U_{1mA} 及 75% U_{1mA} 电压下的泄漏电流

氧化锌阀片的电阻值和通过的电流有关，电流大时电阻小，电流小时电阻大。也就是说在运行电压 U_1 下，阀片相当于一个很高的电阻，阀片中流过很小的电流；而当雷电流 I

流过时，它又相当于很小的电阻维持一适当的残压 U_2，从而起到保护设备安全的作用。

测量其直流电压 U_{1mA} 以及 75% U_{1mA} 电压下的泄漏电流和测量 FZ、FCZ 型避雷器的电导电流的目的相同，是为了检查其非线性特性及绝缘性能。

U_{1mA} 为试品通过 1mA 直流时，被试避雷器两端的电压值。有关规程规定：1mA 电压值 U_{1mA} 与初始值比较，变化应不大于 ±5%。0.75U_{1mA} 电压下的泄漏电流应不大于 50μA。也就是说，在电压降低 25% 时，合格的氧化锌避雷器的泄漏电流大幅度降低，从 1000μA 降至 50μA 以下。

若 U_{1mA} 电压下降或 0.75U_{1mA} 下泄漏电流明显增大，就可能是避雷器阀片受潮老化或瓷质有裂纹。测量时，为防止表面泄漏电流的影响，应将瓷套表面擦净或加屏蔽措施，并注意气候的影响。一般氧化锌阀片 U_{1mA} 的温度系数为 (0.05% ~ 0.17%)/℃，即温度每增高 10℃，U_{1mA} 约降低 1%，必要时可进行换算。

19.4.12　电力电缆试验

电力电缆的绝缘状况直接影响电力系统发、供、配电的安全运行。电力电缆主要由电缆芯、绝缘层和保护层三部分组成。根据绝缘材料的不同，电力电缆分为油纸绝缘电力电缆、橡塑绝缘电力电缆、塑料绝缘电力电缆、充油电缆等类型，广泛使用于各种电压等级，其中以 6 ~ 35kV 使用最多。

电力电缆的薄弱环节是电缆的终端头和中间接头，往往由于制作工艺不良、使用材料不当以及电场分布不均匀而带来缺陷。另外，电缆本身也会因机械损伤、铅包腐蚀、制造缺陷等引发故障。

19.4.12.1　测量绝缘电阻

绝缘电阻的测量是检查电缆绝缘最简单的方法。通过测量可以检查出电缆绝缘受潮老化缺陷，还可以判别出电缆在耐压试验时所暴露出的绝缘缺陷。电力电缆的绝缘电阻，是指电缆芯线对外皮或电缆某芯线对其他芯线及外皮间的绝缘电阻。因此测量时除测量相芯线外，非被测相芯线应短路接地。测量时对 1000V 以下的电缆可用 1000V 兆欧表，1000V 及以上的电缆用 2500V 兆欧表，6kV 及以上电缆也可用 5000V 兆欧表。

电力电缆的绝缘电阻与电缆的长度、测量时的温度以及电缆终端头或套管表面脏污、潮湿等有较大关系。测量时应将电缆终端头表面擦拭干净，并进行表面屏蔽。

为便于比较起见，可将不同温度时的绝缘电阻值换算为 20℃ 时的值。换算式为

$$R_{20} = R_t K_t \tag{19-8}$$

式中　　R_{20}——换算到 20℃ 时的绝缘电阻值，MΩ；

R_t——温度为 t 时实测的绝缘电阻值，MΩ；

K_t——温度换算系数，按表 19-12 选用。

表 19-12　浸渍纸绝缘电缆的部分温度换算系数

测量时电缆的温度/℃	0	5	10	15	20	25	30	35	40
温度换算系数 K_t	0.48	0.57	0.70	0.85	1.0	1.13	1.41	1.61	1.92

测得的电缆绝缘电阻应进行综合分析判断，即与交接及历次试验值以及不同相测量值比较。当绝缘电阻与上次试验值比较，有明显减小或相间绝缘电阻有明显差异时，应查明原因。多芯电缆在测量绝缘电阻后，可以用不平衡系数来分析判断其绝缘状况。不平衡系数等于同一电缆中各芯线绝缘电阻中的最大值与最小值之比。绝缘良好的电力电缆，不平衡系数一般应不大于2。

19.4.12.2　直流耐压和泄漏电流试验

A　直流耐压及泄漏电流试验的优点

(1) 对长电缆线路进行耐压试验时，所需试验设备容量小。

(2) 在直流电压作用下，介质损耗小，高电压下对绝缘的损伤小。

(3) 在直流耐压试验的同时监测泄漏电流及其变化曲线，微安表灵敏度高，反映绝缘老化、受潮比较灵敏。

(4) 可以发现交流耐压试验不易发现的一些缺陷。因为在直流电压作用下，绝缘中的电压按电阻分布，当电缆绝缘有局部缺陷时，大部分试验电压将加在与缺陷串联的未损坏的绝缘上，使缺陷更易于暴露。一般来说，直流耐压试验对检查绝缘中的气泡、机械损伤等局部缺陷比较有效。

(5) 电缆绝缘中的电压分布不仅与所加电压种类有关，而且在直流电压作用下，电压分布还与电缆芯和铅皮间的温差有关。当温差不大时，靠近电缆芯的绝缘分担的电压比靠近铅皮处高；若温差较大，由于温度增高则使电缆芯处绝缘电阻相对降低，所以分担的电压减小，有可能小于近铅皮处绝缘电阻分担的电压。因此在冷状态下直流耐压试验易发现靠近电缆芯处的绝缘缺陷，而在热状态下则易发现靠近铅皮处的绝缘缺陷。

(6) 电缆的直流击穿强度与电缆芯所加电压极性有关，试验时电缆芯一般接负极性高压。电缆在直流电压下的击穿多为电击穿，电缆直流击穿电压与作用时间关系不大，将电压作用时间自数秒增加至数小时，电缆的抗电强度仅减小8%～15%，电缆的电击穿一般在加压最初的1～2min内发生，故电缆直流耐压的时间一般规定为5min。

B　试验注意事项

(1) 试验前先对电缆验电，并接地充分放电；将电缆两端所连接设备断开，试验时不附带其他设备；将两端电缆头绝缘表面擦干净，减少表面泄漏电流引起的误差，必要时可在电缆头相间加设绝缘挡板。

(2) 试验场地设好遮拦，在电缆的另一端挂好警告牌并派专人看守以防外人靠近，检查接地线是否接地、放电棒是否接好。

(3) 加压时，应分段逐渐提高电压，分别在0.25、0.5、0.75、1.0倍试验电压下停留1min读取泄漏电流值；最后在试验电压下按规定的时间进行耐压试验，并在耐压试验终了前，再读取耐压后的泄漏电流值。

(4) 电力电缆直流耐压试验电压标准参见相关规程。

(5) 根据电缆类型不同，微安表有不同的接线方式，一般都采取微安表接在高压侧，高压引线及微安表加屏蔽。对于带有铜丝网屏蔽层且对地绝缘的电力电缆，也可将微安表串接在被试电缆的地线回路，在微安表两端并一放电开关，测量时将开关拉开，测量后放电前将开关合上，避免放电电流冲击损坏微安表。

（6）在高压侧直接测量电压。因为采用半波整流或倍压整流时，如采取在低压侧测量电压换算至高压侧电压的方法，由于受电压波形和变比误差以及杂散电流的影响，可能会使高压试验电压幅值产生较大的误差，故应在高压侧直接测量电压。

（7）每次耐压试验完毕，应先降压，切断电源。切断电源后必须对被试电缆用每千伏约 $80k\Omega$ 的限流电阻对地放电数次，然后再直接对地放电，放电时间应不少于 5min。

C　试验结果的分析判断

（1）耐压 5min 时的泄漏电流值应不大于耐压 1min 时的泄漏电流值。

（2）按不平衡系数分析判断，泄漏电流的不平衡系数等于最大泄漏电流值与最小泄漏电流值之比。除塑料电缆外，不平衡系数应不大于 2。对于 8.7/10kV 电缆，最大一相泄漏电流小于 20μA 时；6/6kV 及以下电缆，小于 10μA 时，不平衡系数不作规定。

（3）泄漏电流应稳定。若试验电压稳定，而泄漏电流呈周期性的摆动，则说明被试电缆存在局部孔隙性缺陷。在一定的电压作用下，间隙被击穿，泄漏电流便会突然增大，击穿电压下降，孔隙又恢复绝缘，泄漏电流又减小；电缆电容再次充电，充电到一定程度，孔隙又被击穿，电压又上升，泄漏电流又突然增大，而电压又下降。上述过程不断重复，造成可观察到的泄漏电流周期性摆动的现象。

（4）泄漏电流随耐压时间延长不应有明显上升。如发现随时间延长泄漏电流明显上升，则多为电缆接头、终端头或电缆内部受潮。

（5）泄漏电流突然变化。泄漏电流随时间增长或随试验电压不成比例地急剧上升，则说明电缆内部存在隐患，必要时，可视具体情况酌量提高试验电压或延长耐压持续时间，使缺陷充分暴露。

电缆的泄漏电流只作为判断绝缘情况的参考，不作为决定是否能投入运行的标准。当发现耐压试验合格而泄漏电流异常的电缆，应在运行中缩短试验周期来加强监督，若经较长时间多次试验与监视，泄漏电流趋于稳定，则该电缆也可允许继续使用。

D　电力电缆相位的检测

新装电力电缆竣工验收时，运行中电力电缆重装接线盒、终端头或拆过接头后，必须检查电缆的相位。检查电缆相位的方法比较简单，一般用万用表、兆欧表等检查。检查时，依次在Ⅱ端将芯线接地，在Ⅰ端用万用表或兆欧表测量对地的通断，每芯测三次，测后将两端的相位标记一致即可。

19.4.13　接地装置试验

接地电阻，指电流通过接地装置流向大地受到的阻碍作用。接地电阻是电气设备的接地体对接地体无穷远处的电压与接地电流之比，即

$$R_E = \frac{U_J}{I_E} \tag{19-9}$$

式中　R_E——接地电阻，Ω；

U_J——接地体对接地体无穷远处的电压，V；

I_E——接地电流，A。

影响接地电阻的主要因素有土壤电阻率、接地体的尺寸、形状及埋入深度、接地线与接地体的连接等。

以每边长 1m 或 1cm 的正方体的土壤电阻来表示的数值，叫土壤电阻率，其单位是 $\Omega \cdot m$ 或 $\Omega \cdot cm$。土壤电阻率与土壤本身的性质、含水量、化学成分、季节等因素有关。一般来说，我国南方地区土壤潮湿，土壤电阻率低一些，而北方地区尤其是土壤干燥地区，土壤电阻率高一些。

测量接地电阻是接地装置试验的主要内容，一般采用电压电流表法或专用接地摇表进行测量。

19.4.13.1 接地电阻的测量方法

接地摇表的使用方法和原理类似于双臂电桥，使用时，C 接电流极 C' 引线，P 端接电压极 P' 引线，E 端接被测接地体 E'。当摇表离被测接地体较远时，为排除引线电阻影响，同双臂电桥测量一样，将 E 端子短接片打开，用两根线 C_2、P_2 分别接被测接地体。

测量接地电阻时电极的布置一般有以下两种：电极直线布置，一般选电流线 d_{13} 等于 $(4 \sim 5)D$，D 为接地网最大对角线长度，电压线 d_{12} 为 $0.618d_{13}$ 左右。测量时还应将电压极沿接地网与电流极连线方向前后移动 d_{12} 的 5%，各测一次。若三次测得的电阻值接近，可以认为电压极位置选择合适。若三次测量值不接近，应查明原因（如电流极、电压极引线是否太短等）。在土壤电阻率均匀地区，d_{13} 可取 $2D$，d_{12} 取 $1.2D$ 左右。

电极三角形布置，一般选 $d_{12} = d_{13} > 2D$，夹角 $\theta \approx 30°$。测量时也应将电压极前后移动再测两次，共测三次。

19.4.13.2 接地电阻测量注意事项

（1）测量应选择在晴天、干燥天气下进行。

（2）采用电极直线布置测量时，电流线与电压线应尽可能分开，不应缠绕交错。

（3）在变电站进行现场测量时，由于引线较长，应由多人进行，转移地点时，不得甩扔引线。

（4）测量时若接地摇表无指示，可能是电流线断；若指示很大，可能是电压线断或接地体与接地线未连接；若摇表指示摆动严重，可能是电流线、电压线与电极或摇表端子接触不良，也可能是电极与土壤接触不良造成的。

（5）选若干接地点测完主接地网接地电阻后，若要确定每一电气设备的接地线与接地体的连接情况，可在变电站内用万用表测两个接地点间的电阻的方法来确定。若电阻很小，可视为连接良好，若电阻偏大且超过 0.5Ω 以上，则通过与已确认和接地体连接良好的接地点的比较，分辨出来。

（6）对于运行 10 年以上接地网，应部分开挖检查，看是否有接地体焊点断开、松脱、严重锈蚀现象。以前曾发生过变电站接地电阻测量合格而开挖检查时发现接地体严重锈蚀的情况。

19.4.14 套管试验

套管的作用是使高压引线安全穿过墙壁或设备箱体与其他电气设备相连接。套管的使用场所决定了其结构要有较小的体积和较薄的绝缘厚度，尤其套管法兰处（与墙壁及箱盖连接处）电场强度极不均匀，因而对其绝缘性能提出了较高要求。套管的试验项目，一般包括测量绝缘电阻、测量介质损失角正切值 tanδ（％）和交、直流耐压试验等。

19.4.14.1　测量绝缘电阻

测量绝缘电阻可以发现套管瓷套裂纹、本体严重受潮以及测量小套管（末屏）绝缘劣化、接地等缺陷。对于已安装到变压器本体上的套管，测其高压导电杆对地的绝缘电阻时应连同变压器本体一起进行，而测抽压小套管和测量小套管（末屏）对地绝缘电阻可分别单独进行。

测量小套管（末屏）对地绝缘电阻应使用 2500V 摇表，其阻值一般应不低于 1000MΩ，套管主绝缘的绝缘电阻应不低于 10000MΩ。

19.4.14.2　tanδ 和电容量测量

套管 tanδ 和电容量的测量是判断套管绝缘状况的一项重要手段。由于套管体积较小，电容量较小（几百皮法），因此测量其 tanδ 可以较灵敏地反映套管劣化受潮及某些局部缺陷。测量其电容量也可以发现套管电容芯层局部击穿、严重漏油、测量小套管断线及接触不良等缺陷。

大多数电气设备中广泛使用着 35kV 及以上的油纸电容型或胶纸电容型套管。该类套管中有一部分带有专供测 tanδ 用的小套管，即测量小套管（末屏），也有部分套管不带测量小套管。

只测量主电容（导电芯对测量小套管或法兰）的 tanδ 和电容量，而不做测量小套管对地的 tanδ 试验，是不全面的。套管初期受潮，潮气和水分总是先进入最外层的电容层，用反接线测量测量小套管对地的 tanδ 对反映套管初期进水受潮是很灵敏的，而只测量主电容层的 tanδ 不一定能反映出来。因此当测量小套管对地绝缘电阻小于 1000MΩ 时，则要求测量小套管对地的 tanδ。试验中可将测量值与出厂值比较，分析判断套管是否有初步受潮现象。

19.4.14.3　交流耐压试验

交接或大修后的套管应做交流耐压试验，以考验主绝缘的绝缘强度。

交流耐压试验时，应将被试套管瓷套表面擦干净，将套管下部浸于绝缘油内，法兰与测量小套管可靠接地后，再在导电杆上施加试验电压。耐压时间为 1min，预防性试验时试验电压值为出厂值的 85％。

19.4.15　发电机试验

发电机的预防性试验项目有测量定子、转子绕组的绝缘电阻和直流电阻，测量定子绕组的吸收比和泄漏电流，定子绕组的直流耐压试验和工频耐压试验等。

19.4.15.1　绝缘电阻测量

发电机定、转子绕组绝缘电阻的大小，表明绝缘的状况。绝缘材料的电阻率很大，在正常情况下，其绝缘电阻值很大。但当绝缘发生局部缺陷、受潮时，绝缘电阻急剧下降，所以测量绝缘电阻可以初步了解绝缘状况。发电机定转子绕组的绝缘电阻值与绕组的温度有很大关系。温度每上升 10℃，绝缘电阻值就下降一半；反之，温度每下降 10℃，绝缘电阻值就上升 1 倍。所以历次测得的绝缘电阻值都应换算到同一温度才可进行比较，通常采用 75℃ 作为计算发电机绕组热状态下绝缘电阻的标准温度。对于具体绝缘电阻值的判断标准，由于受脏污、潮湿、温度等影响很大，所以现行有关规程未作硬性规定。若在相近试验条件（温度和湿度）下，绝缘电阻降低至初次（交接或大修）测得结果的 1/3 ~ 1/5 时，应查明原因并设法消除。各相或各分支绝缘电阻不平衡系数应不大于 2，绝缘电阻的最低值，在 75℃ 下应不低于 1MΩ/kV。

19.4.15.2　吸收比测量

绝缘体加上直流电压后，存在吸收现象，绝缘电阻值随着测量时间的增加而逐步上升，最后达到稳定值。有无吸收现象是判断绕组绝缘状况的主要依据。一般把测量时间为 60s 和 15s 时的绝缘电阻值的比值称为吸收比。当绝缘受潮时，由于传导电流数值增大，使吸收现象相对不明显，吸收比也相应不显著。一般当沥青浸胶及烘卷云母绝缘（又名黑绝缘）绕组的吸收比大于或等于 1.3 时，说明绝缘干燥；当环氧粉云母绝缘（又称黄绝缘）绕组的吸收比大于或等于 1.6 时，说明绝缘干燥；如果吸收比小于上述数值，或比上次测试值下降很多，则说明绝缘受潮或有局部缺陷。对大型发电机绝缘状况，也可采用 10min 和 1min 的绝缘电阻之比，即极化指数来进行判断，但必须使用整流型兆欧表或电动式兆欧表。黑绝缘的极化指数应不小于 1.5，黄绝缘的极化指数应不小于 2。

19.4.15.3　直流耐压试验和泄漏电流测量

用兆欧表测量绝缘电阻时，所加的直流电压比较低（相对于定子绕组的额定电压），这时绝缘的个别弱点和缺陷不一定能暴露出来。直流耐压试验时在试品上加一个比较高的直流电压（为试品额定电压的 2 ~ 3 倍），同时用一只微安表测量通过绝缘的泄漏电流。发电机定子绕组直流耐压试验可以发现以下问题：

（1）存在的局部缺陷和受潮。

（2）能有效地发现绕组端部的绝缘缺陷。因为直流耐压试验时绕组上的电压是按照电阻分布的，所以端部电压也较高。

（3）在耐压试验时，可同时记录不同试验电压下泄漏电流随加压时间变化的数值，并可根据绘制出的泄漏电流-时间特性曲线和泄漏电流-电压特性曲线的变化，判断绝缘劣化的趋势。

（4）如果直流耐压试验时绝缘击穿，说明绝缘已损坏。要根据泄漏电流判断绝缘好坏，首先把测出的泄漏电流换算到 75℃ 的数值，再与以往的测量数据比较。如果泄漏电流随时间的增长而逐渐减小，随电压上升而按比例呈线性上升，三相（或分支）的泄漏电流平衡，与历史资料比较没有很大的增长时，则认为绝缘状况良好。如果试验中出现泄漏电流随时间的增长而上升，三相（或分支）的泄漏电流不平衡系数大于 2，泄漏电流随电压的增加而不成比例增加，泄漏电流数值与历次在相近试验条件下试验数值比较有很大的增长等，说明绝缘存在缺陷，必须找出缺陷点并消除。

19.4.15.4　工频交流耐压试验

前面介绍的几种试验，其所加电压都低于发电机的运行电压，故称为非破坏性试验。

这些试验虽然能发现一些绝缘缺陷，但为保证发电机安全运行，还应通过工频交流耐压试验来严格考核绝缘状况。工频交流耐压试验的试验电压是根据确保绝缘水平而又不致引起绝缘劣化的情况确定的。

工频交流耐压试验时，被试品属于电容性负载，电容电流会使试验变压器高压侧电压升高，而且发电机的容抗与变压器的漏抗发生串联谐振时，电压升高更为显著，最高可达按变比计算电压的 3～4 倍。这是不允许的。所以一方面要选择容量合适的试验设备，另一方面在高压侧直接测量试验电压，并用球间隙作为过电压保护。

工频交流耐压试验应在其他试验都合格后才进行。在工频交流耐压试验过程中，如发现电压表指针摆动很大，电流表指示数值急剧增加，绝缘有烧焦、冒烟、放电等现象或被试品有不正常的响声时，应停止试验，查明原因并消除。

耐压试验后，测量绝缘电阻和吸收比，并与耐压试验前比较，如果变化不大，说明耐压合格；如果下降较大，说明经过耐压试验，缺陷更加严重，已不合格。

经验表明，尽管直流耐压试验可以发现一些局部缺陷，尤其是对发现端部的绝缘弱点更为有效，但通过直流耐压后，交流耐压仍然有可能通不过，这就说明交流工频耐压更接近发电机实际运行状况，有时交流耐压试验能发现直流耐压试验所不能发现的绝缘缺陷。因此两种方式不能互相代替，应互为补充。

19.4.15.5　绕组直流电阻测量

发电机定子、转子绕组中有大量接头，由于制造、安装、检修等质量不良及在运行中受到振动和短路故障的大电流冲击时，接头焊接质量差的，便形成开焊事故。为了及早发现个别接头缺陷或断股，定期测量定子、转子绕组直流电阻是很必要的。由于发电机定子、转子绕组直流电阻数值很小，应采用精确度在 0.5% 以内的双臂电桥测量。由于绕组铜线有较大的电阻温度系数，在测直流电阻的同时，还要用温度计测量绕组各部分的实际温度，以便将测量的电阻值，换算到 75℃ 时的电阻值。换算公式为：

$$R_2 = R_1 \times \frac{235 + 75}{235 + t_1} \qquad (19\text{-}10)$$

式中　R_2——换算到 75℃ 时的电阻值，Ω；

　　　R_1——实际测得的电阻值，Ω；

　　　t_1——实际测量的绕组平均温度，℃。

定子绕组各相（各分支）换算到 75℃ 的直流电阻值，扣除引线长度不同而引起的误差后，相互间的差别不得大于最小值的 2%；与以前测得的直流电阻值比较，相对变化不得大于 1%。转子绕组的直流电阻与基准值（数次测量的平均值）比较，不得大于 2%。如果超出上述范围，应找出原因并消除。

19.4.15.6　发电机空载和短路特性试验

A　空载特性试验

在发电机额定转数下，空载运行，定子电压 U_0 和转子励磁电流 I_e 的关系曲线，称为发电机空载特性曲线。

通过空载特性试验与以前的比较，可用于判断转子绕组是否有匝间短路故障，也可用于检验发电机磁路的饱和程度。一般汽轮发电机空载特性试验，电压升至130% U_e；水轮发电机为150% U_e。

B 发电机短路特性试验

由于发电机短路时，磁路处于不饱和状态，所以短路特性曲线是一条通过原点的直线。

根据试验测得的数据绘制的短路特性曲线与以前测得的进行比较，差值应在测量误差范围内。若差值较大，应进一步对转子的直流电阻、匝间绝缘和绕组接线进行检查，并找出是否有短路故障。

20　供电整流设备安装工程交接试验

由于对变压器安全可靠运行的要求在提高，变压器的检测技术也有了相应的发展。如大型变压器额定电压下的短路试验，局部放电测量及定位技术，将传递函数用于变压器冲击试验，将数字技术用于损耗测量，在噪声测量方面提出了声强法，将频谱测量用于变压器绕组的变形诊断以及变压器油的色谱分析得到愈来愈广泛的应用。

20.1　变压器试验的标准

为保证变压器能满足电力输送的质量和可靠性的要求，国家制定了变压器和变压器试验的标准，即

（1）GB 1094.1—1996《电力变压器第 1 部分　总则》。

（2）GB 1094.2—1996《电力变压器第 2 部分　温升》。

（3）GB 1094.3—1985《电力变压器第 3 部分　绝缘水平和绝缘试验》。

（4）GB 1094.5—1985《电力变压器第 5 部分　承受短路的能力》。

（5）GB 6450—1986《干式电力变压器》。

20.2　变压器的试验项目

20.2.1　例行试验

（1）直流电阻测量。

（2）电压比测量和负载损耗的测量。

（3）短路阻抗和负载损耗的测量。

（4）空载电流和空载损耗的测量。

（5）绝缘电阻的测量。

（6）绝缘例行试验。变压器绝缘的例行试验见表 20-1 中的出厂试验项目。

（7）有载分接开关试验。

表 20-1　例行试验

试 验 项 目	试验类别	试 验 项 目	试验类别
外施耐压试验	出厂试验	感应耐压试验	出厂试验
线端上的雷电全波、截波冲击试验	形式试验	局部放电试验	出厂试验
中性点端子的雷电全波冲击试验	形式试验		

20.2.2　形式试验

（1）温升试验。

（2）绝缘形式试验。

形式试验是根据标准或产品技术条件规定的项目，对指定产品结构进行的鉴定性试验，对已经通过国家鉴定并系列化大批量生产的产品一般不进行形式试验。目的在于检查结构性能是否符合标准和产品技术条件，形式试验包括冲击电压试验和温升试验。

冲击电压试验包括雷电冲击电压试验和操作冲击电压试验。为了考核变压器冲击绝缘强度是否符合国家标准的规定和进一步研究、改变变压器的绝缘结构，需要对变压器进行雷电冲击试验。所谓雷电冲击试验是指在变压器绕组的端子上施加一冲击波，看变压器或其他绝缘结构在冲击波的作用下产生什么后果。而为了考核变压器耐受的操作电压的能力，通常都是用1min工频耐压或高周波耐压试验来检验的。

变压器的空载损耗和负载损耗以热能形式损耗，使变压器的温度升高，从而对变压器的寿命、绝缘材料的寿命造成影响，通过温升试验，对变压器的温升进行考核。干式变压器的试验方法包括直接负载法、相互负载法、循环电流法或零序法。

20.2.3　特殊试验

特殊试验是根据变压器使用或结构特点必须在标准规定项目之外另行增加的试验项目。包括突发短路试验、噪声试验和零序阻抗试验。

（1）突发短路试验是模拟一种事故短路，即在变压器一次侧加上额定电压，二次侧由于事故原因，在出线端子上发生的突发短路。它是作为变压器在运行中对其动稳定强度和热稳定典型的最严格的考验。这种运行事故实际上是极少发生的。

（2）噪声试验是为了测定变压器额定运行时的声级和声功率级，以控制变压器的噪声，满足环境和用户的要求。

（3）零序阻抗试验，仅对有零序短路回路的绕组才进行这项试验。

（4）局放试验。

20.3　电压比测量及联结组标号

20.3.1　概述

电压比测量是变压器的例行试验，不仅在变压器出厂时要进行，而且在变压器安装现场投入运行前也要进行电压比测量。

20.3.2　电压比测量的目的

保证绕组各个分接的电压比在标准或合同技术要求的电压比允许范围之内；确定并联线圈或线段（例如分接线段）的匝数相同；判定绕组各分接的引线和分接开关的连接是否正确。

电压比是变压器的一个重要性能指标。电压比测量电压较低、操作简单，变压器在生产制造过程中，要进行不止一次电压比测量，以保证产品的电压比满足要求。一般在制造过程中进行以下几次测量：

（1）对未进行过匝数测量的线圈，在装到铁心上以后，进行一次电压比测量，以确定装上的线圈匝数是否正确，所有并联线圈的匝数是否相等。

（2）在变压器总装配后，进行最后一次电压比测量，确定绕组和开关的连接是否正确，变压器的其他连接是否正确。

20.3.3　电压比的允许偏差

20.3.3.1　规定的第 1 对绕组

A　主分接

（1）规定电压比的 ±0.5%。

（2）实际阻抗百分数的 ±1/10。

（3）取（1）和（2）中的低者。

B　其他分接

不低于主分接中（1）和（2）中的较小者。

20.3.3.2　其他绕组

不低于上节（1）和（2）中的较小者。

20.3.4　电压比测量

电压比测量常用两种方法：双电压表法和变比电桥法。试验中均使用单相电源。这是因为用单相电源对一个铁心柱施加电压，在该铁心柱上的绕组的电压是与匝数成比例的。使用三相电源时，由于三相电压可能不对称，相电压和线电压的关系可能不等于 $\sqrt{3}$。因为电压比允许的偏差很小，因此可能得出不正确的结果。

20.3.4.1　测量方法

A　双电压表法

试验用仪表的准确度应不低于 0.2%。按此要求，不考虑其他因素，如接入电压互感器的误差、仪表接线电阻的误差、现场电磁场的干扰等，使用两块 0.2 级电压表时测量的不确定度约为电压比允许偏差 0.5% 的 1/2。考虑到在变压器试验现场没有可能使用准确度为 0.1% 的仪表，用这一测量方法给出的结果的不确定度是相当大的。

B　电压比电桥测量

电压比电桥的准确度等级是比较高的，通常是 0.1%，这一准确度等级可以满足电压比偏差和规定值相比不超过 0.5% 的测量要求。

电压比电桥测量一般是依据电阻线路，使被测变压器 T 的一次侧和二次侧电压和两个电阻组成电桥，当批零仪表 G 指示中没有电流通过时，电桥平衡，一次侧电压和二次侧电压之比等于电阻之比。使用时调节电阻使指零仪器指示为零，使电桥平衡，得到电阻比。

知道电阻比后就可以得到变压器的电压比。电阻式电压比电桥工作在交流 50Hz，所以其电阻元件均要求是无感电阻。

20.3.4.2　试验接线

A　三相变压器绕组 Yyn 联结

变压器电压比测量使用单相电源进行试验，因此通常是在变压器铁心柱上逐相轮换进行试验，但在变压器绕组是 Y 联结时，由于 Y 联结绕组中性点未引出，就不可能逐相轮换进行试验，可以用两相/两相进行试验。在使用双电压表法时，为测量方便，通常在低压绕组施加电压，在高压绕组进行测量。三次两相测量结果满足偏差要求，则变压器的电压比偏差满足标准要求。这样接线测量的电压比分别是高压侧和低压侧的额定电压。

在使用电压比电桥测量变压器电压比时，应将变压器的三相的高压 U、V、W 和低压 u、v、w 及中性点 n 同时接到电压比电桥的相应端子上，然后按电桥使用说明书操作电桥，可以一次接线逐相测量三对绕组的电压比。由于电压比电桥通常是从变压器高压侧施加电压，因此对于 Yyn 联结的变压器，经常是从高压侧 U、V 施加电压。

B　变压器绕组 Ynd 联结

变压器绕组 Ynd 联结时，高压中性点引出，可以逐相测量变压器电压比，以 Ynd11 为例，双电压表法测量时其电压比是相电压比。

在使用电压比电桥测量时，也同样将高压 U、V、W 中性点 N 和低压 u、v、w 接到电桥相应的端子并考虑高压侧是相电压而非相间电压，直接测量就可以得到测量结果。使用电压比电桥时，是从高压侧施加相电压。

20.4　绕组直流电阻测量

20.4.1　测量的目的

绕组直流电阻测量属于变压器的例行试验，所以第一台变压器在制造过程中及制造完成后，都要进行直流电阻的测量。测量直流电阻的目的主要是检查变压器的以下几个方面：

（1）绕组导线连接处的焊接或机械连接是否良好，有无焊接或连接不良的现象。

（2）引线与套管、引线与分接开关的连接是否良好。

（3）引线与引线的焊接或机械连接是否良好。

（4）导线的规格、电阻率是否符合要求。

（5）各相绕组的电阻是否平衡。

（6）变压器绕组的温升是根据绕组在温升试验前的冷态电阻和温升试验后断开电源瞬间的热态电阻计算得到的，所以温升试验需测量电阻。

20.4.2　测量结果计算

20.4.2.1　环境温度下测量结果换算到其他温度

配电变压器通常只在成品时测量直流电阻，铜绕组将温度为 t（℃）时的直流电阻测量值换算到其他温度 θ(℃)

$$R_\theta = R_m \frac{235 + \theta}{235 + t} \tag{20-1}$$

式中　R_θ——温度为 θ℃时的直流电阻值，Ω；

R_m——温度 t 时的直流电阻测量值，Ω；

t——测量时的温度，℃。

20.4.2.2　相电阻和线电阻的计算

变压器绕组无中性点引出时测量三相变压器的线电阻 R_{UV}、R_{VW} 和 R_{WU}。有中性点引出时通常测量三相变压器的相电阻 R_{UN}、R_{VN} 和 R_{WN}，对中性点引线电阻较大，则测量线电阻 R_{UV}、R_{VW} 和 R_{WU} 及任意一相的相电阻。

20.4.2.3　线电阻和相电阻的不平衡率

A　变压器三相电阻的不平衡率

按标准取三相直流电阻最大值减最小值作为分子，三相平均值作为分母算出不平衡率。计算出的不平衡率应满足规定。

配电变压器和某些特殊变压器中可能有因结构原因出现超过这一规定的情况。配电变压器低压 400V 绕组，有时因结构原因三相不平衡率会超出标准规定的百分值，这一点在标准中也是允许的。

B　相电阻和线电阻不平衡率之间的关系

变压器绕组由于各种原因各相电阻可能是不相等的，标准规定不得超过不平衡率的限值。相电阻和线电阻之间存在如下关系：设变压器三相的相电阻分别为 R_u、R_v 和 R_w，且有 $R_u > R_v > R_w$，则 R_u 为最大，R_w 为最小。若不是上述关系，则不影响以下的分析。

a　相不平衡率

标准规定的相不平衡率为：

$$\beta_{相} = \frac{R_{最大} - R_{最小}}{R_{三相平均}} = \frac{R_u - R_w}{\dfrac{R_u + R_v + R_w}{3}} = \frac{3(R_u - R_w)}{R_u + R_v + R_w} \qquad (20\text{-}2)$$

b　绕组为 Y 联结的线不平衡率

线电阻分别是 R_{uv}、R_{vw} 和 R_{wu} 且有

$$R_{uv} = R_u + R_v \qquad R_{vw} = R_v + R_w \qquad R_{uw} = R_u + R_w$$

此时 R_{uv} 最大，R_{vw} 最小，线电阻的不平衡率为：

$$\beta_{线Y} = \frac{R_{最大线电阻} - R_{最小线电阻}}{R_{三相线电阻平均值}} = \frac{3(R_{uv} - R_{vw})}{R_{uv} + R_{vw} + R_{wu}}$$

$$= \frac{3(R_u + R_v - R_v - R_w)}{R_u + R_v + R_v + R_w + R_w + R_u} = \frac{3}{2} \times \frac{R_u - R_w}{R_u + R_v + R_w} \qquad (20\text{-}3)$$

对比式可以得出 $\beta_{线Y}$ 是 $\beta_{相}$ 的 1/2。

20.4.3　测量直流电阻时选用的电流值

测量直流电阻时选用的电流值不能过大，也不能过小，选用的原则是尽量使铁心达到饱和，又不因通过电流引起绕组发热而使电阻发生变化。通常使用 2% ~ 10% 变压器额定电流来测量变压器直流电阻，就可以使铁心饱和，较小的百分数用于大容量变压器，较大的百分数用于小容量变压器。

20.4.4 测量直流电阻时的注意事项

（1）测试直流电阻所用的电流应取 2%～10% 额定电流，不要大于 20% 额定电流，避免因电流引起的绕组发热温度升高带来的误差。

（2）直流回路中有电流 I 时，变压器铁心磁场中有能量 $\dfrac{LI^2}{2}$，断开时会产生高压，可能危及人身安全和损坏仪表，所以需要用放电回路使电流由 I 通过电阻上的损耗逐渐下降，待电流很小时再断开线路。

由于电源断开时线路中仍有电流 I，以后逐渐衰减。放电回路中的电阻 R 越大，电阻 R 上消耗的功率 IR^2 越大，放电时间越短，放电回路两端的电压 IR 越高。因此放电回路中电阻 R 的选择既要控制放电电压值是安全的，又要使放电时间尽可能短。

（3）变压器在测量电阻时，不得切换无励磁分接开关来改变分接。无励磁分接开关改变分接时将在触头间发生电弧，引起油的分解，并形成可燃气体和碳，使变压器油质变坏。

绝不允许在安装现场无油时使用分接开关改变变压器的分接，因为它会引起变压器油气体点燃，发生火灾，烧毁变压器。

20.5 介质损耗角 tanδ 的测量

因测量结果经常受试品表面状况和外界条件（如电场干扰、空气湿度等）的影响，故要采取相应的措施，使测量的结果准确真实。一般是测量绕组连同套管在一起的 tanδ，有时为了检查套管的绝缘状态，可单独测量套管的介质损失角的正切值。

20.5.1 测量接线

因变压器的外壳为直接接地，所以只能采用交流电桥反接线进行测量，测量部位与测量绝缘电阻完全相同。

20.5.2 试验电压

测量变压器介质损失角正切值所施加的试验电压，对于额定电压为 10kV 及以上的变压器，无论是已注油还是未注油的，均为 10kV；对于额定电压为 6kV 及以下的变压器，其试验电压应不超过绕组的额定电压。

20.5.3 试验步骤

测量介质损失角的正切值，一般在测量绝缘电阻和泄漏电流之后进行。测量时所施加的电压可一次升到规定的数值，如果需要观察不同电压下的介质损失角正切值的变化，也可分阶段升高电压。

20.5.4 分析判断

对变压器介质损失角正切值测量结果的分析判断和绝缘电阻的判断方法类似，主要采用相互比较的分析方法。新装电力变压器在交接验收时，所测得的介质损失角的正切值应不大于出厂试验值的130%。

通过测 tanδ 判断绝缘状况时，必须着重于与该设备历年的 tanδ 值比较，并与处于同样运行条件下的同类设备比较，即使 tanδ 值未超过标准，但与过去值比较及与同类设备比较，若 tanδ 突然明显增大，就必须引起注意，查清原因。

测量绕组和接地部位、变压器绕组 tanδ 的允许值分别见表20-2和表20-3。

表20-2　测量绕组和接地部位

序　号	双绕组变压器		三绕组变压器	
	测量绕组	接地部位	测量绕组	接地部位
1	低　压	高压绕组和外壳	低　压	高压、中压绕组和外壳
2	高　压	低压绕组和外壳	中　压	高压、低压绕组和外壳
3			高　压	中压、低压绕组和外壳
4	高压和低压	外　壳	高压和中压	低压和外壳
5			高压、中压和低压	外　壳

表20-3　油浸式电力变压器绕组 tanδ 的允许值

高压绕组电压等级	温度/℃						
	10	20	30	40	50	60	70
35kV 及以上	1	1.5	2	3	4	6	8
35kV 及以下	1.5	2	3	4	6	8	11

20.6　空载试验

变压器的全部励磁特性是由空载试验确定的。变压器空载试验一般从电压较低的绕组开始，例如低压绕组施加波形是正弦波、额定频率的额定电压，其他绕组开路。在此条件下测量损耗和电流。变压器的声级测量也是在空载励磁条件下进行的。

20.6.1　空载损耗

空载损耗主要由电工钢带的磁滞损耗和涡流损耗组成，空载损耗中也包括附加损耗。附加损耗主要有：

（1）由于剪切加工使电工钢带晶粒畸变引起的损耗。

（2）在铁心的接缝处，由于磁统分布改变，单位损耗和励磁电流增加，特别是三相铁心的中柱 T 接缝处，产生旋转磁通，单位损耗增加很多。

（3）漏磁通在油箱和结构件中的损耗，空载时的零序磁通和三次谐波磁通在三柱铁心中只能通过油箱和结构件成为回路，在其中引起的损耗。

（4）空载电流通过绕组，在绕组中产生的电阻损耗。

所有上述附加损耗对于正常的变压器都可忽略不计。

20.6.2　空载电流

变压器的空载电流主要由电工钢带的 B-H 曲线决定，在讨论空载电流时，略去磁滞回线的面积，得到电工钢带的 B-H 曲线。由于电工钢带的 B-H 曲线是非线性的，因此在正弦励磁下，单相变压器的空载电流将是非正弦的。三相变压器的空载电流，由于三相无中性线线路中不能通过三次谐波电流，电流波形将不同于单相变压器，其电流波形的畸变小于单相变压器的情况。

变压器空载电流中包括有功分量和无功分量。由冷轧取向电工钢带制造的变压器铁心，空载试验时的功率因数 $\cos\phi$ 一般为 $0.10 \sim 0.40$。

20.6.3　空载损耗测量

测量时，变压器的温度应接近于试验时的环境空气温度。选择试验电源和线路的连接尽可能使三个铁心柱上的电压对称，电源波形为正弦。

试验电压应以平均值电压表读数为准（该电压表的刻度具有同一平均值的正弦波形方均根值），平均值电压表的读数记为 U'。

方均根值电压表与平均值电压表并联。方均根值电压表的读数记为 U。对三相变压器试验时：

若绕组是 D（或 Y）联结时，则电压表应接在各相端子间测量；如果从 YN 或 ZN 联结的绕组励磁，则电压表应接在各相端子和中性点端子间测量。

若 U' 和 U 之差在 3% 以内，则此试验电压波形满足要求。若读数 U' 和 U 之差大于 3%，应确认试验的有效性。

设测得的空载损耗为 P_{m}，则空载损耗 P_0 按下式校正：

$$P_0 = P_{\mathrm{m}}(1 + d) \tag{20-4}$$

式中，$d = (U' - U)/U'$（d 通常为负值）。

大型变压器在工厂进行空载试验时，空载试验电压波形会不同程度地受到非正弦励磁电流的影响而波形发生畸变。这是因为工厂试验电源容量一般比较小，非正弦空载电流在发电机内的电枢反应及试验线路中元件上的阻抗压降使电压波形非正弦。与此相反，变压器在电力系统中运行时，由于系统容量很大，非正弦的空载电流的影响很小，其线端上的电压波形是正弦的。

试验电压波形的畸变程度对空载电流、空载损耗的测量是有影响的，对波形非正弦条件下空载损耗测量结果的波形校正，就是使非正弦条件下的试验参数校正到接近变压器运行时的参数。

20.6.4　空载电流谐波测量

空载电流谐波测量是变压器的特殊试验，使用谐波测量仪进行测试。表 20-4 列出变压器的三相空载试验时的电流谐波测量结果。在表中均以基波分量为 100%。试验使用 5000kV·A 发电机组进行试验，未接入中间变压器。

表 20-4　5000kV·A 三相三柱铁心变压器三相空载试验的电流谐波

谐波次数	U_{UV}	U_{VW}	U_{WU}	I_U	I_V	I_W
1	100.0	100.0	100.0	100.0	100.0	100.0
2	0.069	0.083	0.090	0.203	0.900	0.529
3	0.849	0.917	0.465	23.535	26.040	1.756
4	0.019	0.012	0.024	0.312	0.487	0.324
5	1.284	1.310	1.661	37.833	37.543	33.533
6	0.017	0.017	0.028	0.221	0.341	0.304
7	1.059	1.061	1.237	14.627	15.143	12.936
8	0.001	0.028	0.027	0.076	0.344	0.202
9	0.120	0.101	0.015	1.120	1.312	0.131

5000kV·A 变压器在使用 5000kV·A 发电机组进行空载试验时，其校正波形的因数 $d = -0.0057$，因此可以说这时空载试验的电压波形是比较好的，如表中电压谐波所示，其电压三次谐波很小，因此三次谐波电流也不大。

20.7　负载损耗和短路阻抗测量

20.7.1　负载试验

变压器负载损耗和短路阻抗测量是变压器的例行试验。制造厂进行负载试验的目的是测量变压器的负载损耗和短路阻抗，确定这两个重要性能参数是否满足标准、技术协议的要求，以及变压器绕组内是否存在缺陷。

变压器一个绕组施加电压，铁心内产生磁通，施加电压的绕组中通过电流，根据磁势平衡的原理，另一个绕组短路时，第二个绕组中也产生感应电流，两个绕组的安匝数是相等的。一个绕组中的电流达到额定电流，则另一个短路绕组中也达到了额定电流。$K = N_1/N_2$，N_1 为一次绕组的匝数，N_2 为二次绕组的匝数，r_1 为一次绕组的交流电阻，x_1 为一次绕组的漏抗；r_2 为二次绕组的交流电阻，x_2 为二次绕组的漏抗。$r_1 + jx_1$ 为一次绕组的阻抗，$r_2' + jx_2'$ 为二次绕组的阻抗，且有 $r_2' = r_2K^2$，$x_2' = x_2K^2$。

在变压器负载试验时，变压器铁心内的磁通是很小的。但由于绕组内通过电流，两个绕组的安匝是平衡的，在变压器内产生漏磁通，此漏磁通在绕组内的导线中产生涡流损耗，在绕组的并联导线内产生不平衡电流损耗，漏磁通也会在夹件、油箱、屏蔽内产生附加损耗，在铁心内和在铁心拉板内产生附加损耗。所有这些损耗都与绕组内的电流有关，因而都归于变压器的负载损耗内。

可以得到变压器接有负载时的等值线路，负载试验时因第二个绕组是短路的，通常励磁阻抗 Z_0 远大于变压器的短路阻抗，将其略去后，可以得到简化的变压器负载试验时的等值线路。

20.7.1.1　负载损耗

在变压器一侧绕组中通过额定频率、正弦波形的额定电流，另一侧绕组短路时的损耗是负载损耗。

负载损耗由以下几部分组成：绕组中的直流电阻损耗 I^2R，这是负载损耗中的主要部分；此外还有因绕组电流产生的漏磁通引起的附加损耗，其中包括漏磁场在绕组导线内的涡流损耗；漏磁场在绕组并联导线内的不平衡电流损耗；漏磁场在铁心内引起的涡流损耗，以及漏磁场使铁心内磁通分布不均引起的损耗增加；漏磁场在油箱、油箱屏蔽内的损耗；漏磁场在夹件、拉板等结构件内的损耗。

负载损耗的允许偏差为 +15%，但总损耗不得超过 +10%。准备进行温升试验的变压器，还要在额定容量下的最大损耗分接测量负载损耗和短路阻抗，给温升试验提供数据。

20.7.1.2　短路阻抗

在变压器一侧绕组中通过额定频率、正弦波形的额定电流，另一侧绕组短路时的阻抗称为变压器的短路阻抗，一般用相对于某一参考阻抗的百分数表示。在变压器负载试验中，同时测定变压器的负载损耗和变压器的短路阻抗。

短路阻抗决定了一台变压器在系统短路时短路电流的大小和短路时变压器内部的电动力的大小。短路阻抗还决定了变压器在负载时的电压变化，即对电网运行时电压波动的影响。短路阻抗也是决定变压器并联运行的必要条件之一。在分接范围超过 ±5% 时，短路阻抗应在主分接和两个极限分接测量。

独立绕组变压器，或多绕组变压器器中规定的第 1 对绕组，主分接短路阻抗的允许偏差为：当阻抗值不小于 10% 时，允许偏差为 ±7.5%，当阻抗值小于 10% 时，允许偏差为 ±10%。其他分接短路阻抗的允许偏差为：当阻抗值不小于 10% 时，允许偏差为 ±10%，当阻抗值小于 10% 时，允许偏差为 ±15%。

三绕组变压器应在三对不同绕组间测量负载损耗和短路阻抗，非被试绕组应开路。在三绕组变压器中若各绕组的容量不相等时，施加电流应以容量较小的绕组为基准，并在试验结果中注明负载损耗的基准容量，而短路阻抗则以容量较大的绕组为基准，并以百分数表示。

自耦联结的一对绕组，或多绕组变压器中规定的第 2 对绕组主分接短路阻抗的允许偏差为 10%，其他分接短路阻抗的允许偏差为 ±15%。

20.7.2　负载损耗和短路阻抗的测量

20.7.2.1　试验线路

负载试验的线路同空载试验，只是在负载试验时不使用平均值电压表，全部使用方均根值仪表。负载试验时的容量大和功率因数 $\cos\phi$ 低，这是负载试验中需要特别注意的问题。

20.7.2.2　试验的方法

变压器的负载损耗和短路阻抗的测量要在主分接上进行。分接范围超过 5% 的变压器，应在主分接和两个极限分接测量短路阻抗。

双绕组变压器试验时，应在额定频率下，将近似正弦波的电压加在一个绕组上，另一个绕组短路。在施加电压的绕组电流达到额定电流时进行测量，在试验设备受到限制时，可以施加不小于 50% 额定电流，测得的负载损耗值乘以额定电流对试验电流之比的平方，再校正到参考温度。三相变压器的负载试验要测量三相的电压和电流，并以三相的平均值为准。

20.8　外施耐压试验

20.8.1　概述

变压器的电气强度是考核变压器在正常工作电压和非正常状态下（如受雷电过电压、操作过电压等作用）能安全可靠运行的必要条件。只有通过这些作用电压和局部放电的考核，才可以说变压器已经具有上网运行的基本条件。因此每台变压器均应承受诸如短时工频耐压、冲击耐压和局部放电测量等试验的考核。

短时工频耐受电压试验是对绝缘施加一次相应的额定耐受电压（有效值），其持续时间为 1min。

外施耐压试验时，变压器的被试绕组及其引线和与它相连的元件（如开关等）均承受同一试验电压，而非被试绕组则短路接地。对于全绝缘变压器（即绕组的首末端绝缘水平相同），绕组首末端的工频绝缘水平和工频耐受电压值一致。对于分级绝缘变压器（即绕组的首末端绝缘水平不同）外施耐压的试验值和绕组末端的工频绝缘水平一样。

外施耐压试验的目的是考核绕组对地和绕组之间的主绝缘强度。对于分级绝缘的变压器则只能考核绕组铁轭的端绝缘、绕组部分引线的对地绝缘强度，至于绕组对地和绕组之间的绝缘强度则无法考核。对于此种变压器只能用感应试验的方法来考核绕组对地和绕组之间，以及相关引线绝缘强度。外施耐压试验不考核绕组的纵绝缘强度。

20.8.2　试验设备

20.8.2.1　试验变压器

根据外施耐压试验的要求可知，在试验时对被试绕组和与它相连的引线及器件均施加同一工频电压，因此被试相和试品之间只能流过电容电流和绝缘介质中的泄漏电流。由于介质中的绝缘电阻值很高，泄漏电流和电容电流相比可以忽略不计，这样被试品在外施耐压时表现为一个纯电容。

20.8.2.2　试验电源

电源在工频耐压试验中是可调的，可由自耦变压器、移圈调压器、同步发电机组等来实现。可调电源的容量一般均与试验变压器的容量相匹配，要求其输出电流等于试验变压器的低压侧额定电流，其输出电压等于或大于试验变压器的低压侧额定电压，为了获得较大的击穿电流，要求电源的阻抗尽可能小一些，容量尽可能大一些。

20.8.2.3　工频耐压试验时的保护装置

工频耐压试验时，可能发生诸如试品击穿、球间隙放电和其他各种意外的放电，引起过电流、过电压等情况，这些均能使试验设备、试品受到损伤，因此在试验时要采取各种方法来限制过电流和过电压。一般有以下一些保护方法。

A 球隙和它的保护电阻

球隙在一定条件下，其放电电压是稳定的，因此它除了可以对高电压进行直接测量以外，还可以对试品的施加电压做限制性的保护。例如把合适的球隙并联在被试品的两端，调节球隙距离，使它在试品所加耐压值的 50%、60%、70%、80% 电压下放电，求得球间隙距离和外施电压值的关系曲线调整距离至被试品工频耐压值的 115%～120%。这样可以防止出现误操作时对试品施加过高的电压而造成损坏。

为了保证球隙有稳定的放电电压，要求球隙的放电点区域具有良好的状态，既要限制球隙放电时所流过球极的电流，以避免球隙因烧伤而产生麻点，也要控制在试验回路中出现刷状放电时引起的过电压而使球隙发生异常放电。在球隙上串联一个保护电阻就可以解决以上的问题。

保护电阻的阻值一般取 0.1～0.5Ω/V。球的直径越大，球面积也越大，球的热容量大，散热好，则允许取较小的数值。当球隙放电时，全部电压都降落在电阻上，为防止该电阻表面发生闪络，因此要求电阻表面有足够长的距离，一般按 100kV/m 来选取。保护电阻可以做成水电阻，也可以是金属电阻，它们都应具有足够大的热容量，以避免在试验过程中温度过高而发生意外。

B 试验变压器的保护电阻

在工频耐压试验时，如发生试品被击穿，则相当于试验变压的二次侧短路接地，这会使试验变压器流过很大的短路电流，有可能引起试验变压器的损坏，也可能产生危及试验变压器和试品安全的电压振荡。试品击穿后短路电流大小由试验变压器和电源的阻抗电压决定，如果阻抗电压较低，如阻抗电压为 10%～20%，则短路电流可能达到额定电流的 5～10 倍。因此需要在试验变压器和试品之间接入保护电阻以限制过大的短路电流，同时也对击穿引起的电压振荡进行抑制。保护电阻的阻值不宜过大，应该选择当试品发生击穿时能保持高压侧有一个稳定的短路电流，该电阻的阻值（Ω）可取 $0.1U_N$（试验变压器高压侧的额定电压）。此电阻一般为金属电阻，但也有做成水电阻的。

低压侧一般都安装有过压、过流的保护装置，但其动作时间都较长。若在低压侧加装速断保护，在试品被击穿或放电后，低压侧电流超过整定值时，可以在极短的时间内（例如 0.01s）切断电源。最近又推出一种恢复过电压电子保护装置，它可以在试验变压器高压侧回路发生闪络时，迅速将试验变压器低压侧短路，而使高压侧失去能源，从而有效地抑制闪络间隙的重燃而无法产生过电压。从高压侧回路闪络到低压侧短路的时间大约为 0.1s。

试验变压器低压侧的保护，可以在很短时间内断开电源，这种保护可避免故障扩大，但最好和故障定位系统配合使用，否则会因为电源快速断开，在故障部位产生的能量过小，未能在故障部位留下显著痕迹，以致在吊出变压器器身检查时，不能发现故障部位，而无法进行修复和处理。所以在大型油浸式变压器的试验系统中，若没有故障定位系统，使用低压侧的速断保护需要慎重。

20.8.2.4 工频耐压试验中的电压测量装置

工频耐压试验在试品上所施加的试验电压值有明确的规定，例如 220kV 分级绝缘的变压器，中性点不固定接地，则对中性点施加的 50Hz、1min 耐压值为 200kV。试验电压高了，试品会受到损伤；国标 GB/T 16927.2—1997 8.1 条规定"一般要求在额定频率下测量试验电压峰值或有效值的总不确定度应在 ±3% 范围内"。利用试验变压器的特性对球隙、静电压表、高压分压器、电压互感器进行测量。

20.9　感应耐压试验

20.9.1　概述

　　感应耐压试验是继外施耐压试验之后考核变压器电气强度的又一重要试验项目。对于全绝缘变压器，外施耐压试验只考核主绝缘的电气强度，而纵绝缘则由感应耐压试验进行检验。对于分级绝缘变压器，外施耐压试验只考核中性点的绝缘水平，而绕组的纵绝缘（即匝间、层间、段间绝缘）以及绕组对地及对其他绕组和相间绝缘的电气强度仍需做感应耐压试验进行考核。因此，感应耐压试验是考核变压器绝缘和纵绝缘电气强度的重要手段。

20.9.2　试验要求

　　感应耐压试验通常是在变压器低压绕组端子施加两倍的额定电压，其他绕组开路，其波形应尽可能为正弦波。若在额定频率下，在试品一侧施加大于其额定电压的试验电压，铁心磁密将与电压成正比增加，当外施电压约为 1.2 倍额定电压时，铁心磁密将达到饱和，使得空载电流急剧增加。

20.9.3　感应耐压试验方法

　　一般采用三相对称的交流电源，在试品的低压绕组（或其他绕组）的线端施加两倍的额定电压，其他绕组开路。试品绕组星形连接的中性点端子接地，无中性点引出或非星形连接的绕组，也应选择合适的线端接地，或者使中间变压器绕组某点接地，以避免电位悬浮。

　　对于 110kV 及以下的全绝缘变压器，各绕组相间试验电压不应超过其额定短时工频耐受电压。当三相电压不平衡（不平衡度大于 2%）时，应以测量中较高的电压为准。

20.9.4　感应耐压试验设备

　　进行感应耐压试验所需的主要设备包括试验电源、中间变压器、支撑变压器及电压、电流测量设备等，其中电压、电流的测量设备，如分压器、电压互感器、电流互感器等，除使用频率少量程与外施耐压试验不同外，其余均相同。

20.9.5　试验结果的判定

　　在感应耐压试验电压的持续时间内，如果试验电源或被试品的电压和电流不发生变化，被试品内部没有放电声，并且感应耐压试验前后的空载试验数据无明显差异，则认为被试品承受住了感应耐压试验的考核，试验合格；如果被试品内部有轻微的放电声，但在复试中消失，也视为试验合格；如果被试品内部有较大的放电声，即使在复试中消失，也应吊心检查，寻找放电部位，采取必要措施，并根据检查结果及放电部位决定是否复试。

20.10　大功率整流装置交接试验

（1）整流冷却水管路系统耐受压力密封试验。冷却水管路能承受 0.4MPa 水压，实际运行中，要求总水管进口处压力不小于 0.13MPa。

（2）快速熔断器电阻值、吸收电容器电容值的测试。快熔电阻值应在 1Ω 以下，否则不合格；电容值根据出厂数值偏差的要求确定。

（3）整流器主电路、辅助电路及外壳的绝缘耐压试验。无水条件下，两同相逆并联整流臂母线之间耐受工频电压 10kV，整流臂与整流元件压板之间耐受工频电压 5kV；整流主电路外壳框架之间耐受工频电压 5kV，整流主电路与辅助电路之间耐受工频电压 5kV；辅助电路与外壳框架耐受工频电压 2kV。

（4）整流器轻载全电压试验。确认整流机组具备带载条件后，断开直流隔离开关，连接轻载电阻丝，高压送电。逐渐升高直流电压，在有载开关挡位各级分阶段测量交流和直流输出电压。轻载全电压试验应在整流机组带电冲击两次后进行，变压器档位从 1 挡开始升起，逐级升调变至整流柜额定电压 1.1 倍，持续时间 10min，然后将调变降到整流柜额定电压后，空载运行 1h，测量每级变压器阀侧及直流侧电压值并做好记录。

（5）整流器全电流试验。检测额定电流和实际冷却条件下，整流器的电流输出能力、温升和均流等。确认整流机组具备带载条件后，高压送电。通过调节有载调压开关和饱抗增大直流电流，分别在 30% I_{dn}、67% I_{dn}、100% I_{dn} 阶段进行测量计算快熔压降、水温、直流电流、均流系数等。全电流试验应在整流机组带电冲击两次后进行。

21　整流装置元件均流系数测试、分析及处理

　　大功率整流器是一种供给直流电流的设备，主要用于铝电解和食盐电解工业。由于输出的直流电流很大（系列电流达数十万安），减少装置本身的压降损耗就着有着很大的意义。

　　为了满足电化学工业所需直流大电流的要求，大功率整流器都采用在一个桥臂上并联多个元件来增大单个整流器直流输出电流和多台整流器并联运行，以提高足够的系列大电流的方法。

　　无论是单个整流器独立运行还是多台整流器并联运行都存在均流问题。实践证明，整流器运行时均流状况直接影响整流器元件的压降、损耗、整流效率甚至整流器的安全运行。

21.1　整流系统均流系数

　　整流系统均流系数用 K 表示，可按下式计算：

$$K = \Sigma i_n / N \cdot I_{max} = I_i / I_{max} \tag{21-1}$$

式中　I_i——各并联支路元件所分担的电流平均值；

　　　I_{max}——各并联元件中分担最大电流份额的元件所承担的正向平均电流；

　　　N——并联支路元件个数；

　　　Σi_n——各并联支路元件所分担的电流值。

21.2　影响均流系数的原因分析及处理

21.2.1　整流机组的外特性不一致，影响并联机组间的均流

　　为了使讨论并联工作机组间的电流均匀分配问题更简单，我们提出"外特性"，即整流机组的输入-输出特性。理想条件下，并联工作机组间的电流分配绝对一样，往往保证不了外特性的一致性。影响外特性不一致的主要因素有：

　　（1）整流器的外特性差异。

　　（2）整流器的外特性不一致。

　　（3）连接导线的接触电阻差异。

　　要解决机组间的均流问题，强求整流机组的外特性一致，困难很大，只能采用两种弥补的办法，如前所述，二极管整流器只能采取自饱和电抗器平衡电流。而对可控硅整流器实现无级调压，可省去饱和电抗器而减少大量能耗。

21.2.2　交、直流侧母线电阻的影响

　　（1）交流侧母线电流由大到小（就母线电流而言），直流侧母线由小到大，使得并联元件间电流分布也呈马鞍形。

（2）母线电阻的影响与磁场的影响结果一致，两者是叠加的，结果使整流臂两端元件分担电流最大。

21.2.3　改善均流的实际措施

（1）整流臂电流分布呈马鞍形，在整流臂两端选用支路电阻大的一些元件，以利于均流。

（2）采用同相逆并联线路，改善相间及臂间均流，从而消除强磁场对均流系数的影响。

22　冷　却　系　统

22.1　冷却原理及系统结构

供电车间的生产任务为将电网所提供的高电压（110～330kV，目前使用的电压等级）经整流机组降压、移相后供给硅整流装置，整流出直流大电流供电解铝系列专用。生产辅助用电采用相应电压等级的动力变压器降压为10kV后供给各使用单位。在整个生产线上，变压器、硅整流柜均产生很高的热量。变压器在完成能量与电压转换的过程中，存在能量损耗，这一损耗转换为大量的能量，按6℃法，变压器温度每升高6℃，变压器使用寿命就降低一半，因此，必须将热量交换出去。硅整流柜内整流元件在运行中产生很高的温度，高温会缩短元件的使用寿命，造成元件支撑件及辅助件使用价值降低，必须进行降温处理。

22.1.1　变压器冷却系统

通常，油浸变压器的冷却方式采用油浸自冷、油浸风冷、强迫油循环风冷却、强迫水冷却等几种。变压器容量为100MV·A的变压器一般采用强迫油循环风冷却方式。整流变压器（容量为120MV·A）采用强迫油循环风冷却方式，即用油泵将冷油在一定压力下，送入绕组之间，绕组的油道内及铁心油道内，铁心与绕组内产生的热量被具有一定流速的冷油带走，再经冷却器把热量散到空气中。强迫油循环风冷却装置是变压器安全运行的重要保证。

整流变压器组冷却器一般分调压变冷却器和整流变冷却器。根据变压器容量，确定冷却容量进行冷却系统配置，包括风机、潜油泵等。每组风冷却器的工作状态有工作、辅助、备用、停止四种，可选择远控及近控两种控制方式。在运行中根据变压器的温度及负荷确定工作冷却器台数及辅助、备用冷却器的台数，现多采用PLC进行控制。

22.1.2　硅整流装置冷却系统

通常，硅整流装置元件冷却采用水-水冷却方式和水-风冷却方式，分别见图22-1和图22-2。

22.1.2.1　水-水冷却方式

将元件产生的热量传给与元件并接的冷水盒内的主水，通过水盒的出口经过流量计进入热交换器，以间壁传热的方式把热量传给副水（经过软化的自来水），冷却后的主水进入储水箱内，经泵加压后进入水盒对元件进行冷却。而带走热量的副水经冷却塔风机散热后进入蓄水池，经泵加压后进入热交换器，如此循环往复，对硅整流柜内元件进行冷却。

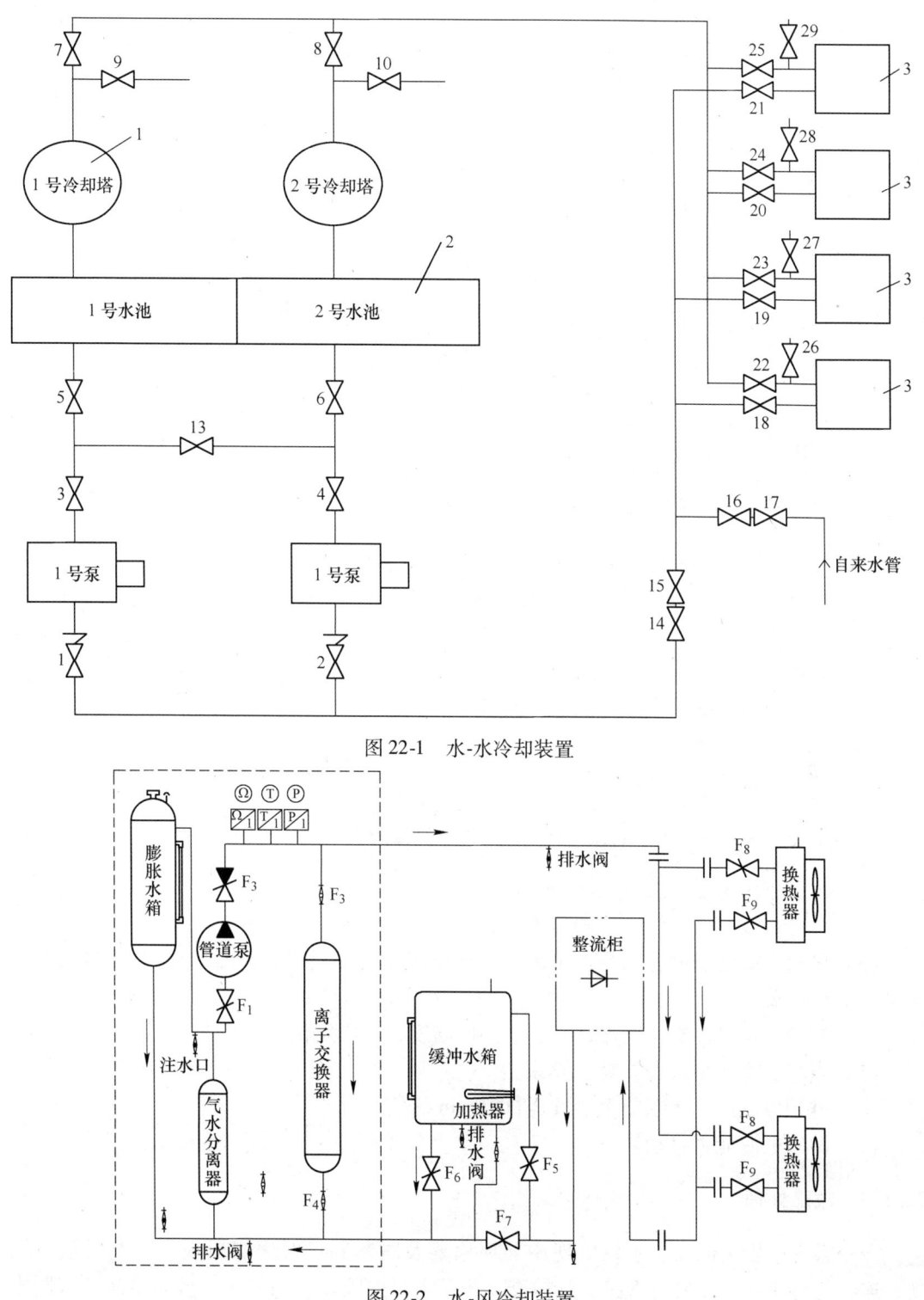

图 22-1　水-水冷却装置

图 22-2　水-风冷却装置

22.1.2.2　水-风冷却方式

将元件产生的热量传给与元件并接的冷水盒内，经水盒出口进入储水箱内，经泵加压后进入冷却风机系统，经风机散热冷却后再经汇水管道进入柜内元件冷水盒内，如此循环往复，对硅整流柜内元件进行冷却。

22.1.3　技术规范

（1）冷却整流主电路的冷却水（即热转移媒质）采用循环的去离子纯水。

（2）冷却水进口温度不低于 +5℃，不高于 +30℃。为防止凝露，冷却水进口温度不应低于环境温度 3~5℃。

（3）冷却水进口压力为 0.15~0.45MPa。

（4）冷却水流量不小于 36m³/h。

（5）冷却水酸碱度（pH 值）为 7~8，冷却水电阻率不小于 1500kΩ·cm，冷却水硬度（以碳酸钙计）不大于 0.03mg/L。

22.2　冷却系统巡视检查及故障处理

22.2.1　变压器冷却系统的运行要求及巡视检查内容

（1）冷却器有无渗漏油，连接法兰及油泵、阀门有无渗漏油。

（2）冷却风机有无故障停机、风扇脱落、电机电源引线过热，控制箱内各器件是否完好。

（3）备用冷却风机能否可靠启动。

（4）冷却器装置振动是否强烈，摩擦是否严重。

（5）日常控制箱门是否关闭。

（6）两段电源能否自动转换。

22.2.2　硅整流装置冷却水系统的运行要求及巡视检查内容

（1）主、副水温度，流量、压力是否正常。

（2）水冷母线、管道接头、阀门等有无渗漏水现象。

（3）各水冷母线温度分布是否正常，如有异常发热（温度继电器动作前），应检查支路水流是否阻塞。

（4）测量并记录冷却水及循环水进、出口温度、水压及流量。

（5）电机、水泵是否有异响、异味。

（6）硅柜停电后，水泵能否继续运行 10min 后关机。

（7）两段电源能否自动转换。

22.2.3　故障处理

冷却系统中发生油泵、水泵出现渗漏现象要及时紧固；发生烧损现象要及时进行更换；连续运行一年后，要对管路进行检查，法兰密封橡胶片有无渗漏，自动换向单流阀中活塞两端橡胶密封片有无磨损、破裂；运行中如发现纯水器出水电阻率下降，要对交换树脂进行处理，发现结垢影响散热时要及时停机清理；发现有杂质堵塞副水回路时可随时清除；每半年对风机进行反接吹灰，清除风机散热器缝隙中的积灰及杂物。

复习思考题

1. 变压器冷却系统的配置与要求是什么?

2. 硅整流装置的冷却方式有哪些,其冷却原理是什么?

3. 冷却系统的巡视检查内容有哪些?

参 考 文 献

[1] 中华人民共和国能源部. 进网作业电工培训教材[M]. 沈阳：辽宁科学技术出版社，2002.

[2] 国家安全生产监督管理总局培训中心. 电工作业操作资格培训教材[M]. 武汉：中国三峡出版社，2013.

[3] 大连电力工业学校. 电气设备检修工艺[M]. 北京：中国电力出版社，2003.

[4] 中华人民共和国电力工业部. 电力设备预防性试验规程（DL/T-596—1996）.

[5] 周南星. 电工基础[M]. 北京：中国电力出版社，2006.

[6] 崔立君. 特种变压器理论与设计[M]. 北京：科学技术文献出版社，1996.

[7] 王远璋. 变电站综合自动化现场技术与运行维护[M]. 北京：中国电力出版社，2004.

[8] 全国电力工人技术教育供电委员会. 变电运行岗位技能培训教材[M]. 北京：中国电力出版社，1997.

[9] 张淑娥，孔英会，高强. 电力系统通信技术[M]. 北京：中国电力出版社，2005.

[10] 陈天翔，王寅仲，海世杰. 电气试验[M]. 北京：中国电力出版社，2008.

[11] 全国电力工人技术教育供电委员会. 变电运行岗位技能培训教材（220kV）[M]. 北京：中国电力出版社，1997.

[12] 陈家斌. 变电设备运行异常及故障处理技术[M]. 北京：中国电力出版社，2009.